El arquitecto del universo

El arquitecto del universo

Elif Shafak

Traducción del inglés de
Aurora Echevarría

Lumen

narrativa

Papel certificado por el Forest Stewardship Council®

MIXTO
Papel | Apoyando la silvicultura responsable
FSC® C117695

Penguin Random House Grupo Editorial

Título original: *The Architect's Apprentice*

Primera edición con esta encuadernación: noviembre de 2024
Primera reimpresión: abril de 2025

Printed in Spain – Impreso en España

ISBN: 978-84-264-3169-1
Depósito legal: B-14553-2024

Compuesto en M. I. Maquetación, S. L.
Impreso en Arcángel Maggio Europa S. L.

H 4 3 1 6 9 A

De una mirada te amé con un millar de corazones.
… Que los fanáticos crean que el amor es pecaminoso.
No importa,
déjame arder en el fuego infernal de ese pecado.

Mihri Hatun, poeta otomana del siglo xvi

He buscado por todo el mundo sin hallar nada digno de amar,
de ahí que sea una forastera en medio de mi gente,
una desterrada de su compañía.

Mirabai, poeta hindú del siglo xvi

Para los aprendices de todo el mundo:
nadie nos dijo que el amor era el oficio
más difícil de dominar.

De todos los seres humanos que Dios creó y que Shaitan pervirtió, solo unos pocos descubrieron el centro del universo, donde no existen ni el bien ni el mal, ni el pasado ni el futuro, ni «yo» ni «tú», ni la guerra ni motivos para una guerra, solo un infinito mar de calma. Tan grande era la belleza de lo que allí encontraron que perdieron el habla.

Los ángeles, compadeciéndose de ellos, les dieron dos opciones. Si deseaban recuperar la voz, tendrían que olvidar todo cuanto habían contemplado, pero en su corazón persistiría una profunda sensación de ausencia. Por el contrario, si optaban por recordar la belleza, tendrían la mente tan confusa que no serían capaces de distinguir la realidad del espejismo. Así, los pocos que dieran tumbos en ese secreto lugar que no aparecía cartografiado en ningún mapa volverían con un anhelo de algo, no sabrían con exactitud de qué, o bien con un sinfín de interrogantes. A quienes hubieran optado por la sensación de plenitud se los conocería como «los que aman», y a quienes aspiraran a adquirir conocimientos, como «los que aprenden».

Eso nos contaba el maestro Sinan a nosotros, sus cuatro aprendices. Nos miraba atentamente, con la cabeza ladeada, como si intentara traspasar nuestra alma. Yo sabía que me estaba mostrando vanidoso y que la vanidad no era la cualidad más indicada para un muchacho sencillo como yo. Sin embargo, cada vez que el maestro relataba esa historia, yo creía que sus palabras iban dirigidas a mí más que a los otros. Su mirada se detenía en mi rostro un instante más, como si esperara algo. Yo desviaba la mirada, temeroso de decepcionarlo, de no darle lo que quería de mí, aunque nunca averigüé de qué se trataba. Me pregunto qué veía en mis ojos. ¿Había adivinado que nadie me superaría en conocimientos, pero que, dada mi ineptitud, fracasaría de manera lamentable en el amor?

Ojalá pudiera mirar atrás y decir que he aprendido a amar tanto como he amado aprender. Pero si miento mañana podría haber una caldera hirviendo esperándome en el infierno, ¿y quién puede asegurarme que el mañana no está a la vuelta de la esquina, ahora que soy viejo como el mundo y aún no estoy confinado en la tumba?

Éramos seis, el maestro, los aprendices y el elefante blanco. Lo construíamos todo juntos. Mezquitas, puentes, madrasas, caravasares, casas de beneficencia, acueductos... Ha transcurrido tanto tiempo que mi mente suaviza incluso los rasgos más marcados, fundiendo los recuerdos en un dolor líquido. Las formas que flotan en el interior de mi cabeza al evocar esos tiempos podría haberlas dibujado después a fin de aliviar los remordimientos de haber olvidado sus rostros. Sin embargo, recuerdo las promesas que hicimos y que después no cumplimos, todas y cada una de ellas. Es extraño cómo se esfuman los rostros, sólidos y visibles, mientras que las palabras, hechas de aliento, perduran.

Ellos se han desvanecido, uno por uno. Solo Dios sabe por qué se han ido mientras que yo sobrevivo a esta edad tan frágil. Todos los días pienso en Estambul. La gente estará cruzando los patios de las mezquitas en este instante, sin saber, sin ver. Más bien darán por hecho que los edificios que los rodean llevan allí desde los tiempos de

Noé. Pero no fue así. Los levantamos nosotros, los musulmanes y los cristianos, los artesanos y los esclavos, los seres humanos y los animales, día tras día. Estambul es una ciudad que olvida fácilmente. Allí se escribe en agua; con la excepción de las obras de mi maestro que están escritas en piedra.

Debajo de una piedra enterré un secreto. Ha llovido mucho desde entonces, pero todavía debe de estar allí, esperando a ser descubierto. Me pregunto si algún día alguien lo encontrará. Si lo encuentran, ¿lo entenderán? Nadie lo sabe, pero allí, escondido en las entrañas de uno de los cientos de edificios que construyó mi maestro, se halla el centro del universo.

Agra, India, 1632

Estambul, 22 de diciembre de 1574

Después de la medianoche oyó un feroz rugido procedente de la oscuridad más profunda. Lo reconoció al instante; provenía del felino más poderoso del palacio del sultán, un tigre del Caspio de ojos ambarinos y pelaje dorado. Le dio un vuelco el corazón mientras se preguntaba qué —o quién— podía haber perturbado al animal. Tan entrada la noche todos deberían de estar profundamente dormidos: los seres humanos, los animales y los genios. A esas horas, aparte de los vigilantes nocturnos que hacían la ronda, en la ciudad de las siete colinas solo se mantenían despiertas dos clases de personas: las que rezaban y las que pecaban.

Jahan también estaba levantado, trabajando. «Para la gente como yo, trabajar es rezar —les decía el maestro a menudo—. Es la forma que tenemos de estar en comunión con Dios.»

—¿Cómo nos responde Él? —le había preguntado Jahan en cierta ocasión, cuando era más joven.

—Dándonos más trabajo, por supuesto.

Si eso era cierto, él debía de estar forjando una relación bastante estrecha con el Todopoderoso, se dijo Jahan, pues trabajaba el doble para desempeñar dos profesiones en lugar de una. Era *mahout* y delineante. Dos oficios pero un solo maestro a quien respetaba, admiraba y en secreto anhelaba superar. Su maestro era Sinan, el gran arquitecto imperial.

Sinan contaba con cientos de alumnos, miles de empleados y muchos más adeptos y acólitos. Pero solo tenía cuatro aprendices. Si bien Jahan se enorgullecía de estar entre ellos, en su fuero interno se sentía confuso. El maestro lo había escogido a él —un simple sirviente, un humilde domador de elefantes— entre un gran número de principiantes talentosos de la escuela del palacio. Ese pensamiento, en lugar de alentar su espíritu, lo llenaba de aprensión. Le agobiaba, casi a pesar de sí mismo, decepcionar a la única persona que había creído en él.

El último encargo que había recibido era diseñar un *hamam*. Las indicaciones del maestro eran claras: una elevada pila de mármol que se calentaría por la base; conductos en el interior de las paredes para permitir la salida del humo; una cúpula sostenida por trompas; dos puertas que se abrirían a dos calles situadas en direcciones opuestas para evitar que los hombres y las mujeres se vieran. En él trabajaba Jahan aquella noche aciaga, sentado ante una tosca mesa de su cobertizo en la casa de fieras del sultán.

Se recostó con el entrecejo fruncido y observó detenidamente su boceto. Le pareció burdo, carente de gracia y armonía. Como siempre, había resultado más sencillo trazar el plano de la base que la cúpula. Aunque tenía cuarenta años cumplidos —la edad en que Mahoma se había convertido en profeta— y era competente en su oficio, todavía prefería excavar cimientos con las manos a tener que vérselas con bóvedas y techos. Le habría gustado hallar el modo de evitarlas, de tal modo que los seres humanos pudieran vivir expuestos a los cielos, al descubierto y sin temor, contemplando las estrellas y dejándose contemplar por ellas, sin nada que ocultar.

Frustrado, se disponía a empezar un nuevo boceto —tras haber despilfarrado papel de los escribas del palacio— cuando volvió a oír al tigre. Irguió la espalda y alzó la barbilla mientras escuchaba inmóvil. Era un sonido de advertencia, atrevido y espeluznante, dirigido a un enemigo que no debía acercarse.

Sin hacer ruido Jahan abrió la puerta y atisbó en la penumbra. Se oyó otro rugido, no tan fuerte como el primero pero igual de amenazador. De súbito todos los animales prorrumpieron al unísono en un clamor: en la oscuridad, los loros chillaron, los rinocerontes barritaron y el oso gruñó furioso. A escasa distancia, el león dejó escapar un rugido que coincidió con el del leopardo. De fondo se oía el constante y frenético golpeteo que hacían los conejos con las patas traseras cuando se asustaban. Aunque solo eran cinco, los monos provocaron el estruendo de un batallón, chillando y desgañitándose. Los caballos también empezaron a relinchar y a moverse inquietos por el establo. En medio de ese frenesí, Jahan reconoció el barrito breve e inquieto del elefante, reacio a unirse al tumulto. Algo asustaba a esas criaturas. Jahan se echó una capa sobre los hombros, asió la lámpara de aceite y salió a hurtadillas al patio.

El aire era frío y vigorizante, impregnado de la embriagadora fragancia de las flores de invierno y las hierbas silvestres. En cuanto dio unos pasos vio a varios domadores apiñados bajo un árbol, hablando en susurros. Al ver que se acercaba, alzaron la vista expectantes. Pero Jahan no tenía información que ofrecer, solo preguntas.

—¿Qué ocurre?

—Los animales están nerviosos —respondió Dara, el domador de jirafas, hablando él también con tono nervioso.

—Podría ser un lobo —sugirió Jahan.

Había ocurrido en el pasado. Dos años atrás los lobos bajaron a la ciudad en una noche de crudo invierno y merodearon por los barrios judío, musulmán y cristiano. Unos cuantos se colaron por las puertas, sabe Dios cómo, y atacaron a los patos, los cisnes y los pavos reales del sultán, sembrando el caos. Durante días interminables tuvieron que dedicarse a arrancar las plumas ensangrentadas de los arbustos y las zarzas. Pero ese día la ciudad no se hallaba sepultada bajo la nieve ni hacía un frío desmesurado. Sin duda, lo que había asustado a los animales, fuera lo que fuese, provenía del interior del palacio.

—Mirad en todos los rincones —ordenó Olev, el domador de leones, una mole de cabello rojizo y bigote enroscado del mismo color. Enérgico y musculoso, era tenido en gran consideración por todos los criados. Un mortal capaz de dominar un león merecía incluso cierta admiración del sultán.

Desperdigándose aquí y allá inspeccionaron los establos, las pocilgas, los estanques, los gallineros y las jaulas, a fin de asegurarse de que no se había escapado ningún animal. Todos los habitantes de la casa de fieras real parecían seguir allí: los leones, los monos, las hienas, los ciervos de cornamenta plana, los zorros, los armiños, los linces, las cabras salvajes, los gatos monteses, las gacelas, las tortugas gigantes, los corzos, las avestruces, los gansos, los puercoespines, los lagartos, los conejos, las serpientes, los cocodrilos, las civetas, el leopardo, la cebra, la jirafa, el tigre y el elefante.

Cuando Jahan acudió a ver a Shota, un elefante asiático de un blanco insólito que contaba treinta y cinco años de edad y seis codos de estatura, lo encontró muy alterado e inquieto, con las orejas levantadas como velas al viento. Sonrió a la criatura cuyos hábitos tan bien conocía.

—¿Qué ocurre? ¿Hueles un peligro? —Acariciándole el costado, Jahan le ofreció un puñado de almendras dulces que siempre llevaba en el fajín.

Shota, que nunca rehusaba un premio, se llevó a la boca los frutos secos con un amplio movimiento de la trompa, sin apartar la mirada de la puerta. Se inclinó y, apoyando su enorme peso sobre las patas delanteras, con sus sensibles pies pegados al suelo, se quedó inmóvil, esforzándose por escuchar algún sonido a lo lejos.

—Tranquilo, no pasa nada —entonó Jahan, aunque no creía lo que decía, y menos aún el elefante.

Al regresar vio a Olev hablar con los domadores, apremiándolos para que se dispersaran.

—¡Hemos registrado hasta el último rincón! ¡No hay nada!

—Pero los animales… —protestó alguien.

—El indio tiene razón. —Olev señaló a Jahan—. Debe de ser un lobo. O un chacal. De todos modos, ya se ha marchado. Vayamos a dormir.

Esta vez nadie protestó. Asintiendo y murmurando regresaron cansinamente a sus catres que, aunque toscos, ásperos y llenos de piojos, eran el único lugar seguro y caliente que conocían. Solo Jahan se quedó atrás.

—¿No vienes, *mahout*? —le preguntó Kato, el domador de cocodrilos.

—Enseguida voy —respondió Jahan mirando hacia el patio interior, donde acababa de oír un extraño sonido amortiguado.

En lugar de girar a la izquierda, hacia el cobertizo de madera y piedra, tomó la derecha y se dirigió a los altos muros que separaban los dos patios. Se acercó con cautela, como si esperara algún pretexto para cambiar de parecer y regresar a sus bocetos. Al llegar a la lila del otro extremo reparó en una sombra. Oscura e intempestiva, tenía todos los visos de una aparición, y habría echado a correr si la sombra no se hubiera vuelto bruscamente dejando ver su rostro: Taras el Siberiano. Superviviente de todas las enfermedades y catástrofes, llevaba allí más tiempo que nadie. Había visto desfilar sultanes. Había visto humillados a los poderosos y hundidas en el barro las cabezas que solían llevar los turbantes más altos. «Solo hay dos cosas seguras en la Tierra —se mofaban los sirvientes—. Taras el Siberiano y las penas de amor. Todo lo demás perece...»

—¿Eres tú, indio? —le preguntó Taras—. Te han despertado los animales, ¿verdad?

—Sí. ¿Ha oído un ruido?

El anciano soltó un gruñido que podía ser un sí o un no.

—Venía de allá —insistió Jahan, estirando el cuello. Se quedó mirando el muro que se extendía ante él, una amorfa masa color ónice que se fundía sin fisuras en la oscuridad. En ese instante tuvo la impresión de que la bruma de medianoche estaba llena de espíritus que lloraban y gemían. Solo pensarlo se estremeció.

Por todo el patio reverberó un sonido hueco seguido de una cascada de pisadas, como si una multitud saliera en estampida. De las entrañas del palacio se elevó un grito de mujer, demasiado feroz para ser humano, pero fue reprimido casi al instante, dando paso a un sollozo. Desde un rincón diferente otro grito hendió la noche. Tal vez fuera un eco perdido del primero. A continuación, con tanta brusquedad como había empezado, todo quedó sumido en el silencio. Impulsivamente, Jahan hizo ademán de acercarse al muro que tenía ante sí.

—¿Adónde vas? —le preguntó Taras, con un brillo de miedo en los ojos—. Está prohibido.

—Quiero averiguar qué está pasando.

—Aléjate de aquí —le advirtió el anciano.

Jahan titubeó por un instante.

—Echaré un vistazo y regresaré enseguida.

—Preferiría que no lo hicieras, pero sé que no me harás caso —replicó Taras con un suspiro—. Al menos asegúrate de que no te adentras demasiado. Quédate en el jardín, con la espalda pegada al muro. ¿Me oyes?

—No se preocupe, seré rápido... y prudente.

—Te esperaré. No me acostaré hasta que hayas vuelto.

Jahan sonrió con picardía.

—Preferiría que no lo hiciera, pero sé que no me hará caso.

No hacía mucho Jahan había trabajado con su maestro en las obras de reconstrucción de las cocinas reales. Juntos también, habían ampliado partes del harén, algo indispensable debido a que había aumentado considerablemente su población en los últimos años. A fin de no utilizar la puerta principal, los obreros se habían servido de un atajo abriendo un boquete en el muro. Como la entrega de un envío de azulejos se retrasó, lo habían cerrado con ladrillos sin cocer y barro.

Con una lámpara de aceite en una mano y un palo en la otra, Jahan fue golpeando el muro a medida que avanzaba. Durante un rato se repitió el mismo ruido apagado una y otra vez, hasta que oyó un sonido hueco. Se detuvo. De rodillas, empujó con todas sus fuerzas los ladrillos de la base. Al principio se resistieron, pero finalmente cedieron. Dejando atrás la lámpara con la intención de recogerla a su regreso, cruzó a gatas el boquete y salió al siguiente patio.

La luz de la luna derramaba un resplandor sobrecogedor sobre la rosaleda que en esos momentos era un cementerio de rosas. Los arbustos, adornados durante toda la primavera con los más brillantes rojos, rosas y amarillos, tenían ahora un aspecto mustio, bruñido, y se extendían como un mar plateado. El corazón le martilleaba tan deprisa que Jahan temió que alguien lo oyera. Sintió un escalofrío al recordar las historias de eunucos envenenados, concubinas estranguladas, visires decapitados y sacos cuyo contenido se retorcía, lleno de vida, arrojados a las aguas del Bósforo. En aquella ciudad algunos cementerios se hallaban en lo alto de las colinas, otros a cien brazas bajo el mar.

Ante él había un árbol de hoja perenne con cientos de bufandas, cintas, colgantes y lazos pendiendo de las ramas: el Árbol de los Deseos. Cuando una concubina o una odalisca del harén tenía un secreto que no podía compartir con nadie más que con Dios, persuadía a un eunuco para que fuera allí con algo que le pertenecía. Él lo ataba a una rama junto a la ofrenda de otra mujer. Como las aspiraciones de unas y otras a menudo eran opuestas, el árbol estaba repleto de súplicas incompatibles entre sí y rezos contrapuestos. Aun así, en ese momento, una suave brisa agitaba las hojas mezclando los deseos, pero el árbol parecía tranquilo. Tan tranquilo, en realidad, que Jahan no pudo evitar acercarse a él, pese a haberle prometido a Taras que no se adentraría tanto.

Hasta el edificio de piedra del fondo no había más que treinta pasos. Desde detrás del tronco del Árbol de los Deseos, Jahan se asomó muy despacio y enseguida retrocedió. Tardó un instante en armarse de valor para mirar de nuevo.

Cerca de una docena de sordomudos corrían de una entrada a la otra. Algunos acarreaban lo que parecían ser sacos. Las antorchas que llevaban en la mano dejaban vetas de sombras en el aire, y cada vez que dos de ellas se entrecruzaban las sombras proyectadas en las paredes aumentaban de tamaño.

Sin saber muy bien cómo interpretar esa escena, Jahan corrió hacia la parte posterior del edificio, de la que se desprendía un intenso olor a tierra. Con zancadas tan imperceptibles como el aire que respiraba, describió un semicírculo que lo llevó a la puerta del fondo, sorprendentemente sin vigilancia. Entró sin pensar. Sabía que si se detenía a reflexionar en lo que estaba haciendo se quedaría paralizado de pánico.

En el interior, el aire era fresco y húmedo. Abriéndose paso a tientas en la semipenumbra siguió andando, aunque tenía la carne de gallina y el vello de la nuca erizado. Era demasiado tarde para arrepentirse. Ya no había vuelta atrás; solo podía seguir avanzando. Pegado a las paredes, con la respiración agitada, se adentró en una cámara débilmente iluminada. Miró a su alrededor: mesas de nácar con cuencos de cristal encima; sofás cubiertos de cojines; espejos con marcos tallados y pintados de dorado, tapices que colgaban de los techos y, en el suelo, los mismos sacos abultados.

Mirando por encima del hombro para asegurarse de que nadie lo seguía, avanzó muy despacio hasta que divisó algo que le heló la sangre: una mano. Pálida y flácida, descansaba sobre el frío mármol bajo un montón de tela, como un pájaro caído. Guiado por una especie de fuerza externa, Jahan desató los sacos, uno detrás de otro, y los abrió hasta la mitad. Parpadeó confuso, negándose a admitir con la mirada lo que ya había comprendido su corazón. La mano estaba unida a un brazo, el brazo a un pequeño torso. Los sacos contenían cuerpos sin vida. De niños.

Había cuatro, todos varones, uno al lado de otro por orden de estatura. El mayor era un adolescente, el menor apenas un niño de pecho. Habían sido cuidadosamente vestidos con ropajes reales para asegurarse de que conservaban en la muerte la dignidad de un príncipe. Jahan posó la mirada sobre el cadáver más próximo, un muchacho de tez clara con mejillas sonrosadas. Le miró las líneas de la palma de la mano. Líneas curvas y descendentes que se cruzaban unas con otras como huellas en la arena. Jahan se preguntó qué adivinador de la ciudad habría vaticinado la muerte tan repentina y triste de un príncipe de tan noble cuna.

Parecían descansar. Les brillaba la piel como si estuvieran iluminados por dentro. Jahan no pudo evitar pensar que en realidad no habían muerto. Habían dejado de moverse y de hablar, convirtiéndose en algo que escapaba a su comprensión, de lo que ellos mismos apenas eran conscientes. De ahí la expresión en sus rostros que podría haber sido una sonrisa.

Con las piernas tambaleantes y las manos temblorosas, Jahan se quedó de pie, incapaz de moverse. Solo el sonido de unos pasos que se acercaban lo arrancó de la bruma de su aturdimiento. Reuniendo apenas las fuerzas, se tomó un tiempo para cubrir al muerto y salió disparado hacia una esquina, donde se escondió detrás de un tapiz que colgaba del techo. Al cabo de un momento los sordomudos entraron en la estancia con otro cadáver. Lo dejaron con cuidado junto a los otros.

En ese preciso instante uno de ellos advirtió que se había caído la tela que cubría el cadáver del otro extremo. Se acercó y miró a su alrededor. Sin saber si había sido un descuido de ellos o alguien había entrado a hurtadillas en su ausencia, se lo señaló a sus compañeros. Ellos también se detuvieron. Juntos se pusieron a inspeccionar la habitación.

Solo en un rincón, separado de los asesinos por apenas una frágil tela, Jahan contuvo la respiración atemorizado. Entonces ese era el fin, pensó; toda su vida malograda. Allí era donde lo habían llevado tantas mentiras y engaños. Por extraño que pareciera, y no sin tristeza, recordó la lámpara de aceite que había dejado junto al muro del jardín, parpadeando al viento. Se le llenaron los ojos de lágrimas al recordar a su elefante y a su maestro; en ese momento los dos dormían inocentemente. A continuación sus pensamientos se volvieron hacia la mujer que amaba. Mientras ella y los demás soñaban en su lecho, a él lo matarían por estar donde no debía, viendo lo que no estaba permitido ver. Y todo por culpa de su curiosidad, esa vergonzosa y desenfrenada comezón que toda la vida lo había metido en apuros. Se maldijo en silencio. Así lo escribirían en su lápida, en letras claras:

Aquí yace un hombre demasiado curioso para su propio bien,
domador y aprendiz de arquitecto.
Ofreced una oración por su alma ignorante.

Lamentablemente, no había nadie a quien transmitir su última voluntad.

Aquella misma noche, en una mansión del otro extremo de Estambul, la *kahya*, la sirvienta principal, se hallaba despierta con una sarta de cuentas de rezo, que pasaba con el pulgar, colgada de la mano. Tenía las mejillas arrugadas como pasas y el delgado cuerpo jorobado, con los años se había quedado ciega. Aun así, dentro de los confines de la vivienda del maestro nada escapaba a su vista. Cada rincón, cada bisagra suelta, cada peldaño que crujía... No había nadie bajo aquel techo que conociera la casa tan bien como ella, o que sintiera tanta devoción por su señor y maestro, de eso no le cabía ninguna duda.

Todo estaba silencioso, a excepción de los ronquidos que se elevaban desde los aposentos de los sirvientes. De vez en cuando ella reconocía una suave respiración, tan débil que era casi imperceptible, procedente de detrás de la puerta cerrada de la biblioteca. Allí dormía Sinan, después de haber trabajado una vez más hasta tarde. Por lo general, pasaba las noches con su familia y se retiraba antes de cenar al *haremlik*, donde vivían su mujer y sus hijas, y donde nunca se había atrevido a entrar ningún aprendiz. Pero esa noche, como otras muchas, después de romper el ayuno, había vuelto a concentrarse en sus bocetos y se había quedado dormido entre libros y pergaminos, en aquella estancia que recibía el sol antes que el resto de la amplia y espaciosa casa. La *kahya* había extendido una estera sobre la alfombra para él.

Trabajaba demasiado, pese a tener ya ochenta y cinco años. A esa edad un hombre debería descansar, comer alimentos sanos y rezar, rodeado de sus hijos y sus nietos. Debería emplear las fuerzas que conservaba en los miembros en ir de peregrinación a La Meca, y si falleciera por el camino, sería mejor para su alma. ¿Por qué el maestro no se preparaba para el más allá? Y si se preparaba, ¿qué demonios hacía entre las obras con sus elegantes caftanes cubiertos de polvo y barro? La *kahya* estaba enfadada con su señor porque no se cuidaba, pero también lo estaba con el sultán y los visires porque le hacían trabajar demasiado, y estaba furiosa con los aprendices de Sinan porque no aligeraban la carga de su señor. ¡Menudos holgazanes! Ya no eran unos muchachos. Los conocía a los cuatro desde que eran unos novatos ignorantes. Nikola, el más talentoso y el más tímido; Davud, entusiasta y serio pero impaciente; Yusuf, mudo y lleno de secretos, como un bosque poblado e impenetrable, y el indio, Jahan, que siempre hacía preguntas —¿Por qué es eso así? ¿Cómo se hace ese trabajo?—, aunque apenas escuchaba las respuestas.

Reflexionando y rezando, la *kahya* contempló durante un rato el abismo que se abría en el interior de sus ojos. El pulgar, el índice y el corazón, que habían estado empujando las cuentas de ámbar una por una, se detuvieron. También cesaron sus murmullos de alabanza a Alá: «Alhamdulillah, Alhamdulillah». Se le empezó a caer la cabeza y se le abrió la boca, dejando escapar un jadeo.

Había transcurrido un instante o una hora, no tenía forma de saberlo, cuando un estrépito lejano la despertó. El estruendo de cascos de caballo y ruedas sobre los adoquines. Un carruaje avanzaba raudo y, a juzgar por el estruendo, se dirigía hacia allí. La casa de Sinan era la única residencia en un callejón sin salida. Si el carruaje doblaba la esquina solo podía dirigirse a ella. Tuvo un estremecimiento, como si un frío repentino le recorriera la espalda.

Musitando una oración para detener a los espíritus impíos, se puso bruscamente en pie pese a sus años. Con pasos cortos y oscilantes bajó las escaleras, recorrió los pasillos y salió. Dividido en terrazas elevadas, adornado con un estanque y rebosante de las más dulces fragancias, el jardín llenaba de alegría el corazón de todo aquel que lo visitaba. Lo había hecho Sinan solo, llevando agua con autorización especial del sultán, lo que había suscitado la envidia y el resentimiento de sus enemigos. En esos momentos el molino daba vueltas y el continuo gorgoteo la aseguraba el agua con una predictibilidad de la que la vida carecía.

En el cielo, la luna, una hoz plateada, se escondió tras una nube, y por un instante fugaz, el cielo y la tierra se fundieron en un gris pizarra. En el sendero de la derecha había un bosquecillo empinado, y más allá un *bostan* donde crecían hierbas y hortalizas. Tomó el otro sendero que serpenteaba hacia el patio. En un extremo había un pozo de agua fría en invierno y en verano. En el otro se apiñaban las letrinas. Como era su costumbre, las evitó. Los genios celebraban allí sus bodas, y quien los molestara en mitad de la noche quedaría lisiado hasta el día del Juicio Final; la maldición perduraría durante siete generaciones. Como la anciana *kahya* detestaba aún más utilizar el bacín que ir a las letrinas en la oscuridad, todos los días dejaba de comer y beber al anochecer para no estar a merced de su cuerpo.

Angustiada, se dirigió a la puerta que daba a la calle. Había tres cosas en la vida que no anticipaban nada bueno: un hombre que hubiera vendido su alma a Shaitan, una mujer orgullosa de su belleza y la noticia que no podía esperar al día siguiente para ser comunicada.

Poco después el carruaje se detuvo al otro lado de la alta valla. El caballo resopló; se oyeron unas fuertes pisadas. La *kahya* percibió en el aire un olor a sudor que no sabía si emanaba del animal o del mensajero. Fuera quien fuese el intruso, ella no tenía ninguna prisa en averiguar su identidad. Antes debía recitar siete veces el Surah al-Falaq: «Busco refugio en el Señor del alba del mal que hacen sus criaturas, del mal de la oscuridad cuando se extiende, del mal de las que soplan en los nudos...».

Entretanto el mensajero llamó a la puerta, de forma educada pero persistente. La clase de llamada que se intensificaría hasta convertirse en golpes si tardaban demasiado en responder. De hecho, lo hizo enseguida. Los criados, recién despertados, corrieron uno tras otro al jardín con lámparas mientras se echaban un chal sobre los hombros. Incapaz de seguir posponiéndolo, la *kahya* pronunció el «Bismillah al-Rahman al-Rahim», «En el nombre de Alá, el Clemente, el Misericordioso», y descorrió el cerrojo.

En el preciso instante en que la luna salía de detrás de las nubes apareció ante ella un desconocido. Bajo y fornido, a juzgar por la forma de sus ojos se trataba de un tártaro. Llevaba en bandolera una cantimplora de cuero y en su postura había cierta altanería, frunció el entrecejo sin ocultar su disgusto al no encontrar a mucha gente observándolo.

—Vengo del palacio —anunció con una voz innecesariamente fuerte.

El silencio que siguió era todo menos hospitalario.

—Necesito hablar con el maestro —añadió.

Irguiéndose, el hombre se disponía a cruzar el umbral cuando la *kahya* alzó una mano deteniéndolo.

—¿Se dispone a entrar con el pie derecho?

—¿Cómo dice?

—Si cruza esta puerta, debe hacerlo con el pie derecho.

Él bajó la vista hacia sus pies, como si temiera que se le escaparan, a continuación dio un paso con cautela. Una vez en el interior proclamó que lo enviaba el sultán en persona para tratar de un asunto apremiante; no hacía falta que lo dijera, pues ya lo habían comprendido todos.

—He recibido órdenes de venir en busca del arquitecto jefe de la corte —añadió.

Con el rostro lívido, la *kahya* empezó a temblar. Carraspeó, pero las palabras no lograban formarse en el interior de su boca. Habría preferido informar a ese hombre de que su señor no debía ser molestado, pues había dormido muy poco. Pero, naturalmente, no dijo tal cosa. En su lugar murmuró:

—Aguarde aquí.

Ladeó la cabeza, y sus ojos revolotearon hacia el espacio vacío.

—Ven conmigo, Hasan —le dijo a uno de los pajes cuya presencia adivinó porque olía a grasa y al caramelo de clavo que él se metía a hurtadillas en la boca.

Se marcharon, ella abriendo el camino y el muchacho detrás con una lámpara de aceite. Las tablas del suelo crujían bajo sus pies. La *kahya* sonrió para sí. El señor construía edificios suntuosos en todas partes, pero se olvidaba de reparar los suelos de su propia casa.

Al entrar en la biblioteca se vieron envueltos en un ambiente balsámico: el aroma de los libros, la tinta, el cuero, la cera de abeja, las cuentas de rezo de cedro y los estantes de nogal.

—Despierte, efendi —susurró la *kahya* con voz suave como la seda.

Se quedó inmóvil, escuchando el vaivén de la respiración de su señor. Volvió a llamarlo, un poco más fuerte. Él no se movió.

Mientras tanto, el muchacho, que nunca había visto a su señor tan de cerca, lo escudriñaba: la nariz larga y arqueada, la frente ancha con profundos surcos, la barba poblada y áspera de la que tiraba sin descanso cuando se ensimismaba en sus pensamientos, la cicatriz en la ceja izquierda, recuerdo del día en que, trabajando de joven en el taller de carpintería de su padre, se cayó sobre una cuña. La mirada del muchacho se desplazó hasta las manos de su señor. Aquellas manos de dedos fuertes, huesudos, y palmas callosas y ásperas, pertenecían a un hombre acostumbrado a trabajar a la intemperie.

La tercera vez que la *kahya* pronunció su nombre, Sinan abrió los ojos y se sentó en el lecho. Las facciones se le ensombrecieron al ver a las dos figuras que tenía a su lado. Sabía que no se habrían atrevido a despertarlo a esas horas a menos que hubiera ocurrido una calamidad o la ciudad hubiera quedado reducida a cenizas.

—Ha llegado un mensajero —anunció la *kahya*—. Le esperan en el palacio.

Despacio, Sinan se levantó.

—Que sean buenas noticias, *Inshallah*.

Mientras sostenía una jofaina, echaba agua en ella de una jarra y ayudaba a su señor a lavarse la cara y a vestirse —una camisa pálida y un caftán, no uno de los nuevos sino uno marrón, grueso y forrado de piel—, el muchacho se sintió importante. Luego bajaron los tres juntos las escaleras con gran estruendo.

Al verlos acercarse el mensajero inclinó la cabeza.

—Le ruego que me disculpe, efendi, pero tengo órdenes de llevarle al palacio.

—Estoy listo.

—¿Puede acompañarlo el muchacho? —terció la *kahya*.

El mensajero arqueó una ceja, mirando a Sinan.

—Tengo instrucciones de llevarle a usted y a nadie más.

La *kahya* sintió cómo la ira en forma de bilis le quemaba la boca. Habría replicado si Sinan no le hubiera puesto una mano en el hombro en un gesto tranquilizador.

—Todo irá bien —le dijo.

El arquitecto y el mensajero salieron y se adentraron en la noche. No se veía ni un alma, ni uno de los numerosos perros callejeros que vagaban por la ciudad. En cuanto Sinan se acomodó en el carruaje, el mensajero cerró la puerta y se subió de un salto al pescante junto al cochero, que no había pronunciado palabra. Los caballos partieron dando una sacudida y poco después cruzaban raudos las calles monótonas, subiendo y bajando la cabeza.

Para disimular su inquietud, Sinan descorrió las gruesas cortinas del carruaje y miró hacia fuera. Mientras avanzaban por calles sinuosas bajo ramas inclinadas por el peso de la tristeza, reflexionó sobre todos los que en aquellos momentos dormían, los ricos en su *konaks*, los pobres en sus casuchas. Dejaron atrás el barrio judío, el barrio de los armenios, los barrios de los griegos y los levantinos. Contempló las iglesias, todas sin campanas pues no estaban permitidas, las sinagogas con sus patios cuadrados, las mezquitas con el tejado revestido de plomo, y las casuchas de adobe y madera que se apiñaban unas contra otras como buscando consuelo. Incluso la clase acomodada construía sus viviendas con ladrillos a medio cocer. Se preguntó por enésima vez cómo una ciudad de tanta belleza podía estar abarrotada de casas tan mal construidas.

Por fin llegaron al palacio. El carruaje se detuvo al fondo del primer patio. Los mozos corrieron a asistirlos con movimientos diestros y ensayados. Sinan y el mensajero se abrieron paso hacia la Puerta del Medio, que no podía cruzar nadie salvo el sultán a lomos de un caballo. Pasaron por delante de una fuente de mármol que brillaba en la oscuridad como una criatura de otro mundo. Los pabellones junto al mar, que se alzaban a lo lejos, parecían gigantes huraños. Después de haber ampliado ciertas partes del harén y de haber reparado las cocinas imperiales, Sinan estaba bastante familiarizado con el entorno. Se detuvo bruscamente al ver un par de ojos que lo miraban desde la profunda oscuridad. Era una gacela. Grande y brillante, de ojos diáfanos. A su alrededor había otros animales: pavos reales, tortugas, avestruces, antílopes... Por alguna razón que Sinan no acertaba a comprender, todos estaban despiertos y alarmados.

El aire era frío y vigorizante, impregnado de la fragancia del arrayán, el eléboro y el romero. Había llovido aquella noche y la hierba se hundía bajo los pies. Los guardias se apartaron para dejarlos pasar. Llegaron al gran edificio de piedra, del color de los nubarrones, y recorrieron un pasillo alumbrado con velas de sebo que titilaban con las corrientes del aire. Tras cruzar dos cámaras se detuvieron en la tercera. En cuanto entraron en ella, el mensajero se disculpó y desapareció. Sinan entrecerró los ojos hasta que se acostumbraron a las dimensiones del lugar. Todos los jarrones, los cojines y los ornamentos proyectaban sombras inquietantes que se retorcían y se contorsionaban en las paredes, como si ardieran en deseos de decirle algo.

En el otro extremo la luz era más tenue. Al ver los sacos en el suelo Sinan hizo una mueca. A través de una abertura distinguió el rostro de un cadáver. Al ver que era un niño se le hundieron los hombros y se le saltaron las lágrimas. Luego comprendió. Habían corrido rumores, pero él se había negado a creerlos. Aturdido y horrorizado, se apoyó tambaleante contra la pared. Cuando encontró las palabras, su plegaria fue lenta, interrumpida por un jadeo cada vez que intentaba respirar.

Aún no había dicho amén ni se había secado las lágrimas de las mejillas y a sus espaldas oyó un graznido. Terminó sus preces y se quedó mirando fijamente el tapiz que colgaba de la pared. Tenía la certeza de que el sonido provenía de allí. Con la boca seca como la tiza se acercó a él arrastrando los pies y al apartarlo encontró a una figura temblorosa y lívida de terror que le resultó familiar.

—¿Jahan?

—¡Señor!

—¿Qué estás haciendo aquí?

Jahan salió de un salto dando las gracias a su buena estrella, la estrella que no había enviado a un sordomudo para estrangularlo sino a la única persona en todo el mundo que podía acudir en su auxilio. De rodillas, besó la mano del anciano y se la llevó a la frente.

—Usted es santo, señor. Siempre lo he pensado y ahora lo sé. Si salgo de aquí con vida lo proclamaré al mundo entero.

—¡Chis! No digas tonterías y no alces la voz. ¿Cómo has entrado?

No hubo tiempo para explicaciones. Por el pasillo se oyeron pasos que resonaban bajo los techos altos y entre las paredes ornamentadas. Jahan se levantó y se colocó detrás de su señor, rezando para hacerse invisible. Al cabo de un momento entró en la habitación Murad III acompañado por su séquito. No muy alto y más bien corpulento, tenía la nariz aguileña, una barba larga y casi rubia, y osados ojos castaños bajo cejas arqueadas. Guardó silencio unos instantes mientras decidía el tono que debía emplear: suave, áspero o el más desabrido de todos.

Sinan recuperó rápidamente la compostura y besó el dobladillo del caftán del soberano. Su aprendiz se inclinó e, incapaz de levantar la mirada hacia la Sombra de Dios en la Tierra, se quedó inmóvil. Estaba perplejo, no tanto por la persona del sultán como por encontrarse en su presencia imperial. Murad se había convertido inesperadamente en sultán, pues su padre, Selim, borracho como una cuba pese a haberse arrepentido de sus malos hábitos y haber jurado que no volvería a probar el vino, había resbalado en el suelo de mármol mojado del *hamam* y había muerto al golpearse la cabeza, dándo pábulo a las consiguientes habladurías. Poco antes del anochecer, entre adulaciones y alabanzas, y una cascada de fuegos artificiales, tambores y trompetas, Murad había ceñido ceremoniosamente la espada de su antepasado Osman y había sido proclamado el nuevo padisah.

Fuera, muy lejos de allí, el mar susurraba y suspiraba. Sin atreverse a moverse, Jahan esperó, callado como una tumba y con la frente perlada de gotas de sudor. Acercando tanto los labios al suelo que podría haberlo besado como a un amante frío, escuchó el silencio que pesaba sobre los hombros.

—¿Qué hacen aquí los muertos? —preguntó el sultán en cuando vio los sacos del suelo—. ¿No tenéis vergüenza?

—Os pedimos disculpas, mi señor —replicó al instante uno de sus ayudantes—. Pensamos que tal vez querría verlos por última vez. Los llevaremos al depósito de cadáveres inmediatamente y nos aseguraremos de que reciben los honores que merecen.

El sultán no respondió. Luego se volvió hacia las figuras arrodilladas ante él.

—Arquitecto, ¿es este uno de sus aprendices?

—Así es, Vuestra Alteza. Uno de los cuatro.

—He dado órdenes expresas de que venga solo. ¿Las ha desobedecido mi mensajero?

—La culpa es mía —repuso Sinan—. Os ruego me disculpéis, pero a mi edad necesito ayuda.

El sultán caviló un momento sobre sus palabras.

—¿Cómo se llama?

—Jahan, mi dichoso señor. Tal vez lo recuerde como el *mahout* del palacio. Cuida del elefante blanco.

—¿Domador de animales y arquitecto? —se mofó el sultán—. ¿Cómo es posible?

—Sirvió a su glorioso abuelo, el sultán Suleimán, que Alá tenga en su misericordia. Al reparar en su talento para construir puentes, nos hicimos cargo de él y lo hemos formado desde que era joven.

Sin prestar atención, el sultán murmuró como para sí:

—Mi abuelo fue un gran soberano.

—Es tan digno de alabanza como el profeta cuyo nombre llevó, mi señor.

Suleimán el Magnífico, el Legislador, Comandante de los Fieles y Protector de las Ciudades Santas, el hombre que gobernó durante cuarenta y seis inviernos en los que pasó más tiempo a lomos de un caballo que sentado en el trono, y al que, aunque estaba sepultado en las profundidades y su sudario descompuesto, se le recordaba con respeto.

—Que Alá lo tenga en su misericordia. Esta noche le he recordado. Me preguntaba qué habría hecho él en mi situación —dijo el sultán Murad, y por primera vez le falló la voz—. Mi abuelo habría hecho lo mismo. No habría tenido otra opción.

El pánico se apoderó de Jahan al comprender que se refería a los cadáveres.

—Mis hermanos están con el Dueño y Señor absoluto del Universo —añadió el sultán.

—Que el cielo sea su morada —musitó Sinan.

Guardaron silencio hasta que el sultán lo rompió de nuevo.

—Arquitecto, usted recibió instrucciones de mi venerable padre, el sultán Selim, de construir un mausoleo en su nombre, ¿no es cierto?

—Así es, Vuestra Alteza. Expresó su deseo de que lo sepultaran junto a Santa Sofía.

—Constrúyalo entonces. Póngase manos a la obra sin demora. Tiene permiso para hacer lo que sea necesario.

—Entendido, mi señor.

—Quisiera enterrar a mis hermanos junto a mi padre, y que la *turbeh* sea tan suntuosa que durante siglos la gente acuda a ella para rezar por sus inocentes almas. —Guardó silencio un instante y, como si se tratara de un pensamiento tardío, añadió—: Pero… que no sea demasiado espectacular. Debe tener el tamaño adecuado.

Con el rabillo del ojo Jahan vio que el maestro palidecía. Detectó en el aire un olor, o más bien una mezcla de olores, tal vez enebro y ramas de abedul con un intenso aroma de fondo, como a olmo quemado. No pudo averiguar si llegaba del soberano o de Sinan. Presa del pánico, se postró de nuevo hasta tocar el suelo con la frente. Oyó que el sultán soltaba un suspiro, como si buscara algo que decir, pero no pronunció una palabra más. Jahan se estremeció bajo la mirada del soberano. Se le paralizó el corazón. ¿Sospechaba el sultán que había entrado en el patio interior sin autorización? Jahan notó cómo lo recorría con sus ojos reales un instante más, después de lo cual se retiró, con sus visires y sus guardias pisándole los talones.

Así fue como en el mes de diciembre del año 1574, uno de los primeros días del Ramadán, Sinan, en calidad de arquitecto jefe de la corte, y su aprendiz, Jahan, que no pintaba nada en aquel encuentro y sin embargo se hallaba presente, recibieron el encargo de construir en los jardines de Santa Sofía un monumento lo bastante grandioso e imponente para rendir homenaje a cinco príncipes, los hermanos del sultán Murad, pero no tan grandioso ni tan imponente como para recordar a nadie que habían muerto estrangulados bajo sus órdenes la misma noche de su ascensión al trono.

Lo que ninguno de los presentes podía predecir es que cuando el sultán Murad muriera años después en una noche semejante a esa, entre aullidos del viento y gritos de los animales de la casa de fieras real, sus propios hijos —diecinueve en total— serían estrangulados con una cuerda de arco hecha de seda, para que no se derramase su noble sangre, y por uno de esos giros del destino serían enterrados en el mismo lugar que el arquitecto y el aprendiz habían construido.

En tiempos anteriores al maestro

El profeta Jacob tenía doce hijos, el profeta Jesús doce apóstoles, el profeta José, cuya historia se narra en la decimosegunda sura del Corán, era el hijo predilecto de su padre. Doce barras de pan ponían los judíos sobre su mesa. Doce leones de oro protegían el trono de Salomón. Había seis escalones para subir al trono y, como no hay ascenso sin descenso, otros seis para bajar de él, doce en total. Doce creencias fundamentales flotaban por las tierras del Indostán. Doce imanes sucedían al profeta Mahoma en el credo shií. Doce estrellas adornaban la corona de María. Y un muchacho llamado Jahan apenas tenía doce años cuando por primera vez vio Estambul.

Flaco, quemado por el sol e inquieto como un pez en un arroyo, Jahan era algo bajo para su edad. Quizá para compensar la falta de estatura una mata de cabello negro le crecía en punta y se le levantaba sobre la cabeza como una criatura con vida propia. En lo primero que reparaba la gente al verlo era en su cabello. Acto seguido en las orejas, cada una del tamaño de un puño. Sin embargo su madre le decía que algún día embelesaría a las muchachas con su sonrisa deslumbrante y un único hoyuelo en la mejilla izquierda, la huella dactilar de un cocinero sobre una masa blanda. Eso le había asegurado ella y él la había creído.

Labios rojos como un capullo de rosa, cabello suave como la seda, cintura esbelta como una rama de sauce. Ágil como una gacela y fuerte como un roble, bendecida con una voz de ruiseñor que utilizaría para cantar canciones de cuna a sus hijos, nunca para parlotear y menos aún para llevar la contraria a su marido. Así era la novia que su madre habría querido para él si hubiera vivido. Pero ya no se hallaba entre los vivos. Los vapores, dictaminó el médico. Aunque Jahan sabía que habían sido los golpes que recibía todos los días del animal de su padrastro que también era su tío. El hombre lloró desconsolado en el funeral, como si otro hubiera causado la muerte prematura de su mujer. Jahan lo había odiado con toda su alma desde el principio. Al subirse a ese barco lamentó haberse marchado de casa sin vengarse. Sin embargo, sabía que si se hubiera quedado no las habría tenido todas consigo: habría matado a su tío o bien su tío lo habría matado a él. Probablemente lo segundo, ya que él todavía era joven y no lo bastante fuerte. Cuando llegara el momento adecuado Jahan regresaría y buscaría a su amada. Contraerían matrimonio en una ceremonia de cuarenta días y cuarenta noches entre dulces y risas. La primera hija se llamaría como su madre. Era un sueño que nunca le había contado a nadie.

Mientras la carabela se aproximaba al puerto, el muchacho empezó a ver cada vez más aves y en una mayor variedad: gaviotas, andarríos, zarapitos, golondrinas, arrendajos y urracas, una de ellas con algo brillante en el pico. Unos cuantos pájaros —los valientes o los imprudentes— se posaron sobre las velas, demasiado cerca de los seres humanos. El aire estaba impregnado de un nuevo olor, desconocido y hediondo.

Después de varias semanas navegando en mar abierto, avistar

de pronto la ciudad tuvo un extraño efecto en la imaginación de Jahan, sobre todo en un brumoso día como aquel. Ante sí veía la línea donde el agua lamía la costa, una franja gris, y no habría sabido decir si se acercaban o se alejaban de Estambul. Cuanto más contemplaba la tierra más le parecía una prolongación del mar, una ciudad fundida que se encaramaba sobre la punta de las olas meciéndose, arremolinándose, cambiando sin cesar. Esa fue más o menos la primera impresión que tuvo Jahan de Estambul y que, sin él saberlo, no cambiaría ni aún después de vivir toda una vida en ella.

El muchacho recorrió la cubierta despacio. Los marineros estaban demasiado ocupados para reparar en él. Llegó al extremo de la proa, donde nunca había estado. Haciendo caso omiso del viento que soplaba en su rostro, miró hacia el corazón de Estambul, que aún no se distinguía bien. Poco a poco se desvaneció la bruma, como si alguien hubiera descorrido una cortina. La ciudad que de pronto se extendía ante él, delimitada con nitidez, ardía brillante. Luces y sombras, cuestas y pendientes. Arriba y abajo a través de una colina tras otra, con grupos de cipreses aquí y allá, la ciudad parecía un gran conglomerado de aspectos opuestos. Negándose a sí misma a cada paso, cambiando de manera de ser a cada instante, amorosa y cruel a la vez, Estambul daba magnánimamente y, acto seguido, recordaba lo que había dado. Era una ciudad tan grande que se extendía de izquierda a derecha, y hacia arriba, en dirección al firmamento, afanándose por ascender, anhelando más, sin darse nunca por satisfecha. Sin embargo, resultaba cautivadora. Aunque Jahan desconocía sus costumbres, tuvo la impresión de que era posible sucumbir a su hechizo.

Se apresuró a regresar a la bodega. El elefante, hinchado y apático, se encontraba dentro de un cajón de embalaje que hacía las veces de jaula.

—Lo has conseguido. ¡Ya estás aquí! —Esa última palabra la pronunció con un ligero estremecimiento, puesto que no sabía qué clase de lugar era «aquí». No importaba. Cualquier cosa que aguardara al animal en ese nuevo reino, no podía ser peor que la travesía que había soportado.

Shota estaba sentado sobre sus cuartos traseros, tan inmóvil que por un momento el muchacho temió que hubiera dejado de latirle el corazón. Al acercarse percibió la respiración débil y entrecortada, y experimentó un ligero alivio. Sin embargo, habían desaparecido la luz de sus ojos y el brillo de su piel. El día anterior no había probado bocado ni dormido. Tenía un bulto preocupante detrás de la quijada y la trompa visiblemente hinchada. El chico le arrojó agua sobre la cabeza, no muy seguro de si volver a utilizar el agua del mar o no, pues le dejaba manchas saladas sobre la piel y debía de causarle picor.

—Cuando lleguemos al palacio te lavaré con agua dulce —le prometió.

Poco a poco, con delicadeza, extendió cúrcuma sobre las hinchazones del elefante. El animal había adelgazado. Las últimas etapas del viaje habían resultado muy duras para él.

—Ya verás. La sultana te mimará. Serás el preferido de las concubinas —continuó Jahan. Luego se le pasó por la cabeza otra posibilidad y añadió—: Y si no son amables siempre puedes huir. Yo te acompañaré.

Habría continuado en ese tono pero oyó pasos en las escaleras. Entró un marinero.

—Eh, el capitán quiere verte. ¡Enseguida!

Al cabo de un momento el muchacho se encontraba ante la puerta del camarote del capitán, escuchando las carrasperas y los escupitajos que llegaban del interior. Ese hombre le daba pavor pero intentó no exteriorizarlo. El capitán Gareth era conocido por todos sin excepción como Gavur (Infiel), Garret o Delibash Reis, Cabezaloca.

Nacido en una ciudad de la costa de Inglaterra, ese lobo de mar al que nada gustaba más que un pedazo de tripa de cerdo asado a fuego lento y una cerveza, había traicionado a sus compatriotas por alguna razón que nadie acertaba a comprender, y armado de valiosos secretos se había unido a la fuerza naval otomana. Su audacia lo había vuelto útil en el palacio, donde le procuraron una flota propia. Al sultán Suleimán le divertía enormemente que atacara y saqueara a los barcos cristianos con una ferocidad que ningún marinero otomano había demostrado jamás, y, aunque no se fiaba de él, le concedió protección. Sabía que un hombre capaz de apuñalar a los suyos por la espalda nunca podría ser un verdadero aliado. Después de morder la mano que le había dado de comer desde el principio, la criatura que llegaba ante tu puerta no dudaría en hincarte el diente en cuanto cruzara el umbral.

Al entrar en el camarote el muchacho encontró al capitán sentado ante su escritorio con un aspecto un poco menos desaseado que de costumbre. La barba —lavada, peinada y ungida— no era del castaño oscuro que había tenido durante semanas seguidas, sino de un castaño más claro rayano en un tono ámbar intenso. De la oreja izquierda a la comisura del labio se extendía una cicatriz que hacía que la boca pareciera una prolongación de la herida. Tras despojarse de la camisa de color pardo oscuro que utilizaba a diario, vestía otra pálida y holgada, y un *shalwar* beige; del cuello le colgaba una sarta de cuentas de rezo turquesa contra el mal de ojo. Sobre la mesa ardía una vela cuyo cabo se había consumido casi hasta el extremo y a su lado había un libro mayor donde se anotaban los botines capturados hasta la fecha. El chico se fijó en que el capitán Gareth tapaba la página. No era necesario, pues Jahan no sabía leer. A diferencia de las formas y los dibujos, las letras no eran sus aliadas. Barro, arcilla, piel de cabra, piel de becerro... Jahan sabía dibujar sobre cualquier superficie. Durante la travesía había hecho un sinfín de bocetos de los marineros y del barco.

—¿Lo ves? Soy un hombre de palabra. Te he traído aquí de una pieza. —El capitán Gareth escupió con fuerza.

—El elefante está enfermo —dijo el chico, bajando la vista hacia la palangana donde había aterrizado la flema—. No me ha permitido usted que lo saque de su cajón.

—En cuanto ponga el pie en tierra firme se recuperará. —El tono del capitán estaba teñido de superioridad moral—. Además, ¿qué más te da? No es tuyo.

—No, es del sultán.

—Así es, chico. Si haces lo que te digo todos saldremos ganando.

Jahan bajó la mirada. El hombre ya había mencionado ese asunto antes, pero él confiaba en que se hubiera olvidado. Al parecer no lo había hecho.

—El palacio está lleno de oro y piedras preciosas —continuó el capitán Gareth—. El paraíso de un ladrón. Cuando llegues allí robarás por mí. No intentes saquear el lugar o los turcos te cortarán las manos. Lo harás despacio, poco a poco.

—Pero habrá guardias por todas partes. No puedo...

En un abrir y cerrar de ojos el capitán se abalanzó hacia el muchacho.

—¿Estás diciendo que no vas a hacerlo? ¿Has olvidado lo que le ocurrió a ese desgraciado *mahout*?

—No —respondió Jahan con el rostro ceniciento.

—¡Recuerda que podrías haber acabado igual que él! De no ser por mí, un chico como tú jamás se habría salvado.

—Estoy en deuda —murmuró el muchacho.

—Demuéstrame tu agradecimiento con joyas, no con palabras huecas. —El capitán tosió y le cayó un hilillo de saliva por el labio mientras atraía al muchacho hacia sí—. Esos tipos habrían cortado el elefante a tajos y se lo habrían dado de comer a los tiburones. Y a ti… te habrían montado, todos ellos. Y cuando se hubieran hartado de tu bonito culo, te habrían vendido a un prostíbulo. Estás en deuda conmigo, granuja. Vas a ir de inmediato al palacio. Te harás pasar por el domador de la bestia.

—¿Y si se dan cuenta de que no sé nada de elefantes?

—¡Entonces habrás fracasado! —exclamó el capitán, con el aliento agrio—. Pero no lo harás. Esperaré a que te hayas adaptado y entonces iré a tu encuentro. Si intentas algo contra mí, juro por Dios que te destriparé vivo. Les diré a todos que eres un impostor. ¿Sabes cómo castigan al que engaña al sultán? Lo suben al patíbulo…, cada vez más alto, y luego lo sueltan…, colgado de un gancho de hierro. Tarda tres días en morir. ¡Imagínatelo, tres malditos días! Acabarías suplicándoles que te mataran.

Jahan se retorció hasta zafarse. Salió corriendo del camarote, cruzó la cubierta y bajó a la bodega, donde se acurrucó al lado del elefante que, a pesar de estar callado y enfermo, se había convertido en su único amigo. Allí lloró como el niño que era.

Una vez que el barco fondeó esperaron a que descargaran la mercancía. El muchacho escuchó atento la actividad febril que se llevaba a cabo arriba. Pero pese a que se moría por respirar aire puro y estaba hambriento, no se atrevió a moverse. Se preguntó adónde se habían ido las ratas. ¿Desembarcaban todos los roedores en fila como los refinados pasajeros en cuanto un barco atracaba en el muelle? Se imaginó docenas de colas negro rojizo escabulléndose en todas las direcciones hasta desaparecer en el laberinto de calles y callejones que era Estambul.

Incapaz de esperar más, subió a cubierta; sintió un gran alivio al comprobar que estaba vacía. Mientras recorría con la mirada el muelle que tenía ante sí, vio al capitán hablando con un hombre que vestía una elegante túnica y un turbante alto. Sin duda, un oficial de rango superior. Al verlo, el capitán le indicó por señas que se acercara. Jahan cruzó la inestable pasarela de madera, bajó de un salto y se encaminó hacia ellos.

—El capitán dice que eres un *mahout*—dijo el oficial.

Jahan titubeó durante un breve instante, con la vacilación pasajera que te sobreviene antes de pronunciar una mentira.

—Sí, efendi. Vengo del Indostán con el elefante.

—¿Ah, sí? —En el rostro del hombre se reflejó un atisbo de recelo—. ¿Y cómo es que hablas nuestro idioma?

Jahan esperaba esa pregunta.

—Me lo enseñaron en el palacio del sah y he aprendido más a bordo. El capitán me ha ayudado.

—Está bien. Vendremos a recoger al elefante mañana por la tarde —repuso el oficial—. Antes tenemos que descargar las mercancías.

Horrorizado, Jahan se postró a sus pies.

—Si fuera tan amable, efendi. El animal está enfermo. Se morirá si se queda otra noche en esa bodega.

Siguió un silencio sorprendido hasta que el oficial respondió:

—Te preocupas por el animal.

—Es un buen muchacho —terció el capitán, con una mirada fría pese a sonreír.

Asignaron a cinco marineros la tarea de sacar al elefante de la bodega. Mirando al animal con desdén y soltando tacos sin parar, lo ataron con cuerdas y tiraron con todas sus fuerzas de él. Shota no se movió ni un ápice. Mientras el muchacho observaba a los hombres, su ansiedad fue en aumento. Tras largas deliberaciones, decidieron que levantarían el cajón con el animal dentro en lugar de sacarlo a rastras de él. Una brigada de estibadores descorrió los cerrojos de la bodega, dejándola abierta de par en par, y ataron calabrotes a los cuatro lados del cajón y los enrollaron alrededor de unos robles viejos. Cuando estuvieron listos, todos los hombres tiraron al unísono, con las mejillas encendidas por el esfuerzo. Con un último tirón, se desprendió una tabla del cajón que cayó con estrépito, pero milagrosamente no hubo ningún herido. El cajón se elevó poco a poco y de repente se detuvo. Abajo la gente contemplaba sin aliento al elefante, al que veían a través de un orificio; se balanceaba suspendido en el aire mitad ave mitad toro, *dabbat al-ard* o la bestia de la tierra que, según los imanes, aparecería al final de los tiempos. Algunos hombres más corrieron a ayudar, la multitud de espectadores aumentó, y pronto todas las personas del puerto miraban o tiraban de gruesos cables. Jahan corría de un lado a otro, intentando echar una mano pero sin saber cómo.

Cuando el cajón aterrizó lo hizo con un ruido fuerte y desagradable. El elefante se golpeó la cabeza con los listones del techo. Los tiradores no querían dejarlo salir por temor a que los atacara. El chico tardó mucho tiempo en asegurarles que Shota no lo haría.

Una vez fuera, al elefante se le doblaron las patas y se derrumbó como una marioneta sin hilos. Sin fuerzas de puro agotamiento, se negó a moverse, cerrando los ojos como si quisiera que ese lugar y toda la gente a su alrededor desaparecieran. Lo empujaron y tiraron de él, lo levantaron y lo azotaron, y por fin lograron subirlo al enorme carro tirado por una docena de caballos. Jahan se disponía a subirse de un salto al carro cuando una mano le asió el codo.

Era el capitán Gareth.

—Adiós, hijo —le dijo lo bastante alto para que todos lo oyeran. Luego añadió en una voz apenas más fuerte que un suspiro—: Vete ahora, ladronzuelo, y tráeme diamantes y rubíes. Recuerda que si me la juegas te cortaré los huevos.

—Confíe en mí —murmuró Jahan al subirse al carro, pero en cuanto las palabras abandonaron sus labios se las llevó el viento.

Por todas las calles que recorrían, los transeúntes se apartaban con una mezcla de pavor y deleite. Las mujeres aferraban con más fuerza a sus bebés; los mendigos escondían el plato de las limosnas; los ancianos agarraban los bastones en actitud defensiva. Los cristianos se santiguaban; los musulmanes recitaban suras para ahuyentar a Shaitan; los judíos rezaban bendiciones; los europeos parecían entre divertidos y sobrecogidos. Un hombre corpulento y musculoso de Kazajistán palideció como si acabara de ver un espectro. Había algo tan infantil en el miedo de ese hombre que Jahan no pudo evitar reírse. Solo los niños alzaron la vista con ojos centelleantes, señalando al animal blanco con un dedo.

Jahan vio rostros femeninos parcialmente ocultos detrás de ventanas con celosías, pajareras ornamentadas en las paredes, cúpulas en las que se reflejaban los últimos rayos de sol y múltiples árboles: castaños, tilos, nogales. Allá donde miraba veía gaviotas y gatos, las dos criaturas a las que se les había dado total libertad. Alegres y coquetas, las gaviotas volaban en círculo y descendían para picotear un cebo del cubo de un pescador, un hígado frito de la bandeja de un vendedor callejero o una tarta dejada a enfriar en un alféizar. A nadie parecía importarle mucho. Incluso cuando las ahuyentaban lo hacían de mala gana, con muchos aspavientos.

Jahan averiguó que la ciudad tenía veinticuatro puertas y estaba compuesta de tres poblaciones: Estambul, Gálata y Scutari. Reparó en que la gente iba ataviada de distintos colores, aunque era imposible saber qué normas seguían. Había aguadores con delicadas tazas de porcelana y buhoneros pregonando toda clase de mercancías, desde almizcle hasta caballa salada. Aquí y allá veía una casucha de madera donde servían refrescos en tazas de loza.

—S*herbet*—dijo el oficial relamiéndose, pero Jahan desconocía por completo qué sabor tenía.

Durante el trayecto el oficial señaló varias veces.

—Ese tipo es georgiano y aquel armenio. La figura escuálida de allá es un derviche y el que está a su lado un trujamán. Ese hombre vestido de verde es un imán, porque solo ellos pueden vestir del color preferido del Profeta. ¿Ves la panadería de la esquina? El dueño es griego. Esos infieles hacen el mejor pan, pero no te atrevas a probarlo. Hacen la señal de la cruz sobre cada barra. El tendero de allí es judío. Vende pollos, pero no puede matarlos él y paga a un rabino para que lo haga. El tipo de allá con la piel de cordero sobre los hombros y aros en las orejas es, a decir de algunos, una *torlak* o alma santa, un holgazán si quieres saber mi opinión. ¡Mira a esos jenízaros de allá! Tienen prohibido dejarse la barba, solo bigote.

Los musulmanes llevaban un turbante; los judíos, un gorro rojo, y los cristianos, un sombrero negro. Árabes, kurdos, nestorianos, circasianos, kazajos, tártaros, albaneses, búlgaros, griegos, abjasios, pomacos... Cada uno iba por su lado mientras que sus sombras se fundían y mezclaban.

—Hay setenta y dos tribus y media —continuó el oficial—, y cada una tiene su lugar. Siempre que todos conozcan sus límites, viviremos en paz.

—¿Y quiénes son esa media tribu?

—Ah, los gitanos. Nadie se fía de ellos. No pueden montar a caballo, solo en burro. No se les permite reproducirse pero aun así se multiplican, no tienen vergüenza. Ni te acerques a todo ese grupo maldito. ¡Apesta!

Asintiendo, Jahan decidió mantenerse bien alejado de todo el que tuviera aspecto de gitano. Poco a poco, las casas empezaron a desperdigarse, los árboles aumentaron de altura y el ruido disminuyó.

—Debo preparar al elefante antes de presentárselo al sultán —dijo Jahan con ansiedad—. Un regalo del sah indio debe tener un gran aspecto.

El hombre arqueó una ceja.

—¿No lo sabes, muchacho? Tu padisah se ha ido.

—¿Qué quiere decir, efendi?

—Al-Sultan al-Azam Humayun... Mientras estabas a bordo de ese barco ha perdido el trono. Según dicen, lo único que le queda es una esposa y un par de criados. Ya no gobierna.

Jahan apretó los labios. ¿Qué ocurriría con el elefante ahora que el soberano que lo enviaba ya no era soberano? Tenía la certeza de que si el sultán Suleimán mandaba de vuelta al animal, este moriría a bordo.

—Shota no sobrevivirá a otra travesía —respondió, perturbado.

—No temas. No lo devolverán —repuso el oficial—. En el palacio hay toda clase de animales, pero nunca hemos tenido un elefante blanco.

—¿Cree que les gustará?

—Al sultán no le importará. Tiene ocupaciones más importantes. Pero a la sultana...

El oficial guardó silencio. Una mirada evocadora se reflejó en su rostro mientras miraba fijamente algo a lo lejos. Cuando Jahan siguió su mirada, vio la silueta de un enorme edificio que se elevaba en lo alto de un promontorio, con las antorchas titilando en la oscuridad y las puertas cerradas como labios que guardan secretos.

—¿Es ese el palacio? —susurró Jahan.

—Ese es —respondió el hombre con orgullo, como si el lugar perteneciera a su padre—. Has llegado a la residencia del Señor de Oriente y Occidente.

A Jahan se le iluminó el rostro de expectación. Todas las cámaras que había bajo su techo debían de estar atestadas de sedas y brocados. Todos los pasillos debían de resonar de risas alegres. Los diamantes de la sultana debían de ser tan grandes que cada uno tenía un nombre más hermoso que el de una concubina.

Llegaron a la Puerta Imperial bajo la severa mirada de los guardias, que no mostraron ningún interés en Shota, como si vieran un elefante blanco todos los días. Cuando la partida se detuvo ante la Puerta del Medio, flanqueada a cada lado por torres cónicas con antorchas encendidas, bajaron del carro. En ese preciso momento el viento cambió y llevó hasta ellos un olor a podredumbre. Justo en ese instante, impulsivamente, Jahan levantó la vista hacia las sombras del fondo. Se quedó paralizado al ver las horcas. Había tres, una baja y dos altas. Sobre cada una había una cabeza cercenada pudriéndose en silencio: hinchada y morada, con la boca llena de heno. El chico advirtió un movimiento casi imperceptible, la avaricia insaciable de las urracas que se arrastraban dentro de la carne humana.

—Traidores… —susurró el oficial, y escupió con fuerza.

—Pero ¿qué hicieron? —le preguntó Jahan con voz frágil.

—Seguramente cometieron una traición. O un robo. Sin duda se lo buscaron. Eso es lo que les ocurre a los que actúan con engaño.

Aturdido y pálido, pequeño comparado con la columna que tenía ante él y de repente desprovisto de palabras, Jahan cruzó la enorme puerta con paso pesado. Aunque se apoderó de él un deseo apremiante de echar a correr, no se vio con fuerzas de dejar al elefante. Como un condenado que se dirige al patíbulo abandonándose a un destino que no puede evitar ni aceptar, siguió al oficial y entró en el palacio del sultán Suleimán.

Lo único que alcanzó a ver el muchacho aquella noche, y las que siguieron, fueron los enormes muros, una puerta gigante con clavos de hierro, un patio tan extenso que habría podido engullir el mundo, y más paredes. Se le ocurrió pensar que era posible vivir en un palacio toda la vida y no ver gran cosa de él.

Los condujeron a un establo de suelo de tierra, techumbre de paja y techos altos: el nuevo hogar de Shota. En el interior había un tipo hosco y enjuto de edad indefinida. Tenía dedos mágicos que sanaban a los animales, aunque de poco le servían frente a las enfermedades humanas. Se llamaba Taras el Siberiano. No había caballos a la vista, pero se los oía relinchar y arrastrar las patas en algún lugar cercano, nerviosos por su presencia. Desde tiempos inmemoriales los caballos sentían aversión por los elefantes, señaló Taras. Debía de tratarse de un temor equino infundado, añadió, pues no tenía noticia de que un elefante hubiera atacado a un caballo.

Taras examinó a Shota: la boca, los ojos, la trompa, las heces. Miró a Jahan furioso, acusándolo sin tapujos del mal estado en que se hallaba el animal. El muchacho se sintió avergonzado e insignificante. Habían viajado a bordo del mismo barco, pero

Shota se hallaba al borde del colapso mientras que él estaba sano como una manzana.

Con cautela y destreza el curandero aplicó un ungüento hediondo sobre las protuberancias de Shota, y envolvió la trompa con un saco de arpillera lleno de hojas trituradas y una resina fragante que Jahan más tarde averiguó que se llamaba mirra. Sin saber cómo ayudar, el muchacho fue a buscar un cubo de agua fresca que dejó junto a las pilas de ramas de arbusto, manzanas, coles y heno, todo un banquete tras la espantosa comida del barco. Pero Shota ni lo miró.

Los celos consumían al muchacho, quien se debatía entre su deseo profundo de que ese hombre curara al elefante, y su temor a que, una vez que el animal estuviera en pie, quisiera al curandero más que a él. Tal vez Shota fuera un obsequio del sah para el sultán Suleimán, pero Jahan en el fondo lo veía como suyo.

Sumido en la pesadumbre, salió del establo. Fuera otro hombre le dio la bienvenida con una gran sonrisa. Un indio llamado Sangram, que estaba eufórico de conocer a alguien que hablara su lengua materna y que se acercó al muchacho como se acerca un gato a una estufa, necesitado de calor.

—*Khush Amdeed, yeh ab aapka rahaaish gah hai.*

Jahan lo miró sin comprender.

—¿Cómo? ¿No entiendes qué te estoy diciendo? —le preguntó Sangram, esta vez en turco.

—Nuestras lenguas son distintas —se apresuró a decir Jahan. A continuación le habló del pueblo del que procedía, tan alto en las montañas que dormían por encima de las nubes, alojados entre la tierra y el firmamento. Habló de sus hermanas y de su difunta madre. Le tembló un poco la voz.

Sangram lo miró desconcertado. Parecía a punto de decir algo serio. Pero apartó de sí lo que se le había pasado por la cabeza, y suspirando sonrió de nuevo.

—Está bien, deja que te acompañe al cobertizo. Te presentaré a los demás.

Sangram le habló de las costumbres de los otomanos mientras echaban a andar por un sendero que serpenteaba entre los pabellones del jardín en dirección a un gran estanque lleno de toda clase de peces. El muchacho tenía muchas preguntas que hacer en relación con la vida en el palacio, pero cada vez que formulaba una recibía un susurro cortante por toda respuesta. Aun así, fue capaz de desentrañar algo. Aunque todavía no los había visto ni oído, se enteró de que había leones, panteras, leopardos, monos, jirafas, hienas, ciervos de cornamenta plana, zorros, armiños, linces, civetas, perros y gatos salvajes, todos al alcance de la mano. A la derecha, debajo de las acacias, estaban las jaulas de los animales salvajes; los animales que ellos tenían el deber de alimentar, lavar, apaciguar y mantener a salvo día y noche. Hacía poco había llegado un rinoceronte de Habesh, pero no sobrevivió. Cuando no querían a las bestias allí las enviaban a otras casas de fieras de la ciudad, y sus domadores iban con ellas. Los animales de mayores dimensiones residían en el viejo Palacio de los Porfirogenetas. La residencia imperial, que en el pasado había albergado a la nobleza bizantina y a los miembros de familias de rango superior, era el nuevo hogar de los animales del sultán. Otras criaturas vivían en una iglesia antigua cerca de Santa Sofía. A Shota seguramente lo habrían enviado a la iglesia, pero como todavía era una cría y de un blanco excepcional, se decidió que por el momento se quedaría en el serrallo.

Algunos cuidadores provenían de todos los rincones del imperio, otros de islas que no aparecían en los mapas. Los responsables de los pájaros y las aves de corral habitaban en otras dependencias, al sur del aviario. Desde el amanecer hasta el anochecer, gacelas, pavos reales, corzos y avestruces entraban y salían de los pabellones. La casa de fieras del sultán constituía un mundo en sí mismo. Si bien estaba llena de criaturas feroces, en realidad no era un lugar tan temible como la ciudad que la rodeaba.

La fauna que residía en el palacio se dividía en dos categorías: la salvaje y la decorativa. La primera estaba allí debido a su naturaleza indómita; la segunda, por su encanto. Del mismo modo que los leopardos no se mezclaban con los ruiseñores, los cuidadores no se codeaban entre sí. Los domadores de los animales más feroces constituían un grupo aparte. Entre los centenares de sirvientes que vivían entre esos muros, estos no eran ni los mejor remunerados ni los mejor alimentados, pero sí los más respetados.

El aposento de Jahan era un cobertizo construido a base de madera y adobe. En el interior vivían nueve hombres. Un gigantón de cabello y mostacho pelirrojos que estaba a cargo de los leones y se llamaba Olev; un domador de jirafas egipcio bizco conocido por el apodo de Dara; un domador de cocodrilos africano que tenía todo el cuerpo cubierto de cicatrices y respondía al nombre de Kato; dos gemelos chinos que cuidaban de los monos y los gorilas, y que, como Jahan no tardaría en averiguar, eran adictos al hachís; un entrenador de osos llamado Mirka que, con sus hombros anchos y sus piernas fornidas, parecía él mismo un oso; y el curandero que había conocido poco antes, Taras el Siberiano. Lo saludaron con un silencio irritado, sorprendidos por su juventud y cruzándose miradas como si comprendieran algo que a él se le escapaba.

Sangram le llevó un cuenco de *sutlach*, arroz cocinado en leche dulce.

—Toma. Tiene el sabor del hogar —le dijo, y en un susurro cómplice añadió—: La comida aquí no es tan buena como la nuestra. Más vale acostumbrarse.

Jahan engulló el plato mientras todos lo observaban, mudos de curiosidad. No sació el hambre, pero no le ofrecieron nada más y él no pidió. Se puso la ropa que le entregaron. Una camisa pálida con mangas anchas, un chaleco de lana, un *Shalwar* y, para los pies, suaves botas de cuero. Después Sangram y él dieron un paseo. El criado se llevó a la boca una sustancia de textura cerosa. Poco podía imaginarse el muchacho que era una pasta hecha con especias y opio. Al cabo de un rato a Sangram se le suavizó el rostro y se le desató la lengua. Le habló a Jahan sobre el código de silencio del sultán Suleimán. Si bien no se aplicaba con tanta severidad en el primero y el segundo patios como en el tercero y el cuarto, en todas partes se esperaba que todos guardaran silencio. Estaba prohibido hablar en voz alta, reírse o gritar.

—¿Qué hay de cantar? —A Shota le gusta escuchar una nana antes de dormir.

—Cantar… —repitió Sangram, como si comentara algo que él mismo no acertara a comprender—. Cantar solo está permitido si se hace en voz baja.

Al acercarse a los muros del jardín, se detuvieron. Allí encontraron un bosquecillo de altos abetos que montaban guardia como soldados formando un dosel con las ramas.

—No vayas más allá de este muro —le dijo Sangram, con voz tensa.

—¿Por qué?

—No hagas preguntas. Obedece a tus mayores.

Jahan sintió una sacudida en el estómago. Su desconsuelo debió de traslucirse, porque Sangram añadió:

—Tu rostro no funciona como es debido.

—¿Cómo dices?

—En él se refleja si estás contento. O si tienes miedo. —Meneó la cabeza—. Solo las mujeres son incapaces de ocultar sus sentimientos, porque son débiles. Por fortuna para ellas, se esconden detrás de velos. Pero un hombre debe aprender a enmascarar sus emociones.

—¿Por qué?

—Oculta el rostro y sella el corazón, o los dos acabaréis mal.

Una hora después, en su primera noche en Estambul, Jahan yacía rígido sobre un camastro tosco, escuchando los ruidos que se oían alrededor. De algún lugar cercano llegaban el ululato de una lechuza y los ladridos de unos perros. El interior del cobertizo no era menos ruidoso; sus compañeros roncaban, daban vueltas en sus camastros, hablaban, soltaban ventosidades y rechinaban los dientes en sueños. Aunque no logró entender qué decía, uno de ellos habló en un idioma que nunca había oído, si es que era un idioma. El ruido de sus tripas se sumó al estruendo. Pensó en comida, sobre todo en empanadas de carne con especias, pero enseguida se contuvo, pues eso siempre le recordaba a su madre. Se volvió hacia la ventana y contempló un pedazo de cielo. Era muy diferente de la azul lontananza que había visto día tras día a bordo del barco. Pensó que nunca volvería a conciliar el sueño, pero el agotamiento lo derrotó.

Se despertó con un sobresalto, saliendo de sueños oscuros e interrumpidos. Alguien respiraba en su nuca, frotándose contra sus caderas. Con una mano le tapó la boca mientras con la otra tiraba de su *Shalwar.* Jahan se retorció con la intención de zafarse, pero el hombre, que era más fuerte, lo empujó hacia abajo y presionó con más fuerza. El muchacho se ahogaba, incapaz de respirar. Solo entonces el hombre, al percatarse de que casi lo estaba asfixiando, apartó la mano. En ese instante Jahan le hincó los dientes en el pulgar con todas sus fuerzas. Se oyó un jadeo de dolor. Repentino, furioso. El muchacho se levantó de un salto, temblando. A la intensa luz de una vela vio al domador de osos.

—Ven aquí —le siseó Mirka.

Jahan entendió por el tono de voz que no quería que nadie lo descubriera. De modo que gritó a voz en cuello, violando el código de silencio, sin importarle qué le ocurriría si lo oían los guardias.

—¡Vuelve a tocarme y mi elefante te pisoteará! ¡Te mataremos!

Mirka se puso en pie, sujetándose el *shalwar.* Sin mirar siquiera a los demás domadores, que ya estaban despiertos, se fue a grandes zancadas a su camastro, murmurando:

—Tu elefante es una cría.

—Crecerá —bramó Jahan.

Olev, el domador de leones, lo miraba con una mezcla de afecto y aprobación.

—¡Mirka, cabrón! —exclamó desde su esquina—. Si vuelves a tocar al indio, clavaré tus huevos en la pared, ¿me has oído?

—Maldito seas —replicó Mirka, enfadado y derrotado.

Con el corazón palpitante, el chico se metió de nuevo en su camastro pero esta vez de espaldas a la ventana, para vigilar la habitación. Comprendió que dentro del palacio tenía que estar alerta a todas horas, incluso mientras dormía. No podría permanecer mucho tiempo allí. Debía darse prisa en encontrar la cámara donde el sultán guardaba las riquezas, coger todo lo que pudiera llevar y largarse. Con tristeza cayó en la cuenta de que se vería obligado a separarse del elefante blanco. Shota era una criatura de la casa real; él no.

Poco se imaginaba que, en su cobertizo, Shota también estaba despierto, escuchando preocupado. En el corazón de la negra noche, tan densa que dominaba cualquier otro color, había reconocido el olor del único animal que le inspiraba terror: el tigre.

Nadie sabía con total certeza cuántas almas vivían entre los muros del palacio. Taras el Siberiano, que llevaba allí más tiempo del que nadie alcanzaba a recordar, decía que había tantas como estrellas en el firmamento, pelos en la barba de un peregrino y secretos flotando en el *lodos*, el viento fuerte procedente del mar. Otros creían que eran por lo menos cuatro mil. A veces Jahan se sorprendía mirando las puertas gigantescas que los separaban de los patios interiores, preguntándose qué clase de personas vivían al otro lado.

No era el único que se moría de curiosidad. Todos los domadores que conocía parloteaban en voz baja sobre los distintos residentes del palacio: el jefe de los fabricantes de *halvah*, el maestro de ceremonias, los catadores encargados de probar todos los platos antes de que llegaran a la mesa del soberano. Impacientes por averiguar más acerca de ellos, los domadores cotorreaban sin cesar, disfrutando con cada chismorreo, dulce como el almíbar en la boca. Por encima de todo, les fascinaban las concubinas y las odaliscas. El hecho de que fueran invisibles para todos exceptuando el sultán y los eunucos, les permitía adjudicarles el aspecto que quisieran. Mentalmente podían pintar con total libertad su rostro, prometedor como un rollo de pergamino en blanco. Estaba prohibido hablar de las favoritas del sultán, incluso en susurros, a menos que se tratara de la sultana, a quien todo el mundo parecía odiar y creían justificado difamar.

Habían oído contar muchas historias sobre el harén, algunas reales, la mayoría fantasiosas. Custodiaban sus puertas unos eunucos negros a quienes habían castrado con tan poca pericia que solo podían orinar con ayuda de un tubo que llevaban en el interior del fajín. Como el islam prohibía toda clase de castración, los comerciantes cristianos y judíos contrataban a tratantes de esclavos para que realizaran el trabajo en otros lugares. Capturaban a muchachos en el corazón de África y los castraban. El palacio compraba a los que sobrevivían, que eran enviados en barco a Estambul. A los que morían durante la travesía los arrojaban al mar. Si tenían suerte y talento, llegaban a abrirse camino. Así todavía perduraba un pecado que nadie se atribuía y al que, sin embargo, contribuían todos. Sangram le contó que no solo les habían arrancado los genitales sino que muy menudo también el corazón, pues ahora negaban la compasión que se les había negado a ellos en el pasado. Si una concubina intentaba escapar esos eunucos eran los primeros en encontrarla.

El harén fluía a través de la vida palaciega, oculto pero poderoso. Lo llamaban *darusaade*, la Casa de la Felicidad. Se decía que todas y cada una de las habitaciones y pasillos estaban comunicados con la cámara de la valide, la madre del sultán. Durante años ella sola había vigilado lo que cientos de mujeres comían, bebían, vestían y hacían todos los días. Sin su bendición no se preparaba una taza de café, ni se cantaba una canción ni veía el sultán a una concubina. El comandante de los eunucos negros era sus oídos y sus ojos. Pero ella había fallecido. Y todo su poder, y mucho más, pasó a manos de la sultana.

Se llamaba Hurrem, aunque muchos la llamaban *zhadi*, bruja. No le faltaban admiradores y enemigos. Decían que había hechizado al sultán, envenenando su *sherbet* de cereza amarga, dejando caer unas gotas de poción bajo su almohada y haciéndole nudos en la ropa las noches de luna llena. El sultán había roto una tradición de trescientos años de antigüedad al contraer matrimonio con ella en una ceremonia tan pródiga que todavía se hablaba de eso en todas las tabernas, los burdeles y fumaderos de opio de la ciudad. El muchacho no había estado en ninguna taberna, ningún burdel ni en ningún fumadero de opio, pero Sangram sí, y disfrutaba difundiendo chismorreos. Casi todas las noticias que Jahan tenía sobre lo que ocurría dentro y fuera del palacio le llegaban a través de él.

Fuera o no bruja, la sultana tenía debilidad por las curiosidades y era capaz de hacer cualquier cosa con tal de coleccionarlas: la enana más diminuta del palacio, una caja de música con compartimentos secretos, una joven campesina con piel de lagarto o una casa de muñecas adornada con piedras preciosas... Fuera lo que fuese, tomaba posesión de cada una con el mismo deleite. Amante de los pájaros, a menudo visitaba el aviario. Uno de los loros —un guacamayo de vientre verde y alas rojas— era su favorito, y le enseñó una docena de palabras que el animal pronunciaba a voz en cuello cada vez que se acercaba el sultán Suleimán, lo que le hacía sonreír. Hurrem disfrutaba dando de comer a las gacelas y los potros, pero rara vez pasaba tiempo con los animales salvajes. Jahan se alegraba, pues la temía. ¿Cómo no temer a una mujer que leía la mente y robaba el alma?

Las primeras semanas en la *payitaht*, la sede del trono, transcurrieron sin incidentes. Shota se recuperó poco a poco, engordando y recobrando el buen humor. Le proporcionaron dos mantas sudaderas, una de uso diario —metros de terciopelo azul bordado con hilo de plata— y otra para las festividades, una pequeña manta dorada de brocado grueso. A Jahan le encantaba el tacto bajo las yemas de los dedos. Ya no lloraba la pérdida de las preciosas telas que el sah Humayun había enviado junto con el elefante, y que los marineros del capitán Gareth saquearon con todo descaro a bordo de aquel barco siniestro.

En cuanto cerraba los ojos por la noche, el rostro de su padrastro salía de la oscuridad. Una parte de su alma anhelaba regresar a su pueblo... y matarlo. Del mismo modo que él le había quitado la vida a su madre, dándole patadas en el vientre, aun sabiendo —cómo no iba a saberlo— que estaba embarazada. Otra parte, la más sabia, le susurraba que debía volver, pero no enseguida. Tras robar las piedras preciosas del sultán, ¿qué tenía de malo permanecer un tiempo más allí hasta reunir unas cuantas para él? El capitán Gareth nunca se enteraría. Así podría volver rico y poderoso a su casa. Sus hermanas lo saludarían. Desamparadas como debían de haberse sentido al ver que él se iba por puro capricho, al verlo de nuevo estarían tan contentas que su dolor se desvanecería. Besándoles las manos, Jahan dejaría el botín a sus pies: diamantes, esmeraldas, jade.

Un día conocería a una joven doncella, hermosa como la luna llena. Con dientes semejantes a perlas y senos como el membrillo maduro, se volvería pero no sin antes honrarlo con una sonrisa furtiva. Él la rescataría de un gran peligro (ahogarse en el mar, ser asaltada por una banda de ladrones o perseguida por un animal feroz, esta parte del sueño siempre cambiaba). Sus labios, cuando ella lo besara, sabrían como gotas de lluvia, y su abrazo sería más dulce que los higos en miel. Se enamorarían, y las caricias de ella lo inundarían como aguas fragantes. Tan perfecta sería su felicidad que, aun años después de morir de viejos abrazados, los recordarían como la pareja más feliz bajo los cielos divinos.

Su primera época en la casa de fieras habría resultado mucho más dura si Olev, el domador de leones, no lo hubiera tomado bajo su protección. Hombre incomparable en coraje e intrepidez, pero curiosamente encantado con su bigote, que peinaba, enceraba y perfumaba cinco veces al día, él también tenía una familia esperándolo en alguna parte, una vida que había perdido cuando, a los diez años, lo habían capturado los tratantes de esclavos. Su cabello rojo, su constitución robusta y, sobre todo, su osadía determinaron su destino. Arrancado de su familia, lo llevaron al palacio otomano, del que nunca saldría.

Todas las mañanas, al amanecer, los domadores se lavaban la cara en una fuente de mármol de agua tan helada que les dejaba las manos enrojecidas. Antes del mediodía compartían una sopa de trigo y pan; por las tardes se atiborraban de un arroz que goteaba grasa de cola de cordero. Al caer la noche, descansaban la cabeza en ásperos sacos que albergaban una horda de piojos reptantes. Por todas partes había liendres. Y pulgas. Saltaban de los animales a los hombres, de los hombres a los animales. Cuando mordían, como hacían a menudo, dejaban marcas rojas que se hinchaban en forma de granos si se rascaban. De vez en cuando los domadores examinaban a los animales, grandes y pequeños, y los restregaban con alcanfor, cardamomo y hierbalimón triturados. Sin embargo, por mucho que buscaran, siempre sobrevivía una pulga. Con una sola bastaba.

Dos veces a la semana el comandante de los eunucos blancos, conocido por todos como Carnation Kamil Agha, pasaba por los establos para hacer una inspección. Nunca los reprendía. Jamás alzaba la voz. Aun así, con su ceño más afilado que un cuchillo, era uno de los hombres más temidos del palacio. Era tan pálido que se le veían las venas por debajo de la piel. Tenía unas profundas ojeras y se decía que pasaba las noches paseándose por los pasillos porque no podía dormir más que una lechuza a la caza. Como sabían que bastaba el más mínimo rastro de suciedad para enfurecerlo, los domadores limpiaban sin descanso. Frotaban la orina de las palanganas, recogían las heces, aclaraban los comederos. Jahan no estaba seguro de qué pensaban los animales de tanta actividad frenética. Desprovistos de olores naturales —el suyo y el de su pareja—, parecían desorientados en su entorno. Pero ninguno de los domadores tenía valor para señalárselo al eunuco. Por lo demás, todos cuidaban bien de los animales. Su vida dependía del bienestar de estos. Si prosperaban, ellos también prosperaban; si caían en desgracia, caían con ellos.

Un día de mediados de abril sucedió algo extraño. Jahan llevaba a Shota al cobertizo cuando oyó un susurro detrás de un seto, débil pero tan cercano que se sobresaltó. Fingió no haber notado nada, si bien se mantuvo alerta. Poco después asomó de debajo del arbusto una zapatilla de seda bordada como una cría de serpiente, inconsciente de estar al aire libre.

Jahan supo de pronto que allí detrás se escondía una joven y se devanó los sesos intentando averiguar quién sería. Entre los domadores no había mujeres. Las concubinas no podían llegar hasta allí, y menos aún sin acompañante. Como no quería asustarla, se mantuvo a una distancia prudencial, imaginando que quería ver de cerca al elefante blanco. De modo que volvió a la tarea que lo ocupaba y dejó que la joven los espiara. Ella regresó una y otra vez, siempre a escondidas; él oía el crujido de las ramas bajo sus pies y el frufrú de la tela del vestido. A finales de mes ya se había acostumbrado a la fisgona misteriosa. Su aceptación estaba en consonancia con el disimulo de ella, y de no haber sido por una avispa nunca habrían cruzado una palabra.

Aquella mañana, mientras Jahan arrancaba un terrón de barro de la cola de Shota, un grito hendió el aire. A continuación salió de detrás del seto una joven con el cabello revuelto. Agitando las manos, soltó un incomprensible torrente de palabras, luego pasó corriendo por su lado, entró en el cobertizo y cerró la puerta con un golpe tan brusco que rebotó y se abrió de nuevo.

—¡Fuera de aquí! —Jahan cogió una hoja grande y la agitó hacia la avispa que la perseguía.

Zumbando frenético, el insecto describió varios círculos, lleno de frustración, hasta que, extenuado, se dirigió al rosal más cercano.

—Ya se ha ido.

—Voy a salir. Baja la cabeza, sirviente.

Ella salió, alta, grácil y esbelta.

—Que Alá me perdone —declaró, frunciendo la nariz—, pero no entiendo para qué creó las avispas.

Se acercó al elefante, intrigada por verlo de cerca. Jahan miró furtivamente en su dirección y reparó en las pequeñas pecas que tenía en las mejillas, del color de las caléndulas. Vestía una túnica gris pálido que parecía casi blanco a la luz del sol, y el cabello ondulado le asomaba por debajo del pañuelo, que llevaba sin atar.

—¿Ha visto al animal mi venerable padre, Su Majestad?

Jahan tragó saliva al caer en la cuenta de con quién estaba hablando.

Bajó la cabeza todo lo posible.

—Vuestra Alteza Mihrimah.

La princesa asintió con indiferencia, como si el título no le despertara ningún interés. Volvió a posar sus ojos ámbar oscuro en Shota.

—¿Le gustaría a Vuestra Excelencia acariciar al elefante?

—¿Muerde?

Jahan sonrió.

—Os aseguro que en Shota solo hay gentileza, Vuestra Alteza.

Con una mirada de cautela, ella se acercó al animal y le tocó la piel arrugada. Jahan tuvo otra oportunidad para contemplarla. Vio un hermoso collar de siete perlas blanquecinas, de mayor tamaño que el huevo de una golondrina. Luego la vista se posó en sus manos; manos muy delicadas que; llevó al pecho, nerviosamente entrelazadas. Ese último gesto le llegó al alma a Jahan; bajo la superficie de colores y contrastes, percibió un alma tan inquieta como la suya. De otro modo jamás se habría atrevido a pronunciar las palabras que dijo a continuación.

—Los seres humanos nos asustamos de los animales, pero la crueldad está en nosotros, no en ellos. Un cocodrilo o un león... Ninguno es tan salvaje como nosotros.

—¡Eso es absurdo! Son bestias feroces. Por eso las tenemos enjauladas, para evitar que nos engullan.

—Vuestra Alteza Serenísima, desde que he llegado aquí no he oído hablar de un solo animal que haya atacado a alguien, a menos que esté muerto de hambre. Si no los molestamos, ellos no nos molestarán. Los seres humanos no somos así. Tenga o no hambre, el hombre siente una inclinación innata al mal. ¿Dónde dormiríais más tranquila, al lado de un desconocido con la tripa vacía o acurrucada junto a un león bien alimentado?

Ella lo contempló unos instantes.

—Eres un muchacho extraño. ¿Cuántos años tienes?

—Doce.

—Soy mayor que tú. Sé más.

Todavía inclinado, Jahan no pudo evitar sonreír. Ella no había dicho lo obvio: que era de noble cuna y él no. Había dicho que era mayor, como si fueran, o pudieran ser algún día, iguales. Al dar media vuelta, ella le preguntó:

—¿Cómo te llamas?

Él se ruborizó. Pronunciar su nombre le resultaba extraño, casi íntimo.

—El nombre del elefante es Shota, Vuestra Alteza. El mío Jahan. Pero mi madre…

—¿Qué pasa con tu madre?

Eso no se lo había contado a nadie y no sabía por qué lo hacía ahora, pero dijo:

—Me llamó Jacinto.

Mihrimah se rió.

—¡Qué nombre tan extraño para un chico! —Al darse cuenta de que lo había ofendido, añadió en voz baja—: ¿Por qué?

—Cuando nací, mis ojos eran de un extraño morado. Mi madre dijo que era porque había comido jacintos durante el embarazo.

—Ojos de jacinto... —murmuró ella.

En ese instante se oyó una voz femenina a sus espaldas.

—La he buscado por todas partes, Vuestra Excelencia. No debería haber venido hasta aquí sola.

Apareció una mujer robusta de tez rubicunda, mirada penetrante y finos labios apretados en un gesto de desaprobación. Tenía el mentón tan marcado y prominente que daba la impresión de que presionaba los dientes. Sin apenas mirar al elefante o al *mahout*, pasó junto a ellos como si en ese vasto jardín de flores y animales no hubiera nada digno de contemplar, exceptuando la princesa.

Mihrimah se volvió hacia Jahan con alborozada picardía.

—*Dada*, mi niñera, siempre está preocupada por mí.

—¿Cómo no voy a preocuparme si mi niña está llena de luz y el mundo está tan oscuro?

Mihrimah se rió.

—Por desgracia, a mi *dada* no le gustan los animales. Con una excepción, le tiene mucho cariño a su gata, Cardamom.

Se cruzaron una mirada sutil, elusiva e impenetrable. De pronto Mihrimah pareció preocupada.

—¿Ha preguntado por mí mi señora madre?

—Ya lo creo, Vuestra Alteza. Le he dicho que estaba bañándose en el *hamam*.

—¡Eres mi salvadora! —Mihrimah sonrió—. ¿Qué haría yo sin ti? —Alzó una mano, como para agitar un pañuelo imaginario—. Adiós, Shota. Tal vez vuelva a verte.

Expresando así sus buenos deseos al elefante, pero sin dirigir una palabra más al *mahout*, la princesa se alejó a grandes zancadas por el sendero del jardín con su niñera a la zaga. Jahan se quedó solo. Permaneció allí unos instantes, sin recordar dónde estaba o quién era. Con la mente llena de interrogantes sin respuesta, un perfume impregnado en la piel y un temblor en el pecho que nunca había experimentado.

Jahan pensó que ella nunca volvería. Pero lo hizo. Y junto con su sonrisa llevó dádivas para el elefante; no peras o manzanas sino exquisiteces regias, como higos con nata batida, *sherbet* de violeta, mazapán cubierto de mermelada de pétalos de rosa o castañas confitadas; Jahan sabía que esto último costaba cuatro aspros la *okka*, como mínimo. Cuando las costumbres del serrallo le desagradaban o la desalentaban, Mihrimah iba a ver al animal blanco. Observaba a Shota con estupefacción, preguntándose cómo una criatura así de poderosa podía ser tan dócil. El elefante era el sultán de la casa de fieras, pero era muy diferente a su padre.

Las visitas de la princesa no seguían orden alguno. A veces no aparecía durante semanas seguidas y Jahan se sorprendía preguntándose qué hacía ella en ese cofre de secretos que era el harén. De repente pasaba todas las tardes. Su *dada*, Hesna Jatun, siempre la esperaba a su lado. Parecía preocuparle que una princesa mostrara tanto interés por un animal. Pero si bien desaprobaba a todas luces el afecto de Mihrimah por el elefante, se cuidaba de exteriorizarlo.

Transcurrió un año entero. Llegó un verano sofocante. Jahan atesoraba lo poco que había robado: un rosario de plata (del jefe de los jardineros), un pañuelo de seda con bordados de oro (de un eunuco nuevo), tarros de almendras o pistachos (de la despensa real), un anillo de oro (de un delegado extranjero que había visitado la casa de fieras). Sabía que solo eran baratijas, que no bastarían para contentar al capitán Gareth. Todavía tenía que averiguar dónde guardaba las piedras preciosas el sultán, pero lo cierto era que a medida que pasaba el tiempo e iba acostumbrándose a la vida en la casa de fieras, cada vez pensaba menos en ello. No había tenido noticias del capitán Gareth desde aquel día, aunque todavía aparecía en sus sueños como una amenaza que salía de las sombras. Jahan no acertaba a comprender por qué no aparecía. Por lo que él sabía, podría haberse ido de viaje y tenido un desdichado fin.

Casi todas las palabras que la princesa y el *mahout* se cruzaban giraban en torno a Shota, que crecía saludable aumentando en peso y altura. De ahí que Jahan se sorprendiera cuando un día, totalmente de improviso, Mihrimah le preguntó sobre su vida en el Indostán y cómo había acabado allí. Y esta es la historia que él le contó al día siguiente: ella sentada bajo un lilo, él postrado en el suelo; ella observándolo, él sin atreverse a alzar la mirada; ella tan cerca que era posible distinguir el aroma que desprendían sus cabellos; él incapaz de olvidar que entre ellos había mundos de distancia.

La historia que el *mahout* le contó a la princesa

En las extensas y pródigas tierras del Indostán vivía un niño pobre llamado Jahan. Su casa era una choza casi pegada a la carretera que los soldados recorrían al ir y venir del palacio del sah Humayun. Dormía bajo el mismo techo que sus cinco hermanas, su madre y su padrastro, que era un viejo tío. Jahan era un niño curioso al que le gustaba construir cosas con las manos. Barro, madera, piedra, excrementos o ramitas, todo le servía. En una ocasión hizo un gran horno en el patio trasero que complació sobremanera a su madre, pues a diferencia de cualquiera de los que habían tenido antes no llenaba el aire de humo negro que mareaba.

Jahan aún no había cumplido los seis años cuando su padre —porque había tenido un padre— desapareció sin dejar rastro. Cada vez que le preguntaba a su madre dónde estaba, ella le respondía lo mismo: «Se fue por mar». A bordo de un barco, con destino a una ciudad de luces y sombras muy lejana, donde había otro sah o sultán y tesoros más allá de lo imaginable.

Otro niño no se lo habría creído. Jahan sí. Tardaría años en desentrañar las bonitas y frágiles mentiras que su madre había tejido a su alrededor, como finas telas de araña que estaban y no estaban allí. Incluso cuando su madre se casó con su tío —un hombre que solía mirarla con desprecio—, el chico se negó a aceptar que su padre no fuera a regresar. Con ira impotente contemplaba a su tío sentado en la butaca de su padre, durmiendo en el lecho de su padre o mascando las hojas de betel de su padre sin pronunciar una palabra de gratitud. Nada de lo que hiciera su madre parecía satisfacerlo. La lumbre que ella encendía no daba suficiente calor, la leche que calentaba se cortaba, el *puris* que ella freía no sabía mejor que la tierra, y el cuerpo que le ofrecía cada noche era inservible ya que todavía no le había dado un hijo.

Cuando no se quejaba o insultaba, su padrastro criaba elefantes de guerra. Enseñaba a esos animales pacíficos a embestir y a matar. Las hermanas de Jahan lo ayudaban, pero él jamás lo hizo. Aborrecía tanto a su padrastro que lo evitaba a él y a sus animales. Con excepción de una, Pakeeza.

Mil días de embarazo llevaba Pakeeza y todavía no había dado a luz. Trancurrieron tres otoños y tres inviernos, y volvía a ser primavera. Los amaltas de la carretera habían florecido en tonos dorados; las lomas estaban cubiertas de flores silvestres y las serpientes habían despertado del más oscuro sueño, pero aún no había nacido la cría de elefante. Pakeeza había engordado tanto que apenas podía moverse. Todos los días lloraba, con los párpados tan pesados como el corazón.

Jahan le llevaba cada mañana agua fresca y un cubo lleno de forraje. Posando una mano en su piel arrugada, le susurraba: «Tal vez hoy sea el gran día, ¿eh?».

Pakeeza levantaba la cabeza en un gesto lento y renuente que bastaba para darle a entender que, a pesar de su agotamiento, compartía su esperanza. Luego el sol avanzaba poco a poco por el cielo, pintando en el horizonte vetas carmesí, y otro día llegaba a su fin. Eran las últimas semanas antes de la estación lluviosa y el aire estaba cargado de una humedad insoportable. Jahan sospechaba en secreto que quizá le había ocurrido algo a la cría que la elefanta llevaba en las entrañas. Incluso pensó que tal vez sufriera de hinchazón de estómago y que dentro de la carne inflamada no hubiera más que vacío. Sin embargo, cuando acercó una oreja a su enorme y colgante vientre, tan bajo que casi rozaba el suelo, oyó un latido, tímido pero firme. La criatura estaba allí, pero por razones desconocidas se escondía mientras aguardaba el momento oportuno.

Mientras tanto, Pakeeza había desarrollado un apetito por las cosas más extrañas. Bebía con deleite de los charcos lodosos, se relamía al ver arcilla seca y engullía los ladrillos hechos de boñigas de vaca. Cuando tenía oportunidad se zampaba las láminas que se desprendían de las paredes encaladas y desconchadas del cobertizo, ganándose unos buenos latigazos del tío de Jahan.

La familia de Pakeeza pasaba cada dos días para ver qué tal estaba. Dejando atrás el bosque, paseaban en fila india con la mirada clavada en el sendero polvoriento, marcando con el paso un ritmo que solo ellos podían oír. Al llegar, los machos guardaban silencio mientras las hembras se acercaban y la llamaban en su lenguaje ancestral. En el interior del patio Pakeeza erguía las orejas. De vez en cuando les respondía. Con las pocas fuerzas que le quedaban les decía que no se preocuparan. Por lo general permanecía inmóvil, Jahan no sabía si paralizada por el terror o apaciguada por el amor.

Llegaba gente de todas partes para ver el milagro. Hindúes, musulmanes, sijs y cristianos se arremolinaban alrededor de su choza. Llevaban guirnaldas de flores. Encendían velas, quemaban incienso y entonaban salmodias. Había que bendecir a la cría, decían, pues el cordón umbilical se hallaba atascado en un mundo invisible. Prendían tiras de tela en las ramas del gran baniano esperando que los cielos oyeran sus plegarias. Antes de irse, los visitantes se aseguraban de tocar a Pakeeza, prometiendo no lavarse las manos hasta que fueran concedidos sus deseos. Los más descarados intentaban arrancarle uno o dos pelos de la cola; por ellos Jahan montaba guardia.

De vez en cuando aparecía en su puerta un curandero, ya fuera movido por un deseo de ayudar o picado por la curiosidad. Uno de ellos era Sri Zeeshan, un hombre flaco y adusto de cejas llameantes que tenía la costumbre de abrazar los árboles, las rocas y los peñascos para sentir la vida que había en su interior. El año anterior había perdido el equilibrio y se había caído por un barranco al intentar abarcar con los brazos la puesta de sol. Durante cuarenta días permaneció postrado, sin hablar e incapaz de realizar más movimiento que un tic nervioso en los párpados, como si siguiera cayendo al vacío en sueños. Su mujer ya había empezado a llorar su muerte cuando el día cuarenta y uno por la tarde se levantó tambaleante pero por lo demás en perfecto estado de salud. Desde entonces su mente se movía hacia delante y hacia atrás como una sierra en funcionamiento. La opinión estaba dividida acerca de las consecuencias del accidente. Unos creían que lo había lanzado a un reino elevado que ningún otro sabio había alcanzado. Otros sostenían que, tras perder el juicio, no se le podía confiar de nuevo lo sagrado.

De cualquier modo, allí estaba. Pegó la oreja al vientre de Pakeeza, con los ojos cerrados. Y con una voz débil y ronca que parecía provenir del fondo de ese precipicio al que se había caído, dijo:

—La cría está escuchando.

Asombrado y emocionado, Jahan contuvo el aliento.

—¿Quiere decir que nos oye?

—Por supuesto. Si gritáis y despotricáis, nunca saldrá.

Jahan se encogió al recordar todas las veces que se habían oído insultos y reprimendas en la casa. Era evidente que el bruto de su tío había aterrorizado tanto a la cría que no quería salir.

El curandero agitó un dedo nudoso.

—Hazme caso, hijo. No es una cría cualquiera.

—¿Qué quiere decir?

—Este elefante es demasiado... sentimental. No quiere nacer. Consuélalo. Dile que todo irá bien, que este mundo no está tan mal. Saldrá disparado como la flecha de un arco. Quiérelo y nunca te dejará. —Con esas palabras le guiñó un ojo, como si compartieran un secreto importante.

Aquella noche Jahan se devanó los sesos mientras contemplaba cómo se oscurecía el cielo. ¿Cómo podía persuadir a esa cría de que valía la pena nacer en ese mundo? Bramando, barritando y rugiendo, los elefantes parlamentaban todo el tiempo. Aun así era un cometido que estaba fuera de sus posibilidades, pues no solo no hablaba su lenguaje sino que no tenía nada que decir. ¿Qué sabía él de la vida que había más allá de esas paredes, más allá de la cáscara de huevo que era su corazón?

A lo lejos brilló un relámpago. Jahan esperó el trueno, pero no llegó. Fue en ese intervalo de tiempo cuando se le ocurrió una idea. Era cierto que él no tenía mucho conocimiento del mundo, pero sabía qué era temerlo. Cuando tenía dos o tres años y se asustaba, siempre se escondía debajo del cabello de su madre, que era tan largo que le llegaba hasta las rodillas.

Jahan entró corriendo en la casa y encontró a su madre bañando a su marido en la tina de madera, restregándole la espalda. El tío no soportaba lavarse y de no ser por las pulgas nunca habría accedido. Al salir del agua le cambiaría el color de la piel, pero no el carácter. En ese momento estaba tumbado en la bañera, con los ojos cerrados, mientras el aceite de alcanfor obraba maravillas. Jahan hizo gestos a su madre, rogándole que lo siguiera hasta el patio. A continuación se lo pidió a sus hermanas, que habían heredado el cabello de su madre, aunque no su belleza. Con un tono de voz que le sorprendió a sí mismo, les pidió que rodearan a

Pakeeza. Para su alivio ellas así lo hicieron, cogidas de la mano y sin sonreír, como si no hubiera nada extraño en ello. Se acercaron poco a poco, como él les había indicado, con sus abundantes melenas colgando en todas direcciones. De espaldas al viento y con la cabeza echada hacia delante, los cabellos acariciaron el enorme vientre de Pakeeza. Juntos formaron un manto suspendido en el aire, como una alfombra mágica. Jahan oyó a su tío gritar en el interior de la casa. Sin duda su madre también lo había oído. Aun así, ninguna se movió. Había algo hermoso en el aire, y de haber conocido entonces la palabra «bendición», tal vez lo habría descrito así. En ese momento fugaz el muchacho susurró a la cría del útero:

—¿Ves como esto no está tan mal? Ya puedes salir.

Después de eso su padrastro le pegó a su madre por desobedecerlo. Cuando Jahan intentó intervenir recibió otra tanda de golpes. Esa noche durmió en el establo. A la mañana siguiente le despertó un silencio inquietante.

—¡Madre! —gritó.

No hubo respuesta.

Acudió junto a Pakeeza, que tenía el mismo aspecto de siempre, y vio que se le convulsionaba el vientre, una vez, dos. Al advertir que tenía los cuartos traseros hinchados volvió a llamar a su madre y a sus hermanas, aunque a esas alturas ya había comprendido que no había nadie en casa. Pakeeza empezó a barritar mientras la bolsa se le retorcía y temblaba, agrandándose de un modo terrible. Jahan había visto dar a luz a otros animales, caballos y cabras, pero nunca a una elefanta. Se recordó que era el sexto parto de Pakeeza y que ella sabía cómo proceder; no obstante, en su interior una voz más sabia le advirtió que no debía permitir que la naturaleza siguiera su curso, que debía echarle una mano, aunque la voz no dijo si en ese momento o más tarde.

Salió expulsado un saco, húmedo y viscoso como una piedra del río, y cayó al suelo con un chorro de fluido. Con extraordinaria rapidez la cría estaba fuera, salpicada de sangre y de una sustancia lodosa de una palidez translúcida. ¡Un macho! Aturdido y frágil, parecía agotado como si hubiera recorrido una gran distancia. Pakeeza lo olisqueó y lo empujó con delicadeza con la punta de la trompa. A continuación se comió el saco de aspecto transparente. Mientras tanto la cría se levantó, ciega como un murciélago. Tenía todo el cuerpo cubierto de hebras de plata. Pero lo que dejó perplejo a Jahan fue su tamaño y su color. Ante él estaba el elefante más pequeño del imperio. Y era blanco como el arroz hervido.

El hijo de Pakeeza tenía casi la mitad de tamaño que cualquier otro recién nacido. Como ellos, al tener la trompa demasiado corta necesitaba la boca para beber su primera leche; pero, a diferencia de ellos, con la cabeza no llegaba ni a las rodillas de su madre. Durante la siguiente hora Jahan observó cómo la madre elefante empujaba a la cría, primero con suavidad, luego con creciente impaciencia, suplicándole en vano que se acercara.

Convencido de que era preciso intervenir, el muchacho corrió hasta el fondo del cobertizo, donde guardaban toda clase de trastos. En una esquina había un tosco barril lleno a medias del forraje que daban de comer a los animales en invierno. Una rata se escabulló al moverlo de sitio. Con los pies cubiertos de una capa de polvo antiguo, vacío el barril y lo hizo rodar hasta la madre y la cría. Volvió corriendo a la casa para coger un cazo. Por último empujó el barril lo más cerca posible de Pakeeza para subirse a él.

Le sorprendió el tamaño de las mamas hinchadas. Con cautela, rodeó un pezón con el pulgar y el índice, y apretó esperando ordeñar a la elefanta como si fuera una cabra. Ni una gota. Lo intentó de nuevo utilizando más dedos y presionando con más fuerza. Pakeeza se estremeció, casi derribándolo. Haciendo lo posible por no respirar, Jahan llevó los labios al pezón y succionó. En cuanto llegaron las primeras gotas a su boca tuvo arcadas. Fue el olor lo que pudo con él. No tenía ni idea de lo mal que podía oler la leche. El segundo y el tercer intentos no fueron más exitosos, y cuando quiso darse cuenta estaba en el patio, vomitando. La leche de la elefanta no se parecía a nada de lo que había probado antes. Dulce y agria a la vez, espesa y grasa. Tenía la nuca empapada en sudor y se sentía mareado. Taparse la nariz con un pañuelo le sirvió. Después de eso fue capaz de avanzar. Succionaba y escupía el líquido en el cazo, succionaba y escupía. Cuando el cazo estuvo lleno en una tercera parte, se bajó del barril y lo llevó orgulloso a la cría.

Repitió durante toda la tarde la operación. La leche que con tanto esfuerzo succionaba era consumida por la cría en un feliz sorbo. Tras una docena de viajes el muchacho se concedió un descanso. Mientras se frotaba la mandíbula dolorida miró a la cría, cuya boca se había torcido en lo que solo podía describirse como una sonrisa descarada. Jahan le devolvió la sonrisa al caer en la cuenta de que eran hermanos de leche. «Te llamaré Shota, Pequeño. Pero crecerás fuerte y grande.» La cría emitió un sonido de regocijo, dándole la razón. Aunque con los años muchos querrían cambiarle el nombre a su capricho, en ninguna etapa de su vida, ni entonces ni más tarde, el animal respondió a otro nombre que el que le puso Jahan. Se llamaba Shota y así seguiría llamándose.

En tres semanas era lo bastante alto para alcanzar las mamas de su madre. No tardó en dar brincos por el patio, persiguiendo a los pollos, asustando a los pájaros y lanzándose de pleno a descubrir el mundo. Querido y mimado por todas las hembras de la manada, él correteaba de un lado para otro. Era un elefante valiente, al que no le asustaba ni el trueno ni el látigo. Solo una cosa parecía infundirle temor. Un sonido que de vez en cuando se elevaba de las profundidades de la selva y recorría todo el valle, como un río oscuro y revuelto. El rugido de un tigre.

Cuando Jahan terminó su relato, hincado todavía de rodillas después de haber hablado durante la última hora a un manojo de hierba, no se atrevió a erguirse ni a mirarla. De haber echado un vistazo, habría visto en los labios de Mihrimah un esbozo de sonrisa, delicada como la bruma de la mañana.

—Cuéntame qué pasó entonces —lo apremió Mihrimah.

Pero antes de que Jahan pudiera abrir la boca, la niñera interrumpió.

—Se está haciendo tarde, Vuestra Alteza. Vuestra madre podría volver en cualquier momento.

Mihrimah suspiró.

—Está bien, *dada*. Ya podemos irnos.

Alisando su largo caftán, la princesa se levantó y, con paso oscilante, se alejó por el sendero del jardín. Hesna Jatun la observó un rato en silencio. En cuanto Mihrimah estuvo fuera del alcance de su oído, habló en un tono tan suave y delicado que Jahan no percibió la reprimenda subyacente hasta que ella también hubo desaparecido.

—Ojos de Jacinto. Hermano de leche de un elefante. Eres un muchacho extraño, indio. O un gran embustero. Si es así y estás engañando a su dulce y gentil Excelencia, te juro que te encontraré y me encargaré de que lo lamentes.

En la siguiente ocasión que acudieron a ver al elefante, la niñera se quedó unos siete pasos atrás, callada como un muerto. En cuanto a la princesa, a la luz tenue de última hora de la tarde Jahan la vio más hermosa que nunca. En su dedo brillaba un diamante, del tamaño de una castaña y del color de la sangre de una paloma. Jahan era consciente de que si le echaba el guante sería rico toda su vida. Sin embargo, también sabía que jamás le robaría nada a ella. Mihrimah le dio unas ciruelas secas a Shota y se sentó bajo el lilo. De su cabello se desprendía una sutil fragancia a flores y hierbas silvestres.

—Me gustaría saber qué ocurrió después.

Jahan sintió un escalofrío por todo el cuerpo, pero logró decir con calma:

—Como quiera Vuestra Alteza.

La historia que el *mahout* contó a la princesa

Alrededor de un año después del nacimiento de Shota, el sah Humayun recibió en su magnífico palacio a un inusitado visitante, un almirante otomano que había perdido la mitad de sus hombres y toda su flota en una tormenta espantosa. Tras oír sus infortunios, el sah prometió darle una nueva carabela para que regresara a su país.

«Me hice a la mar para combatir a los infieles —le dijo el otomano—. Pero un viento huracanado me trajo a estas tierras. Ahora entiendo por qué. Alá deseaba que fuera testigo de la generosidad del sah y que le transmitiera a mi sultán mis impresiones.»

Complacido al oír esas palabras, Humayun recompensó al almirante con túnicas y joyas. Después se retiró a sus aposentos privados, y fue en ellos donde, sumergido en una bañera llena de pétalos de rosa, tuvo la ocurrencia. Sus problemas eran interminables, y sus enemigos numerosos, entre ellos los de su propia sangre. Su difunto padre le había dado un consejo difícil de seguir: no hagas daño a tus hermanos aunque se lo merezcan. ¿Cómo lucharía contra ellos sin hacerles daño?, se preguntaba Humayun. Y si no los derrotaba, ¿cómo permanecería en el poder? Allí estaba, desnudo como Dios lo trajo al mundo y envuelto en vaho, considerando ese dilema cuando le llamó la atención un pétalo de rosa. Moviéndose grácilmente en el agua, se deslizó hacia él como si lo guiara una mano invisible y se le pegó al pecho.

Noble de nacimiento y místico de carácter, Humayun jadeó. Aquello era a todas luces un presagio. El pétalo de rosa le había mostrado su lado más débil: el corazón. No debía permitir que lo debilitaran sus sentimientos. Cuantas más vueltas le daba más se convencía de que el capitán del barco naufragado había acudido a él como ese pétalo. Dios le decía que librara la guerra contra sus enemigos, y, si era necesario, obtuviera apoyo de los otomanos. Satisfecho, salió de la bañera chorreando.

Entre los dos sultanatos musulmanes había contactos esporádicos en forma de comerciantes, emisarios, místicos, espías, artesanos y peregrinos que viajaban de aquí para allá. También obsequios. El último llegó en todos los tamaños: sedas, joyas, alfombras, especias, armarios nacarados, instrumentos musicales, leones, guepardos, cobras, concubinas y eunucos. Los mensajes iban de un gobernante a otro acompañados de muestras de magnanimidad, y la respuesta, fuera o no afirmativa, llegaba con recíproca prodigalidad.

Humayun, Dador de la Paz y la Sombra de Dios en la Tierra, estaba intrigado acerca de Suleimán, Soberano del Mar y de la Tierra y la Sombra de Dios en la Tierra. Se había enterado por sus espías de que todas las noches antes de acostarse el sultán se ponía el sello de Salomón, el anillo que le había otorgado al rey del mismo nombre autoridad sobre los animales, los seres humanos y los genios. Las virtudes de Suleimán eran evidentes. Pero ¿cuáles eran las fobias y los temores que se enconaban bajo esos hermosos caftanes que, según se rumoreaba, no utilizaba más que una vez?

Humayun también había oído hablar de Hurrem, la reina del harén de Suleimán. No hacía mucho ella había mandado que le llevaran un millar de parejas de tórtolas de Egipto que habían entrenado como mensajeras, con pequeños papeles enrollados alrededor de las garras. Habían enviado los pájaros a Estambul sobre los mares y los ríos, y cuando los soltaron, el cielo se tornó negro carbón y la gente corrió a refugiarse en las mezquitas, temiendo que hubiera llegado el día del Juicio Final.

Humayun decidió impresionar a la sultana otomana con un obsequio sin parangón. Su ofrenda honraría al sultán y al mismo tiempo le recordaría las tierras que se hallaban más allá de su alcance y, por tanto, sus límites. Envuelto en una capa, el sah llamó al sirviente portador del aguamanil, Jauhar, en cuya sabiduría confiaba.

—Dime, ¿qué regalo sería apropiado para un hombre que lo tiene todo?

—Ni sedas ni piedras preciosas. Ni oro ni plata. Yo diría que un animal, porque los animales tienen su propia personalidad y cada uno es diferente.

—¿Qué animal transmitiría mejor la grandeza de nuestro imperio?

—Un elefante, mi señor. El animal más colosal sobre la tierra.

El sah Humayun reflexionó unos instantes.

—¿Y si quisiera darle a entender que mi reino, pese a ser lo bastante espléndido para albergar a semejante elefante, necesita su ayuda?

—En ese caso, mi señor, le enviaría un elefante pequeño. Será nuestra manera de decir que en estos momentos no estamos en condiciones de librar batalla. Que necesitamos que se nos eche una mano. Pero que creceremos y lucharemos, y cuando luchemos, saldremos triunfadores, si Dios quiere.

La mañana que Jauhar llegó con un regimiento de soldados, Jahan estaba dando de comer a Shota, que ya pesaba casi ocho *kantars* y seguía siendo de color marfil.

El tío de Jahan, jubiloso de recibir en su patio un huésped tan respetable, se postró a sus pies.

—Noble sirviente de nuestro noble sah, ¿en qué puedo ayudarle?

—Tengo entendido que eres el dueño de un elefante blanco. Debes entregárnoslo. El sah desea enviárselo a los otomanos.

—Por supuesto, será un honor.

—No irá a darle a Shota, ¿verdad? —se oyó una voz a sus espaldas.

Todo el mundo se volvió para mirar a Jahan.

Su tío se arrojó al suelo.

—Perdónelo, venerable maestro. Su madre falleció el mes pasado. De una enfermedad terrible. Un día estaba bien y al siguiente nos había dejado. La pobrecilla estaba embarazada. El chico no sabe lo que dice. El dolor lo ha trastornado.

—Mi madre murió a causa de su crueldad. La golpeaba todos los días... —Jahan se tambaleó por la bofetada que le dio su padrastro y no pudo acabar la frase.

—¡No golpee a su hijo! —gritó Jauhar.

—No soy su hijo —replicó Jahan desde el suelo.

Jauhar sonrió.

—Eres un muchacho valiente. Acércate. Deja que te mire.

Bajo la furiosa mirada de su tío, Jahan hizo lo que le pedían.

—¿Por qué no deseas desprenderte del animal? —le preguntó Jauhar.

—Shota no es un elefante cualquiera. Es diferente y no puede ir a cualquier parte.

—Amas a la bestia, eso es bueno. Pero no te preocupes. En el palacio otomano lo tratarán como un príncipe. Y tu familia será recompensada. —El portador del aguamanil del sah hizo un gesto a un sirviente, quien sacó una bolsa de la túnica.

Al ver las monedas, al tío de Jahan le brillaron los ojos.

—No haga caso al muchacho, señor. ¿Qué sabrá él? La cría es suya. Haga con ella lo que le plazca.

Una vez que la suerte de Shota estuvo echada, Jahan se encargó de preparar al elefante para emprender un largo viaje. Le dio de comer hierbas medicinales que le aligeraran la digestión; le lavó, hidrató y perfumó la piel; le arregló las almohadillas que constituían sus pies y le cortó las uñas, sabiendo en todo momento que no sería él quien lo acompañaría cuando llegara el momento de subirse a bordo. Le habían asignado la tarea a un *mahout* que era cinco años mayor que él y que se suponía que tenía más experiencia. Un joven achaparrado de mentón prominente y ojos demasiado juntos. Se llamaba Gurab, un nombre que el muchacho no olvidaría nunca. No se olvida fácilmente el nombre de los enemigos.

Llegó del palacio una gran jaula con las juntas soldadas con oro y plata, y los barrotes adornados con borlas y flores. Al verla a Jahan se le saltaron las lágrimas. Shota, alegre y revoltoso desde el día que nació, sería encadenado y confinado como un delincuente común. Por mucho que Jahan se esforzara en aceptar que esa era la única manera de cruzar el mar, no podía soportar pensar en ello. Refugiándose en su tristeza, comió y habló poco. Sus hermanas estaban preocupadas; incluso su tío lo dejó en paz.

Gurab pasaba de vez en cuando para supervisar los preparativos y «familiarizarse con la bestia», como lo expresó él. Jahan no le quitaba los ojos de encima; y se emocionaba cuando el elefante no hacía caso a su nuevo *mahout*.

—¡Toma esto! —le gritaba Gurab, levantando el bastón que tenía en la mano.

Shota se quedaba donde estaba, sin mirarlo siquiera.

—¡Ven, coge este palo! —gritaba Jahan desde otro rincón, y el elefante se volvía hacia él, siempre obediente.

En un par de ocasiones los dos jóvenes casi se liaron a puñetazos. Aun así, como Shota no obedecía a nadie más que a Jahan, acordaron que viajara con ellos hasta el puerto de Goa para facilitar las cosas. Allí el elefante subiría a bordo del barco que lo llevaría a Estambul y Jahan regresaría a Agra.

La mañana de su partida, la hermana mayor de Jahan lo llevó aparte. Tomó aire muy despacio y lo contuvo en los pulmones, incapaz de soltar el aire ni a su hermano.

—¡Nos dejas! —exclamó, como si fuera necesario anunciarlo.

—Solo serán unos días. Ayudaré a Shota y regresaré con el tío —dijo Jahan, metiendo en su saco el pan que ella le había hecho.

—El camino puede ser largo o corto, quién sabe. Esta mañana me preguntaba qué nos aconsejaría madre si estuviera aquí. He pedido a Dios que me lo hiciera saber para decírtelo, pero ha sido en vano.

Jahan mantuvo la cabeza baja. Él también anhelaba saber qué habría dicho su madre si viviera. Se asomó por la ventana y vio al elefante resplandeciente. Los campesinos le habían pintado la trompa de vivos colores y adornado la manta sudadera con lentejuelas. Mientras lo contemplaba, de su boca brotaron esas palabras:

—Ella habría dicho: Sé bueno con el animal y con los débiles.

A su hermana se le iluminaron los ojos, empañados de tristeza instantes atrás.

—Eso es. Ella habría dicho: Pase lo que pase, no hagas daño a nadie y no dejes que nadie te haga daño. No rompas el corazón de nadie y no dejes que nadie te rompa el tuyo.

Las nubes se deslizaban raudas por encima del puerto de Goa a través de un cielo color peltre, llevándoles el viento favorable que aguardaban hacía días. Recogieron las anclas, izaron las velas y arrojaron al agua unos pantalones viejos y rasgados para ahuyentar la mala suerte. Gurab iba ataviado con una chaqueta bordada del color de las hojas muertas. Al lado de los harapos de Jahan, su ropa brillaba como la de un maharajá.

—Más vale que bajes —le dijo mirándolo ceñudo—. Ya no te necesitamos.

—No pienso ir a ninguna parte hasta que zarpe el barco.

—Mocoso.

Jahan lo empujó. Desprevenido, Gurab cayó al suelo y se manchó la chaqueta.

—Te mataré —siseó al levantarse.

Jahan esquivó fácilmente los golpes; sabía cómo protegerse gracias al entrenamiento de su tío, que observaba la reyerta divertido desde un rincón. Gurab, que era mayor en edad y estatura, podría haberlo aniquilado, pero no lo hizo. Había visto en los ojos del chico la locura, esa frágil ferocidad. Para él Shota era un elefante más. Para Jahan, no había otro igual; era su mejor amigo, su hermano de leche.

—Que caiga una plaga sobre ti —dijo Gurab, pero ya había dejado de pelear.

Temblando aún, Jahan se acercó a Shota. A su lado se intensificó la tristeza que se estaba apoderando de su corazón.

—Adiós, hermano mío.

El elefante, ya encadenado, balanceó la trompa.

—Estarás bien. El sultán te acogerá y la sultana te adorará, palabra de honor.

Y con esas palabras se alejó a grandes zancadas, secándose las lágrimas. Pero no pudo ir muy lejos. De forma impulsiva se escondió detrás de una pared para espiar. Al cabo de un rato Gurab regresó con la chaqueta limpia. Convencido de haberse deshecho de su rival, se mofó:

—Eh, pedazo de bestia. A partir de ahora seremos tú y yo. Si no me obedeces te mataré de hambre.

Subir al elefante al barco no sería una tarea fácil. Shota ni siquiera había visto la jaula. Cuando llegó el momento, Gurab le dio la orden de que se moviera, pero el animal no le hizo caso. Golpeó al elefante en el lomo con el bastón. Shota no se movió. Gurab lo atizó de nuevo. Jahan estaba confuso. Si dejaba a su hermano de leche en manos de ese ogro, tal vez no llegara con vida a las tierras otomanas.

A esas alturas los *jalasi* casi habían terminado de cargar las mercancías a bordo del barco. Prácticamente quedaban solo Shota y su jaula en el muelle. A la llamada de Gurab aparecieron cuatro hombres que sujetaron el torso de Shota con cuerdas. Furioso, el elefante barritó y bramó. Aún no tenía ni un año, pero era fuerte. Los cuatro hombres se convirtieron en diez y entre todos medio empujaron, medio tiraron de él al unísono. En cuanto metieron al elefante en la jaula, cerraron la puerta de hierro con candado. Shota se volvió despacio, con una mirada de sufrimiento, y de pronto comprendió que se encontraba atrapado. La jaula estaba sujeta con cadenas por la parte superior y la izaron con ayuda de una polea. Suspendido en el aire, Shota miró alrededor, a nadie en particular sino hacia los lejanos y exuberantes bosques y los valles envueltos en niebla donde los elefantes caminaban pesadamente, libres e imprudentes.

Entonces Jahan vio algo que le llamó la atención. Delante de él en el suelo había un cajón de embalaje; se habían desprendido algunas de las tablas de madera, dejando una abertura a través de la cual se veía qué había dentro: paquetes envueltos en tela. Lo subirían a bordo al final de todo. Su mirada fue del elefante al cajón. Tras asegurarse de que nadie miraba, Jahan se introdujo en el cajón medio lleno. Esbozó una sonrisa al pensar en su tío buscándolo por todas partes. Inmóvil como una estatua, esperó. Después de lo que le pareció una eternidad notó un zarandeo que le sacudió hasta el último hueso del cuerpo. Los porteadores lo llevaban a cuestas, sin tanta delicadeza como había esperado. Cuando soltaron el cajón con un golpe brusco, Jahan se dio en la cabeza contra las tablas. Ya estaba a bordo.

La carraca a bordo de la que viajaba se llamaba *The Glowing Sun*. Tenía cuatro mástiles, y amplios castillos de popa y proa. En el mástil principal, donde un marinero quemado por el sol estaba encaramado en la cofa de vigía, había bonetas que podían agregarse a la vela según los caprichos del viento. La tripulación estaba formada por setenta y ocho marineros. Además viajaba un reducido número de misioneros, peregrinos, emisarios, comerciantes y trotamundos.

Jahan se cuidó mucho de no dejarse ver a plena luz del día. En cuanto los rayos de luz retrocedieron sobre las tablas del suelo, salió a hurtadillas del cajón y buscó al elefante. No tardó en encontrarlo; estaba en el otro extremo de la bodega, en un rincón insoportablemente húmedo y tenebroso. No vio al *mahout* por ninguna parte. Al ver al niño, Shota emitió un dulce y alegre sonido. Jahan se sentó junto a él y le prometió asegurarse de que llegaba sano y salvo a Estambul. Solo entonces regresaría al lado de sus hermanas.

A la mañana siguiente, con el estómago vacío como un pozo seco, Jahan subió a la cubierta. Un marinero, que no tenía ni idea de quién era ni le importaba, le proporcionó un poco agua y pan. De regreso fue a ver a Shota. De nuevo lo encontró solo. Al parecer Gurab no tenía la menor intención de pasar tiempo en la bodega. Envalentonado, Jahan empezó a visitar a Shota más a menudo. Pero al final lo pillaron.

—¡Eh, tú! —bramó una voz conocida.

Jahan se volvió y vio a Gurab en la entrada con el entrecejo fruncido.

—¡Maldita sea! ¿Qué haces aquí?

—¿Por qué no estás aquí? Cada vez que vengo encuentro a Shota solo.

—¡Que te cuelguen! ¿Y a ti qué más te da? La bestia es del sultán, no tuya.

Siguieron gritándose mutuamente, aunque ninguno de los dos parecía dispuesto a llegar a las manos. Al oír el alboroto, los marineros se acercaron corriendo y los llevaron ante el capitán, un hombre fornido con afición al opio y botas de cuero de tacón alto que hacía repiquetear al pasearse de un lado a otro.

—¿Un elefante con dos domadores? —preguntó—. Uno de los dos sobra.

—A mí me nombraron para el cargo. Él no es más que un crío.

—A mí me importa el animal. ¡A él no! —arremetió Jahan.

—¡Silencio! —exigió el capitán—. Yo decidiré quién se va y quién se queda.

Nunca lo hizo. Día tras día, Gurab y Jahan esperaron en vilo, evitándose y turnándose para cuidar del elefante. Recibieron un buen trato, sobreviviendo con raciones de carne salada, galletas y judías. Sin embargo, a Shota no le sentó bien la dieta ni el ambiente de la bodega, y día tras día perdía peso.

Los marineros eran supersticiosos. Había ciertas palabras que nunca utilizaban porque traían mala suerte, como «hundir», «rocas» o «desastre». No podían decir «tormenta» aunque se encontraran en medio de una. Si oían el canto de las sirenas, debían arrojar una pizca de sal por encima del hombro izquierdo, porque era el diablo el que llamaba. La tripulación tenía conjuros que repetían a menudo; silbaban, si bien nunca por la noche, y cuando oían algo que no les gustaba, escupían y golpeaban el suelo con los pies. Se consideraban malos augurios los baldes volcados, las cuerdas enredadas, los clavos torcidos y las mujeres embarazadas a bordo.

Jahan se sorprendió al enterarse de que les gustaban las ratas. Como los roedores tenían fama de abandonar el barco que se hundía, su presencia era una reconfortante garantía de que todo iba bien. No obstante, cuando un cuervo se posaba sobre uno de los mástiles, lo maldecían y lo perseguían. Uno de los marineros le contó al chico que antes de que recogieran las anclas había acudido a un hechicero y había comprado tres vientos auspiciosos para la travesía. Le habría gustado comprar más, añadió, pero eso fue todo cuanto le ofrecieron por su moneda de plata.

Aun así una tarde las ratas desaparecieron. El cielo, de un azul perfecto, oscureció. Al poco rato se desató lo que nunca debía pronunciarse en voz alta. Se abrieron los cielos; la lluvia torrencial les golpeó con fuerza el rostro, y las olas, cada vez más altas, empezaron a caer sobre la cubierta. No pudieron izar las velas de tormenta y dejaron de lado el timón, que se había estropeado. Es el fin, pensó Jahan. Poco podía imaginarse que lo era, en efecto, pero solo para él y el elefante.

El tercer día de tormenta un grupo de marineros bajó a la bodega. A Jahan le bastó con echar una rápida mirada a sus rostros sombríos para que se le helara la sangre.

—La bestia debe irse —anunció un hombre a través de los labios entrecerrados.

—No deberíamos haber permitido que subiera a bordo —terció su compañero—. ¡Un elefante blanco! Es un mal augurio. Él tiene la culpa.

—¿Creéis que nosotros trajimos la tormenta? ¿Habéis perdido el juicio? —balbuceó Jahan, pero sus palabras fueron sofocadas por nuevas quejas de los marineros. Nadie lo escuchaba. Impotente, el muchacho se volvió hacia Gurab—. ¿Por qué no haces algo?

—¿Qué puedo hacer yo? —respondió Gurab encogiéndose de hombros—. Ve a hablar con el capitán.

Jahan se levantó y salió corriendo. En la cubierta reinaba el caos. Revuelto y encrespado, el mar los golpeaba desde todas las direcciones. Calado hasta los huesos y mareado, agarrándose a las barandillas para no salir volando por los aires, Jahan encontró al capitán bramando órdenes. Asiéndolo del brazo, le suplicó que bajara a la bodega y apaciguara a sus hombres antes de que hicieran daño al elefante.

—Mis hombres están fuera de sí —replicó el capitán—. No quieren un elefante blanco a bordo, y no me extraña.

—Entonces, ¿van a arrojarnos al agua?

El capitán miró al chico como si nunca se le hubiera ocurrido esa posibilidad.

—Tú puedes quedarte, pero el animal se va.

—No puedo permitir que Shota se ahogue.

—Sabe nadar.

—¿Con este temporal? —gritó Jahan al borde del llanto. Un nuevo pensamiento acudió a su mente, un rayo de esperanza—. ¿Qué cree que dirá el sultán Suleimán cuando se entere de lo que ha hecho con su regalo?

—Es preferible la ira del sultán que la del mar.

—Dice usted que trae mala suerte tener un elefante a bordo. ¿Qué ocurrirá si lo mata? ¡Eso traerá aún más mala suerte!

—Te daré un bote. No muy lejos de aquí hay una isla. No os pasará nada —respondió el capitán mordiéndose el bigote.

Bajaron un bote de remos. Gurab y Jahan lo miraron con los ojos muy abiertos.

—Salta —ordenó el capitán.

—Eh, yo no tengo nada que ver con el elefante —dijo Gurab—. No es mío.

—Bueno… —El capitán se volvió hacia Jahan—. ¿Qué dices tú?

El muchacho no pensó que tenía que tomar una decisión, más bien aceptó lo que ya habían decidido por él. Sin decir una palabra se subió al bote, muy atemorizado.

—Es como la historia del profeta Salomón —observó el capitán antes de que otra ola se estrellara contra la cubierta—. Dos mujeres afirman ser la madre del bebé. La falsa dice: Partámoslo en dos. Pero la verdadera se niega. Ahora ya sabemos quién es el verdadero *mahout* y quién el impostor.

Subieron a Shota a la cubierta; presa de pánico, no paraba de resbalar sobre las tablas húmedas. Tras un par de intentos renunciaron a subirlo al bote y lo tiraron de un empujón al mar. Cayó con un grito ensordecedor. El mar, oscuro y furioso, abrió sus fauces y se tragó al animal como si fuera una simple concha vacía.

Cuando Jahan dejó de hablar, vio a la princesa Mihrimah mirándolo horrorizada.

—¿Cómo sobrevivisteis?

—Las olas nos arrastraron hasta la isla. Allí nos rescató otro barco. Se llamaba *Behemoth.*

Ella sonrió aliviada.

—¿Trataron bien al elefante?

—No, Vuestra Alteza. Se portaron fatal. Los marineros cayeron enfermos en mitad de la travesía. Escorbuto de la peor clase. Alguien dijo que la carne de elefante curaba y estuvieron a punto de matar a Shota. El capitán Gareth nos salvó. Le debemos la vida. El resto, ya lo sabéis. Llegamos a Estambul y nos trajeron aquí.

—Lástima que haya terminado tu historia. —Mihrimah suspiró—. Si hubieras seguido hablando otros mil días, habría escuchado sin descanso. Me ha gustado fantasear sobre tus hazañas.

Jahan cayó en la cuenta de lo necio que había sido al concluir el relato. Podría haberlo alargado mucho más. ¿Y si la princesa se iba y no regresaba más? Le entró el pánico. Mientras se devanaba los sesos buscando una manera de reanudar la historia, oyó un repentino resuello seguido de un escupitajo. Hesna Jatun estaba agachada con el rostro colorado y respiraba de forma entrecortada. La princesa y el *mahout* le ofrecieron un brazo y la acompañaron hasta el árbol, donde la ayudaron a sentarse. Mihrimah sacó con destreza una bolsa que la niñera llevaba en el fajín, la abrió y se la llevó a la nariz de la mujer. Un olor penetrante impregnó el aire. Era eso, pensó Jahan. El olor que había percibido en la princesa, una y otra vez, era el de las hierbas silvestres que la niñera llevaba consigo a todas partes. Entretanto, la mujer tomaba profundas bocanadas de aire. Poco a poco se le acompasó la respiración.

—Vámonos, *dada* —dijo Mihrimah—. No debemos cansarte.

—Sí, Vuestra Alteza Serena —respondió la mujer mientras se colocaba bien el pañuelo de la cabeza y la rosa.

Mihrimah se volvió hacia el elefante con ternura.

—Hasta luego, Shota. Has sufrido mucho. La próxima vez te traeré las mejores exquisiteces del palacio. —Y, echando una rápida mirada de reojo, añadió—: Me alegro de que no dejaras solo al elefante, muchacho jacinto. Fue muy amable de tu parte.

—Vuestra Majestad… —repuso Jahan, pero no continuó.

En ese preciso instante ella hizo algo que él no habría imaginado ni en sueños que haría. Lo tocó. Puso una mano en su rostro y le apretó ligeramente la mejilla, como si buscara el único hoyuelo que en esos momentos ocultaba un rubor turbado.

—Tienes buen corazón, *mahout.* Ojalá pudiéramos pasar más tardes juntos.

Aturdido y conmovido por su afecto, Jahan no se movió. No

podía respirar, y aún menos pronunciar unas palabras de gratitud. No hubo tiempo para regocijarse o inventar nuevas historias. Una vez más observó cómo ella se alejaba preguntándose si regresaría.

—Eh, *mahout*, ¿dónde demonios estás?

Jahan fue a ver quién gritaba fuera del cobertizo. Era el comandante de los eunucos blancos, con los brazos en jarras.

—¿Dónde te habías metido?

—Estaba limpiando...

—Prepárate. El gran muftí necesita a la bestia.

—¿Pa... para qué?

Kamil Agha dio un paso al frente y le propinó una bofetada.

—¿Por qué preguntas? Haz lo que te digo.

Con la ayuda de los domadores, Jahan ató el *howdah* al lomo del elefante. Cuando Shota estuvo listo, el eunuco le lanzó una mirada rayana en el desprecio.

—Vamos allá. Sangram te mostrará el camino. ¡Están juzgando a un hereje!

—Sí, efendi —repuso Jahan, aunque no tenía ni idea de lo que eso significaba.

Era un viernes por la mañana de mucho movimiento y lloviznaba. Jahan y Sangram, sentados en el interior del *howdah*, recorrieron las calles empinadas. Jahan logró sonsacarle a Sangram lo que el comandante de los eunucos blancos se había negado a revelar. Su cometido era pasar a recoger al gran muftí y llevarlo a una plaza, donde se interrogaría a un predicador sufí famoso por sus opiniones impías. Poner a un elefante de la casa real al servicio de un alto oficial religioso era la forma que tenía el sultán de demostrar su apoyo a los ulemas. El sultán no asistiría al juicio; había rechazado la invitación del gran muftí, dando a entender que deseaba rehuir los debates teológicos.

Mientras pasaban junto al antiguo cementerio con vistas al Cuerno de Oro, el elefante se detuvo con brusquedad. Jahan lo azuzó con el bastón, pero el animal parecía traspuesto.

—He oído decir cosas curiosas sobre estas bestias —comentó Sangram—. Dicen que escogen el lugar donde quieren morir. Este parece haberlo encontrado.

—¡Pero qué dices! Shota es una cría —objetó Jahan, molesto con esas palabras.

Sangram se encogió de hombros. Por fortuna, Shota empezó a caminar de nuevo, y abandonaron el tema tan rápidamente como lo habían empezado.

Antes del mediodía llegaron a la casa del gran muftí, una mansión con un palomar tallado en piedra caliza, una pérgola rematada con un baldaquino y ventanas en saledizos con vistas al Bósforo. Jahan inspeccionó el lugar con interés. Advirtió que la mayoría de las ventanas miraban al norte y unas cuantas eran de vidriera, lo que le pareció una lástima, pues no reflejaban la luz cambiante. Se le ocurrió que si conseguía afanar en alguna parte un pedazo de papel dibujaría ese lugar tal como se lo imaginaba.

Entretanto apareció el gran muftí. Jahan lo saludó bajo la mirada de sus mujeres y sus hijos, quienes nunca habían visto un elefante y lo contemplaban desde detrás de cortinas y puertas. Con ayuda de una escalera de mano y una docena de criados, el anciano tomó asiento en el interior del *howdah*. Jahan se sentó, como de costumbre, sobre el cuello de Shota. Sangram los seguiría andando.

—¿Alguien se ha caído alguna vez de aquí arriba? —gritó el gran muftí en cuanto se pusieron en camino.

—*Chelebi*, le aseguro que jamás ha sucedido.

—*Inshallah* que no sea yo el primero en hacerlo.

Jahan vio con sorpresa que el hombre entrado en años sobrellevaba bastante bien el paseo. Avanzaron por las calles más anchas, evitando los callejones demasiado angostos para el elefante. Jahan tuvo la impresión de que el gran muftí quería que lo viera el mayor número posible de personas. No todos los días se tenía ocasión de montar el elefante del sultán Suleimán.

Entraron en la plaza, donde los esperaba una muchedumbre. La gente los saludó, agitando la mano y aclamándolos, aunque no se sabía cuál de los dos era acogido con más efusión, el muftí o Shota. En el aire se respiraba emoción. Se esperaba que fuera un espectáculo singular. Una vez en el suelo, el gran muftí se dispuso a dirigir la oración del viernes, seguido de los ulemas y de cientos de conciudadanos. Jahan y Sangram aguardaron junto al animal, hablando en susurros. De vez en cuando miraban de reojo a los cuatro soldados de aspecto hosco que hacían guardia. Entre ellos había un desconocido que rezaba solo, y que tan pronto se arrodillaba como se ponía en pie: una figura alta y ágil con un rostro delicado y barba de varios días.

Sangram dijo que se llamaba Leyli, aunque todos lo llamaban Majnun Shayj. Era el más joven de los estudiosos sufíes, el más joven de los predicadores del viernes. Tenía los ojos del gris pálido de la lluvia de otoño, pecas como motas de pintura, y el cabello rubio y esponjoso. Era un hombre de contrastes hipnotizantes:

con una curiosidad pueril por el funcionamiento interno del mundo y con la serena sensatez de un sabio; valiente hasta el extremo de la imprudencia pero tímido; lleno de vigor aunque envuelto en un aire de melancolía. Provisto de facilidad de palabra y experto en *marifa*, conocimientos místicos, intuitivos, sus sermones eran populares, y los escuchaban tanto los creyentes como los escépticos de todas partes del imperio. Su voz, dulce y sosegante, adquiría un ligero tono cantarín cuando se ponía particularmente sentimental. Sus enseñanzas aturdían, consternaban y turbaban a los *ulemas*. La aversión era mutua. No transcurría un día sin que Majnun Shayj criticara o ridiculizara la burocracia religiosa. «Cuando uno alcanza una conciencia superior —decía—, debe prestar atención al núcleo interno de la fe antes que al *haram* y el *halal*, lo lícito y lo ilícito.» Los sufíes, que habían alcanzado un nivel superior de comprensión, no estaban sujetos a los decretos de los *ulemas*. Estos habían sido inventados para las masas, para los que no querían pensar y esperaban que otros pensaran por ellos.

Majnun Shayj hablaba de amor, de Dios y de sus semejantes, los seres humanos, del universo en su totalidad y de la más minúscula partícula. La oración era como una declaración de amor, y el amor debía estar desprovisto de miedo y de expectativas. No había que temer abrasarse en las calderas o anhelar una hurí virgen, puesto que el cielo y el infierno, el sufrimiento y la alegría, estaban aquí y ahora. ¿Cuánto tiempo vas a encogerte ante Dios cuando podrías empezar a amarlo?, preguntaba. Sus seguidores —un variopinto grupo de artesanos, campesinos y soldados— escuchaban su oración hipnotizados. Sus ideas atraían a los pobres, sus actitudes a los ricos. Incluso las mujeres, las odaliscas ignorantes y los eunucos resentidos lo tenían en gran consideración; incluso los judíos, los cristianos y los zoroastrianos, que tenían un libro que nadie había visto aún.

La oración del viernes tocó a su fin y los estudiosos se acomodaron. Majnun Shayj forzó la vista, como un niño que se limpia las legañas, y estudió uno a uno a sus interrogadores.

—¿Sabe de qué se le acusa? —le preguntó el gran muftí.

—De lo que llamáis herejía. Pero es una acusación infundada.

—Eso ya lo veremos. ¿Es cierto que ha afirmado que usted y todo el mundo somos Dios?

—Lo que dije era que el Creador está presente en cada individuo. Ya seamos un herrero o un pasah, todos tenemos en común la misma esencia vital.

—¿Cómo es posible?

—No solo estamos hechos a Su imagen y semejanza sino que también tenemos Su esencia divina.

—¿Es cierto que ha afirmado que no teme a Dios?

—¿Por qué iba a temer a mi Amado? ¿Acaso teme usted a sus seres amados?

De la multitud se elevó un murmullo.

—¡Silencio! —gritó alguien.

—Entonces reconoce haber afirmado que se asemeja a Dios.

—Usted cree que Dios se parece a usted. Furioso, rígido, ávido de venganza... Yo, en lugar de creer que lo peor de los seres humanos se encuentra en Dios, sostengo que lo mejor de Dios se encuentra en los seres humanos.

El estudioso Ebussuud Efendi pidió la palabra.

—¿Es consciente de que lo que acaban de pronunciar sus labios es pura blasfemia?

—¿Lo es? —Majnun Shayj guardó silencio, como si por un momento considerara la posibilidad.

A Ebussuud se le ensombreció el rostro.

—En lugar de sentir arrepentimiento parece mofarse del alto tribunal. Su mente está a todas luces pervertida.

—No me burlaba. Además, usted y yo no somos tan distintos. Lo que usted aborrece en mí, ¿no existe también en usted?

—¡Por supuesto que no! No podríamos ser más diferentes —replicó Ebussuud—. Y su Dios sin duda no es el mío.

—¿No está cometiendo *shirk*, hablando de mi Dios y de su Dios como si hubiera más de uno?

Se oyeron susurros entre la multitud.

Tosiendo, el gran muftí los interrumpió.

—Háblenos más de Dios entonces.

La respuesta de Majnun Shayj fue que Alá no era un rey, un rajá o un padisah que observaba desde las alturas sentado sobre un trono celestial, anotando todos los pecados para poder castigarlos cuando llegara el día.

—Dios no es un mercader, ¿por qué debería hacer cálculos? Dios tampoco es un escribano, ¿por qué debería apuntarlos?

Insatisfecho con su respuesta, el tribunal continuó interrogándolo desde todos los ángulos. Cada vez llegaban respuestas similares. Al final oyeron estas palabras en boca del acusado:

—Donde usted pone el límite y me hace callar, es el único comienzo para mí. Lo que usted llama *haram* para mí es puro *halal.* Usted dice que debo guardar silencio, pero ¿cómo voy a permanecer callado cuando Dios habla a través de mí?

Anocheció; el cielo adquirió un tono rojizo sobre las colinas. A lo lejos los faros de un barco que pasaba proyectaban un brillo tenue. Las gaviotas chillaban, peleando por un pedazo de carne podrida. A medida que la emoción de las horas anteriores menguaba, la gente empezó a aburrirse. Tenían obligaciones que atender, estómagos que llenar, mujeres a las que complacer. Poco a poco la multitud se dispersó. Solo continuaron allí los discípulos del hereje, con la devoción visible en sus rostros.

—Le concedemos una última oportunidad —anunció el gran muftí—. Si admite que ha hablado de forma sacrílega sobre Dios y se compromete a no volver a repetir nunca más semejantes obscenidades, quizá obtenga el perdón. Ahora dígame, de una vez por todas, ¿se arrepiente?

—¿De qué? —replicó Majnun Shayj, irguiendo los hombros mientras parecía tomar una decisión—. Amo tanto al Amado como el Amado me ama a mí. ¿Por qué arrepentirme de su amor? Seguro que hay otras cosas por las que sentir remordimientos. La avaricia. La crueldad. La decepción. Pero el amor..., nunca habría que arrepentirse de él.

En su ansiedad Jahan no advirtió que estaba apretando demasiado las riendas de Shota. El elefante emitió un ruido de incomodidad que llamó la atención de todos los presentes.

—Esa criatura... —continuó Majnun Shayj, contemplando a Shota con algo rayano a la admiración—. ¿No es un testimonio de la belleza y la variedad del universo? Observe cómo refleja toda la existencia, aun cuando para algunos no sea más que una bestia. Cuando morimos nuestra alma pasa de un cuerpo a otro. Por lo tanto, no hay muerte. No hay un cielo esperándonos ni un infierno que temer. No necesito rezar cinco veces al día o ayunar durante todo el Ramadán. Para los que han ascendido lo suficientemente alto, las normas de la gente común cuentan poco.

Se hizo un silencio que se prolongó convirtiéndose en una espera violenta. El gran muftí lo rompió para declarar:

—Que conste en acta que el acusado ha tenido oportunidad de ver el error de sus actos. Él ha decidido su final. Dentro de tres amaneceres será ejecutado. Todos sus seguidores serán detenidos. Los que se arrepientan de sus pecados salvarán la vida. Los demás tendrán el mismo final.

Jahan bajó la vista, incapaz de seguir mirando. Se sobresaltó cuando volvieron a mencionar al elefante.

—Si el gran muftí me lo permite, tengo una idea —dijo Ebussuud Efendi—. Como sabe, a los habitantes de Estambul les fascina el elefante blanco de nuestro sultán. ¿Por qué no hacemos que el renegado muera pisoteado por la bestia? Nadie lo olvidará.

El gran muftí parecía desconcertado.

—Nunca se ha hecho nada semejante.

—Señores, en las tierras del Indostán se impone este castigo. Los ladrones, los asesinos y los violadores son pisoteados a menudo por elefantes. Ha demostrado ser muy efectivo. Permitan que el elefante pisotee al condenado y que sea un ejemplo para los que tienen opiniones parecidas.

El gran muftí reflexionó unos instantes.

—No veo por qué no —respondió al fin.

Tras esas palabras todas las cabezas se volvieron hacia Jahan y Shota. El *mahout* abrió la boca pero parecía haber enmudecido de pánico. Con el corazón martilleándole, logró decir por fin:

—Les imploro, estimados eruditos. Shota nunca ha hecho nada semejante. No sabría cómo hacerlo.

—¿No viene del Indostán? —replicó Ebussuud.

Jahan palideció.

—Sí, efendi.

El muftí dijo la última palabra.

—Entonces enséñale. Dispones de tres días.

Tres días después del juicio, temblando como una hoja en una ráfaga de viento, Jahan estaba sentado sobre el elefante ante un mar de espectadores. Su mirada iba de ellos al hombre que yacía postrado en el suelo, a la distancia de un brazo extendido. Majnun Shayj tenía las manos y los pies atados, y los ojos tapados. Rezaba en una voz tan suave que era sofocada por el clamor de la multitud.

—¡Adelante, Shota! —gritó Jahan, pero su orden estaba desprovista de fuerza.

El elefante no se movió.

—¡Muévete, bestia!

Jahan azuzó al elefante con un bastón y a continuación con una porra de madera. Pronunció amenazas y maldiciones, ofreció nueces y manzanas. Nada de eso funcionó. Cuando Shota por fin se dignó a moverse, en lugar de pisotear al reo retrocedió un paso y esperó, agitando las orejas nervioso.

Los juristas, al ver que el público se aburría, cambiaron en el último momento el veredicto. El hereje y sus discípulos morirían a la manera tradicional.

Al final Majnun Shayj y sus nueve discípulos fueron ejecutados en la horca y sus cuerpos arrojados al Bósforo. El último discípulo, que había escapado porque se hallaba de viaje cuando se celebró el juicio, esperó junto a la bahía donde la tierra se adentraba en el mar. Sabía que las mareas del Bósforo arrastrarían los cadáveres hasta allí. Uno por uno, los recogió, los lavó, los besó y les dio sepultura. A diferencia de otras tumbas islámicas en Estambul, las de ellos no tendrían lápida.

Desde el momento en que llegó a la casa de fieras, Jahan esperó a que el sultán Suleimán preguntara por el elefante. Sin embargo, transcurrieron las semanas y los meses, y el soberano seguía sin dejarse ver por allí. O bien se encontraba en un campo de batalla o se dirigía a alguno. En las contadas ocasiones en que permanecía en el palacio, se veía envuelto en asuntos de Estado o en los enredos del harén. Jahan siguió esperando a que el sultán apareciera. En lugar de eso fue la sultana quien se presentó una tarde.

Rauda como el viento y sigilosa como un gato tras una paloma, lo pilló desprevenido. El jardín estaba vacío y un momento después ella estaba allí, con su séquito esperándola discretamente siete pasos atrás. Llevaba una prenda escarlata ribeteada de armiño, un tocado de borlas que hacían resaltar su mentón prominente y, en el dedo corazón, una esmeralda de un tamaño mayor que el huevo de un ave exótica.

Detrás de la figura erecta de su madre, separada de todos y de todo, se hallaba la princesa Mihrimah con pañuelos de gasa colgándole del tocado. Sonrosada y radiante, los destellos del sol le danzaban en el cabello. Se le iluminaron los ojos, brillantes como cantos redondos en el fondo de un riachuelo, al sorprender la mirada de admiración de él. Se le curvaron los labios en una sonrisa, dejando ver el espacio entre los dos dientes delanteros, lo que confería a su rostro un aspecto alborozado y pícaro.

Jahan abrió y cerró la boca como si su lengua quisiera hablar sin él saberlo. Se disponía a dar un paso en dirección a ella cuando un eunuco le propinó un bofetón en el cuello.

—¡Arrodíllate! ¿Cómo te atreves?

Sorprendido, Jahan se postró tan deprisa que se golpeó las rodillas contra las piedras. Entre los presentes hubo risas que hicieron que se ruborizara hasta las orejas.

Sin prestar atención a la escena, Hurrem pasó junto a él, rozándole la frente con sus faldas.

—¿Quién cuida de este animal? —preguntó.

—Yo, mi sultana.

—¿Cómo se llama?

—Shota, Vuestra Alteza.

—¿Qué sabe hacer?

A Jahan le extrañó tanto la pregunta que tardó unos instantes en responder.

—Es… es un animal noble.

Le habría gustado decir que los elefantes eran enormes no solo de tamaño sino también de corazón. A diferencia de otros animales, ellos comprendían la muerte; tenían rituales para celebrar el nacimiento de una cría o para llorar la pérdida de un pariente. Los leones eran feroces, los tigres regios, los monos listos, los pavos reales impresionantes, pero solo el elefante reunía todos esos atributos.

Ajena a sus pensamientos, Hurrem ordenó:

—¡Enséñanos algún truco!

—¿Truco? —preguntó Jahan—. No sabemos trucos.

No veía la expresión de la sultana porque no podía alzar la vista. En lugar de ello observó cómo sus pies, largos y bien proporcionados, enfundados en zapatillas de seda, se deslizaban unos pasos por el suelo; ella se detuvo delante del elefante y pidió a sus concubinas que fueran a buscar una rama. Al instante le proporcionaron una. Jahan temió que golpeara a Shota, pero ella solo la agitó en el aire, preguntando:

—¿Puede coger esto el animal?

Antes de que el muchacho pudiera responder, la sultana agitó la rama ante el elefante. Dibujó en el aire una medialuna que acabó en las patas traseras de Shota. El animal agitó la trompa como para protegerse de una mosca invisible, pero permaneció inmóvil, sin inmutarse.

La sultana emitió un ruidito burlón. En ese instante Jahan vio a Shota a través de los ojos de ella: una criatura enorme que comía y bebía en exceso y no ofrecía nada a cambio.

—¿Me estás diciendo que no hay nada que este elefante sepa hacer? —insistió Hurrem, aunque no era tanto una pregunta como una afirmación.

—Vuestra Majestad, es un elefante de guerra, como lo fueron sus abuelos. Tal vez sea joven, pero ha demostrado su valor en el campo de batalla.

Ella se volvió hacia ese muchacho que sin duda no estaba familiarizado con las costumbres de palacio.

—¿Un guerrero, dices?

—Sí, Vuestra Alteza. Shota es un guerrero. —Jahan acababa de pronunciar las palabras y ya se sentía inquieto, lamentando la mentira.

La sultana respiró silenciosamente.

—Entonces eres afortunado. ¡Se avecina la guerra! —Hurrem se volvió a medias hacia el comandante de los eunucos blancos.

—Asegúrese de que el animal se une a nuestros valientes soldados.

Se alejó airada, con sus concubinas y doncellas trotando sumisas detrás de ella. Tras lanzar una fría mirada al elefante y al *mahout*, Carnation Kamil Agha los siguió. Pero no se fueron todos. Dos figuras se habían quedado atrás y observaban al muchacho: la princesa y la niñera.

—Has contrariado a mi señora madre —dijo Mihrimah—. Nadie lo hace.

—No era mi intención —murmuró Jahan al borde de las lágrimas.

—Dime, ¿por qué estás tan alterado?

—El elefante no sabe luchar, Vuestra Alteza.

—¿Has mentido a mi madre? —preguntó ella, más divertida que horrorizada—. Mírame, *mahout*.

Jahan la miró y bajó enseguida la mirada, avergonzado. En ese fugaz instante vio un brillo pícaro en los ojos separados de su ovalado rostro, herencia de su madre.

—Eres más necio de lo que me pensaba. Dime, ¿has combatido alguna vez en una guerra?

Él meneó la cabeza. En un árbol cercano se oyó el graznido de un cuervo. Un fuerte y agudo grito de advertencia.

—Bueno, yo tampoco. Pero he viajado más que mi señora madre. ¡Más incluso que mis nobles hermanos! Mi venerable padre me quería tanto que pidió que lo acompañara a muchas tierras. Los dos solos. —Un atisbo de dolor se traslució en su voz—.

Pero ya no me lleva consigo. Ya no eres una niña, me dice. Debo mantenerme alejada de las miradas de los extraños. Mis hermanos en cambio son libres como pájaros migratorios. Ojalá hubiera nacido varón.

Fascinado con esa afirmación, Jahan mantuvo la cabeza baja. Sin embargo su docilidad pareció irritarla.

—¡Solo tienes que fijarte en ti y en mí! Tú eres varón, pero te asusta el campo de batalla. Yo, en cambio, soy una chica y estoy deseando ir a la guerra con mi padre.

Aquella noche Jahan se armó de valor y acudió a ver al comandante de los eunucos blancos. Le comentó que Shota todavía era muy joven y no estaba preparado para luchar. Parloteó sin cesar, repitiéndose a sí mismo, no porque creyera que el hombre no lo había entendido sino por temor a echarse a llorar si callaba.

—¿Para qué necesita estar preparado? ¿No es un elefante de guerra? —le preguntó el comandante de los eunucos blancos—. ¿O el sah nos mintió?

—Claro que lo es. Pero no ha sido entrenado debidamente. Hay cosas que le asustan.

—¿Como qué?

El muchacho tragó saliva.

—Los tigres. Me he fijado que cada vez que ruge el tigre se encoge de miedo. No sé por qué pero…

—En ese caso no temas —se mofó Carnation Kamil Agha—. En Bogdania Negra no hay tigres.

—¿Bogdania Negra? —repitió Jahan.

—Allí es adonde se dirige nuestro ejército. ¡Ahora apártate de mi vista y no vuelvas a venir a mí con estas bobadas!

Fue Olev, el domador de tigres, quien acudió en su auxilio. Le dijo a Jahan que una orden, una vez pronunciada, debía cumplirse. No importaba el tiempo que quedase, había que entrenar al elefante.

Si al animal le asustaban los tigres, tendrían que enseñarle a superar el miedo. Con tal propósito Olev buscó una piel de tigre, sabe Dios dónde. A continuación le pidió a Sangram que les proporcionara una oveja. Un animal inocente de ojos castaños e inexpresivos. La dejaron pastar durante el día y la tuvieron en el establo por la noche. Mientras tanto, Olev le dio a uno de los mozos de la cocina un recipiente con instrucciones de llenarlo de sangre cuando mataran un pollo.

A la mañana siguiente, Olev le pidió al mismo joven que se echara encima la piel de tigre cuando Shota estuviera en el patio; le envolvieron los hombros con ella y se la ataron al cuello. Olev le dio instrucciones de gatear alrededor del elefante, rugiendo y gruñendo. «¡Vuelca el cubo!»

Mientras el joven obedecía la orden, el elefante observaba con el rabillo del ojo a esa peculiar criatura. Aquel día no le dieron de comer y le retiraron el agua. Le afilaron los colmillos y lo tuvieron encadenado. Al día siguiente Olev llenó con patatas la piel de tigre y la dejó cerca de la jaula de Shota. De nuevo lo privaron de comida y de premios, y solo le dieron un poco de agua. Tampoco le dejaron salir a pasear. Pesaroso e irritado, el elefante no cesaba de mirar la piel del tigre, responsabilizándola de su situación.

Al tercer día Olev llevó a la oveja y la cubrió con la piel de tigre. El pobre animal intentó quitársela de una sacudida, pero Olev había impregnado el interior con una pringosa resina de pino. Arrastró a la oveja en ese estado hasta el establo de Shota y la metieron en él. Una hora después dejaron entrar al elefante. A esas alturas Shota estaba muerto de hambre y sed, y la oveja, aterrada. Olev sacó el recipiente y vertió la sangre sobre la oveja; la piel de tigre y la lana quedaron empapadas de rojo. El olor a sangre era intenso, nauseabundo. Olev cubrió la cabeza de la oveja con una tela. Cegado, el animal perdió el juicio. Su tensión contagió a Shota, que dio patadas contra el suelo. En su aturdimiento la oveja corrió a la izquierda y a la derecha, y al final chocó contra el elefante. Shota sacudió la trompa, golpeando a la oveja con una fuerza increíble. El animal tropezó, pero enseguida se levantó emitiendo unos sonidos espeluznantes que atormentarían a Jahan durante semanas.

Tembloroso, Jahan cerró la puerta. Esperó con la oreja pegada a la puerta y aferrando el pomo con tanta fuerza que le dolieron los dedos. Oía los balidos incesantes de la oveja, un gemido aterrador que parecía llegar de las profundidades del infierno. Poco a poco todos los sonidos cesaron. Abrieron la puerta con suavidad. Hedía a sangre, orina y excrementos. En el suelo yacía la oveja, medio mutilada, sin vida.

Aquella noche en la casa de fieras Jahan se sentó con los demás domadores alrededor de una hoguera que olía a madera de cedro. Hablaban en voz muy baja mientras el humo de las pipas se arremolinaba en el aire. Los gemelos chinos, sumidos en un aturdimiento a causa del hachís, se reían bobamente de cosas invisibles.

La luna, enorme y baja, se cernía sobre Estambul. El cielo parecía un tamiz de infinitos agujeros a través de los cuales se colaba la luz de las estrellas sobre la ciudad durmiente. Si en el alma de Jahan había existido emoción, ya solo quedaba cansancio. ¿Qué estaba haciendo en ese jardín entre animales salvajes, tan lejos de los suyos? Pensar en su familia sentada alrededor de otra lumbre, tan alejada que no le llegaba el calor, lo llenó de desesperación. Debía regresar a su casa. En lugar de ello, se disponía a ir a la guerra.

El viernes por la tarde, después de la plegaria, el sultán dio órdenes de tocar el tambor de guerra, un enorme instrumento circular hecho de bronce que se tocaba siete veces antes de cada campaña. El ruido escalofriante resonaba entre los pasillos de mármol, las rosaledas y las jaulas de los animales, y vibraba tanto por los barrios de los ricos como de los pobres.

Bajo la mirada de Jahan, la ciudad se preparó para la batalla. Todo hijo de vecino era soldado de alguna clase. Los jenízaros salieron de sus cuarteles. Los pasahs ensillaron sus caballos. Los artesanos y los tenderos empuñaron las armas, junto con los jardineros, los panaderos, los cocineros, los sastres, los herreros, los peleteros, los zapateros, los alfareros, los tejedores, los aparejadores, los curtidores, los cereros, los vidrieros, los serradores, los canteros, los caldereros, los carpinteros, los hojalateros, los fabricantes de cuerdas, los cazadores de ratas, los calafateadores, los flecheros, los remeros, los pescadores, los polleros e incluso los adivinos. En cada gremio, incluido el de las prostitutas, la actividad era febril.

Aun así, todos esperaron a que el gran astrónomo imperial anunciara un día auspicioso para iniciar el combate. Había un momento oportuno para todo: las celebraciones, las bodas, las circuncisiones, la guerra. Tras contemplar las estrellas durante noches seguidas por fin señaló una fecha. Al término de veinte atardeceres las tropas se pondrían en camino.

Como la guerra significaba salir a buscar al enemigo a menos que este te encontrara primero, habían recorrido la distancia entre el Cuerno de Oro y el río Pruth. El elefante y el muchacho recibieron órdenes de marchar en las primeras líneas. Eso perturbó mucho a Jahan, pues no tenía ningún deseo de estar tan cerca de los *delibashlar*, los cabezalocas. Envueltos en pieles, cubiertos de tatuajes de la cabeza a los pies, y con las orejas perforadas y la cabeza rapada, eran imprevisibles, burdos y salvajes. Entre ellos había delincuentes perversos. Tocando trompetas, soplando cornetas, redoblando tambores de todos los tamaños y gritando lo suficientemente fuerte para despertar a los muertos, hacían un estruendo que sin duda helaría la sangre del enemigo y pondría a un elefante histérico.

Jahan meditó sobre la mejor manera de expresar sus temores, pero al final no fue necesario. La mañana que partieron hacia Bogdania Negra el delirante estrépito provocó en Shota una rabia tan feroz que casi pisoteó a un soldado. Antes de que anocheciera los habían trasladado a los dos a la retaguardia, junto con la caballería. Esta vez fueron los caballos los que se pusieron nerviosos. Al final tuvieron que trasladarlos de nuevo junto a los soldados de a pie.

A partir de entonces todo fue bien. Shota mantuvo un trote ágil, disfrutando del aire puro y de la marcha continua tras meses de confinamiento en los jardines palaciegos. Encaramado sobre su cuello, Jahan alcanzaba a ver debajo y detrás de él, y se sorprendió al encontrar un mar de cuerpos que se perdía en la distancia. Vio a los camellos acarrear provisiones y a los bueyes tirar de cañones y catapultas; a los alabarderos de las cabelleras, con la melena colgándole de debajo de las gorras; a los derviches entonando conjuros; al agha de los jenízaros sentado orgulloso a lomos de su semental; al sultán cabalgando sobre un corcel árabe, rodeado de guardias por ambos costados: los arqueros zurdos a su izquierda y los diestros a su derecha. Ante él cabalgaba un abanderado con la bandera de las siete colas de caballo negras.

Sosteniendo en alto los estandartes y las colas de caballo sujetas a palos, y alzando lanzas, cimitarras, trampas, arquebuses, hachas, jabalinas, arcos y flechas, miles de mortales avanzaban. Jahan nunca había visto a tantos juntos. El ejército no era una simple horda de hombres, sino más bien un conglomerado gigante. El ritmo de pies y cascos moviéndose al unísono resultaba escalofriante. Ascendía por la colina en contra del viento, cortando el paisaje como un cuchillo la carne.

De vez en cuando Jahan se bajaba del elefante, resuelto a caminar un rato. Así fue como conoció a un soldado de a pie, alegre como una gallina de patas cortas, con una cantimplora colgada a la espalda.

—Si acabas con un enemigo, lo reflejas en tu modo de andar —decía el soldado—. Por cada cabeza que cortas ganas una mansión en el cielo.

Como desconocía lo referente al paraíso o por qué se necesitaban casas allí, Jahan guardó silencio. El soldado había combatido en la batalla de Mohács. Habían muerto hordas de infieles, cayendo al suelo como una bandada de pájaros abatidos. El suelo estaba cubierto de cadáveres que todavía aferraban las espadas.

—En ese momento llovía... pero vi una luz dorada —continuó, bajando la voz.

—¿Qué quieres decir? —le preguntó Jahan.

—Te lo juro. Era muy brillante y se derramaba sobre todo el campo. Alá estaba de nuestro lado.

De pronto sus palabras se vieron interrumpidas por un agudo grito de dolor. Los soldados corrieron a izquierda y derecha, bramando órdenes. Los murmullos se extendieron de una hilera a otra. Donde había suelo firme de pronto se abrió un gran hoyo, como un ojo vacío vuelto hacia los cielos. La tierra abrió sus fauces y se tragó una unidad de caballería entera. Cayeron en un foso revestido de estacas afiladas, una trampa bien disimulada que les había tendido el enemigo. Murieron en el acto. Solo un caballo negro azabache continuó respirando, con el cuello ensangrentado. Un arquero le disparó una flecha para poner fin a su sufrimiento.

A continuación se presentó el dilema de si llevarse de allí los cuerpos para darles sepultura o dejarlos donde estaban. La luz ya se estaba desvaneciendo por el horizonte. Como no había tiempo que perder, al final decidieron enterrar juntos a los soldados y a sus caballos, todos compartiendo una misma tumba. Qué injusto era que solo los seres humanos fueran al cielo tras el martirio, pensó Jahan, mientras los animales que los acompañaban y morían por ellos eran rechazados en las puertas del paraíso. Era un pensamiento que no sabía cómo elaborar y lo guardó para sí.

En los días siguientes, el ejército cruzó valles nacarados y colinas escarpadas, avanzando con el sol y acampando al anochecer. Después de seis amaneceres y cinco atardeceres, llegaron a las orillas del río Pruth. Sobre el agua se extendió una cortina de niebla. No había ni botes ni puentes para cruzar al otro lado. Recibieron órdenes de montar las tiendas y descansar mientras buscaban una solución.

Shota corrió hasta un recodo del río encenagado y se zambulló en él, donde se revolcó, chapoteó y barritó. Era tal su deleite que se detuvieron regimientos enteros para contemplarlo.

—¿Qué está haciendo? —le preguntó a Jahan el soldado de a pie.

—Cubrirse de lodo.

—¿Para qué?

—No sudan como nosotros. El agua los mantiene frescos. El barro los protege del sol. Me lo enseñó Taras.

—¿Quién es Taras?

—Hummm… Un viejo domador del palacio —respondió Jahan con despreocupación—. Sabe todo de cada uno de los animales.

El soldado lo escudriñó con un brillo en los ojos.

—Entonces aprendiste las costumbres de tu elefante de ese tal Taras. ¿Cómo es que no conocías a tu propia bestia?

Jahan rehuyó su mirada, sintiéndose súbitamente intranquilo. Había hablado demasiado. Cada vez que permitía que alguien, quien fuera, abriera el caparazón de su alma, se arrepentía al instante.

Pronto se hizo evidente que Shota era el único que se beneficiaba de ese descanso. Esperar a orillas del río no sentó bien a los jenízaros, que estaban impacientes por alcanzar la victoria y conseguir el botín. El viento que les había azotado el rostro durante la marcha amainó, pero por todas partes se veían enjambres de mosquitos que picaban con inquina, como si los hubiera entrenado el enemigo. Los soldados estaban tensos, los caballos inquietos. Los forrajeros se cansaron de pedir siempre a los mismos aldeanos provisiones y la sopa era cada día más insípida.

Entretanto una cuadrilla de obreros empezó a construir un puente. Tenía todos los visos de ser un buen trabajo cuando, empujado inesperadamente por Shaitan, se derrumbó el primer pilar y el resto lo siguió. Antes de que terminara la semana echaron los cimientos de un segundo puente; aunque más sólido y ancho que el primero, el contrafuerte se derrumbó aún con más celeridad, cobrándose una muerte y una docena de heridos entre los soldados. El tercer puente solo fue un débil intento. La tierra era demasiado blanda y la corriente, implacable. Descorazonados y exhaustos, se sumieron en un letargo que los engulló como el pantano a sus pies. Jahan no tuvo que preguntar al soldado de a pie qué pensaba del apuro en que se encontraban. Sabía qué le respondería: el Todopoderoso, que los había llevado hasta ese paraje desolado, de pronto los había olvidado. Si esa era la situación antes de que empezara siquiera la guerra, el ejército otomano sería derrotado por su propia impaciencia.

El maestro

Esperaron a orillas del río Pruth. El agua corría profunda y salvaje entre el ejército otomano y el enemigo. Los jenízaros, sedientos de victoria, ardían en deseos de cruzar al otro lado.

Una mañana Jahan vio al *zemberekcibasi*, el comandante de la unidad jenízara a cargo de las catapultas, correr hacia él tan deprisa como se lo permitían las piernas. Impaciente por averiguar qué ocurría se apartó demasiado tarde de su camino.

—¿Qué tal va la bestia, *mahout*? —le preguntó el *zemberekcibasi*, levantándose rápidamente tras una pequeña colisión.

—Muy bien, efendi. Lista para luchar.

—Pronto, *inshallah*. Pero antes tenemos que cruzar este maldito río.

Con esas palabras el hombre desapareció en una tienda alta en cuya entrada había apostados dos soldados a modo de centinelas. Jahan debería haberse detenido allí, pero no lo hizo. Sin pararse a pensar de quién era la tienda, continuó andando con tanta determinación que los guardias creyeron que era el ayudante del *zemberekcibasi* y lo dejaron pasar.

En el interior había tanta gente que pasó inadvertido. Sigiloso como un ratón, se encaminó de puntillas a la esquina opuesta, colándose entre dos pajes. Paredes de tela, cojines de brocado, alfombras de colores deslumbrantes; bandejas llenas de exquisiteces culinarias; braseros, farolillos, incensarios de dulces fragancias. Se preguntó si podría birlar algo para el capitán Gareth, pero la sola idea resultaba aterradora.

Allí estaba el gran visir, con una pluma de garza prendida en el turbante. En el otro extremo se hallaba el sultán, ataviado con un caftán de color ámbar y circunspecto como una escultura. Estaba sentado sobre un trono adornado con pedrería y colocado sobre unas plataformas, una posición que le permitía observarlo todo. El jeque del islam, el agha de los jenízaros y los demás visires se habían colocado en hilera a cada lado de él y cambiaban impresiones. Discutían sobre si modificar o no la ruta a fin de buscar un recodo en el río donde el suelo fuera lo bastante firme para construir un puente. Eso no solo significaba perder semanas, tal vez un mes, sino también dejar pasar el buen tiempo.

—Mi clemente señor —dijo Lutfi Pasah—. Sé de alguien que puede construir un puente resistente.

Cuando el sultán inquirió sobre la identidad de tal persona, Lutfi Pasah respondió:

—Uno de vuestros guardias de élite. Su nombre es Sinan y es un esclavo *haseki*, un guardia jenízaro de élite del sultán.

Poco después hicieron entrar a un hombre. Se arrodilló a unos pocos pasos de donde se encontraba Jahan. Tenía la frente ancha, la nariz cincelada y unos ojos oscuros y apagados que transmitían serenidad. Tras pedirle que se acercara, se movió despacio, con la cabeza inclinada como si hiciera frente a una ráfaga de viento. Al oír el motivo por el que lo habían llamado, respondió:

—Mi dichoso sultán, tendremos un puente si Alá lo permite.

—¿Cuántos días calcula que necesitará para terminarlo? —le preguntó el sultán Suleimán.

Sinan guardó silencio, pero no por mucho tiempo.

—Diez, mi señor.

—¿Qué le hace pensar que culminará con éxito la empresa en la que otros han fracasado?

—Mi señor, los otros empezaron a construirlo de inmediato, no dudo que con buenas intenciones. Yo lo construiré primero en mi mente. Solo después haré que lo levanten en piedra.

Por extraña que pudiera ser la respuesta, pareció complacer al sultán. Asignaron el cometido a Sinan, quien regresó por donde había llegado, sin prisas. Al pasar junto a Jahan, lo miró e hizo algo que Jahan no había visto hacer a ningún hombre de su rango: sonrió.

Entonces el muchacho tuvo una ocurrencia. Si trabajaba para ese hombre, podría acceder a las riquezas del sultán Suleimán. Estaba en boca de todos que el soberano tenía arcones llenos de monedas y joyas que distribuía entre quienes habían demostrado más coraje en el campo de batalla.

—Efendi, espere —gritó Jahan alcanzándolo fuera de la tienda—. Soy el domador del elefante.

—Sé quién eres. Te he visto cuidar al animal.

—Shota es más fuerte que cuarenta soldados. Podría serle de gran ayuda.

—¿Sabes algo sobre construcción?

—Hummm..., trabajamos con un maestro albañil en el Indostán.

Sinan sostuvo la mirada del muchacho mientras reflexionaba.

—¿Qué hacías dentro de la tienda del gran visir?

—Me he colado dentro —respondió Jahan, y esta vez dijo la verdad.

Las arrugas alrededor de los ojos de Sinan se suavizaron.

—Un elefante podría resultar útil. Un chico brillante e inquisitivo como tú también podría ayudar.

Jahan notó cómo le ardían las mejillas. En todo el tiempo que llevaba en el mundo no recordaba que nadie le hubiera llamado brillante. Y así fue como el elefante y el *mahout* se unieron al ejército de canteros y empezaron a trabajar con ese desconocido llamado Sinan.

Pese a la impaciencia de los obreros por ponerse a trabajar en serio, el primer día transcurrió sin que ninguno de ellos moviera un dedo. Otro tanto ocurrió el segundo día. Sinan parecía tomárselo con mucha calma. Se paseaba por la orilla del río, mirando a lo lejos; introducía bastones en el agua, tomando medidas, y llevaba rollos de pergamino en los que garabateaba números y dibujaba formas no menos oscuras que las de las cartas de un oráculo. Los soldados empezaban a impacientarse, preguntándose a qué demonios esperaban. Por la noche corría el rumor en las tiendas y alrededor de las hogueras de que Sinan no era la persona idónea para la tarea.

El tercer día Sinan anunció el inicio de las obras. Sorprendió a todos eligiendo un lugar dos *donum* —la cantidad de tierra que puede ararse en un día— más al norte, donde el río era más ancho. Cuando le preguntaron por qué los llevaba tan lejos, él respondió que un puente podía ser largo o corto, pero los cimientos tenían que ser lo más firmes posible.

Shota transportó armazones y tablas, y trasladó rocas para proteger la estructura del ímpetu de la corriente. Resultó muy oportuno que el elefante pudiera adentrarse en el río. En el agua de rápido curso que le llegaba hasta la barbilla fue de gran ayuda. Utilizaron enormes bidones herméticos, cada uno sellado por dentro con mortero hecho de arcilla y bajado a un hoyo recién cavado. Cubierto de barro, sudor y polvo, Jahan trabajó junto a los obreros. Eran hombres extraños. Duros y taciturnos, se mostraban muy atentos con los suyos. Se llevaban la mano derecha al corazón al oír mencionar a los profetas Set y Abraham, los patrones de los canteros y los arquitectos. En medio de ellos Jahan se sentía más relajado que nunca en su vida. Él también hallaba una secreta satisfacción al levantar piedra sobre piedra. Diez días después de que le hubieran confiado a Sinan la tarea, terminaron el puente.

A lomos de su caballo, el sultán fue el primero en cruzarlo asiendo las riendas con fuerza con una mano. Lo siguió el gran visir y a cierta distancia los demás, entre ellos Lutfi Pasah, que se felicitó a sí mismo por haber dado el nombre del arquitecto. En cuanto el séquito real alcanzó la otra orilla, todos se alegraron. A continuación el ejército comenzó a cruzar el puente, en columnas de seis en fondo. Aquí y allá se oía una plegaria; los hombres no temían el derramamiento de sangre pero les aterraba el agua. Cuando le llegó el turno, Jahan y Shota se dispusieron a cruzarlo. Pero el *subashi* los detuvo.

—La bestia tiene que ponerse a la cola. Pesa demasiado.

Fue Sinan quien acudió en su auxilio.

—Efendi, este puente puede soportar cincuenta elefantes, si es necesario.

El *subashi* accedió a regañadientes.

—Si usted lo dice…

—Vamos, iré contigo —le dijo Sinan a Jahan, volviéndose hacia él.

Así cruzaron juntos el puente el arquitecto y el *mahout*, con el elefante tambaleándose detrás de ellos.

Ya en la otra orilla llamaron con prisas a Sinan, quien apretó el paso. Al no indicarle que se quedara atrás, Jahan lo siguió con Shota a la zaga.

Frente a ellos los notables debatían sobre qué hacer con el puente cuando el ejército se marchara. Viendo la expresión de sus rostros Jahan supo que la discusión era acalorada. Lutfi Pasah proponía construir una torre de vigilancia y dejar un regimiento patrullando el puente; el gran visir y el gobernador general de Rumelia, Sofu Mehmet Pasah, discrepaban. Incapaces de ponerse de acuerdo, habían decidido consultar al arquitecto.

—Señores, si construimos una torre, el enemigo tomará la torre y el puente —dijo Sinan—. Podrían tendernos una emboscada por detrás.

—¿Qué sugiere? —le preguntó el gran visir.

—Si lo hemos hecho con nuestras propias manos, también podemos destruirlo con nuestras propias manos —replicó Sinan—. Ya construiremos un nuevo puente cuando regresemos.

Después de haberlo recomendado como *diwan*, Lutfi Pasah esperaba obediencia de él. Se puso nervioso.

—¡Cobarde! Le asusta quedarse atrás para vigilar la torre.

Sinan palideció, pero cuando tomó la palabra lo hizo con serenidad.

—Señores, soy jenízaro. Si el sultán me ordena construir una torre y vigilarla, haré lo que él me diga. Pero me habéis preguntado mi opinión y os la he dado.

En el silencio que siguió el gobernador general dijo:

—Bueno, los árabes han quemado sus naves.

—¡Esto no es una nave y nosotros no somos beduinos! —replicó Lutfi Pasah, lanzando una mirada fría a Sinan.

La reunión llegó a su fin sin que alcanzaran una solución. Horas después esa misma tarde, tras ser informado de la discusión, el sultán anunció su decisión. Se inclinó por la sugerencia de Sinan antes que por la de Lutfi Pasah. Había que derribar el puente.

Tal como Jahan no tardó en descubrir, resultaba más fácil destruir un puente que construirlo. Aun así le dolió ver derrumbar las piedras que con tanto esfuerzo habían cargado y colocado con cuidado en su sitio. Él más que nadie se mostró en desacuerdo con Sinan. ¿Cómo podía recomendar la destrucción del puente como si el sudor de sus frentes no significara nada para él?

En cuanto tuvo una oportunidad para hablar con Sinan, Jahan empezó a hacerle preguntas.

—Efendi, disculpe. No entiendo por qué estamos haciendo esto. Hemos trabajado muy duro.

—La próxima vez trabajaremos aún más duramente.

—Sí, pero... ¿cómo puede ordenar con tanta facilidad que lo derribemos? ¿No le da pena?

Sinan lo miró como si se conocieran desde hacía tiempo.

—Mi primer maestro fue mi padre. Era el mejor carpintero de la región y fue él quien me enseñó desde que era niño. Todas las *Zatik*, la Pascua armenia, ayunaba durante cuarenta días. Mientras tanto me pedía que tallara un cordero de madera. Luego me decía que no era lo bastante bueno y me lo arrebataba de las manos. «Lo he destruido», me decía; «ve a hacer otro.» Yo me enfadaba, pero mis corderos poco a poco mejoraron.

Jahan se puso rígido al pensar en su padrastro. Recordó cómo en cierta ocasión se había burlado del horno que había construido en el patio trasero para su madre. No le sorprendió descubrir que, años después, la cólera que había sentido entonces seguía atrapada en su corazón.

Ajeno a sus pensamientos, Sinan continuó:

—Cuando murió mi padre encontramos un arcón en su cobertizo. Dentro estaban todos los corderos que yo había tallado de niño. Mi padre los había guardado todos.

—Por lo que dice, eso le hizo mejor artesano, pero le rompió el corazón.

—A veces es necesario que el corazón se rompa para que el alma crezca, hijo.

—No lo comprendo, efendi. Yo no soportaría que nadie desbaratara mi trabajo.

—A fin de adquirir maestría tienes que destruir gran parte de lo que construyes.

—Entonces no quedaría un edificio en pie en el mundo —aventuró Jahan—. Todo habría sido arrasado.

—No estamos destruyendo los edificios, hijo. Lo que destruimos es nuestra idea de poseerlos. Solo Dios es el dueño. De la piedra y de la maestría.

—No lo entiendo —insistió Jahan, pero esta vez no lo dijo tan alto.

Así, en la orilla del río Pruth dejaron su sudor, su fe y su trabajo, derramados en unas ruinas que no daban idea del hermoso puente que se había erigido en aquel lugar.

Fue la víspera de la batalla, y no las noches siguientes, lo que quedó grabado en el alma de Jahan, cuando todavía estaba entero, no se había quebrado aún, y así habría permanecido si el mundo hubiera sido diferente. Yacía en su camastro pensando en Mihrimah. No podía evitarlo. Sus ojos, como si actuaran por iniciativa propia, la veían cepillarse el cabello, pasear por las rosaledas, sonreír. Sus oídos oían su voz. Él se sentía impotente cuando sus sentidos la recreaban de la nada.

Al anochecer el ambiente que se respiraba en el campo empezó a cambiar y se instaló la inquietud. Antes de que anocheciera del todo en el aire había una especie de expectación, tan intensa como intangible. Todos los soldados del campo, fuera cual fuese su rango, sabían en el fondo de su corazón que podía ser la última vez que contemplaban el cielo estrellado. Al día siguiente, cuando el sol estuviera alto y el enemigo se hallara a tiro de piedra, ninguno de ellos titubearía en cumplir con su deber. Pero en ese momento se encontraban suspendidos en un limbo entre la fe y la duda, el valor y la cobardía, la lealtad y la traición.

Un presentimiento les rompió los nervios. No querían morir en ese valle insulso y condenado donde sus cadáveres serían devorados por los buitres, sus huesos quedarían expuestos sin una lápida y sus fantasmas vagarían hasta la eternidad. Preferirían que los enterraran en un cementerio tranquilo, rodeados de cipreses y rosales en flor, donde la tierra resultara familiar, y donde la gente conociera sus nombres y rezara un par de oraciones por sus almas. La promesa de la victoria y el botín era dulce, pero aún más lo era la vida. Muchos se planteaban en secreto auparse a un caballo y darse a la fuga, como si al ser incapaces de regresar a su hogar pudieran irse a cualquier parte.

Pese a la resonancia del tambor nocturno, a los soldados les costó conciliar el sueño. A medida que se contaban anécdotas se extendían los murmullos por las tiendas, se revelaban secretos, se hacían promesas y se rezaban oraciones. Al pasar por delante de una marquesina que pertenecía a los artilleros, Jahan se cruzó con un granadero que cantaba en un idioma desconocido. Los jenízaros eran de un sinfín de procedencias, entre ellas los Balcanes y Anatolia. Los recuerdos de vidas anteriores se hallaban encerrados dentro de cofres cuya llave habían tirado. Aun así, cuando se enfrentaban rostro a rostro con la muerte en momentos como ese, los cofres se abrían solos y dejaban en libertad fragmentos de su niñez, como un sueño que no podían reconstruir.

Con el pretexto de ir a buscar algo de comer para el elefante, Jahan vagó por el campamento con un balde en la mano. Se cruzó con derviches que giraban en círculos dentro de círculos, con la mano derecha abierta hacia el cielo, la izquierda vuelta hacia la tierra, recibiendo y dando, muertos para todos y sin embargo tal vez más vivos que muchos. Observó cómo los musulmanes piadosos rezaban sobre pequeñas alfombras, con una débil marca en la frente de tanto arrodillarse. Se encontró con un armero que llevaba en el fajín, dentro de una caja, un escorpión que, según decía, le picaría si caía cautivo en manos de idólatras. Oyó sin querer a unos jenízaros insultarse en voz baja, una riña entre compañeros que a la mañana siguiente se habría olvidado. Vio a prostitutas que, pese a que tenían prohibido trabajar el día anterior a la batalla, merodeaban entre las tiendas. Esa noche en particular era la más lucrativa, ya que más de un hombre necesitaría su consuelo.

Ante él había tres rameras con el rostro medio oculto debajo de sus capas. Picado como siempre por la curiosidad, Jahan empezó a seguirlas. Una de ellas —joven y esbelta, vestida como una judía— se detuvo y miró hacia atrás.

—Soldado aguerrido —le dijo con tono suave—, ¿no puedes dormir?

—No soy soldado —repuso Jahan.

—Pero seguro que eres aguerrido.

Jahan se encogió de hombros, sin saber qué responder.

La sonrisa de ella se hizo más amplia.

—Deja que te mire.

Ante el roce de su mano Jahan retrocedió. Ella le rodeó con un brazo y le asió la mano con tanta fuerza que él no pudo soltarse. Ella tenía los dedos delicados; el cuerpo le olía a humo de leña y a hierba húmeda. Intentando disimular el temblor que se había apoderado de él, Jahan se zafó.

—No te vayas —le suplicó ella como una amante desconsolada.

La petición sonó tan inesperada e inocente que él se quedó confuso. Cuando echó a andar ella trotó tras él, y el frufrú de sus faldas le recordó el sonido de las palomas al acicalarse el plumaje bajo los aleros. Mirando al frente, como si la noche encerrara un acertijo que debía desentrañar, Jahan continuó andando. Se estaba haciendo tarde y era peligroso merodear por el campamento con una ramera pisándote los talones. De mala gana se encaminó a su tienda.

En el interior había tres mozos de cuadra.

—Eh, indio, ¿qué nos traes aquí? —le preguntó uno—. Una gacela, ¿eh?

—Ha venido ella sola —replicó Jahan con ferocidad.

Por un instante guardaron silencio, planteándose qué hacer. El mozo de mayor edad, que tenía unas botas buenas con que negociar, se llevó a la ramera a su camastro.

Fingiendo indiferencia, Jahan se retiró a una esquina y desenrolló su estera. Sin embargo, el sueño no llegó. Torció el gesto al oír los gruñidos y los jadeos. Cuando creyó que habían terminado, se apoyó sobre un codo y miró alrededor. Los vio al débil resplandor de una vela, él balanceándose sobre ella, ella lánguida y apática, con los ojos muy abiertos y clavados en la sombra de algo que no estaba allí. Se volvió hacia un lado y se cruzaron una mirada. En los ojos de la joven él entrevió su universo; se reconoció en su soledad. Mareado y con náuseas, notó cómo el suelo se inclinaba bajo sus pies. En ese instante descubrió —a pesar suyo— que en su corazón se ocultaba un poder salvaje. Había un lado oscuro en su naturaleza, un sótano bajo la casa de su alma que aún no había visitado, pero cuya existencia siempre había intuido.

Se levantó de un salto y corrió hacia el mozo, que no lo vio acercarse hasta que fue demasiado tarde. Lo apartó de la muchacha y lo derribó al suelo de un puñetazo, aunque fue mayor el daño que se hizo en los nudillos que el que le infligió al mozo en la barbilla. Este, más perplejo que furioso, lo miró parpadeando. Al comprender lo ocurrido, retorció los labios en una mueca desdeñosa y soltó una risotada. El otro mozo de cuadra se rió con él. Jahan miró a la ramera y vio que ella también se reía de él.

Temblando, salió de la tienda. Necesitaba ver a Shota, que siempre era amable y tenía buen corazón, y, a diferencia de los seres humanos, no conocía la arrogancia ni la malicia.

Como de costumbre, el elefante dormitaba de pie. No dormía más que unas pocas horas al día. Mientras Jahan le cambiaba el agua y comprobaba si tenía comida, acudieron a su mente imágenes de la ramera: tocándolo, siguiéndolo, tumbada medio desnuda en un colchón sucio. Pero cuando se echó sobre un montón de paja y cerró los ojos fue Mihrimah quien apareció una vez más, inclinándose hacia él para besarlo. Él abrió los ojos, presa del pánico, avergonzado de atreverse a pensar de ese modo en ella, una mujer de noble cuna, a diferencia de esa mujer perdida que no se sabía de dónde venía. Aun así, por más que lo intentó no logró hacer desaparecer a la prostituta ni dejar de soñar con la princesa.

Al amanecer del día siguiente se despertó con el murmullo de plegarias. Los mozos ya estaban levantados y listos. Jahan los escudriñó buscando algún indicio de culpabilidad o fatiga en sus rostros. Nada. Era como si no hubiera ocurrido nada la noche anterior.

Si el preludio de la guerra había sido lento y tedioso, la batalla en sí fue rápida, o eso le pareció a Jahan. Oyó un eco retumbante, lejano al principio, luego demasiado próximo. El enemigo ya no era una sombra oscura; tenía rostro, un millar de rostros en realidad, atisbando por debajo de los cascos. A lomos del elefante, Jahan recorrió con la vista el campo de batalla. Allá donde dos ejércitos colisionaban a lo lejos los colores se fundían en una cascada de grises. Había chispas de luz que se encendían y se apagaban, se encendían y se apagaban al entrechocar las espadas. Allá donde miraba veía metal y carne: lanzas, espadas y cuchillos; cuerpos avanzando a través de la llanura, tambaleándose y cayendo.

El ruido era ensordecedor. El estruendo de los cascos revestidos de hierro de los caballos, el chocar de los aceros, el golpe sordo de las catapultas; los gritos, los ahogos, la constante repetición de «Alá, Alá». Luchaban por el sultán. Luchaban por el Todopoderoso. Pero también por todo el mal que habían sufrido desde que eran niños, los latigazos, las palizas y los golpes que habían soportado. Sangre sobre sangre absorbida por una tierra tan oscura que parecía negra. Mejillas resoplando, bocas echando espuma, caballos galopando con sus jinetes de pie sobre las sillas de montar. Por todas partes se elevaban nubes de humo. Aunque todavía era media tarde, la luz empezaba a desvanecerse y el cielo era un manto de humo.

Desconcertado y aturdido, Shota caminaba a izquierda y derecha bajo la enorme armadura a la que todavía no se había acostumbrado. Le habían afilado los colmillos hasta convertirlos en hojas cortantes. Jahan intentaba hablar con él, pero sus palabras eran engullidas por el clamor. Con la visión periférica percibió un movimiento. Un franco alto, con una ballesta al hombro, se precipitó hacia un jenízaro que yacía en el suelo, momentáneamente confuso, tras haber tropezado y dejado caer la jabalina. El jenízaro esquivó la primera estocada, pero la siguiente le atravesó el hombro. Al instante Jahan volvió a Shota hacia él. El elefante arremetió contra el franco, lo arrojó por los aires y le hundió el colmillo en el abdomen.

—¡Ya basta, Shota! —gritó Jahan.

Durante un fugaz instante el elefante obedeció y dejó caer al soldado que gritaba. Pero acto seguido lo levantó de nuevo del suelo y le atravesó el pecho con el colmillo. Manó sangre de la boca del hombre, cuya expresión era de incredulidad al ver que acababa a manos de un animal. Jahan observaba aterrado, y solo entonces comprendió que él no mandaba; era Shota el que tenía el mando.

A partir de ese momento Jahan se sintió cada vez más como un espectador. Shota se precipitó hacia las líneas enemigas, levantando y arrojando al aire a soldados y dejándolos caer; aplastó a dos francos bajo su peso. Con un soldado se entretuvo más, como un gato con un ratón, como si quisiera prolongar su sufrimiento. También atacó a un jenízaro, pues nos distinguía entre aliado y enemigo. El hombre se salvó por poco de morir aplastado.

En efecto, la batalla fue rápida, aunque luego Jahan la reviviría mentalmente un millar de veces. Volverían a él las muertes que había presenciado sin ver, los gritos que había percibido sin oír. Aun décadas después, ya anciano, Jahan se sorprendería recordando esa tarde: un escudo ensangrentado en el barro, una flecha ardiendo con pedazos de carne adheridos, un caballo destripado y, en alguna parte, tras el velo del tiempo, el rostro de la ramera riéndose de él.

Más allá, en medio del mar de llamas vio a un soldado tambalearse; su rostro era una máscara tallada y una lanza le atravesaba la cintura. Jahan reconoció al soldado de a pie con quien había hecho amistad por el camino.

—¡Alto, Shota! —gritó—. Déjame en el suelo.

El elefante desobedeció ambas órdenes. Sin pensar, Jahan se

deslizó por el lomo del animal hasta aterrizar con pesadez en el suelo. Se acercó corriendo al soldado, quien ya estaba de rodillas. Tenía los dedos entrelazados como si agarrara una cuerda invisible. Le manaba sangre de la nariz y unas cuantas gotas cayeron sobre el talismán que le colgaba del cuello. Jahan se quitó la chaqueta de *mahout* y le apretó con ella la herida, de la que asomaba la punta de la lanza. Se sentó a su lado y le sostuvo una mano entre las suyas; el pulso del hombre era como un tambor cada vez más débil.

El soldado sonrió; era imposible saber si por el alivio de ver un rostro conocido o porque había confundido a Jahan con otra persona. Le castañeteaban los dientes y tartamudeó unas palabras incomprensibles. Al inclinarse para escucharlo, Jahan notó su aliento caliente en la mejilla.

—La luz..., ¿la has visto?

Jahan asintió.

—Sí. Es preciosa.

Un atisbo de soledad se traslució en el rostro del soldado. Su cuerpo pesaba cada vez más, su boca se volvió flácida, sus ojos permanecieron abiertos aunque clavados en una nube que ya había pasado.

Más tarde, cuando todo terminó y el ejército otomano salió victorioso, Jahan no se vio con ánimos de participar de las celebraciones. Se alejó con lentitud del campamento con el corazón todavía en el campo de batalla. Era una temeridad, pues no llevaba encima más que una daga que no tenía la certeza de saber utilizar.

Aun así, cruzó pesadamente el valle envuelto en bruma, abriéndose paso por el campo sembrado de cadáveres que horas atrás habían sido hijos, maridos o hermanos. Tenía la impresión de que ese lugar de sombras y humo señalaba el final de la tierra conocida, y que si seguía andando caería por el borde. Sabía que Shota estaba hambriento y esperaba que le diera de comer y de beber. Pero lo último que quería era ver al elefante.

Pisó un par de veces algo blando aquí y allá, y descubrió horrorizado una pierna o una mano cercenada de un cadáver. El hedor era intenso. Los ruidos que todavía se oían resultaban inquietantes: el crepitar de la madera al arder, los cascos de los caballos sin jinete y, procedentes de rincones que no alcanzaba a ver, los gemidos de los soldados todavía con vida.

Cuando por fin sintió el dolor, fue muy distinto de lo que había experimentado jamás. Intentó hallar su origen, pero no encontró nada. El dolor estaba dentro de su cabeza, en sus extremidades, no podía localizarlo, porque se desplazaba y tan pronto le carcomía los huesos como le retorcía las entrañas. Encorvándose, vomitó.

Siguiendo un instinto demencial, se abrió paso a través del campo con los pies doloridos, las piernas entumecidas y la frente cubierta de gotas de sudor, hasta que encontró un viejo árbol nudoso y se sentó a su sombra. Una tropa de mineros otomanos cavaba una gran fosa a lo lejos. Cuando terminaran separarían a los muertos y les darían sepultura. No sabía qué sería de los cadáveres de los francos. Tan ensimismado estaba en sus pensamientos que no se percató de que alguien se acercaba.

—Chico indio —dijo una voz a sus espaldas—. ¿Qué haces aquí?

Jahan soltó un grito ahogado y se volvió.

—¡Maestro Sinan!

—No deberías estar aquí, hijo.

Al muchacho no se le ocurrió pensar que tampoco era un lugar para Sinan.

—No quiero regresar —respondió con tono de disculpa.

El hombre reparó en sus ojos hinchados y sus mejillas manchadas de lágrimas. Se sentó despacio junto a él. El sol se ponía, tiñendo el horizonte de carmesí. Una bandada de cigüeñas los sobrevoló camino de tierras más cálidas. Jahan se echó a llorar.

Sinan sacó un cuchillo de su fajín y cortó un pedazo de madera de un tronco cercano. Mientras tallaba empezó a hablar de Agirnas, el pueblo donde había nacido, los campos de cultivos cercados con setos, las iglesias griegas y armenias sin campanarios, y los gélidos vientos que silbaban como cantos fúnebres; la sopa de yogur que su madre preparaba y servía fría en verano y caliente en invierno; el oficio de carpintería que su padre le había enseñado, donde incluso el pedazo de madera más pequeño respiraba vida. Al unirse a los jenízaros y abrazar el islam a los veintiún años, Sinan pasó a formar parte de la orden de Haci Bektash, llamada así por el derviche que era el patrono de las fuerzas jenízaras, y participó en una guerra tras otra: Rodas, Belgrado, Persia, Corfú, Bagdad y la más sangrienta de todas, la batalla de Mohács. Había visto a los más valientes huir despavoridos y a los más timoratos destacar como valientes.

—Mi elefante... —balbuceó Jahan sin encontrar las palabras—. Olev y yo le enseñamos a matar. Ahora ha matado. A muchos.

Sinan dejó de tallar.

—No te enfades con el animal. No te sientas culpable.

El chico tiritaba, sintiendo frío de súbito.

—Cuando construimos ese puente, me sentí útil... Ojalá nos hubiéramos quedado allí, efendi.

—«Cuando obras con el alma sientes dentro de ti un río que corre, una alegría.»

—¿Quién lo dice?

—Un poeta, un hombre sabio. —Sinan puso una mano en la frente del chico. Estaba caliente—. Dime, ¿te gustaría seguir construyendo?

—Sí, me gustaría mucho —respondió Jahan.

Ya era de noche cuando regresaron al campamento. A mitad de camino se cruzaron con un caballo ensillado que trotaba solo, sin jinete. Sinan hizo que Jahan lo montara y lo condujo al campamento tirando de las riendas. Lo llevó a su tienda y dio instrucciones a los mozos de cuidar del elefante mientras el chico descansaba.

Ardiendo de fiebre, Jahan se sumergió en un doloroso letargo en cuanto se acostó. Sinan se sentó a su lado, le puso paños empapados en vinagre en el rostro y los brazos, y siguió tallando. Al romper el alba, la fiebre había remitido. Sinan abrió el puño cerrado del chico, le dejó en la palma de la mano un regalo y se marchó. Cuando a la mañana siguiente Jahan se despertó, empapado en sudor pero por lo demás restablecido, tenía en la mano un elefante de madera. En lugar de cuernos afilados y letales había dos flores.

La ciudad esperaba a su ejército. La gente había empezado a salir de sus casas al amanecer, llenando las calles y las plazas como un *shurub* viscoso y espeso. Trepando a los árboles, encaramándose sobre los tejados o colándose por cada espacio vacío desde la Puerta de Adrianópolis hasta el palacio, miles de personas esperaban con impaciencia para dar la bienvenida a los vencedores. Estambul, con sus callejones serpenteantes, los pasajes subterráneos y los bazares cerrados, se había puesto sus mejores galas, y por una vez todo eran sonrisas.

«¡Ya vienen los soldados!», exclamó un pilluelo desde lo alto de una fuente. Sus palabras se difundieron como ondas sobre la superficie de un estanque, alcanzando las orillas de la multitud, y desde allí se abrieron paso de nuevo hacia del centro, cambiando su sentido por el camino. Cuando al mismo niño le llegó el eco de su exclamación, sonaba bastante diferente: «¡El sultán está repartiendo monedas!».

Lugareños con el corazón henchido de orgullo y satisfacción, comerciantes con bolsas cosidas en los dobladillos, vendedores de hígado con tiras de carne ensartadas en brochetas seguidos muy de cerca por gatos callejeros, sufíes con los noventa y nueve atributos de Dios a flor de boca, escribanos con los dedos manchados de tinta, mendigos con el plato de las limosnas colgado del cuello, rateros tan diestros como las ardillas, viajeros de Frangistán de expresión sobresaltada y espías venecianos de palabras melosas y sonrisas astutas: todos se acercaban poco a poco, ansiosos por ver.

Al cabo de un rato, los guardias de élite del sultán pasaron por debajo de una puerta arqueada con sus trajes de gala, encabezando la cabalgata por la vía bordeada de acacias, avanzando a un trote ceremonial. Los seguía Suleimán el Magnífico, a lomos de un semental árabe pura sangre, con un caftán azul y un turbante tan alto que confundió a una cigüeña que buscaba un nido. De la muchedumbre se elevó un jadeo colectivo que se mezcló con plegarias y adulaciones. Pétalos de rosa arrojados desde cientos de ventanas y balcones flotaron en el aire.

Detrás de hilera tras hilera de soldados con armaduras, algunos marchando, otros montados o tirando de sus caballos por las riendas, iban el elefante y el *mahout*. De entrada Jahan recibió órdenes de sentarse sobre el cuello del animal y ceder el *howdah* al agha de los jenízaros. Pero en cuanto Shota dio unos pasos, el hombre, lívido, expresó su deseo de bajar. Acostumbrado a toda clase de tempestuosidad, la oscilación del elefante resultó excesiva al noble otomano. De ahí que fuera Jahan quien se hallara en el interior del *howdah* como un príncipe exiliado que regresa a su hogar tras pasar años en el extranjero. Era una sensación extrañamente agradable. Por primera vez desde hacía días olvidó el campo de batalla y el hedor de la muerte que todavía le impregnaba la piel.

Pronto se hizo evidente que el elefante blanco sería el centro de atención. Aparte del sultán, nadie recibió tantos vítores y palabras de admiración. En todas partes la gente señalaba a Shota, agitando la mano, riéndose y aplaudiendo. Un sastre le arrojó cintas; un gitano le lanzó un beso, sonriendo; un golfillo se cayó de la rama a la que se había subido con la intención de agarrar los colmillos del animal. Mientras Shota avanzaba meneando la cola a izquierda y derecha, eufórico por el efusivo recibimiento, Jahan se sumió en un estado de aturdimiento. Nunca se había sentido tan importante, inmerso en la dulce fantasía de que su presencia en esa ciudad, por no decir en ese mundo, llenaba un vacío único. Ruborizándose de gratitud, devolvió los saludos a la muchedumbre.

Shota fue recibido como un héroe en la casa de fieras. Se decidió que no lo mandarían a otras casas de fieras de la ciudad. Se quedaría en el serrallo. Le multiplicaron por dos la ración diaria y permitieron que una vez a la semana se bañara en el estanque cubierto de lirios del fondo del patio, privilegio que no recibía ningún otro animal salvaje. Todos tenían prohibido salir de la casa de fieras.

Poco a poco Jahan perdonó al elefante por su comportamiento en el campo de batalla. Le cubrió los colmillos semejantes a cuchillos con pelotas de seda y con sus propias manos le hizo una nueva manta sudadera. Adornó los bordes con campanillas de plata y cosió cuentas para ahuyentar el mal de ojo. Los lánguidos y plácidos atardeceres se sucedieron. Fueron días dichosos, aunque, como ocurre a menudo, solo los apreciarían cuando quedaran atrás.

Al cabo de varios días, mientras Jahan limpiaba el cobertizo, apareció a su lado Olev, el domador de leones.

—Te traigo un recado.

—¿De quién? —A Jahan se le quebró la voz.

—Yo no le he visto. Me han dicho que se lo ha dado a un guardia para que te lo hiciera llegar.

En cuanto lo hubo dicho, Olev sacó un pedazo de pergamino doblado.

—Soy analfabeto —se apresuró a decir Jahan, como si así esperara protegerse del contenido de la carta.

No era del todo cierto. Con ayuda de Taras el Siberiano había estudiado el alfabeto. Tras descubrir la llave del misterio de las letras, empezó a leer con dificultad algunos libros, si bien la escritura todavía se le resistía.

—No hay nada que leer. Le he echado un vistazo —replicó Olev.

Jahan cogió el pergamino y lo desdobló. En la lisa superficie de piel había un dibujo. Un elefante, muy mal dibujado pero elefante al fin, y sobre su lomo un niño con las orejas grandes. El animal tenía una sonrisa en su cara amorfa y parecía contento, mientras que al niño le había atravesado una lanza el corazón. Del extremo de la lanza caían tres gotas. Eran la única nota de color, un rojo oscuro profundo, porque estaban hechas con sangre.

—No sé qué significa —dijo Jahan entre dientes, y lo apartó.

Olev soltó un breve respiro.

—En ese caso lo destruiremos y no se lo mencionaremos a nadie. Pero sea quien sea esa persona, será mejor que discurras qué harás cuando aparezca. Los muros del palacio son altos aunque no lo bastante para protegerte del mal.

La segunda vez que la sultana visitó la casa de fieras se notó cierto cambio en su actitud hacia el elefante: una pizca de aprobación rayana en aprecio que no había mostrado antes. Una vez más las faldas se deslizaron con un frufrú, Jahan se postró a sus pies y el séquito se hizo a un lado y esperó, tan silencioso que podría haber dejado de existir. Y una vez más Mihrimah observó la escena con una sonrisa contenida.

—Dicen que tu elefante demostró coraje —observó Hurrem sin mirar siquiera en dirección al *mahout*.

—Sí, Vuestra Alteza. Shota luchó bien —repuso Jahan. No le contó cómo el animal había destripado soldados, ni lo culpable que todavía se sentía él por haberle enseñado a hacerlo.

—Hummm, pero tú no. ¿Es cierto que te asustaste y huiste?

Jahan se puso lívido. ¿Quién podía haber susurrado tales cosas a sus espaldas? Leyéndole el pensamiento de un vistazo, la sultana añadió:

—Pájaros… Las palomas me traen noticias de todas partes.

Por más que intentó mostrar indiferencia, Jahan la creyó. En su imaginación vio los pájaros del aviario volando lejos, llevando en el pico pequeños chismorreos para la sultana.

—También he oído decir que tu elefante fue el favorito del pueblo. Admiraron y aclamaron a la bestia blanca más que al agha de los jenízaros. —Hurrem esperó unos momentos a que sus palabras hicieran efecto.

Jahan sabía que eso era cierto. Ni a los altos mandos del ejército se les había demostrado tanto afecto.

—He pensado… —continuó Hurrem—. Nuestros hijos, los dos príncipes, van a ser circuncidados y habrá un desfile. Por todo lo alto.

La inquietud se apoderó de Jahan mientras se preguntaba adónde quería llegar la sultana.

—Vuestro Eminente Sultán y yo deseamos ver participar en él al elefante.

—Pero…

Ella ya había dado media vuelta.

—Pero ¿qué, indio?

En lugar de palabras, a Jahan le brotaron gotas de sudor.

—Ten cuidado. Ciertas personas no han congeniado contigo. Creen que hay algo en ti que no es de fiar. Dicen que habría que arrojaros a ti y a la bestia a esa iglesia en ruinas junto con los demás animales grandes, y tienen razón. Pero yo tengo fe en ti, muchacho. No traiciones mi confianza.

Jahan tragó saliva.

—No la traicionaré, Vuestra Alteza.

Hurrem solía pasar de la amenaza a las palabras melosas. Así, tan pronto le echaba el aliento en el cogote a su interlocutor para darle a entender que podía aplastarlo si se lo proponía, como le soltaba un par de comentarios aduladores que lo dejaban confuso y con la sensación de estar en deuda. Sin embargo, Jahan aún no lo sabía y solo lo averiguaría con el tiempo. Ella se marchó muy ufana, y las doncellas de cámara corrieron a alcanzarla. Una vez más dos figuras se quedaron atrás: la princesa Mihrimah y Hesna Jatun.

—Mi señora madre parece haberle tomado afecto al elefante blanco —observó Mihrimah mordaz, como una niña que imita el tono de sus progenitores—. Si logras entretener a la multitud mi madre te adorará. Y si mi madre te adora, tú y el animal seréis felices.

—Shota no sabe trucos —respondió Jahan en voz tan baja que no estaba seguro de si lo había dicho.

—Lo recuerdo. —Mihrimah hizo un gesto a la niñera, quien sacó del interior de su larga y holgada chaqueta una docena de anillas—. Toma, empieza con esto. *Dada* y yo vendremos a ver cómo os va.

Aquella semana Jahan se dedicó todas las tardes a lanzar a Shota anillas que este despreciaba. Las anillas fueron reemplazadas por aros, los aros por pelotas y las pelotas finalmente por manzanas. Solo esto último funcionó; Shota se dignó a atrapar manzanas para poder zampárselas.

Aun así Mihrimah y su niñera acudían todos los días. Cada vez que Shota aprendía un nuevo truco, la princesa lo elogiaba y lo premiaba con algún dulce. Cuando fallaba, se encontraba con palabras aún más dulces. Una vez más el elefante blanco había unido a la princesa y al *mahout*. Pero ya no eran niños. Ambos habían crecido deprisa. Y, aunque intentaban no mirarse de ese modo, no pudieron evitar advertir los cambios que se habían producido en el cuerpo del otro. Mientras tanto, Hesna Jatun era la silenciosa y huraña testigo de todo.

Jahan le enseñó a la princesa todo lo que había aprendido desde su llegada a la casa de fieras. Le enseñó a calcular los años de un roble contando los anillos del interior del tronco, a preservar una mariposa o a convertir la resina en ámbar deslumbrante. Le contó que los avestruces corrían más que los caballos y que el dibujo de rayas del pelaje de un tigre era tan único como las huellas dactilares de un hombre. Ella también empezó a confiar en él. Poco a poco le habló de su niñez, de sus hermanos y de su madre. Al ser la única hija entre varones, de los cuales uno estaba destinado al trono, se había sentido sola.

—Me querían pero nunca me hacían mucho caso. Yo era diferente. Y como era diferente me sentía sola. ¿Lo entiendes, Jahan?

Él hizo un gesto de asentimiento. Eso era algo que entendía muy bien: la soledad que provenía del hecho de ser diferente.

La única persona de la que Mihrimah nunca hablaba era de su padre. Tanto el *mahout* como la princesa se comportaban como si el sultán no existiera en sus vidas. Sin embargo, ambos sabían en lo más profundo de su ser que si él se enteraba de esas escapadas al jardín, la cólera del infierno se desataría, y Jahan no solo perdería su empleo sino que con toda seguridad acabaría en una mazmorra, donde caería en el olvido hasta el fin de los tiempos.

Antes de las celebraciones de la circuncisión se declaró la peste. Primero apareció en las afueras de la ciudad, en los tugurios que rodeaban el puerto de Scutari, y se propagó a toda velocidad como un incendio descontrolado, saltando de casa a casa, la maldición esparcida al viento. La muerte se asentó en Estambul como una bruma que se negaba a disiparse, colándose por cada resquicio y grieta. Flotaba en la brisa marina, fermentaba en la levadura del pan, se elaboraba en el café espeso y amargo. Poco a poco la gente dejó de desplazarse de un lado a otro; alejándose de las aglomeraciones, se sumió en la soledad. Ya no se oía el ruido de los remos o los murmullos de los remeros ni en las noches más silenciosas. Nadie quería cruzar a la otra orilla si no era estrictamente necesario. Los estambulitas nunca habían temido tanto mezclarse con las muchedumbres. Nunca habían temido tanto ofender a Dios.

Pues Él, el Dios de los primeros tiempos de la peste, era malhumorado por naturaleza. Todos andaban preocupados por si se les escapaba una palabra desacertada, les tocaba una mano inoportuna o les llenaba las fosas nasales un olor nocivo. Atrancaron las puertas y tapiaron las ventanas para impedir que los rayos de sol propagaran la enfermedad. Cada barrio fue cercado, cada calle se convirtió en una ciudadela en la que nadie se atrevía a adentrarse. Hablaban a susurros, encorvados y vestidos con ropa discreta, envueltos en recato. Las telas toscas reemplazaron los suaves linos; se abandonaron los elaborados tocados. Enterraron las monedas de oro, que guardaban en tarros y en cofres. Las esposas de los ricos escondieron sus joyas y se pusieron las vestimentas de sus criadas con la esperanza de ganarse el favor de Dios. Hicieron promesas de ir de peregrinaje a La Meca el año siguiente y dar de comer a los pobres de Arabia. Estambul regateaba con Dios, ofreciendo hábitos, corderos sacrificiales y plegarias, perdiendo, perdiendo sin cesar.

Yumrucuk se llamaban, un término demasiado bonito para las hinchazones que le salían a las víctimas en las axilas, los muslos y el cuello. Al examinarlas de cerca se veía el rostro inconfundible de Azrael. Un estornudo era un mal augurio; la gente se encogía al oír uno. Así era como empezaba. El cuerpo estallaba en furúnculos que crecían rápidamente, cada vez más oscuros. Luego llegaban la fiebre, los vómitos.

Decían que estaba en el viento; el aire nocturno, sucio como la inmundicia, se hallaba infestado de miasmas. Las habitaciones donde las víctimas encontraban su fin eran fregadas con vinagre, encaladas y rociadas con agua santa de La Meca antes de ser abandonadas. Nadie quería quedarse en un lugar habitado por un fantasma resentido.

El hecho de que los ricos y los poderosos también murieran era un consuelo para algunos, una señal de impotencia para otros. Cuando un hombre caía enfermo, sus esposas discutían entre sí sobre quién lo atendería. Por lo general se encargaba la mayor o, si había alguna, la estéril. En ocasiones se enviaba a la concubina.

Sin embargo, había hombres que tenían cuatro esposas y una docena de concubinas y aun así morían solos.

Se llevaban los cadáveres en carros tirados por bueyes, y el chirrido de las ruedas traqueteando sobre los adoquines y un intenso hedor los seguían de cerca. Los cementerios de las laderas de las colinas estaban cada día más llenos, hinchados como los corderos que mataban, desollaban y colgaban de los árboles el día del Eid. Los sepultureros cavaban los hoyos cada vez más anchos y profundos, y en ocasiones enterraban los cadáveres a docenas. Se callaban que la mayoría no habían sido lavados ni envueltos en sudarios. Algunos yacían sin una lápida siquiera. El luto era un lujo que pocos podían permitirse. La muerte tenía que dejar de acosar a los vivos para que lloraran a los muertos como era debido. Cuando la plaga cesara, y solo entonces, los parientes y los amigos se golpearían el pecho y derramarían lágrimas por sus almas. De momento el dolor era preservado y guardado en los sótanos junto con la carne curada con sal y los pimientos secos, para compartirlo en tiempos mejores.

Hicieron regresar los barcos sin descargar sus mercancías; dieron órdenes a las caravanas de cambiar de ruta. La enfermedad, como todos los males, había llegado de Occidente. Se trataba a los viajeros con recelo, fuera cual fuese su procedencia. Prófugos, derviches itinerantes, nómadas, vagabundos, gitanos…, nadie que no tuviera raíces era bien acogido.

A mediados de verano la enfermedad golpeó al gran visir Ayas Pasah, un hombre que se creía todopoderoso. Su muerte creó gran inquietud en el serrallo. De pronto ni los muros del palacio eran lo bastante gruesos para mantener el contagio a raya. Esa misma semana sucumbieron cuatro concubinas, y en los pasillos del harén se arremolinó un temor más oscuro que el *kohl.* Corrió el rumor de que la misma Hurrem se había encerrado en una cámara con sus hijos y se negaba a recibir a nadie con excepción del sultán. Cocinaba, hervía el agua e incluso lavaba la ropa ella misma, desconfiando de los criados.

En la casa de fieras murieron tres domadores, todos en la primavera de la vida. Taras el Siberiano se escondió durante días en el cobertizo, tanto era el odio que despertó por seguir con vida, aun frágil y anciano como estaba. Atrás quedaron los tiempos en que la gente evitaba ser vista en la calle. Ahora todos corrían a las mezquitas, las sinagogas y las iglesias para rezar y arrepentirse, arrepentirse y rezar. Sus pecados habían provocado esa calamidad, los cometidos y los que sin duda cometerían. Era la ira de Dios. La carne era débil. No resultaba extraño que florecieran rosas negras en ella. Cuando Jahan escuchaba esas palabras, el corazón le palpitaba en el hueco de la garganta tanto de credulidad como de incredulidad. ¿Había creado Dios a los seres humanos con sus debilidades solo para castigarlos después?

«Hemos pecado», decían los imanes. «El pecado ha entrado en el mundo», decían los sacerdotes. «Debemos arrepentirnos», decían los rabinos. Y así lo hacía la gente, a millares. Muchos se volvieron piadosos, pero ninguno tanto como el sultán. Se prohibió el vino y se castigó a los vinicultores; los instrumentos musicales ardieron en hogueras. Se cerraron las tabernas, se precintaron los burdeles, los fumaderos de opio permanecieron vacíos como cáscaras de nueces desechadas. Los predicadores solo hablaban de la peste y la blasfemia, y lo entretejidas que estaban entre sí como la trenza de una odalisca.

Luego la gente dejó de culpabilizarse casi al unísono. Eran

otros los que habían llevado esa desgracia a la ciudad, con su irreverencia y su libertinaje. El miedo se convirtió en resentimiento, el resentimiento en rabia. Y la rabia era una bola de fuego que no podías tener demasiado tiempo en las manos; había que arrojarla a alguien.

A finales de julio entró una muchedumbre en el barrio judío que rodeaba la torre de Gálata. Marcaron las puertas con alquitrán, apalizaron a los hombres y a un rabino que se resistió lo mataron a golpes. Corrió el rumor de que un zapatero judío había envenenado todos los pozos, cisternas y arroyos de Estambul, propagando la enfermedad. Arrestaron a decenas de ellos y algunos confesaron su delito. El hecho de que hubieran obtenido las confesiones bajo tortura era un detalle insignificante. ¿Acaso los judíos no habían sido expulsados de las ciudades de Sajonia años atrás, y muchos más ardieron en la hoguera en las tierras de Frangistán? Había una razón por la que llevaban la desgracia allá adonde iban: un mal augurio los seguía como una sombra. Secuestraban a los hijos de los cristianos para utilizar su sangre en oscuros rituales. Las acusaciones aumentaron como un río cargado de lluvia. Al final el sultán Suleimán pronunció un *firman*. Los cadíes locales ya no podrían dictar veredictos sobre libelos de sangre y los pocos jueces que a partir de entonces se encargaran de esos casos preferirían no hacerlo. Las acusaciones disminuyeron.

No fueron los judíos sino los cristianos. Sucios hasta la raíz, nunca iban al *hamam*. No se lavaban después de copular con sus esposas. Bebían vino y, como si eso no fuera suficiente pecado, lo llamaban la sangre de Jesús, a quien se atrevían a llamar Dios. Peor aún, comían carne de cerdo, un animal que se revolcaba en su propia porquería, y devoraban carne podrida con gusanos. La peste la debían de haber contraído esos devoradores de cerdos. A los mismos hombres que habían aterrorizado a los judíos se les vio más tarde atacando los barrios cristianos.

Un talabartero de Eyup asumió el mando de la turba. Predicó que los judíos y los cristianos eran las gentes del Libro, y que, si bien estaban equivocados, no eran malos. Ellos no eran los culpables; lo eran los sufíes, con sus cantos y sus danzas. ¿Quién podía ser más peligroso que alguien que se llamaba a sí mismo musulmán y sin embargo no tenía nada que ver con el islam? ¿No decían que no temían el infierno y no deseaban el cielo? ¿No se dirigían a Dios como a un igual e incluso afirmaban que había un Dios bajo su manto? La blasfemia les había traído la desgracia. La turba patrulló las calles, esgrimiendo porras y atrapando a herejes. El *subashi* no la detuvo y sus guardias no las arrestaron luego.

El viernes, después de la oración de la noche, marcharon sobre las serpenteantes calles de Pera. Hombres y niños de apenas siete años, con una antorcha en la mano, a los que se les unieron más por el camino, irrumpieron en las casas de mala reputación, sacaron a rastras a las rameras y a los proxenetas, y prendieron fuego a los edificios. A una mujer, que era tan gruesa que apenas podía moverse, la ataron a un palo y le propinaron latigazos, dejándole surcos rojos en los pliegues de carne. A una *hunsa*, una hermafrodita, la desnudaron, le escupieron y la afeitaron de la cabeza a los pies y la sumergieron en mierda. Pero, a decir de todos, fue una mujer enana la que soportó el castigo más duro, aunque nadie sabía muy bien por qué. Corrió el rumor de que estaba muy unida al comandante de los eunucos blancos y que era capaz de más de una argucia. A la mañana siguiente, poco después del amanecer, los perros callejeros la encontraron cubierta de sangre y heces secas, con la nariz rota y varias costillas fracturadas, pero todavía con vida.

Solo cuando el populacho, resuelto a castigar a la nobleza, empezó a jactarse de que iba a invadir el palacio intervino el *subashi*, deteniendo a once hombres. Los ahorcaron aquel mismo día, y dejaron sus cuerpos colgando en la brisa a la vista de todos. Al concluir la peste, Estambul tenía cinco mil setecientas cuarenta y dos almas menos y los cementerios estaban a rebosar.

Aquella misma semana Jahan recibió otra carta desagradable, esta vez firmada por el capitán Gareth. Por mediación de un ayudante de cocina envió al lobo de mar las monedas que había ahorrado, esperando acallarlo por un tiempo. Abrumado por las preocupaciones, tardó en enterarse del nuevo chismorreo que se extendía por la ciudad.

Lutfi Pasah, el hombre que había recomendado al constructor adecuado para levantar el puente sobre el río Pruth pero que luego discrepó con él, había reemplazado al difunto gran visir, Ayas Pasah. Y al arquitecto jefe de la corte que había fallecido de viejo lo había sucedido nada menos que el carpintero Sinan. En la ciudad no se hablaba más que de esos dos hombres que no congeniaban y que, por algún giro del destino, habían sido ascendidos en las mismas fechas, como si Dios quisiera ver si chocaban y, de ser así, quién sobreviviría.

Imponente y augusto, durante más de un millar de años el hipódromo había presenciado un sinfín de festividades; siempre abarrotado, siempre bullicioso. El público estaba compuesto de hombres de todas las edades. Si el espectáculo era de su agrado, vociferaban y reían a carcajadas, y se sentaban erguidos, como si pudieran intervenir en él. Si no lo era, daban patadas en el suelo, soltaban imprecaciones y arrojaban lo que tenían en las manos. Fácil de divertir y difícil de contentar, el público apenas había cambiado desde los tiempos de Constantino.

A lo lejos, en medio de las gradas, había una tribuna adornada con borlas doradas. En ella se hallaba el sultán Suleimán sentado en una silla alta para ver y dejarse ver. Alto y ágil, tenía el cuello largo y una barba corta. Lo acompañaban el gran visir, Lutfi Pasah, casado con la hermana del sultán, y otros miembros del diván. Separada por tapices de brocado estaba la sultana rodeada de sus doncellas. Cortinas de seda y celosías protegían a las mujeres de las miradas de la multitud. Aparte de esa pequeña representación del harén imperial, no había más presencia femenina.

Los emisarios extranjeros habían sido conducidos a un reservado. El embajador de Venecia se hallaba sentado muy erguido con la mirada perdida y un broche de zafiro en la zimarra que no pasó inadvertido a Jahan. Al lado del veneciano se encontraban el emisario de Ragusa, los delegados de los Médicis de Florencia, el podestà de Génova, el mensajero del rey de Polonia y los eminentes viajeros de Frangistán. Eran fáciles de reconocer no solo por sus vestimentas, sino también por la mezcla de desdén e incredulidad que traslucían sus rostros.

Las festividades se habían prolongado durante días. Inundada de luz, Estambul brillaba por la noche con más intensidad que los ojos de una joven novia. Lámparas, antorchas y fuegos artificiales penetraban la penumbra. Los caiques se deslizaban por las aguas del Cuerno de Oro como estrellas fugaces. Los pasteleros desfilaban con esculturas de azúcar de criaturas marinas devoradoras de hombres y aves de plumas multicolores. Por las calles se exhibían armazones gigantes cubiertos de flores. Se sacrificaron tantos corderos que el agua del riachuelo situado detrás de los mataderos corría roja. Los pajes correteaban con bandejas de arroz que goteaban grasa de las colas de los corderos. A los que tenían el estómago lleno y habían saciado la sed con *sherbet*, se les servía *zerde*, un arroz endulzado con azafrán y miel. Por una vez, los pobres y los ricos saboreaban los mismos platos.

Los dos príncipes habían sido circuncidados junto a un centenar de muchachos de humilde cuna. Al lado de sus altezas reales habían llorado hijos de cereros, caleros y pordioseros. Tendidos en un lecho, vestidos con túnicas, sollozaban al recordar la angustia que habían experimentado, y se reían de la función de sombras chinescas que estaban representando para hacer desaparecer los recuerdos.

Jahan, aterrado y con los ojos muy abiertos, se adentró en el frenesí. Le habían pedido que hiciera su número con Shota el último día. A primera hora de la mañana llevó al elefante a los establos situados junto al hipódromo. Pese a su aversión a los grilletes, Shota se quedó allí, masticando con tranquilidad manzanas y hojas. Jahan envidiaba su aplomo y le habría gustado contagiarse de él. La noche anterior había dormido a trompicones; de hecho, le sangraron los labios de mordérselos sin cesar.

Antes que ellos entraron otros animales: leones, tigres, monos, avestruces, gacelas y una jirafa recién desembarcada de Egipto. Los halconeros desfilaron con aves encapuchadas, los juglares lanzaron aros, los comefuegos devoraron llamas y un equilibrista caminó sobre un cabo grueso extendido de un lado a otro. Luego llegaron los gremios: los canteros acarreando martillos y cinceles; los jardineros empujando carretillas llenas de rosas; los arquitectos con maquetas de las mezquitas que habían construido. Encabezaba ese último gremio Sinan, con un caftán ribeteado de armiño. Al reparar en Jahan sonrió con afecto. Jahan le habría devuelto la sonrisa de no haber estado tan nervioso.

Por fin le llegó el turno. Rezando, abrió las puertas y dejó salir a Shota. Pasaron junto a un obelisco que el emperador Teodosio había mandado trasladar desde Alejandría mucho tiempo atrás, y enfilaron el sendero pisado por cientos de pies y cascos. La luz se reflejaba en los espejitos cosidos en la manta sudadera de Shota, que era de terciopelo verde con bordados morados, cortesía de la sultana.

Al verlos, el público gritó eufórico. Jahan iba delante del elefante, sujetándolo por las riendas, aunque este impuso su propio paso. Al llegar a la tribuna real se detuvieron. Jahan posó la mirada en el sultán. Tenía un aspecto robusto e imperturbable. A su izquierda estaban los cortinajes detrás de los cuales habían tomado asiento la sultana y sus acompañantes. Aunque Jahan no podía ver a Hurrem, notaba sus ojos llenos de recelo clavados en él. Pensar en que allí también estaba la hermosa Mihrimah observando cada uno de sus gestos no hizo sino aumentar su inquietud. Tenía la boca seca y el estómago revuelto, y al inclinarse le fallaron las piernas.

Sin dejar de temblar, buscó en el bolsillo y sacó un ovillo de lana que lanzó a Shota. El elefante lo cogió con la trompa y se lo devolvió. Repitieron el truco un par de veces. A continuación Jahan sacó los relucientes aros que Mihrimah le había dado. Se los lanzó a Shota, uno por uno, y él los atrapó en el aire, los agitó y los lanzó a un lado como si no le importaran. Luego bailó balanceando de un lado a otro la enorme mole de su cuerpo. El público prorrumpió en carcajadas. Alzando el bastón, Jahan lo regañó. Shota se quedó inmóvil, avergonzado. Formaba parte de la función, como todo lo demás. En un gesto de paz el muchacho le dio una manzana al elefante. A cambio este le arrancó el narciso que llevaba prendido en la túnica y se lo dio. Más risas de los espectadores.

A continuación Jahan balanceó un cono sobre la cabeza. Añadió otro cono, luego otro, hasta sumar siete en total

—¡Arriba! —gritó.

Al oírlo el elefante le rodeó la cintura con la trompa y, levantándolo del suelo, lo sentó sobre su cuello con tanta delicadeza que los conos permanecieron en su sitio.

—¡Abajo! —ordenó Jahan.

Poco a poco, con gran esfuerzo, Shota se agachó. Sentado aún sobre él, Jahan mantuvo el equilibrio y notó cómo el viento secaba el sudor que le cubría el rostro. Al no tener rodillas, a los elefantes les costaba agacharse. Jahan esperaba que el sultán de la Tierra y el Mar lo comprendiera y lo apreciara. En cuanto Shota se hubo agachado, Jahan abrió los abrazos y bramó triunfal. Vio simultáneamente algo que se acercaba a ellos a toda velocidad. Con un golpe sordo cayó al suelo. Jahan desmontó de un salto y lo recogió. Era una bolsa de monedas. Un generoso regalo del sultán Suleimán. El *mahout* se inclinó, el elefante barritó y el público enloqueció.

Luego llegó el último número. Shota, que representaba el islam, debía luchar con un jabalí que simbolizaba el cristianismo. Era una representación que solían protagonizar un oso y un cerdo, pero como el elefante era más majestuoso y gozaba del favor del público, en el último momento habían asignado a Shota el papel.

En cuanto Jahan vio al jabalí balancear los cuernos y rascar las pezuñas, se le encogieron las entrañas. El animal era sin duda más pequeño que Shota, pero había en él una rabia cuyo origen desconocía. En cuanto le quitaron las cadenas, el jabalí se abalanzó como una flecha hacia ellos. Habría corneado a Jahan en el muslo si este no lo hubiera esquivado a tiempo. El público se rió, listo para ponerse en el bando del jabalí si el *mahout* y el elefante los decepcionaban.

Jahan no era el único que estaba paralizado. Vio con consternación que Shota se quedaba clavado al suelo, con los ojos entrecerrados. Gritando, lo golpeó con el bastón. Luego le habló con voz melosa, prometiéndole dulces y baños de barro. Todo fue en vano. El elefante que con tanta ferocidad había asaltado a los soldados enemigos y matado a varios en el campo de batalla, estaba petrificado.

El jabalí, que había perdido interés en el elefante, dio una vuelta y a continuación embistió a Jahan, derribándolo al suelo.

«¡Eh, aquí!» Mirka, el domador de osos, apareció como surgido de la nada gritando al jabalí para llamar su atención. Llevaba una lanza en la mano y lo seguía su bestia. Los dos estaban familiarizados con esa representación. El oso gruñó. Rebudiando furioso, el jabalí lo atacó con la boca bien abierta. Jahan observaba la escena como a través de un velo. Los sonidos, aunque espeluznantes, eran sofocados por el clamor de la multitud. El oso arañó y desgarró al jabalí con sus curvadas garras afiladas hasta destriparlo. Al animal se le salieron los intestinos, desprendiendo un olor nauseabundo. Sacudió y golpeó las patas traseras. A medida que la vida abandonaba su cuerpo se elevó un grito, tan feroz y sobrenatural que taladró los tímpanos de los espectadores. Pisoteando al jabalí moribundo con la bota, Mirka saludó al público. Al instante se vio recompensando con una bolsa de monedas. Mientras la recogía, miró a Jahan con una sonrisa de suficiencia que no se molestó en ocultar. Detrás de él, Jahan desvió la vista sintiéndose tan como pequeño como un ratón y deseando con toda su alma que se lo tragara la tierra.

Mientras el *mahout* se planteaba desaparecer, el elefante se sulfuró. Algunos espectadores le habían arrojado guijarros, e irguió las orejas y barritó. Al ver que eran capaces de contrariar a una criatura tan enorme, el público empezó a lanzar otros objetos: cucharas de madera, manzanas podridas, fundas metálicas, castañas de un árbol cercano... Jahan intentó calmar a Shota, pero su voz era como el zumbido de un mosquito en medio del alboroto.

De repente el elefante se abalanzó hacia las gradas. Desconcertado, Jahan corrió tras él agitando los brazos y gritando. Vio cómo la expresión del público pasaba de la estupefacción al terror. La gente se escabulló a izquierda y derecha, chillando y pisoteando a los que se habían caído. Jahan alcanzó a Shota y le tiró de la cola. El animal podría haberlo aplastado, pero el *mahout* no pensaba con claridad. Unos guardias con espadas y lanzas los rodearon, aunque ninguno parecía saber muy bien qué hacer. En medio de la conmoción Shota derribó los estandartes, aplastó los ornamentos y se abalanzó contra el reservado de los emisarios extranjeros. Al intentar apartarse del animal, el enviado veneciano se cayó de bruces; se rasgó la preciosa zamarra que llevaba cuando alguien se la pisó. Jahan vio cómo se caía el zafiro. Al instante lo cubrió con el pie y, asegurándose de que nadie lo miraba, lo recogió y se lo guardó en el fajín.

Cuando se volvió de nuevo, vio consternado que Shota estaba junto a la tribuna real. El sultán Suleimán no se había movido. Permanecía erguido, con una expresión impenetrable. Delante de él estaba el gran visir, echando espuma por la boca y bramando órdenes aquí y allá. Como si percibiera el odio de ese hombre, el animal avanzó derecho hacia él. Lo agarró por el turbante y lo lanzó al aire, como si fuera uno de los trucos que había aprendido.

«¡Guardias!», gritó Lutfi Pasah.

Con el rabillo del ojo Jahan vio a un arquero apuntar a Shota en la cabeza. Gritando, se precipitó hacia el hombre, quien ya había disparado la flecha.

Jahan sintió un dolor agudo en el hombro derecho y soltó un aullido. Se tambaleó y se desplomó. Al oír su voz, el elefante se calmó. También lo hicieron los espectadores de las primeras filas. En silencio contemplaron cómo el *mahout* se desangraba en el suelo. Entonces el sultán se levantó con mucha calma, e hizo algo que nadie esperaba: se rió.

Era inimaginable qué habría ocurrido si Shota hubiera atacado al Señor de la Tierra y el Mar en lugar de al visir. Pero al final la risa del sultán le salvó la vida. Alguien recogió el turbante de Lutfi Pasah, que estaba manchado y plano, y se lo entregó con actitud reverencial. El visir se lo arrebató de las manos pero se negó a ponérselo. Uno por uno, los espectadores regresaron a sus asientos. Ajeno al caos que había causado, Shota se dirigió con gran estrépito hacia la salida.

—¡Mira lo que has hecho, imbécil! —le gritó Jahan desde la camilla que lo transportaba—. Te cortarán los huevos…, te enviarán al matadero y te cocinarán con coles y cebollas. ¡Y a mí me encerrarán en el calabozo!

Le habría gustado volcar un cubo de un puntapié, dar un puñetazo a una tinaja o hacer añicos un jarrón, pero se notaba el cuerpo pesado y la cabeza le daba vueltas. Lo único que superaba ese dolor insoportable era la cólera, dirigida en gran medida hacia sí mismo.

Un carro lo llevó a la casa de fieras, donde Olev echó un vistazo a la flecha que le sobresalía del cuerpo e hizo un gesto con la cabeza a los gemelos chinos. Los dos hombres desaparecieron y regresaron al poco rato con una bolsa de opio.

—¿Qué hay ahí dentro? ¿Para qué son esas cuchillas? —preguntó Jahan. Tenía el cuello húmedo, la tez pálida y los labios fríos.

—Muchacho curioso —respondió Olev mientras colocaba instrumentos de varios tamaños sobre una bandeja—. Voy a sacarte eso.

—Pero ¿cómo?

Nadie respondió. En lugar de ello le obligaron a beber un té verdoso repugnante llamado *maslak*, elaborado con hojas de cannabis secas. En cuanto bebió el primer sorbo la cabeza empezó a darle vueltas más deprisa. Antes de que terminara la taza el mundo había adquirido una luminosidad extraña, con colores que se fundían unos con otros. Trituraron el opio y se lo aplicaron sobre la herida. Luego lo llevaron al jardín para que disfrutara de lo que quedaba de la luz del día.

—¡Muerde esto! —le ordenó Olev.

Aturdido, Jahan cerró los dientes alrededor del trapo que le habían metido en la boca. Pero la situación no mejoró mucho. Cuando le arrancaron la flecha, gritó tan fuerte que los pájaros del aviario batieron las alas.

Aquella noche, mientras Jahan yacía dolorido en su camastro, apareció por la puerta Sinan con sus mejillas demacradas débilmente iluminadas en la penumbra. Se sentó junto a él, como había hecho la noche de la batalla.

—¿Cómo te encuentras?

Por toda respuesta, el muchacho hizo una mueca, con los ojos llorosos.

—No se te dan bien los trucos, ¿eh? Entretener al público no es lo tuyo. Aun así, tu coraje y tu amor por el elefante son dignos de admiración.

—¿Me castigarán?

—Creo que ya has recibido bastante castigo. Nuestro sultán lo sabe.

—Pero… Lutfi Pasah me odia.

—Bueno, yo tampoco gozo de su aprobación —repuso Sinan, bajando la voz.

—¿Por lo del puente?

—Por cuestionarlo. No lo ha olvidado. Está acostumbrado a que todo el mundo venere cada una de sus palabras. Los que se rodean de personas serviles que alaban todo cuanto hacen no perdonan al hombre honrado que les dice la verdad.

Mientras Sinan le preguntaba a Jahan sobre su vida los envolvió la noche. El muchacho le habló de sus hermanas, de su padrastro y de la muerte de su madre. Por primera vez desde que había llegado a la ciudad contó la verdadera historia sin mentiras ni fábulas. No mencionó el Indostán.

—¿Volverás? —le preguntó Sinan.

—Lo haré cuando sea rico y fuerte. Necesito darme prisa, ya que quiero enfrentarme a mi padrastro antes de que sea demasiado anciano.

—Entonces quieres regresar para vengar la muerte de tu madre.

—Así es. Pongo a Dios por testigo que lo haré.

Sinan se ensimismó en sus pensamientos.

—Ese boceto que me enviaste… ¿De quién es esa mansión?

—Ah, es del gran muftí. Estuve presente el día que condenó al hereje. Pero he hecho unos cuantos cambios en la casa.

—¿Por qué?

—Me fijé en que allá arriba sopla bastante el viento, efendi. Las ventanas eran pequeñas por esa razón, pero no dejaban entrar suficiente luz. Pensé que si en el piso superior se construía una galería cubierta de celosías, habría más luminosidad y las mujeres podrían contemplar el mar sin que nadie las viera a ellas.

Sinan arqueó una ceja.

—Entiendo... El dibujo me pareció bueno.

—¿De verdad? —le preguntó Jahan con incredulidad.

—Te convendría aprender álgebra y el sistema de medición. Y debes tener una mejor comprensión de los números. Te observé mientras construíamos ese puente. Eres listo y curioso, y aprendes rápido. Podrías ser constructor. Lo llevas dentro.

—Me gustó colaborar en el puente... —respondió Jahan, complacido—. Shota también estaba feliz. No le gusta pasar tanto tiempo encerrado en el establo.

—Eres un chico brillante, *mahout.* Quiero ayudarte. Pero hay muchos chicos listos por aquí. —Sinan guardó silencio unos minutos como si esperara a que Jahan asimilara sus palabras—. Si quieres destacar en un oficio tendrás que convencer al universo de por qué debes ser tú y no otro.

¡Qué comentario más extraño! Jahan parpadeó, esperando una explicación. Pero no hubo ninguna. El silencio llenó el espacio que los separaba hasta que Sinan volvió a hablar.

—Echa un vistazo a tu alrededor. Cada hombre que ves aquí es hijo de un Adán. Ni noble ni rico de nacimiento. No importa quién sea tu padre o de dónde vengas, lo único que necesitas hacer para progresar es trabajar con ahínco. Así se alcanza algo en el palacio otomano.

Jahan bajó la cabeza.

—Tienes talento pero hay que instruirte. Debes aprender idiomas. Si prometes poner empeño en ello te ayudaré a ingresar en la escuela del palacio. Hombres de elevada posición han sido educados en ella. Tendrás que esforzarte tanto como ellos lo hicieron en su día. Año tras año.

—No me asusta el trabajo, efendi.

—Lo sé, pero debes olvidar el pasado —dijo Sinan levantándose—. El resentimiento es una jaula y el talento, un ave capturada. Rompe la jaula y deja que el pájaro salga y eche a volar. La arquitectura es un espejo en el que se refleja la armonía invisible y el equilibrio que existen en el universo. Si no albergas esas cualidades en tu corazón, no podrás construir.

A Jahan le ardían las mejillas.

—No lo entiendo... ¿Por qué me ayuda?

—Cuando yo tenía tu edad tuve la suerte de tener un buen maestro. Hace mucho que murió, que Dios tenga misericordia de su alma. La única forma de demostrarle mi gratitud es ayudar a otros. Además, algo me dice que no eres lo que parece. Tú y el elefante sois como hermanos. Pero tú no eres un *mahout*, hijo. Hay algo más en ti, créeme. No me has contado toda la verdad.

—El elefante es mi familia ahora —replicó Jahan sin mirar al arquitecto directamente a los ojos.

Sinan exhaló el aire despacio.

—Ahora descansa un poco. Volveremos a hablar.

Cuando el maestro salió del cobertizo, una lágrima rodó por el rostro de Jahan y le cayó en la mano. La miró confuso. Tenía el hombro herido y las extremidades magulladas, pero no sabía de dónde provenía ese dolor.

Situada en el tercer patio, la escuela del palacio contaba con trescientos cuarenta y dos alumnos. Asistían a clase los jóvenes más brillantes reclutados por una leva llamada *devshirme*, una práctica mediante la cual arrancaban a los jóvenes cristianos más apuestos e inteligentes de sus familias, los convertían al islam y los ponían al servicio del sultán. Llegaban a dominar la ley islámica, los hadices, la filosofía, la historia de los profetas y el Corán. Estudiaban matemáticas, geometría, geografía, astronomía, lógica y disertación, y aprendían suficientes idiomas para abrirse camino a través de la torre de Babel. Según sus aptitudes, destacaban en poesía, música, caligrafía, embaldosado, cerámica, ebanistería, talla de marfil, metalistería y armas. Al graduarse algunos ocupaban una alta posición en el gobierno y el ejército. Otros se hacían arquitectos y científicos.

Todos los profesores eran varones y entre ellos había algunos eunucos. Llevaban varas largas que no dudaban en emplear para castigar la menor desobediencia. En los pasillos reinaba el silencio y las normas eran estrictas. Reclutaban a los hijos de los albanos, los griegos, los búlgaros, los serbios, los bosnios, los georgianos y los armenios, pero no los de los turcos, los kurdos, los iraníes y los gitanos.

A Jahan le costaba seguir las clases y esperaba que lo echaran en cualquier momento. Sin embargo, transcurrieron las semanas. El Ramadán cayó en mitad de verano. De pronto los días eran más pesados, las noches estaban llenas de olores y sonidos. Las tiendas permanecían abiertas hasta más tarde, las concurridas ferias se prolongaban hasta bien entrada la noche. Hacían ayuno los jenízaros, los eruditos, los artesanos, los mendigos e incluso los adictos (de los cuales muchos engullían a hurtadillas una pasta marrón rojiza que se les disolvía despacio, muy despacio, en el estómago, lo que les ayudaba a sobrellevar la abstinencia). Pasó incluso la festividad del Eid y nadie preguntó por el *mahout* y Shota. Era como si todos hubieran olvidado que había un elefante en la casa de fieras. Jahan se sumió en la melancolía. Sospechaba que el gran visir estaba detrás de ello. Era evidente que no había perdonado a Shota lo ocurrido en el hipódromo y aguardaba el momento oportuno para desollarlos vivos. Poco se imaginaba que el temido Lutfi Pasah, el segundo hombre más poderoso del imperio, el pretendiente real que había contraído matrimonio con la hermana del sultán Suleimán, se hallaba en un serio apuro.

Todo comenzó cuando en un burdel situado en los alrededores de la torre de Gálata, una ramera a la que llamaban Kaymak, crema, debido a su clara tez se negó a acostarse con un cliente, un bruto con dinero pero sin compasión. El hombre la golpeó. Sin darse por satisfecho, sacó el látigo que llevaba consigo y la azotó. Según las normas tácitas y no escritas relativas a los prostíbulos de Constantinopla, eso era totalmente inaceptable. Maltratar a una ramera era comprensible; azotarla no figuraba en las reglas. Todo el burdel acudió en auxilio de la mujer, arrojando boñigas al cliente. Pero no era un hombre dado a admitir la derrota. Echando espuma por la boca se quejó al cadí, quien, temiendo la represalia de los proxenetas, buscó una solución intermedia. Entretanto el incidente había llegado a oídos de Lutfi Pasah.

Desde hacía algún tiempo el gran visir había resuelto purgar las calles de depravación. Empecinado en cerrar los burdeles, aspiraba a desterrar a sus habitantes perdidos a lugares lejanos de los que nunca pudieran regresar. Halló el pretexto que esperaba en la persona de la prostituta flagelada. Al castigarla escarmentaría a todas las mujeres de vida disoluta, que eran demasiadas en Estambul. Dejando de lado el veredicto del cadí, Lutfi Pasah proclamó que la prostituta había obrado mal y había que extirparle los genitales. Acto seguido la sentarían de espaldas sobre un burro y la pasearían por la ciudad para que todos vieran lo que les esperaba a los que obraban como ella.

Nunca se había impartido semejante castigo. Cuando Sah Sultan, la hermana del sultán Suleimán, se enteró de la condena que su marido creía adecuado aplicar a una mujer desafortunada, se quedó horrorizada. Acostumbrada a ver cumplidos todos sus deseos, se enfrentó con el gran visir esperando disuadirlo. Aguardó a que los criados hubieran servido la deliciosa cena —sopa de intestinos, estofado de faisán con cebolla, *pilaf* uzbeko con pasas y *baklava*, el plato preferido de Lutfi Pasah—, pensando que si aplacaba el estómago, podría aplacar también su temperamento.

Los criados retiraron la mesa baja, les lavaron las manos con agua de rosas y sirvieron café. En cuanto desaparecieron por los pasillos de la casa, Sah Sultan murmuró como para sí:

—Todo el mundo está hablando de esa ramera.

El gran visir no dijo una palabra. Un rayo de luz naranja se coló a través de la ventana, tiñendo la estancia de un resplandor inquietante.

—¿Es cierto que van a castigarla de esa forma tan terrible? —preguntó ella con dulzura.

—Cosechamos lo que sembramos —respondió Lutfi Pasah.

—Pero ¿no es demasiado duro?

—¿Duro? No, solo adecuado.

—¿No tenéis compasión, esposo? —le preguntó ella, con un tono impregnado de desprecio.

—La compasión es para quien la merece.

Temblando, Sah Sultan se levantó y dijo las palabras que solo ella se atrevería a pronunciar.

—No acudáis a mi lecho esta noche, ni mañana por la noche, ni ninguna otra noche.

Lutfi Pasah palideció. Su esposa real era sin duda la cruz de su existencia. ¡Quienes lo envidiaba eran necios! Casarse con la hermana o la hija del sultán era una maldición que solo podía desear a un enemigo. Para casarse con ella había tenido que divorciarse de su compañera, la madre de sus cuatro hijos, después de muchos años de convivencia, pues la hermana de un sultán no podía ser la segunda esposa. ¿Acaso le había mostrado ella alguna gratitud a cambio? Al contrario. Por sus venas no corría una gota de docilidad. Desaprobando todo cuanto su marido hacía, se mofaba de él día y noche aun en presencia de los criados. De ahí que cuando el gran visir abrió la boca fuera su frustración la que habló.

—Nunca me ha gustado vuestro lecho, de todos modos.

—¿Cómo os atrevéis? —replicó Sah Sultan—. ¡Sois siervo de mi hermano!

Lutfi Pasah se atusó la barba, arrancándose unos cuantos pelos.

—¡Si llega a mis oídos que habéis seguido adelante con vuestro cruel castigo y habéis hecho sufrir a esa pobre mujer, os aseguro que dejaréis de ser mi esposo! —Y Sah Sultan salió a grandes zancadas de la cámara dejando a su esposo lleno de furia.

Lo cierto era que, como otros muchos, ella había confiado en que el gran visir absolviera a la prisionera a las once de la mañana. Con ello habría matado dos pájaros de un tiro. Habría hecho temblar de miedo a todos los pecadores y se habría ganado el respeto al demostrar clemencia. De ahí que Sah Sultan se quedara muy contrariada cuando una mañana fría y despejada los pregoneros anunciaron la sentencia y esta se ejecutó. Cuando Lutfi Pasah regresó a casa ese mismo día, encontró a su esposa echando chispas.

—Debería daros vergüenza —exclamó, pese a saber que los sirvientes oían—. ¡Tenéis el corazón de piedra!

—Vigilad esa lengua, mujer. Esa no es forma de hablar a un esposo.

—¿Os llamáis esposo? Vos que solo golpeáis a mujeres desafortunadas.

Fuera de sí, Lutfi Pasah empujó a su mujer contra la pared cubierta de azulejos y le dio una bofetada.

—No seguiré casada con un demonio como vos —dijo ella llorando, y soltó insultos tan desagradables que ni siquiera los chismosos fueron capaces de repetirlos al día siguiente.

Lutfi Pasah se precipitó hacia su maza. En ese preciso momento un eunuco negro entró corriendo en la alcoba, seguido de los sirvientes, los esclavos, las criadas, la cocinera y los ayudantes de cocina. Juntos lo ataron, lo amordazaron y, con la bendición de su señora, le dieron una paliza.

A la mañana siguiente el sultán Suleimán fue informado de que su gran visir había intentado atizar a su hermana con una maza. Aquel fue el final de Lutfi Pasah. Depuesto de su cargo y despojado de sus bienes, fue desterrado a Demótica con tantas prisas que no tuvo tiempo para preparar el equipaje ni despedirse de nadie.

De nuevo en la casa de fieras, Jahan escuchó la noticia desconcertado. Con qué rapidez cambiaba todo. Y cómo caía la gente y de qué alturas. Incluso los que consideraba intocables. O quizá ellos en particular. Era como si hubiera dos arcos invisibles: con nuestras hazañas y palabras ascendíamos; con nuestras hazañas y palabras descendíamos.

Una tarde Jahan regresó de la escuela del palacio a la casa de fieras absorto en sus pensamientos. Al entrar encontró al capitán Gareth esperándolo.

—¡Mira quién ha venido! ¡Qué sorpresa! Acabo de regresar de las profundidades y he pensado que era mejor ver con mis propios ojos cómo le va a mi pequeño ladrón. Debe de haberme echado de menos.

Jahan no dijo una palabra por temor a que le traicionara la voz. El hombre había vuelto a beber. Reconoció en su aliento el hediondo olor a cerveza. Sus dientes parecían una hilera de duelas de barril ennegrecidas por el alquitrán.

El capitán miró fijamente al *mahout.*

—Eh, cualquiera diría que has visto un fantasma.

—Creía que se había ido. Ha pasado mucho tiempo —admitió Jahan.

—Mi barco se cayó en un agujero en el fondo del mar. Perdí dieciocho hombres en la peor tormenta del diablo. Por suerte yo sobreviví pero me hicieron prisionero. Luego contraje el paludismo y me dieron por muerto. He estado en el infierno y no me ha gustado, por eso he vuelto. ¿No te alegras de verme?

—Sí.

El hombre lo miró con recelo.

—Has estado bastante tiempo aquí. ¿Qué has robado? Enséñamelo todo. Debes de tener un tesoro siendo el niño mimado de la princesa.

Jahan se encogió al oír que mencionaba a Mihrimah. ¿Cómo lo sabía? Había espías en todas partes.

—Efendi, no es fácil —logró decir con toda la calma que fue capaz—. Las puertas están vigiladas.

—¿Qué tienes para mí? —El capitán Gareth habló con voz más áspera, listo para utilizarla como un arma. Tenía la piel de un tono más oscuro, incluida la cicatriz de la mejilla.

Jahan había escondido los objetos robados bajo el lilo. El capitán confiscó de inmediato el broche de zafiro, pero luego hizo un ruidito extraño, como si se ahogara con la lengua. Jahan lo miró aterrado hasta que se dio cuenta de que se reía. Después de soltar varias sonoras carcajadas palideció.

—¿Eso es todo? ¿Me tomas por idiota?

—Le estoy diciendo la verd…

En un movimiento veloz el hombre sacó de su chaqueta una daga y la sostuvo contra el cuello de Jahan.

—No me gustan los embusteros. Nunca me han gustado. Dame una razón para no desollarte vivo aquí mismo.

Con la punta de la hoja hundida en la carne, Jahan tragó saliva.

—Tengo novedades. Estoy... trabajando con el arquitecto jefe de la corte.

—¿Y?

La presión del metal frío aflojó. El capitán Cabezaloca retrocedió un paso y contempló al chico como si lo viera por primera vez.

—¡Habla!

—El sultán da mucho valor a los edificios que Sinan construye para él y su familia. Imagínese, gasta más monedas en piedra que en joyas.

—Está bien, está bien... —dijo el capitán en un susurro áspero—. No has podido robar del palacio. Roba de los recintos de las obras. Gánate la confianza de tu maestro. Sé un buen muchacho y ve tras el dinero. Te salvé el pellejo en ese maldito barco, ¿recuerdas? No me obligues a cobrarme ese favor.

—No lo haré, efendi. No lamentará la espera. Le traeré riquezas. Pronto, *inshallah* —prometió Jahan, y en ese instante se lo creyó.

A finales del verano una nueva enfermedad asediaba las tierras otomanas. Ampollas, vómitos, fiebre, muerte. La llamaron el escupitajo de Shaitan, por las marcas rojas. Muchos perecieron en unos días. Entre ellos Shehzade Mehmed, hijo de Suleimán y Hurrem, que solo contaba veintiún años y era la luz de sus ojos.

El sultán se quedó desolado. Vestido con ropajes toscos y negándose a recibir a nadie, se dedicó a rezar. Estambul lloró con él. Bajaban la luz de las lámparas, se hablaba en susurros. Los comercios cerraban pronto; las bodas, las ceremonias de *bar mitzvah* y las circuncisiones se suspendieron. Los barcos pesqueros que daban vueltas alrededor de la puerta de las caravanas pasaban de largo sin hacer ruido, como si el dolor fuera un niño que no había que despertar. Los narradores de cuentos de los bazares, los baladistas errantes, los vendedores ambulantes, incluso los juglares que se acostaban y se despertaban con canciones, todos enmudecieron. Lo único que rompió el silencio fue la lluvia. Cayó con tal abundancia que creyeron que los cielos derramaban lágrimas por todos sin excepción. Tal día como aquel Shota y Jahan fueron honrados por primera vez con una visita del sultán.

Mejillas hundidas, piel cetrina, hombros caídos. El sultán se parecía tan poco al hombre que Jahan había saludado en el hipódromo que tal vez no lo habría reconocido si no lo hubieran seguido sus guardias. Se postró enseguida ante él.

—Te recuerdo a ti y a tu elefante.

Ruborizándose, Jahan se encogió al recordar aquella aciaga tarde.

—¿Cómo tienes el hombro?

—Bien, mi señor.

—¿Qué come la bestia? Háblame de ella.

Jahan así lo hizo. Se explayó sobre la pasión de Shota por el barro, el agua y la comida, mientras percibía que lo que el sultán Suleimán necesitaba no era tanto información como algo que lo distrajera de su dolor. Le contó que si alguien quería hacer daño a un elefante debía concentrarse en la trompa. Al no tener huesos ni músculos, la trompa era varios órganos a la vez: nariz, labio superior, brazo y mano. Servía para respirar, oler, comer, beber, sorber agua para ducharse, rascarse las orejas, limpiarse las legañas de los ojos…, era interminable la lista de cosas que un elefante podía hacer con la trompa. Y del mismo modo que los seres humanos eran diestros o zurdos, los elefantes tendían a usar un colmillo más que el otro. Jahan concluyó diciendo que Shota era zurdo.

—Es extraño que un animal tan majestuoso tenga una cola tan frágil —señaló el sultán—. ¿Crees que Alá quiere recordarnos que hasta los más fuertes tenemos debilidades?

—Así es, Vuestra Alteza.

—Entonces estate preparado. Pronto tendrás que poner a trabajar de nuevo a la bestia.

Solo más tarde Jahan averiguó a qué se refería el Señor de la Tierra y el Mar. Le había encargado a Sinan la construcción de una mezquita para su hijo fallecido. En un mundo efímero, donde todo estaba allí un día y al siguiente había desaparecido, el legado del amado príncipe sería mármol sólido y piedra maciza.

Así fue como el 7 septiembre, una fecha propicia según el gran astrónomo imperial Takiyuddin, Jahan se encontró en el recinto de unas obras observando cómo se hundía la primera pala en la tierra. Sacrificaron cuarenta corderos y cuarenta carneros, y derramaron la sangre por todas partes, y acto seguido cocinaron la carne en cazuelas y la distribuyeron entre los pobres y los leprosos. Jahan reconoció entre la multitud a Ebussuud Efendi, con su alto turbante y su holgada túnica. Desde que había sido nombrado jeque del islam —el jefe supremo religioso— se comportaba con autoridad. Al verlo de cerca, Jahan tuvo un escalofrío. Recordó con un dolor persistente al hereje Majnun Shayj, su voz aterciopelada, su hermoso rostro y su mirada transparente. No lo había olvidado.

Al cabo de un rato se marchó el sultán, junto con los miembros del diván y los mirones, y solo quedaron los obreros, cientos de ellos. Jahan se percató de que en una obra había dos clases de hombres: los que nunca te miraban a los ojos y los que a veces lo hacían. Los primeros eran esclavos. Con grilletes en los tobillos y sometidos a latigazos, eran marineros, campesinos, peregrinos o viajantes cuya vida se había visto tan bruscamente truncada que no sabían si deliraban o el pasado había sido un sueño. Sobreviviendo a base de galletas secas y sopa aguada, esos esclavos cristianos erigían altares musulmanes desde el amanecer hasta el anochecer.

Luego estaban los que, como Jahan, se ofrecían voluntarios. Cobraban dos aspros al día, comían mejor y, en general, recibían buen trato. Mamposteros, excavadores, carpinteros, ensambladores, herreros, vidrieros y delineantes, cada uno en su gremio. Todos los gastos eran registrados por un escribano y supervisados por un capataz.

Allá donde miraba, Jahan veía un frenesí de actividad. Poleas de acero, cabestrantes, tornos y cables. Con anterioridad Sinan había pedido a los carpinteros que montaran una gran grúa de rueda. En el interior un grupo de hombres se turnaban, tan pronto caminando como corriendo, para dar vueltas a la rueda que tiraba de las piedras más pesadas. Algo en el recinto de las obras le recordó a Jahan la cubierta de un barco. En ambos lugares imperaba la convicción innata de que un error individual podía causar un error general. Y el éxito se repartía en pequeñas cantidades, troceado como la carne seca y salada que encuentras en la sopa. Al levantar un edificio o al navegar en alta mar, aprendían a velar unos por otros; surgía una comunión forzosa, una hermandad de alguna clase. Un acuerdo tácito regía a través de los rangos. Cada uno aceptaba que la tarea que tenían entre manos estaba por encima de su persona, y que la única forma de seguir adelante era trabajar todos juntos como uno solo. Así, enterraban sus antipatías y sus disputas, a no ser que estallara un motín, pues en tal caso el mundo era puesto patas arriba.

Los obreros no eran menos supersticiosos que los marineros. No podías silbar, cuchichear ni soltar un taco mientras clavabas un clavo. Las tres acciones eran vistas como una invitación a Shaitan, quien nunca dejaba de aparecer una vez se solicitaba su compañía. Si el clavo perforaba la pared al llegar

Shaitan, su huella quedaba encerrada en el edificio hasta el final de los tiempos. Los musulmanes no eran los únicos que se adherían a esas reglas. Los cristianos y los judíos también las suscribían. Para ahuyentar el mal de ojo dejaban una barra de pan y una pizca de sal sobre la piedra erigida más alta. En ninguna fase de la construcción querían ver pasar a una mujer embarazada, pelirroja, con ojos azul vivo o labio leporino. Sinan ni siquiera pudo convencerlos para que trabajaran junto a un albañil con el pelo de color fuego.

Había criaturas poco propicias como las ranas, los cerdos y las cabras con tres patas. Otras, como las serpientes, los escorpiones, los lagartos, los ciempiés y los gusanos, les eran indiferentes. Las jaurías de perros iban y venían. Exceptuando la secta islámica shafí, a los obreros les gustaba rodearse de perros porque eran leales y agradecidos. Tenían en gran consideración a las arañas porque habían salvado al profeta Mahoma. Matar una araña, o peor aún, aplastarla con el pie, constituía un pecado grave. Otro animal que, según descubrió Jahan con deleite, era considerado un buen presagio era el elefante.

Al ver augurios en el cielo y en la tierra, los obreros respetaban la naturaleza, los pájaros que pasaban volando y las raíces de los árboles que tocaban. Si la brisa llevaba consigo algún olor intenso y acre, temían que alguien estuviera preparando una poción. Los voluntarios registraban la zona de este a oeste, y de vez en cuando regresaban con un pescador, un mendigo o una vieja arpía a quien acusaban de brujería, y a quien habrían perseguido más si Sinan no hubiera intercedido cada vez para que la dejaran marchar.

No estaba bien visto fanfarronear en una obra. Nunca había

que presumir de los logros conseguidos, y tenías que acordarte de decir en todo momento *inshallah*, pues todo estaba en manos de Dios y nada en las tuyas. Cuando ejecutaban a alguien públicamente en la horca, algunos obreros arrancaban un pedazo de madera del patíbulo y lo llevaban colgado como un amuleto, algo que Jahan jamás entendió, porque ¿cómo podía venir algo bueno de la desgracia de otro?

Sinan no parecía dar importancia a esas creencias, aunque sin duda no las compartía. Aun así Jahan descubriría que era supersticioso a su manera. Tenía un talismán que siempre llevaba encima: dos círculos, uno dentro del otro, hechos de cuero, uno de color claro y el otro oscuro. Además, antes de empezar a trazar un plano ayunaba durante tres días. Por grandioso que fuera el edificio, al terminar siempre dejaba un desperfecto: un azulejo del revés, una piedra tumbada o un bloque de mármol con una esquina desportillada. Se aseguraba de dejarlo a la vista del ojo entendido, pero invisible al público. Solo Dios era perfecto.

Uno de los leales capataces de Sinan era un árabe cristiano de las montañas del Líbano llamado Gabriel el Nevado. Ese hombre tenía el cabello, la piel, las pestañas y las cejas blancas como el alabastro, y sus ojos, muy parecidos a los de un conejo, se volvían rosados al sol. De vez en cuando un obrero recién llegado se negaba a trabajar a sus órdenes, acusándolo de traer mala suerte. Sinan respondía por él, diciendo que había nacido así y era el mejor capataz en siete climas.

Shota ayudaba, tirando de cuerdas o de cables de remolque, acarreando tablones y colocando vigas. En cierta ocasión en que izaba una columna de mármol, la cuerda se partió y la carga cayó rodando. Gabriel el Nevado habría muerto aplastado si en el último instante no se hubiera apartado. Sin embargo, la mayor parte de los días transcurrían sin incidentes y el trabajo era monótono. Todas las mañanas el *mahout* y el elefante se marchaban del palacio muy temprano para acudir a las obras, que se hallaban cerca de los cuarteles de los jenízaros; recorrían de nuevo la misma carretera al ponerse el sol. A esas alturas los aldeanos se habían acostumbrado a verlos. A veces los esperaban por el camino, sobre todo los niños. Había quienes creían que la tierra que pisaba el elefante tenía poderes curativos y recogían puñados después de que pasaran.

Jahan observaba con atención a todos los que trabajaban en el recinto de las obras y aprendía rápido. Pero eran los aprendices de Sinan quienes más lo intrigaban. El primero, un anatolio esbelto de tez aceitunada y con una leve cojera causada por una enfermedad en la niñez, se llamaba Nikola. Miraba fijamente un edificio, luego cerraba los ojos y lo dibujaba con todo detalle. El segundo, alto y corpulento, había nacido en un pueblo abandonado próximo a la frontera persa y lo había criado su abuelo después de que unos intrusos mataran a sus padres. Se llamaba Davud y tenía una mente penetrante. El tercero, de nombre Yusuf, era un joven mudo tan brillante con los números que Sinan siempre le pedía que volviera a verificar sus propios cálculos. Era imberbe, y con ojos grandes y verdes. Debido a un accidente que había sufrido de niño tenía las manos quemadas y llevaba mitones de piel de borrego. De no ser por el miedo que Sinan inspiraba, algunos obreros le habrían hecho la vida imposible. Consciente de ello, el aprendiz mudo siempre tenía la mirada fija en el suelo, como los esclavos.

A la más mínima oportunidad, Jahan se acercaba de puntillas

a esos tres jóvenes y miraba por encima del hombro sus bocetos. Cuando regresaba a la casa de fieras los imitaba, dibujando en barro húmedo o arena seca lo que había visto. Una parte de sí mismo estaba resuelta a trabajar con ahínco y ser como ellos. Otra parte pensaba en robar y huir. Y el abismo que mediaba entre ambas era tan ancho y profundo que cada vez le resultaba más difícil cruzarlo. Tarde o temprano tendría que escoger.

En enero el tiempo se volvió más crudo. De los aleros colgaban carámbanos de una belleza peligrosa. Estambul dormía bajo un grueso manto blanco. Aun así las obras de construcción no se interrumpieron. Los esclavos se enrollaron trapos en los pies. De las tiras de tela asomaban los dedos, rojos e hinchados.

Una de aquellas mañanas el elefante y el *mahout* salieron del palacio a la hora habitual. A medio camino un perro se acercó a ellos ladrando sin parar, como si quisiera enseñarles algo.

—¡Vamos a ver qué quiere! —gritó Jahan, sentado a horcajadas sobre el cuello de Shota.

Dieron un giro y empezaron a seguir al can. Este, encantado al obtener la atención buscada, dobló a la izquierda y fue derecho hacia el embarcadero, donde el agua se había helado en la superficie. El elefante apretó el paso.

—¡Eh, más despacio!

Antes de que Jahan encontrara las palabras, Shota se adentró en la ensenada y, rompiendo el hielo, se hundió hasta el vientre. El elefante, el *mahout* y el perro se detuvieron. En el agua flotaba un cadáver, tan cerca que casi podían tocarlo. Una concubina probablemente. Tenía la piel de un tono morado azulado y el cabello se mecía con las olas. A juzgar por la ropa que vestía y las joyas que llevaba alrededor del cuello, provenía de una familia adinerada, tal vez del palacio.

Jahan dio órdenes a Shota de avanzar, resuelto a hacerse con las joyas. Ya estaban cerca de su blanco cuando Shota se detuvo y se negó a continuar. Encaramado encima de un elefante sobre el agua helada, intentando en vano no dejarse llevar por el pánico y sintiéndose ridículo, Jahan pidió socorro. Por fortuna, al cabo de un rato apareció un carromato tirado por un burro. Sobre él había cinco gitanos que contemplaron la escena en silencio.

—¿Le echamos una mano, Balaban? —preguntó un hombre a la figura alta que iba sentado delante.

—Sí, ayúdala.

—¿Es usted imbécil? —gritó Jahan—. ¡Ella ya está muerta! ¡Sálvenos a nosotros primero!

El hombre llamado Balaban, con las riendas todavía en una mano, se subió al carromato. Tenía la cara cincelada, la nariz aguileña después de varias roturas, el cabello largo como el de un ermitaño y a través de su boca entreabierta se veía un diente con una funda de oro. Con una pluma de garceta en el tocado, ofrecía un aspecto demente y grandioso en igual medida.

—Vuelve a hablarme de este modo y te cortaré la lengua y se la arrojaré a los gatos.

Jahan se calló. Observó cómo los gitanos hacían rápidamente dos sogas corredizas. Utilizaron una para asir al elefante por la trompa y la otra para rodear la mano del cadáver, y tiraron de ambas simultáneamente hacia la orilla. Shota se movió titubeante. En un par de ocasiones se tambaleó, casi arrojando a Jahan al agua. Cuando llegaron a tierra firme, Jahan bajó de un salto y suspiró. De pronto recordó lo que le dijo el oficial el día que él y el elefante habían llegado al palacio. De modo que esos eran los infames, la media tribu. Se acercó a ellos con cautela.

—Nos han salvado la vida. Les doy las gracias.

—Lo hemos hecho por la bestia —dijo Balaban—. Tenemos una elefanta. Son animales grandes.

—¿Tienen una elefanta? —le preguntó Jahan con incredulidad.

—Se llama Gulbahar. Pero el tuyo es de un color extraño —repuso Balaban dejando vagar la mirada.

Sus hombres habían arrancado el collar a la muerta y se disponían a arrojarla de nuevo al agua.

—No pueden hacer eso —protestó Jahan—. Hay que enterrarla como es debido.

—Si ven aparecer a un grupo de gitanos con un cadáver, ¿crees que nos darán las gracias? Dirán que la hemos matado nosotros y nos meterán en el calabozo. Y si la dejamos aquí, los perros la devorarán. Está más segura en el agua. —Sonrió—. Si lo que te interesa es el collar, considéralo nuestra recompensa por las molestias. Ella ya no lo necesita.

Jahan no les dijo que él también había pensado lo mismo. En lugar de ello musitó:

—¿Cree que ha sido asesinada?

—Debería cortarte esa lengua; te haría un favor. Te voy a dar un par de consejos. Si no sabes cómo manejar la respuesta, no preguntes —replicó Balaban.

—¿Cuál es el segundo consejo? —le preguntó Jahan.

—Ve a cuidar a tu bestia. Está sufriendo de congelación.

—¿Cómo? —Jahan se acercó corriendo a Shota, cuya piel, cubierta de una fina capa de hielo, ya no era blanca sino de un rosa aterrador. Todo él temblaba.

Cuando todos los gitanos se hubieron subido de nuevo al carromato, Jahan corrió tras ellos.

—Les ruego que no se vayan aún. No sé qué hacer.

—Solo hay una cura —indicó Balaban—. Necesita un licor fuerte como el raki.

—¿Raki? ¿Pueden conseguirlo?

—No es fácil. La bestia es grande. Necesitarás un bidón.

Los gitanos sonrieron con astucia.

—Si te traemos uno, ¿nos pagarás?

—Lo hará Sinan, el gran arquitecto imperial —respondió Jahan, rezando para que fuera cierto.

Llevaron medio bidón de raki y varias tazas. ¿También lo habían robado? Jahan no se atrevió a preguntar. Tras diluir la bebida en agua, introdujeron la trompa de Shota en el brebaje. Tal vez para dar ejemplo al animal, los gitanos se tomaron una taza. Luego otra. Mientras tanto el elefante tomó un sorbo y resopló, mojándolos a todos. Sin embargo debió de gustarle, porque regresó junto al bidón y bebió de nuevo, y esta vez no escupió.

Una hora después llegaban al recinto de las obras, Jahan tirando de Shota por las riendas y los gitanos en su carromato, cantando alegremente.

—¿Dónde te habías metido? —le preguntó Sinan.

Sus ojos iban del elefante a los gitanos.

—Hemos tenido un accidente. Estos hombres no han salvado.

—¿Está borracho el elefante? —le preguntó Sinan, observando cómo se balanceaba. Luego se volvió hacia los gitanos—. ¿Y ellos?

Al enterarse de la historia del bidón, Sinan se rió.

—No puedo permitir que un animal con el cerebro embotado de alcohol participe en la construcción de una mezquita santa. Vete y no regreses hasta que esté sobrio.

—Sí, señor —repuso Jahan con la garganta seca—. ¿Está irritado conmigo?

Sinan suspiró.

—Sabes aferrarte a la vida. Eso es bueno. Pero la curiosidad es perjudicial si no la guías. Deberíamos ampliar tu formación.

—¿Ampliar?

—Continuarás con tus lecciones en la escuela del palacio. Pero en tu tiempo libre Nikola te enseñará a dibujar; Davud te instruirá en geometría y Yusuf en números. Te convertirás en aprendiz de mis aprendices.

En ese preciso instante un estruendo ensordecedor hendió el aire. Todos, incluidos los gitanos, corrieron en dirección a la fuente del sonido. Se habían desprendido varias tablas de sus cables y la mitad del andamio se había caído, pero milagrosamente no hubo ningún herido. A fin de ahorrar madera, que era cara, habían construido andamios con ayuda de cabos gruesos y colgado las tablas de los contrafuertes.

—Debe de ser el mal de ojo —señaló Jahan temblando—. ¡Cuántos accidentes en un día!

—No juzgues demasiado pronto —llegó una voz a sus espaldas.

Era Balaban, el gitano, con una cuerda en la mano. Cuando tuvo la atención de todos, asintió mecánicamente y añadió:

—No hay sido un accidente sino que alguien ha cortado estas cuerdas.

—¿Por qué querrían hacer algo así? —preguntó Sinan.

Balaban sonrió con tristeza.

—¿Quién sabe? A Shaitan nunca se le acaban las excusas.

—No hay mala gente por aquí —dijo Sinan—. Mis obreros son muy trabajadores.

—Si usted lo dice… —dijo Balaban—. Pero hágame caso, efendi. No hay nada de malo en tener cuidado. Tal vez haya un traidor entre los suyos. Yo de usted tendría los ojos bien abiertos.

Nunca descubrieron al culpable. Entre la escuela del palacio, la casa de fieras y las obras, Jahan apenas disponía de tiempo para sentarse a pensar. Incluso tenía que comer con prisas. Comprendió que ser aprendiz del maestro Sinan significaba trabajar sin descanso. En los últimos tiempos el jeque del islam había ordenado construir más mezquitas por todas partes. Había hecho público decreto tras decreto para informar al pueblo de que los que no asistieran a las plegarias del viernes recibirían un castigo ejemplar. A todos los musulmanes se les instaba a rezar diez veces al día y a unirse a la congregación más cercana, ya vivieran en una ciudad o en un pueblo. Como consecuencia, se había multiplicado por dos el número de asiduos a la mezquita, y Sinan y los aprendices tenían más trabajo que nunca.

En cuanto terminaron la mezquita de Shehzade emprendieron la siguiente construcción. Jahan no había tenido ocasión de sustraer asperos de los cofres, pues cada gasto era concienzudamente supervisado y anotado. Pero al mismo tiempo que discurría formas de robar para el capitán Gareth y soñaba con infligir daño a su padrastro, se vio inmerso sin darse cuenta en el mundo de los delineantes.

No logró averiguar nada acerca de Mihrimah, y menos aún verla. Por extraño que pareciera, en su ausencia ella había aumentado de importancia. Doblando el corazón como un pañuelo, Jahan guardaba el recuerdo de las tardes que habían pasado juntos. Solo le confesó su añoranza a Shota, que cada día pesaba más, pues su apetito era mayor que su sombra.

Al llegar el verano Sinan y sus cuatro aprendices emprendieron su mayor obra: la mezquita Süleymaniye que el sultán había encargado en su honor y que glorificaría su nombre durante toda la eternidad. Antes de decidir dónde colocar la primera piedra, Sinan había pedido a unos carniceros que le llevaran vacas y ovejas muertas. Colgaron los cuerpos de aros de hierro en varios lugares estratégicos y dejaron que se pudrieran. Cada pocos días Sinan inspeccionaba la carne. Donde la putrefacción era más rápida, mayor era la humedad. Como esta devoraba los edificios del mismo modo que las polillas se comían la tela, evitó esos lugares. Buscó un lugar donde el aire fuera seco y la tierra lo bastante sólida para aguantar un terremoto. Situada en lo alto de una colina, la mezquita vigilaría la ciudad entera como el soberano que le daría nombre.

Todos los materiales fueron escogidos con cuidado. El plomo y el hierro llegaron de Serbia y Bosnia, y la madera de Varna. El mármol provenía de las tierras árabes, así como del lugar donde en otro tiempo se había erigido el palacio del rey Salomón, en cuyas pulidas superficies todavía se reflejaba la belleza de la reina de Saba. Una columna gigante procedía de Baalbek, la Ciudad del Sol. Del hipódromo retiraron diecisiete columnas, lo que enfureció al fantasma irascible de la emperatriz Teodora.

Había cientos de obreros: esclavos y mano de obra contratada. Casi la mitad eran cristianos, unos cuantos judíos y el resto musulmanes. Sinan había asignado un capataz a cada cuadrilla para que se asegurara de que el trabajo se realizaba con eficacia. Aun así, tenía que cruzar constantemente la obra de un extremo a otro a fin de asegurarse de que todo estaba en orden.

—Señor, ¿por qué no monta a Shota? —le preguntó Jahan—. Puede llevarle a donde quiera.

—¿Quieres que me siente sobre el elefante? —le preguntó Sinan, divertido.

Pese a su indecisión, cuando Jahan puso el *howdah* sobre Shota y lo invitó a dar una vuelta, Sinan no declinó.

Antes de salir, Jahan había susurrado al elefante unas palabras.

—Sé bueno con el maestro. No lo sacudas mucho.

A un paso rítmico dieron vueltas por el recinto y bajaron por el sendero de grava hacia el mar, hasta que el ruido de cientos de hombres trabajando codo con codo se convirtió en un murmullo lejano. Al final se detuvieron y contemplaron la sutil bruma que se elevaba de la costa.

—Por lo visto sé montar —dijo Sinan con una alegría pueril.

A partir de entonces, el arquitecto y el elefante inspeccionaron juntos las obras día tras día, y al verlos los obreros sonreían. Todos trabajaban con ahínco. El aire sobre sus cabezas estaba cargado de sudor y polvo. Pero Estambul estaba compuesta de miles de bocas que murmuraban y difamaban, nunca satisfechas. Decían cosas terribles, como que Sinan no tenía aptitudes para terminar una obra tan grande; que estaba robando madera y mármol de las obras para ampliar su propia casa; que después de haber nacido y crecido como un cristiano no era capaz de levantar una mezquita santa de tales dimensiones, y, aunque lo hiciera, la cúpula se desplomaría sobre su cabeza.

Las mentiras desgarraron el alma de Jahan. Una y otra vez le entraban ganas de gritarles a voz en cuello que se mordieran la lengua. Todas las mañanas despertaba esperando que el viento disipara los rumores del día anterior; todas las noches se dormía abrumado bajo el peso de nuevas acusaciones.

Una tarde recibieron una visita del sultán. En cuanto Jahan oyó los cascos de los caballos, supo que los rumores habían llegado a oídos del soberano y le habían mancillado el corazón. El estruendo de mazos, sierras, hachas y hachas pequeñas cesó. El sultán cabalgó como el viento hacia ese silencio. Tirando de las riendas del caballo, miró furioso desde lo alto de su semental. Vestía una humilde túnica de lana marrón; atrás habían quedado los caftanes de algodón de colores deslumbrantes. Los años y la gota lo habían vuelto más piadoso. Tras dejar el vino y renunciar a los placeres, dio instrucciones de quemar todos los instrumentos musicales que quedaban en el palacio. Por decisión del diván, las tabernas, los prostíbulos y los cafés recién abiertos debían cerrar, y prohibieron todas las bebidas fermentadas, entre ellas el *boza*, que siempre estaba de moda. Ese nuevo Suleimán asustó a Jahan.

Sinan lo saludó con una reverencia.

—Vuestra Alteza, es un honor.

—¿Es cierto lo que he oído sobre usted? ¡Responda!

—¿Podría decirme mi señor qué ha oído de esta humilde hormiga?

—Que lo han visto malgastando un tiempo precioso con adornos y ribetes... ¿Es eso cierto?

—Le aseguro a mi sultán que no reparo en esfuerzos fuera y dentro de su mezquita. Me propongo construir con la mayor maestría...

—¡Basta! —lo interrumpió el sultán—. No me interesan las decoraciones. Y a usted tampoco, si es juicioso. Le ordeno que la termine enseguida. ¡Ni un día de retraso! Quiero ver la cúpula, no los ornamentos.

Reprendido delante de sus obreros y sus aprendices, Sinan palideció. Sin embargo, cuando habló lo hizo con calma.

—La cúpula es inseparable de los ornamentos.

—¡Arquitecto! ¿Acaso ha olvidado lo que ocurrió al delineante de mi antepasado Mehmet Jan? Se llamaba como usted. Tal vez sea un augurio de lo que está por venir.

Sinan respondió con cautela, como si hablara con un muchacho hosco.

—Estoy al corriente del triste destino que corrió, Vuestra Alteza.

—Entonces sabrá lo que les espera a los que no cumplen sus promesas. ¡Asegúrese de que no figura usted entre ellos!

Cuando el sultán se hubo marchado reanudaron el trabajo. Aun así, no fue lo mismo. Flotaba en el aire algo nuevo, el olor de la desesperación. Si bien no escatimaron ni disminuyeron el ritmo del trabajo, cundió el desánimo. Si el sultán no iba a quedar complacido, ¿de qué servía matarse a trabajar? ¿Por qué trabajar con tanto ahínco cuando no se valoraban los frutos?

Durante los siguientes días Jahan esperó una oportunidad para hablar con Sinan. Solo hacia finales de la semana fue capaz de acercarse a su maestro. Encorvado y rodeado de pergaminos, dibujaba. Al verlo sonrió cansinamente.

—¿Cómo van tus lecciones?

—Espero que se sienta orgulloso de mí, maestro.

—No lo dudo.

—Maestro, el otro día el sultán mencionó a un arquitecto que se llamaba como usted. ¿Qué le ocurrió?

—Ah, Atik Sinan... —Se interrumpió, como si con ello lo hubiera dicho todo.

A continuación le contó la historia. Atik Sinan había sido arquitecto jefe de la corte del sultán Fatih, el Conquistador de Constantinopla. Diligente y consagrado a su tarea, había destacado en su profesión. Todo había ido bien hasta que empezó a construir una mezquita para el sultán. Fatih quería que la mezquita fuera el edificio más majestuoso que jamás se había construido. Eso incluía Santa Sofía. Con tal fin mandó que llevaran las columnas más altas que encontró en siete climas. Al enterarse de que su arquitecto jefe había acortado esas columnas sin consultárselo se puso furioso. Lo acusó de obstruir deliberadamente sus aspiraciones. El pobre Atik Sinan intentó justificarse; al ser Estambul una ciudad donde se producían terremotos, había que tener en cuenta la seguridad. Solo había acortado las columnas para hacer el edificio más sólido. A Fatih no le satisfizo la respuesta. Mandó encerrar al arquitecto en la peor mazmorra, donde le cortaron las manos. A continuación lo mataron a golpes. Ese talentoso artesano de las tierras otomanas murió solo y sufriendo en una oscura prisión junto al mar. Quien no creyera esa historia podía ir y leerla en su lápida.

A Jahan le tembló el labio inferior. Hasta entonces siempre había creído que únicamente los ladrones y los sinvergüenzas vivían al borde del peligro. De pronto comprendió que incluso el más honrado de los artesanos pendía del más fino hilo de algodón. Si el soberano se irritaba, ¿los mandaría a todos a la horca? ¿Cómo era posible trabajar bajo tanta tensión?

Observándolo, Sinan le puso una mano en el hombro.

—El talento es un don divino. Para perfeccionarlo hay que trabajar con ahínco. Eso es lo que debemos hacer.

—Pero ¿no teme...?

—Hijo mío, temo la ira del sultán tanto como tú. Sin embargo no trabajo por eso. Si no hubiera la esperanza de una recompensa ni el temor al castigo, ¿trabajaría menos? No lo creo. Trabajo para rendir cuentas del don que he recibido de Dios. Todos los artesanos y los artistas hacen un pacto con lo divino. ¿Ya has hecho tú el tuyo?

Jahan hizo una mueca.

—No le entiendo.

—Deja que te cuente un secreto —repuso Sinan—. Imagínate que debajo de los cimientos de cada edificio que levantemos, ya sea grande o pequeño, está el centro del universo. Así trabajarás con más cuidado y cariño.

Jahan apretó los labios.

—No entiendo qué significa eso.

—Algún día lo harás —dijo Sinan—. La arquitectura es una conversación con Dios. Y en ningún lugar habla más fuerte que en el centro.

Jahan estaba intrigado.

—¿Dónde está ese lugar, maestro?

Sin embargo, antes de que Sinan pudiera responder, Gabriel el Nevado entró corriendo, con el rostro ceniciento.

—Mi señor, estamos perdidos. El encargo...

Durante semanas enteras habían esperado un envío de mármol procedente de Alejandría. Por fin había llegado el barco, pero sin el preciado material. Al ser interrogado, el capitán contó que se vieron atrapados en una tormenta tan espantosa que se habían visto obligados a deshacerse de la mitad del cargamento. Nadie lo creyó pero no había pruebas de lo contrario. Sinan tuvo que hacer cambios en su diseño, reduciendo el número de columnas.

En el palacio, la impaciencia del sultán Suleimán iba en aumento con el pasar de los días, pues la mezquita que debía llevar su nombre se retrasaba cada vez más con respecto al calendario previsto. Mientras tanto las espléndidas columnas que estaban destinadas a formar parte de la Süleymaniye se encontraban en el fondo del mar Rojo, convertidas en castillos para los peces.

—*Mahout!* ¿Dónde estás?

Jahan salió corriendo del cobertizo y contuvo el aliento al verla. Ataviada con sus habituales sedas teñidas de un azul intenso y por una vez sin acompañante, ella lo miró con tanta ternura que él tembló ligeramente.

—Nos honráis con vuestra visita —murmuró mientras se arrodillaba.

—Tengo noticias para el elefante —anunció ella, y guardó silencio un instante, pues disfrutaba viéndolo retorcerse de la curiosidad—. El embajador austríaco ha llevado a la corte a un pintor. Un hombre ambicioso, según dicen. Ha pedido permiso a mi padre para retratar al animal.

—¿Qué ha dicho nuestro noble sultán?

—Bueno, se disponía a decir que no pero ha cambiado de opinión después de tener unas palabras conmigo. Lo he persuadido diciéndole que sería bonito tener un cuadro. En las cortes de los reyes y las reinas de Frangistán están acostumbrados a que les hagan retratos. Lo encargan incluso los humildes comerciantes. —Mihrimah añadió con suavidad—: Imagino que también las damas.

Al percibir un atisbo de anhelo en su voz, Jahan preguntó con cautela:

—¿A Vuestra Alteza le agradaría que algún día la retrataran?

—¡Qué pregunta más boba! Sabes bien que es imposible.

Jahan se disculpó aterrado, sin saber si había ido demasiado lejos o había descubierto una información que se suponía que no debía poseer. Cuánto deseaba poder decirle que él había tallado cada centímetro de su rostro en el infinito espacio dentro de su cabeza, para verla cada vez que cerrara los ojos: hablando, frunciendo el entrecejo o riéndose, con su rostro redondo como una luna en sus numerosos estados de ánimo.

—Yo no soy pintor pero puedo haceros un boceto, Vuestra Alteza —añadió Jahan con repentino coraje—. Nadie se enterará.

—¿Estás intentando decirme que dibujarás desvergonzadamente mi rostro y esperas que me alegre?

Por el tono Jahan no supo si estaba furiosa o se mofaba de él. Pero la idea de ambos compartiendo un secreto era tan deliciosa que no pudo evitar creer que era cierto.

Ella se acercó un paso.

—¿Por qué debería permitirte semejante insolencia?

—Vuestra Alteza —respondió Jahan, esta vez con voz temblorosa—, porque nadie la ve como la veo yo.

Cerró los ojos, esperando el castigo que tenía la certeza de que llegaría. Pero Mihrimah guardó un silencio insólito en ella y por primera vez ambos parecieron haber agotado todas las palabras.

Busbecq, el embajador austríaco, poseía una gran curiosidad. Cada vez que lo invitaban al palacio para tratar de asuntos de Estado, al concluir pedía que lo llevaran a la casa de fieras para ver los animales. Su amor y su interés por los animales eran de tal magnitud que había llenado el jardín de la embajada con tantos como había logrado conseguir. Los lugareños lo llamaban el Arca de Noé. En él tenía ciervos de cornamenta plana, comadrejas, martas, linces, águilas, monos, reptiles de nombres extraños, venados, mulas, un oso, un lobo y, para consternación de sus criados musulmanes, un cerdo. Los animales preferidos del embajador eran los tigres… y Shota.

Fue Busbecq quien presentó a Melchior Lorichs en la corte otomana. Desde que había llegado a tierras otomanas el artista había pintado cuadros de jenízaros con mosquetes, camellos con tambores de guerra, porteadores encorvados bajo el peso de su carga o ruinas antiguas junto a los caminos. Le quedaban dos deseos por cumplir: retratar a las mujeres otomanas con sus mantos y *yashmaks*, y pintar al elefante del sultán Suleimán. En cuanto obtuvo permiso para ver realizado el segundo, la vida de Jahan y Shota cambió. Dos veces a la semana el *mahout* llevaba al elefante a la residencia del embajador.

Busbecq creía que había dos bendiciones en la vida: los libros y los amigos. Y ambas debían poseerse en cantidades inversamente proporcionales, a saber: muchos libros pero solo unos pocos amigos. Cuando se dio cuenta de que Jahan no era el domador ignorante que había creído, empezó a charlar con él de extranjero a extranjero.

—Los turcos sienten mucho respeto por el papel. Si ven un pedazo en el suelo lo recogen y lo ponen en un lugar alto para que nadie lo pisotee. Pero ¿no es extraño que mientras reverencian el papel no muestren interés por los libros?

—A mi maestro sí le interesan —dijo Jahan.

—Así es, y rezaremos por su buena salud —repuso Busbecq—. Otra cosa que me parece curiosa es que los turcos no tienen noción de la cronología. Es lo primero que un extranjero necesita aprender en esta tierra. Confunden el devenir de los acontecimientos históricos. Al día de mañana le sucede el de hoy y podría precederle el de ayer.

Por él Jahan se enteró de algo sorprendente. En la corte de su soberano había un elefante. ¡Y se llamaba Suleimán!

—No es un insulto —le aseguró Busbecq—. Es más bien una muestra de respeto.

Mientras Jahan escuchaba a Busbecq parlotear sobre los animales y sus costumbres, Melchior, con su túnica verdigris y una mirada fría, llevó a Shota al jardín. Pese a las reservas de Jahan, el pintor insistió en que el elefante posara bajo una acacia. Parecía un hombre bondadoso y de talento, si bien muy pagado de sí mismo, como solían serlo los artistas. Había elegido su vocación pasando por alto las objeciones de sus padres, y tenía las cejas arqueadas en un ceño perpetuo, como si en alguna parte de su mente todavía discutiera con ellos. En cuanto hubo colocado a Shota bajo la acacia e instalado el caballete delante de él, el elefante alargó la trompa y agarró una rama.

—¡Eh, basta! —gritó Melchior. Al ver el escaso efecto que surtían sus palabras, se volvió hacia el *mahout*—. ¿Lo matas de hambre?

—No. Ha desayunado copiosamente.

—Entonces, ¿por qué se está comiendo las hojas?

—Es un animal, señor.

Melchior miró a Jahan con frialdad, intentando decidir si se mofaba o no de él.

—La próxima vez dale mejor de comer.

Jahan así lo hizo. Shota comía el doble de su ración matinal diaria; pero al llegar a la residencia del embajador, devoraba las hojas de la acacia. Tras unos cuantos intentos más, el artista accedió a cambiar de escenario. Esta vez Shota posó en una calle aletargada y serpenteante de casas desvencijadas. Busbecq los observaba desde la ventana de su habitación, situada en el primer piso. Las relaciones entre los dos imperios se habían deteriorado rápidamente y el embajador estaba bajo arresto domiciliario. Mientras Melchior trabajaba con Shota, Jahan hacía compañía al embajador, enriqueciéndose con sus amplios conocimientos sobre flores y hierbas.

Dos meses después Melchior concluyó el retrato de Shota. Para celebrarlo, Busbecq invitó a unas cuantas personalidades: pasahs, visires, emisarios. Jahan se sorprendió al ver que, pese a estar arrestado, la gente no dudaba en visitarlo. Cubrieron el caballete con un grueso paño blanco y lo colocaron en una esquina, esperando el momento oportuno. Melchior llevaba una túnica de terciopelo azul y sonreía radiante. Jahan se preguntó, no por primera vez, si todos los artistas eran como él. Disfrutando con cada elogio. Shota estaba en el fondo del jardín. El artista había insistido en que estuviera presente en la celebración. Jahan lo había atado a un viejo roble para impedir que pisoteara a alguien.

El embajador anunció que era el momento de desvelar el cuadro. Se elevó un murmullo mientras los invitados se acercaban. Al no tratarse del retrato de un ser humano, incluso los devotos musulmanes estaban intrigados. Retiraron el paño y debajo Jahan vio la imagen más extraña.

Shota no parecía Shota. Sus colmillos eran más largos y afilados; tenía una expresión feroz en el rostro, como si estuviera a punto de salir del marco y atacar. La calle, las casas y el cielo eran tan realistas que casi era posible tocarlos. El cuadro emanaba calor. Impresionados, todos aplaudieron. Busbecq recompensó el artista con una bolsa de monedas. Asimismo dio una propina a Jahan, como muestra de agradecimiento por su contribución a una obra de arte. Melchior, que hedía a vino, también abrazó al muchacho.

Cuando al cabo de una hora Jahan se dispuso a irse, se detuvo delante del caballete. Entonces advirtió que faltaba la parte superior del cuadro. Donde antes había una nube esponjosa vio un gran boquete. Con el corazón en un puño, se volvió hacia Shota. Vio horrorizado que se había roto la cuerda que lo sujetaba. Si albergaba alguna duda sobre la culpabilidad de Shota, se desvaneció al ver un manchón de pintura azul en uno de sus colmillos. Sin decir una palabra, tiró de las riendas y se marchó de la residencia del embajador. En cuanto cerraron las puertas detrás de ellos, se precipitaron hacia la brisa de la tarde. Jahan no volvería a ver a Melchior. Más tarde oyó decir que el pintor había regresado a su país y se había hecho famoso con su colección oriental, pero entre sus obras no figuraba ninguna del elefante blanco del sultán Suleimán.

Cuando Sinan y los aprendices terminaron la mezquita Süleymaniye, al sultán se le había agravado la gota y tuvieron que vendarle con gasas las piernas, hinchadas y cubiertas de llagas que supuraban. Tenía las manos manchadas con la sangre de dos seres muy queridos: su primer gran visir, Ibrahim; y su hijo mayor, Mustafa. Ambos habían gozado de su predilección y sin embargo fueron ejecutados uno detrás del otro por orden del sultán. Estambul estaba plagada de conspiraciones e intrigas.

Jahan creyó que tardarían un tiempo en tener noticias del sultán. Se equivocó. Pese al dolor y a la enfermedad este no cesó de enviar mensajes, con tono tenso e inquieto. Un día volvió a presentarse en el lugar de las obras, dolorido pero furioso. Miró la mezquita a medio construir como si fuera invisible a sus ojos. Montado a lomos de su caballo se dirigió hacia Sinan.

—Arquitecto, ha transcurrido demasiado tiempo. Estoy perdiendo la paciencia.

—Os aseguro, Vuestra Majestad, que terminaré vuestra mezquita, si Dios quiere.

—¿Cuánto tiempo más necesita?

—Dos meses, mi señor.

El sultán miró con ojos penetrantes las obras.

—Dos meses. Ni un día más. Si entonces no ha entregado aún la llave, volveremos a hablar.

En cuanto se hubo marchado, los obreros se miraron nerviosos. Nadie sabía cómo terminarían en tan poco tiempo. La inquietud bullía en el ambiente como un guiso en una cazuela. Preocupados por el castigo que podía infligirles el sultán transcurridos los dos meses, los obreros empezaron a hablar de desertar.

Un día en que la situación parecía estar yéndose de las manos, Sinan le pidió a Jahan que lo ayudara a subirse al *howdah*. Se disponía a pronunciar un discurso sobre el lomo del elefante.

—¡Hermanos! Esta mañana había una abeja zumbando por aquí. ¿La habéis visto?

Nadie respondió.

—Me he dicho: Si yo fuera la más pequeña de las criaturas y pudiera posarme en el hombro de cada hombre y escuchar las voces en el interior de su cabeza, ¿qué oiría?

La multitud se agitó.

—Creo que oiría preocupaciones. Algunos de vosotros estáis intranquilos. Decís: Si no terminamos la mezquita, estaremos en un aprieto. Estad tranquilos porque no ocurrirá. Si nuestro sultán no está satisfecho, solo yo saldré malparado.

—¿Cómo sabemos que nuestras cabezas no rodarán después de la tuya? —preguntó un obrero sin dar la cara.

Al instante se elevó un murmullo de asentimiento.

—Escuchad. Este lugar era un campo desnudo. Con nuestro esfuerzo la santa mezquita se erigirá, piedra sobre piedra. Hemos luchado juntos en invierno y en verano. Os habéis visto más unos a otros de lo que veis a vuestras mujeres y a vuestros hijos.

Los susurros se extendieron por el recinto de las obras.

—La gente vendrá aquí cuando hayamos muerto. No sabrán nuestros nombres, pero verán lo que hemos logrado y nos recordarán.

—¡Si usted lo dice! —gritó alguien.

—Si fracaso, fracaso yo solo —continuó Sinan, vacilante—. ¡Pero si triunfo, todos habremos triunfado!

—¡Eso dice él! —se aventuró a decir alguien.

Nadie lo creyó. El hombre a quien habían obedecido y respetado durante todo ese tiempo de pronto era contemplado como un peligro para sus vidas.

—¡Hermanos! —exclamó Sinan finalmente—. Veo que no puedo convenceros. Pondré por escrito todo cuanto he dicho y lo sellaré. Si ocurre algo, entregad mi carta a nuestro honorable sultán. Y para recompensar vuestra confianza distribuiré propinas.

El silencio fue suficiente aprobación. Así, Sinan escribió con su elegante caligrafía que él era el único responsable de cualquier fallo relacionado con la Süleymaniye. El éxito era de Dios y luego de los obreros. Firmó y selló la carta que acto seguido enterró fuera de los muros. Si se torcían las cosas todos sabrían dónde encontrarla.

A la mañana siguiente no faltó nadie. Se repartieron *baksheesh*. Jahan logró aprovechar el caos para birlar cincuenta aspros de los cofres. Acalló la voz de la conciencia recordándose que no estaba robando a su maestro sino al sultán, que tenía de sobras.

Continuaron donde lo habían dejado y trabajaron hasta altas horas de la noche. Contrataron más mano de obra. Pidieron a todos los canteros, talladores, grabadores y delineantes de la ciudad que se encontraban sin empleo que colaboraran. Cuando todos pensaban que estaría paralizado de miedo, Sinan removía cielo y tierra. Su frenesí era contagioso. Al verlo tan motivado sus aprendices se afanaron aún más. Los gastos se multiplicaron. La Süleymaniye costaría 54.697.560 aspros a las arcas del imperio.

Aun en medio del torbellino no hubo un solo aspecto que escapara a la minuciosa consideración del gran arquitecto imperial. Los azulejos, hechos en los talleres de Iznik, eran de vivos colores: turquesa, rojo, blanco. El hermoso *thuluth* en el que se leía «Alá, Mahoma y Al» se completó con ayuda del calígrafo imperial, Molla Hasan. Si bien la ornamentación del interior despertó una gran admiración, la mayoría de la gente no comprendió por qué los contrafuertes se habían incorporado a los muros. Pocos supieron ver que los muros laterales, liberados de la carga de tener que sostener la cúpula, estaban dotados de numerosas ventanas para que entrara la luz, tan cálida como la leche de los senos de una madre. Aún menos fueron los que repararon en cómo cada piedra que sobresalía del interior de la mezquita había sido colocada de forma que los sonidos reverberaran, lo que permitía a todos los feligreses oír los sermones, con independencia de lo cerca o lo lejos que estuvieran del imán.

De los techos colgaban lámparas de aceite de cristal de Murano y globos cubiertos de espejos. Entre ellos, suspendidos de aros de hierro había huevos de avestruz elegantes y delicados, pintados con un gusto exquisito y decorados con borlas de seda. Dentro de bolas de cristal, que colgaban unas junto a las otras, había mezquitas de marfil en miniatura. En el centro lucía una enorme esfera dorada. Al anochecer, cuando encendían las lámparas y la luz se reflejaba en los espejos, era como si toda la mezquita hubiera sido engullida por el sol. Y las alfombras..., había cientos de ellas. En un sinfín de hogares desde El Cairo hasta Kure, mujeres de todas las edades habían tejido las alfombras de Süleymaniye.

La mezquita era colosal, y su cúpula, majestuosa; la galería de dos plantas era muy poco común, y los minaretes cuádruples perforaban el cielo. Las columnas de granito rojo del baldaquino central eran cuatro en total y representaban a los amigos del profeta, los califas Abu Bakr, Omar, Osman y Ali. Todos los versos del Corán grabados en el interior habían sido escogidos por el jeque del islam, Ebussuud. Recordaban a los musulmanes que tenían que rezar cinco veces al día y no debían desviarse nunca de las creencias de la congregación. En un momento de conflicto con la Persia shií, los otomanos se adherían escrupulosamente al islam sunní y su religiosidad iba en aumento.

Erigida sobre terrazas escalonadas, y rodeada de una universidad, una biblioteca, un hospital y tiendas, la mezquita era imponente contemplada desde abajo. Además de una madrasa, había un convento para los derviches, cuartos de huéspedes, una cocina, un horno, un refectorio, un hospicio, una facultad de medicina y un caravasar. En cuanto Sinan y sus aprendices pusieron la última piedra, ni la ciudad ni el trono fueron lo mismo. Durante su construcción el mundo se había convertido en un lugar más oscuro y el sultán se había vuelto más fúnebre. Eso era lo que tenían los edificios colosales. Mientras ellos permanecían imperturbables, quienes los encargaban, diseñaban, construían y finalmente utilizaban cambiaban de manera constante.

Todos acudieron a ver la Süleymaniye, la mezquita que superaba a todas las demás mezquitas. El *bailo*, los embajadores e incluso el emisario del sah Tahmasp, aunque aún no se había firmado una verdadera paz entre los dos reinos, solo un cese de las hostilidades.

—Mi arquitecto ha construido una mezquita que sobrevivirá hasta el final de los tiempos —declaró el sultán, lloroso.

—Cuando Hallaj Mansur regrese de los muertos, podrá sacudir el monte Damavand pero no la cúpula, Vuestra Alteza —respondió Sinan.

El sultán, con la llave en la mano, se dirigió a la multitud.

—¿Quién es el que más vale entre vosotros? Quiero que sea él quien tome la llave y abra la puerta.

Jahan miró alrededor. Todos cuantos habían criticado a su maestro guardaban silencio, sonrientes.

—Ninguno de vosotros se merece tanto este privilegio como el gran arquitecto imperial —continuó el sultán. Se volvió hacia Sinan—. No me ha decepcionado. Estoy complacido.

Sinan bajó la mirada, ruborizado. Tomó la llave, abrió la puerta e invitó a entrar al sultán. Uno por uno los demás los siguieron. Jahan se abrió paso entre la multitud, resuelto a sacar el máximo partido al día. Lo rodeaban los hombres más ricos del imperio. En sus dedos brillaban piedras preciosas y debajo de sus elegantes túnicas colgaban bolsas abultadas. A su izquierda vio una figura de amplias dimensiones, un cadí de Rumelia, hablar con vehemencia con otro oficial. De las manos del hombre colgaba una sarta de cuentas de rezo de un rojo intenso: rubíes.

Mientras se encaminaban a la entrada, Jahan se lanzó a sí mismo contra el hombre con una expresión contrita, como si se hubiera visto empujado impotente en medio del alboroto.

—Efendi, le ruego me disculpe.

El cadí lo miró furioso por encima del hombro. Pero se vio arrastrado a través de la puerta junto con los demás sin darse cuenta de que el joven le había arrebatado las cuentas de rezo. A fin de evitar encontrarse de nuevo con él, Jahan echó a andar en dirección contraria, permitiendo que pasara por su lado. Tardó un rato en entrar en la Süleymaniye. Cuando lo hizo, la mayoría de los invitados habían abandonado la mezquita propiamente dicha y se dirigían al complejo de viviendas.

Palpando con los dedos las piedras preciosas, Jahan entró en la mezquita. Su humor eufórico cambió al recordar al capitán Gareth. Se había embarcado en otra travesía que duraría otro par de meses por lo menos. Jahan tendría que poner a salvo su botín para entregárselo a su regreso. Aun así, se planteó vender las cuentas para comprar un obsequio a Mihrimah. Tal vez un peine de nácar y concha. En secreto había dibujado bocetos, sin quedar satisfecho con ellos. Nunca había imaginado que fuera tan difícil plasmar sobre papel una imagen que ya estaba grabada de forma indeleble en su mente.

Con esos pensamientos cruzó el umbral y se detuvo. En el interior, un extraño arcoíris se filtraba por las ventanas: rojo, azul cobalto, bermellón. De repente recordó que de niño se tumbaba bajo las hayas y alzaba la mirada, como si buscara el cielo. Si el firmamento se caía los árboles lo sostendrían, se decía para tranquilizarse. Lo había hecho muchas veces, pero solo una tuvo una experiencia curiosa. Aquel día el cielo estaba refulgente y las nubes se veían tan próximas que le parecía que podía alargar una mano y hacerles cosquillas. Mientras miraba hacia arriba, el verde de las hojas se fundió con el azul de más allá. Fue una sensación tan singular que casi se ahogó. Todo ocurrió en un abrir y cerrar de ojos pero, después de tantos años todavía recordaba el sabor de esa euforia.

Mientras admiraba la cúpula que habían construido sobre cuatro pilares gigantes, viéndola por enésima vez pero casi como si fuera la primera, experimentó lo mismo. La cúpula se había fundido con el firmamento en lo alto. Cayó de rodillas, sin preocuparle quién pudiera verlo. Se tumbó sobre la alfombra con los ojos cerrados, los brazos y las piernas abiertos, convertido una vez más en el niño que se tumbaba bajo las hayas. Solo en la mezquita, un mero punto en esa vasta extensión, Jahan únicamente podía pensar en el mundo como una enorme obra. Mientras el maestro y los aprendices habían erigido la mezquita, el universo había construido el destino de todos ellos. Nunca había pensado en Dios como un arquitecto. Cristianos, judíos, musulmanes, zoroastrianos y gentes de un sinfín de credos vivían bajo la misma cúpula invisible. Para el ojo que todo lo veía, la arquitectura estaba en todas partes.

Con unas cuentas de rezo robadas en la mano y una inexplicable sensación de gratitud en el corazón, lleno de conflictos y confusión, Jahan permaneció bajo la majestuosa cúpula de la Süleymaniye, un domador inteligente y un aprendiz perplejo. El tiempo también se detuvo para él. Le pareció que en ese instante había dado sin saberlo un paso más hacia el centro del universo.

De vez en cuando el maestro Sinan mandaba a los aprendices y a los principiantes a hacer algún recado, como ir a comprar un tintero en el bazar, dar una vuelta por las ruinas de una iglesia antigua e informar a su regreso de por qué ciertas partes se encontraban en un estado ruinoso y otras se habían conservado, cavar en varias colinas para examinar los distintos tipos de tierra en la que se arrastraban los gusanos o pasar un día con los fabricantes de *ney* y observar cómo un sencillo instrumento musical era capaz de reproducir sonidos de tal inmensidad. Tenían instrucciones de cumplir esas órdenes, por triviales que parecieran, como mejor supieran. Sin embargo, cada uno comparaba sus encargos con los de los demás, lo que suscitaba juicios y envidias. Jahan, a quien nunca le habían asignado esas tareas, había quedado al margen de esa rivalidad.

Esa circunstancia cambió un martes por la tarde. Como si deseara recuperar el tiempo perdido, Sinan no le encomendó una sino dos tareas. Primero, debía ir a ver a un par de vendedores de huevos de avestruz para informarles de que su señor necesitaría en breve esa mercancía. A continuación debía acudir a la casa de un librero para comprar un libro. Sinan no le indicó cuál, solo le dijo que cuando llegara allí lo sabría. Ese último detalle extrañó a Jahan, pero no le importó. Era un juego de niños, pensó mientras se preparaba para irse. Estaba resuelto a realizar sus tareas lo más deprisa y eficientemente posible para que el maestro le confiara otras más serias la próxima vez.

—Eh, ¿qué te ha pedido? —le llegó una voz a sus espaldas.

Cuando se volvió encontró a los otros tres aprendices observándolo.

—Oh, nada importante. Huevos de avestruz y un libro.

—¿Un libro? —preguntó Nikola—. ¿Del librero de Pera?

Al ver que Jahan asentía se les ensombreció el rostro.

—¡Felicidades, novato! —exclamó Davud—. El maestro solo envía a sus favoritos a esa vieja cabra.

Oír eso complació a Jahan, pero aun así sintió una punzada de inquietud.

—No te muestres humilde ante él —le dijo Nikola—. Demuéstrale lo mucho que sabes. Le gustará.

Yusuf sonrió en señal de aprobación.

—Y no olvides alzar la voz. Simeón es sordo como una tapia —añadió Davud.

Jahan les agradeció los consejos. Por más que detestaba dejar a Shota al cuidado de otros, hizo provisiones para que no le faltara de nada. Antes del mediodía partió con un caballo —una criatura flemática y perezosa— y una bolsa de dinero. Pasando junto a campos cubiertos de vegetación exuberante y cementerios bordeados de cipreses, él y el caballo se abrieron camino hacia Unkapani. Una vez allí, aunque la ruta era más larga, Jahan fue por el puerto. Le gustaba ir allí cuando podía, como para tranquilizarse. Si la situación se ponía difícil, siempre podría subirse a bordo de uno de los barcos y regresar al hogar que en el fondo de su corazón todavía creía que lo aguardaba.

El puerto estaba lleno de sonidos y olores. El rumor de las olas, los chillidos de las gaviotas y las órdenes a voz en cuello se mezclaban con el ruido de las cadenas y los restallidos de azotes. Un olor a algas impregnaba el aire, junto con el hedor a sudor y excrementos que llegaba de los cientos de cuerpos que trabajaban al unísono: los cautivos de la más reciente victoria naval. Niños, ancianos, hombres y mujeres..., seres humanos que hacía apenas unas semanas tenían nombre y familia propia. Con grilletes alrededor de los tobillos y mirando sin ver, estaban y no estaban allí. Jahan desmontó del caballo y se unió a la multitud que contemplaba la sombría procesión.

Todos iban cubiertos de inmundicia de la cabeza a los pies. Algunos llevaban indumentarias que en otro tiempo habían sido elegantes y que todavía retenían algo parecido a la dignidad. Jahan se dijo que venían de buenas familias. Otros iban con harapos que los mendigos de Eyup rechazarían. No importaba qué habían sido en sus vidas anteriores, ahora estaban sometidos al látigo, que caía al azar, no tanto para avivar su paso como para arrancarlos de cualquier fantasía en la que pudieran haberse refugiado momentáneamente.

Jahan se subió de nuevo a su caballo y partió hacia el bazar. Habló con varios comerciantes que vendían, entre otras cosas, huevos de avestruz. Les dijo que Sinan pronto necesitaría un pedido. El gran arquitecto imperial utilizaba esos huevos para ahuyentar las arañas e impedir así que estas tejieran sus telas en las mezquitas. Si se perforaba un orificio en cada extremo del huevo y se suspendía del techo, desprendía un olor que no molestaba a los seres humanos y sin embargo mantenía a raya a los insectos.

Los comerciantes lo escucharon. Pero cuando Jahan preguntó si los bienes estarían listos dentro de un mes, la única respuesta que obtuvo de ellos fue: *Inshallah*. No muy seguro de haber cumplido con su primer cometido, Jahan se dispuso a realizar el segundo.

Cuando llegaron a la librería, una casa de madera de dos plantas que había conocido tiempos mejores, el caballo se alegró tanto de librarse de él como él del caballo. Recordando lo que le habían dicho los aprendices, llamó con vigor la puerta. Esta se abrió y en el umbral apareció un hombre renqueante, con aspecto furioso.

—¿Te has propuesto tirar abajo mi puerta?

—*Selamun aleikum*, vengo de parte de…

—¿Por qué gritas? ¿Crees que soy sordo, estúpido?

—No, efendi —tartamudeó Jahan, sorprendido.

—¿Quién te envía? —le preguntó el librero con rigidez, pero al oír el nombre de Sinan su rostro se suavizó—. Vamos, pasa.

En el interior, el olor a pan recién horneado lo envolvió como una manta. En una esquina había sentada una anciana demacrada, encorvada sobre su costura.

—Es mi mujer, Esther —dijo Simeón—. No la molestemos.

Recorrieron los pasillos oscuros y llenos de corrientes. La casa era un laberinto. En todas partes había estanterías llenas de tomo tras tomo encuadernado en cuero, la mayoría de ellos en tonos marrones y negros. Algunos habían sido saqueados por los corsos en islas lejanas, ciudades portuarias o barcos enemigos. Sabiendo que Simeón se deleitaba con tales artículos, los lobos de mar se los llevaban a cambio de una suma decente. Otros procedían de reinos francos. Entre ellos había tratados de medicina de físicos españoles y volúmenes escritos por nobles franceses. Pero otros habían sido impresos en Estambul o Salónica. Los judíos sefardíes publicaban sus propios libros, con autorización del sultán. En una esquina vio un compendio de manuscritos de matemáticas que, según averiguó Jahan, había pertenecido a un erudito llamado Molla Lutfi; en los márgenes de cada página había añadido dibujos de los vientos y las corrientes de aire, las estrellas y los cuerpos celestes. También vio *El libro del caballero Zifar*, recién llegado de España; un buen número de grabados de Antonio da Sangallo; un tratado titulado *Regole generali di architettura* de un tal Sebastiano Serlio, un arquitecto boloñés; y *De architectura*, de Vitruvio, un manuscrito en latín con cantos dorados. Este último, descubierto durante la conquista de Buda, había acabado en Estambul. Había asimismo un tratado de Leon Battista Alberti titulado *De re aedificatoria*, que Simeón traducía como *El arte de la edificación*. Y un tomo de un autor cuyo nombre era difícil de pronunciar, Ibn Maimon. Se titulaba *Guía de los perplejos* y Jahan pensó que era apropiado para él.

Llegaron a una amplia habitación en penumbra situada en el fondo. En el centro había un armario con muchos cajones, con las puertas intricadamente tallados y calados. Simeón le indicó al muchacho que se sentara en la única silla.

—¿Cómo está tu maestro? Hace tiempo que no lo veo.

—Le manda saludos —respondió Jahan—. Quería que yo cogiera un libro, pero no me indicó cuál.

—Eso es fácil. Primero dime con franqueza, ¿aprendes?

Jahan lo miró sorprendido.

—Asisto a la escuela del palacio y…

—No te he preguntado si eras estudiante sino si aprendes. No todos los estudiantes aprenden.

Recordando el consejo de Nikola, Jahan decidió que era el momento de hacer frente a ese hombre gruñón.

—Trabajando todo el día en una obra se aprende, tanto si se quiere como si no.

En el rostro de Simeón se traslució menosprecio.

—Nuestro sultán, que Dios lo tenga en su misericordia, debería crear un impuesto sobre la estupidez. Si cobrara una moneda por cada palabra necia que se pronuncia, las arcas estarían llenas.

Jahan comprendió de súbito que sus compañeros aprendices lo habían engañado. Todo cuanto había dicho o hecho hasta entonces solo había logrado contrariar al anciano.

—Los demás han estado aquí antes, ¿verdad? —preguntó sumiso.

—Oh, sí, muchas veces —respondió Simeón—. Eres afortunado de ser aprendiz de un hombre como Sinan. ¿Eres consciente de la suerte que tienes?

Jahan se sintió como un impostor. ¿Qué pensaría ese hombre si se enterara de que intentaba robar del recinto de las obras?

—Hago lo que puedo, efendi —respondió despacio.

—Los maestros son excelentes pero los libros son mejores. Quien tiene una biblioteca tiene miles de profesores. Tu profeta dijo: «Busca sabiduría aunque sea en China». El mío dijo: «Dios nos creó porque quería darse a conocer. Los hombres ignorantes creen que están aquí para luchar y hacer la guerra, aparearse y engendrar hijos. No, nuestra misión es difundir nuestros conocimientos. Para eso estamos aquí». —Simeón guardó silencio un momento—. Dime, ¿hablas con Dios?

—Rezo.

—No te he preguntado si rezas, necio. ¡Si quieres ser arquitecto debes estar en contacto con algo mayor que tu propio ser!

Jahan bajó la mirada.

—No quiero molestar a Dios con mis preocupaciones. Pero hablo con mi elefante. Shota es mayor y más sabio que yo. Es joven, aunque creo que tenía cien años cuando nació.

Al levantar la cabeza, Jahan vio algo en la mirada del anciano que no había visto hacía un momento. Un atisbo de aprecio.

—Pareces un alma noble pero tienes la mente confusa. Eres como un barco con dos remeros, cada uno remando en una dirección. Aún no has encontrado el centro de tu corazón.

Al recordar las palabras que pronunció su maestro días atrás, Jahan tuvo un ligero escalofrío.

—Bien, ahora dime, ¿qué te gustaría construir mejor?

—Me gustan los puentes.

Empezó a llover. De las profundidades del pasillo llegó el crujido de las páginas al pasar. ¿Era la mujer de Simeón quien leía? ¿O había alguien más en la casa? En ese momento Jahan tuvo la sospecha de que uno de los aprendices estaba allí escondido, escuchando. Miró hacia el librero buscando confirmación, pero estaba ocupado buscando en el interior de una cómoda. Al final sacó un boceto.

—Mira. Un puente sobre el Cuerno de Oro. Lo hizo Leonardo.

Al oír ese nombre en boca de su maestro, Jahan guardó silencio.

—El sultán Bayezid le pidió ayuda y Leonardo le envió sus bocetos. No era una carta humilde, en mi opinión. Dijo que podía construir el puente. No solo eso sino que erigiría otras muchas cosas en nuestra ciudad. Un puente móvil que cruzara el Bósforo.

Simeón abrió otra cómoda. En el interior había bocetos que él atribuyó a Miguel Ángel, la mayoría de ellos de cúpulas: la del Panteón, la de la catedral de Florencia y la de Santa Sofía.

—Miguel Ángel debía venir aquí. Eso es lo que se desprende al leer sus cartas.

—¿Usted se carteó con él?

—Hace mucho tiempo. Entonces él era joven y yo también. Él quería trabajar en el Levante y yo lo animé. El sultán se mostró abierto a ello. Yo sería su delineante. Yo y los frailes franciscanos. Pero no estoy seguro de si ellos ayudaron; no les gustan los turcos. —Simeón se quedó ensimismado unos minutos—. Miguel Ángel se proponía construir un puente que se extendiera sobre el Cuerno de Oro. En su interior habría habido un observatorio. Y una biblioteca. Yo me habría ocupado de ella.

Jahan percibió decepción en su voz.

—¿Qué ocurrió?

—Lo persuadieron para que no lo hiciera. Le dijeron que era mejor morir a manos del Papa que ser recompensado por el sultán. Así se acabó todo. Roma es Roma. Estambul es Estambul. Ya nadie habla de acercar las dos ciudades. —Simeón suspiró cansinamente—. Pero siempre están vigilando.

—¿Quiénes, efendi?

—Los ojos de Roma. Observan a tu maestro.

Jahan se sintió incómodo. Recordó el andamio caído y las cuerdas cortadas; recordó el pedido de mármol que nunca había llegado... Detrás de todos esos accidentes e infortunios, ¿podía haber una fuerza oculta? «Los ojos de Roma.» Recobró la compostura. Había vuelto a dejar volar la imaginación.

Mientras tanto el hombre se había acercado a una estantería y sacado un tomo ilustrado con xilografías.

—Aquí tienes. Dile a tu maestro que este es el libro que he elegido para ti.

Sin mirar siquiera la cubierta Jahan abrió la bolsa de dinero, pero el librero rehusó.

—Guárdate tus monedas, joven. Aprende italiano. Si eres un hombre de puentes tendrás que hablar varios idiomas.

Sin saber qué decir, Jahan se puso el libro debajo del brazo y salió. El caballo lo esperaba. Solo al llegar a la casa de Sinan se le ocurrió examinar el regalo. Era la *Divina comedia* de un caballero llamado Dante.

Cuando Jahan le enseñó el libro a Sinan, este esbozó una sonrisa.

—Creo que le has caído bien a Simeón. Te ha dado su libro favorito.

—Me dijo que debo aprender italiano.

—Bueno..., tiene razón.

—Pero ¿quién puede enseñarme?

—Él mismo, por supuesto. También ha enseñado a Davud, a Nikola y a Yusuf.

Jahan sintió una punzada de celos. Hasta entonces había creído que él había caído mejor al librero que los demás.

—Cuando dominas un idioma, recibes la llave de un castillo. Lo que encuentres en su interior depende de ti.

Satisfecho con la imagen de entrar en un castillo para llevarse las riquezas que había dentro, Jahan sonrió radiante.

—Sí, señor.

Así fue como el principiante empezó a pasar muchas horas de su juventud en la casa del librero que, poco a poco, se convertiría en un refugio, un hogar. Dentro de esos muros no se sentía forastero. Perdido entre libros se encontró a sí mismo. A medida que aumentaban sus conocimientos del italiano empezó a tener escarceos con el latín y el francés, y, al incrementar sus conocimientos de dibujo ascendió poco a poco de principiante a aprendiz, hasta que al final fue bien recibido en la biblioteca de Sinan. En el colegio de arquitectos imperiales de Vefa había otra colección. Con los años Jahan la visitaría en muchas ocasiones, pero en ningún lugar disfrutaría tanto como en la casa de Simeón, rodeado de los olores de la tinta, el cuero y el pan recién hecho.

Shota daba vueltas, barritando y bramando. En dos ocasiones se había encontrado en un estado similar, pero el trastorno siempre era pasajero. Esta vez no se le pasó. Ingobernable y malhumorado, había asustado tanto a los criados unos días atrás que Jahan lo sujetó con grilletes. A la mañana siguiente el animal rompió las cadenas y embistió un árbol. Las glándulas de ambos lados de la cabeza le rezumaban una sustancia hedionda y aceitosa que Jahan sabía que solo podía significar una cosa: el elefante estaba en celo.

Buscar una pareja para Shota en Estambul era como desear que nevara en agosto. En vano Jahan removió cielo y tierra. Allá adonde iba le cerraban las puertas en las narices, pero no sin antes reírse con ganas a su costa. Por una vez ni siquiera Olev, el domador de leones, supo qué hacer.

Cuando Mihrimah apareció en el jardín con su niñera y pidió ver el elefante, Jahan empezó a sudar. Le daba tanta vergüenza contarle por qué no podía ver a Shota en ese estado que casi se ahogó.

Ella se rió de su pánico, pero cuando habló había un atisbo de tristeza en su voz.

—Bueno, el elefante ha crecido. Ya no es una bonita cría. La inocencia de la niñez acaba abandonándonos a todos.

Jahan se quedó mudo de la preocupación. Solo pudo balbucear una protesta educada.

—Vuestra Alteza, la temporada pasará. Shota volverá a ser el de siempre. Os ruego que no dejéis de visitarlo.

Ella volvió la cabeza hacia el sol, reacia a mirarlo.

—¿Puedes atrapar el viento, *mahout*? ¿O conseguir que descienda la luna? Hay cosas que no podemos cambiar. He acabado por aceptar esta verdad, y algún día tú también la aceptarás.

Como si hubiera oído la conversación y quisiera intervenir, Shota se puso a chillar, tirando de las cadenas. Hizo tanto estruendo que Jahan no tuvo tiempo de asimilar las palabras de Mihrimah.

Cuando la princesa se hubo marchado con su niñera, Jahan tuvo una ocurrencia. Se acordó de los gitanos que lo habían rescatado del hielo. ¿No habían comentado que tenían una elefanta? Tras compartir con los demás domadores sus esperanzas, menearon la cabeza.

—Los gitanos viajan todo el año. ¿Cómo piensas localizarlos?

Al final fue el maestro Sinan quien lo ayudó. No solo le dio al aprendiz unos días libres sino que le proporcionó un medio de transporte y una moneda de plata, y se despidió de él con una sonrisa.

—Ve a buscar una bonita esposa para tu elefante y hazlo feliz.

Jahan y el cochero cruzaron en silencio la Puerta de la Primavera, observando cómo las nubes adquirían un tono rosa pálido. Tardaron horas en encontrar a los gitanos. Al final vieron a lo lejos unos carromatos, esteras para dormir y ropa esparcida sobre los setos, salpicando el monótono paisaje con sus colores chillones. El cochero se negó a acercarse. Había oído contar demasiadas historias sobre esos vagabundos y no tenía interés alguno en conocerlos.

—¡Ten cuidado! Si te ofrecen una bebida, recházala. No bebas un sorbo de lo que te ofrezcan. Recuerda que Shaitan, los genios y los gitanos te robarán el alma.

Jahan bajó del carruaje y, diciendo adiós con la mano, echó a andar a buen paso hacia el campamento temiendo titubear y perder el coraje. El suelo crujió bajo sus botas al dirigirse a un grupo de niños descalzos con mocos en la nariz. Una mujer amamantaba a dos gemelos, uno en cada pezón. Al ver que Jahan observaba sus senos, ello lo miró furiosa. Avergonzado, él desvió la vista.

Se acercó a uno de los niños.

—¿Eres tú el cabecilla?

El niño se quedó tan inmóvil que Jahan no estaba seguro de si lo había oído.

—¿Qué quieres? —Una voz ronca sonó tan inesperadamente a sus espaldas que Jahan dio un respingo. Al volverse vio a dos hombres mirándolo con el entrecejo fruncido.

—Necesito ver a su jefe…, Balaban.

—¿De qué lo conoces?

—Él… me rescató en cierta ocasión. —Fue lo único que se le ocurrió a Jahan.

Lo llevaron a una tienda de un color añil tan osado que hasta el arrendajo azul del aviario lo habría envidiado. De las paredes colgaban tapices con imágenes de animales y flores, y uno de Abraham atrapando un carnero para sacrificarlo en lugar de a su hijo. En una esquina había un grupo de hombres sentados junto a una estufa y en el centro estaba ni más ni menos que Balaban.

—¡Mira quién está aquí! —exclamó—. Dime, ¿por qué has venido?

—Necesito ayuda. Mi elefante ha perdido la cabeza. Está en celo. Recuerdo que dijo que tenían una hembra…

Antes de que pudiera terminar la frase Balaban lo agarró por la túnica, sacó una daga y se la sostuvo contra la mandíbula.

—¡Granuja! ¡Bribón! ¡Cómo te atreves a pedirme que sea tu proxeneta! ¿Quieres que derrame tu sangre aquí mismo o prefieres que lo haga fuera?

—No, efendi. Tengo buenas intenciones. Es por el bien del animal —respondió Jahan con un tono implorante.

Balaban lo apartó de un empujón.

—¿Qué saco yo?

—Si su hembra se queda preñada tendrá dos animales. Podría utilizar los dos.

Balaban lo sopesó, poco impresionado.

—¿Qué más?

Jahan le enseñó la moneda que Sinan le había dado, pero Balaban volvió a hablar.

—¿Qué más?

Jahan decidió dar otro paso.

—Este elefante pertenece al palacio. Si no me ayuda, el sultán se pondrá furioso.

—¿Has dicho el sultán?

Jahan asintió con vigor, seguro de que ya lo tenía.

—¡Renacuajo desgraciado! —Balaban dio una patada a un cojín y lo mandó volando contra la pared, donde golpeó al carnero de Abraham y rebotó—. ¿Esta es la generosidad del sultán? ¿Una moneda cascada?

—Se lo ruego. El arquitecto Sinan necesita al elefante en las obras.

Se hizo un silencio insoportable. Al cabo de un momento y tras un intercambio de miradas, de las cuales Jahan no pudo descifrar ninguna, Balaban se encogió de hombros.

—Gulbahar es hermosa como una flor de loto. Debes ganarte su mano.

—¿Qué desea que haga mi elefante? —preguntó Jahan con recelo.

—Tu elefante no. ¡Tú!

Jahan intentó mantener una actitud valiente, pero le falló la voz.

—¿Yo?

En ese preciso momento apareció la mujer que había estado amamantando a los gemelos con una bandeja de bebidas y una masa frita cubierta de sirope.

—Primero toma algo. El que comparte mi pan y mi sal no es mi enemigo —declaró Balaban.

Tras un instante de indecisión, Jahan se llevó a la boca una bola de masa, saboreando el dulce sabor.

—Ahora bebe algo. No es posible andar en línea recta cuando el camino es sinuoso.

—¡Que se mueran nuestras mujeres si no nos pulimos esto de un trago!

Como ellos, Jahan se bebió de golpe el líquido de color barro; como ellos, dejó el vaso con un porrazo sordo en la mesa de madera y como ellos, se secó la boca con el dorso de la mano. Aunque la bebida era fuerte y le ardió hasta llegar al estómago, era sorprendentemente agradable. A continuación le dijeron, con detalles socarrones y alborozo pueril, lo que querían que hiciera.

—¡Tú mismo! —exclamó Balaban—. O lo tomas o lo dejas.

Ya fuera por amor a Shota, por obstinación o por efecto de la bebida, pero al cabo de un momento Jahan respondió.

—De acuerdo, lo haré.

Los hombres salieron dejándolo en manos de las mujeres. Descaradas y coquetas, lo ayudaron a vestirse como un bailarín, con un *shalwar* morado y un chaleco corto bordado que le dejaba el ombligo al aire. Le embadurnaron la cara con polvos blancos que olían a arroz. Le pintaron el contorno de los ojos con *kohl* y le tiñeron las mejillas y los labios de rojo con una pasta elaborada a base de escarabajos triturados, o eso le dijeron. Luego le pintaron los dedos de rojo con *henna* y le salpicaron agua de rosas por el cuello. Y en la parte superior de la coronilla le colgaron una cola de caballo, con lo que tenía un cabello de lo más extraño.

Balaban y sus hombres regresaron acompañados de músicos que, por lo que se vio, no eran capaces de tocar una melodía sin reírse. Rasgueaban los instrumentos y soplaban los cuernos, pero en cuanto uno de ellos estallaba en risas los demás lo seguían alegremente. Aun así Jahan bailó, si es que podía llamarse baile a sus torpes movimientos. Los gitanos observaban, bebiendo y riéndose con regocijo. Cuando uno de los hombres intentó abrazar a Jahan con intenciones poco decentes, Balaban le golpeó en la cabeza con una cuchara de madera.

—¡Compórtate!

A partir de ese momento Jahan bailó con más ganas, confiando en que si cumplía con su parte del trato ellos harían otro tanto.

Cuando horas después salió de la tienda con su ropa vieja, aunque todavía con *henna* en las manos y *kohl* en los ojos, no vio al cochero en ninguna parte. No le importó. No tenía por qué regresar a pie. Contaba con una elefanta para llevarlo.

Cuatro días después Jahan devolvió a Gulbahar. Tardó una tarde entera en localizar a los gitanos, ya que habían vuelto a trasladarse. Las ancianas acurrucadas en una esquina lo saludaron con una sonrisa burlona que Jahan fingió no advertir.

—¡Ha vuelto el bailarín! —gritó un niño.

A sus espaldas se elevó una carcajada. Era Balaban.

—Felicidades, tu elefante ya no es virgen.

—Gulbahar hizo a Shota el elefante más feliz del mundo —respondió Jahan con una sonrisa tímida. Luego tuvo una nueva ocurrencia y añadió—: Ha vuelto a salvarme el pellejo, Balaban.

Todos los miércoles el maestro Sinan reunía a los aprendices en su casa y les pedía que diseñaran un edificio: un acueducto, una madrasa, una casa de baños o un *bedestan*, un mercado cubierto. Los jóvenes recibían esos encargos con la mayor seriedad, viendo en ellos una oportunidad no solo para demostrar sus dotes sino también para superar a sus rivales. A veces la tarea era tan sencilla como dibujar una cabaña de una sola habitación. Otras era un ejercicio que exigía más de ellos, como reducir el número de columnas en una mansión sin disminuir su fuerza y solidez, utilizar debidamente la argamasa que, aunque se adhería bien, se agrietaba al secarse, o conectar una red de canales de agua por encima y debajo de la tierra. Se esperaba que abordaran tales cometidos individualmente. Tenían autorización para compartir los matices más sutiles de la técnica, pero bajo ningún concepto podían ver los diseños de los demás.

—La arquitectura es un trabajo en grupo —decía Sinan—. El aprendizaje no.

—¿Por qué no quiere que veamos los diseños de los otros? —le preguntó Jahan en una ocasión.

—Porque compararéis. Si crees que el tuyo es mejor que el de los demás, te envenenará el orgullo desmedido. Si crees que el del otro es mejor, te envenenará la envidia. Sea como sea, es veneno.

Una tarde que habían terminado de dibujar un monasterio de derviches, un criado les comunicó que el maestro los esperaba en la biblioteca. Muertos de curiosidad, dejaron los lápices a un lado y salieron sin decir una palabra. En el piso superior encontraron al maestro con rollos de pergamino desplegados a izquierda y derecha. Sobre la mesa de roble situada en el centro de la estancia había una maqueta de madera.

—Pasad —les dijo Sinan.

Tímidos e intimidados, los cuatro se adelantaron tambaleantes.

—¿Sabéis qué edificio es?

Davud contempló la maqueta con el ceño fruncido.

—Es un templo infiel.

—La cúpula es asombrosa —comentó Nikola.

—¿Dónde está? —preguntó Jahan.

—En Roma —replicó Sinan, agitando una mano como si estuviera al otro lado de la ventana.

Les dijo que el edificio se llamaba San Pedro, y que cuando lo acabaran tendría la mayor cúpula de toda la cristiandad. Habían trabajado en ella varios arquitectos, de los cuales algunos habían querido demoler la vieja basílica y empezar desde cero; y otros restaurarla. El último delineante, Sangallo, había fallecido. La construcción había sido asignada, a petición del Papa, a Miguel Ángel. Al reconocer el nombre que había nombrado el librero Simeón, Jahan prestó más atención.

Sinan les contó que Miguel Ángel, que ya no era joven, tenía dos opciones. Desechar los diseños ya existentes o bien construir a partir de ellos. La decisión demostraría no solo sus dotes profesionales sino también su carácter. Sinan habló con tanto fervor que una oleada de emoción recorrió a sus aprendices. Sin embargo, durante todo ese tiempo un único pensamiento ocupó sus mentes: ¿por qué les estaba contando eso su maestro?

Sinan percibió de un vistazo su estado de ánimo.

—Me gustaría que vierais San Pedro. Que estudiarais su diseño y compararais lo que han hecho allí con lo que estamos haciendo aquí. Si queréis destacar en esta profesión tendréis que estudiar las obras de los demás.

Ellos tardaron un momento en comprender el peso de la afirmación.

—Hummm..., ¿quiere que viajemos al país de los francos y veamos iglesias? —A Davud le falló la voz.

—Seguimos el consejo del Profeta de buscar sabiduría en todas partes.

Sinan les dijo que había aprendido mucho de sus viajes por las tierras de los francos, en los Balcanes, Anatolia, Siria, Egipto, Irak y hacia el este hasta el Cáucaso.

—Las piedras permanecen inmóviles. Un aprendiz no.

—Pero, maestro, ¿no deberíamos ser nosotros los que les enseñáramos a ellos? —De nuevo era Davud—. Son cristianos. ¿Por qué deberíamos aprender sus costumbres?

—Todo buen profesional, venga de donde venga, es tu maestro. Los artistas y los artesanos comparten la misma fe.

Al decir esas palabras Sinan sacó dos fundas de terciopelo, una delgada y larga, la otra gruesa y redonda. En la primera había una aguja de plata mayor de lo normal, en la segunda unas lentes cóncavas del tamaño de una manzana madura.

—¿Qué es eso? —preguntó Nikola bajando la voz, como si creyera estar viendo algún artefacto de magia negra.

—Es un prisma —respondió Sinan—. Lo utilizamos para observar cómo viajan los rayos del sol en el interior de un edificio. En una catedral prestaría un gran servicio.

—¿Y esto? —preguntó Jahan, sosteniendo la aguja en la palma de la mano como si fuera un polluelo.

—Esto es para el sonido. Hay que entrar en los edificios cuando haya poca gente, sostener la aguja a la altura de la cabeza y dejarla caer. ¿El sonido se apaga de inmediato o llega hasta los rincones más alejados? En caso de que así sea preguntaos cómo consiguieron los arquitectos ese efecto. ¿Es posible hacer que el sonido fluya de un extremo a otro como el agua en una suave marea? En las catedrales esto se consigue mediante la creación de una galería con eco. Id y escuchad, y oiréis cómo se propaga el más insignificante de los sonidos.

Sinan hablaba tan deprisa como una tormenta de pedrisco. Nunca lo habían visto así, con los ojos centelleantes y el rostro iluminado. Les dijo que había tres fuentes de sabiduría de las que todo artesano debía beber en abundancia: los libros, las obras y las carreteras. Leer, practicar y viajar.

—Por desgracia, no puedo mandaros a todos. Hay mucho trabajo que hacer. Tenéis que decidir entre vosotros quién irá. Un viaje de unas cinco semanas.

Nikola, Davud, Yusuf y Jahan se miraron de reojo, con los hombros rígidos. El deseo de impresionar a su maestro con su audacia chocaba en su corazón con el de permanecer donde todo resultaba familiar. Fue Yusuf quien habló primero, meneando la cabeza. No quería ir. A Jahan no le sorprendió. Como un pequeño planeta que da vueltas alrededor de uno mayor, Yusuf siempre quería estar cerca de su maestro.

—¿Qué hay de los demás?

—Yo no puedo ir —señaló Jahan—. ¿Quién cuidará del elefante?

No era del todo cierto. Otro domador podía sustituirlo sin problema si el maestro lo arreglaba con los oficiales de palacio. Sin embargo Shota solo era una de sus preocupaciones. Necesitaba estar cerca de Mihrimah. Últimamente ella había visitado más a menudo la casa de fieras con una expresión turbada en sus hermosos ojos, como si hubiera algo que quisiera decir y no pudiera.

—Mis padres son mayores —dijo Nikola—. Sería difícil dejarlos tanto tiempo solos.

Todas las cabezas se volvieron hacia Davud. Suspiró.

—Iré yo, maestro.

Sinan asintió en señal de agradecimiento y respondió, a nadie en particular:

—Si alguno cambia de opinión, decídmelo en unos días.

La siguiente tarde Mihrimah no acudió a ver al elefante. Tampoco la siguiente. En lugar de ello apareció Hesna Jatun con la última noticia del serrallo.

—No la esperes —le dijo—. Tu princesa va a casarse.

—¿Qué está diciendo, *dada*?

Un ataque de asma le sacudió de repente todo el cuerpo; sacó una bolsa e inhaló el contenido. En el aire flotó un olor intenso a hierbas.

—No me llames así. Solo puede hacerlo mi princesa.

—Respóndeme —insistió Jahan, pasando por alto la etiqueta.

Ella así lo hizo. Mihrimah se había prometido a Rustem Pasah, un hombre de cuarenta inviernos e infinita ambición. No gozaba de la aprobación de nadie aparte de la sultana, pero eso era suficiente.

Cuando la niñera se hubo marchado, Jahan se puso a trabajar en un nuevo diseño, barrió el suelo del cobertizo, lavó los bebederos, bruñó la armadura del elefante, le untó de aceite la piel, destruyó el plano en el que estaba trabajando y empezó otro, engrasó los goznes de todas las puertas, hizo otro boceto y acto seguido lo rompió y se olvidó de dar de comer a Shota.

Durante toda la tarde la casa de fieras se vio asaltada por los chismorreos de la boda. A medianoche Jahan ya no podía soportarlo y salió a hurtadillas. Las piernas y los brazos le palpitaban de cansancio, y sentía en el pecho un dolor que no había experimentado nunca. Caminó hasta llegar a los muros que separaban la casa de fieras del patio interior, y una vez allí, sin saber qué más hacer, regresó. Llegó al tilo donde ella se había sentado mientras él le contaba la historia del nacimiento de Shota y su viaje desde el Indostán.

El árbol brillaba en la oscuridad como si fuera una puerta a un mundo mejor. Pegó la oreja al tronco, intentando oír lo que le decía la tierra. Solo silencio. Un silencio obstinado, infecto. Se levantó el viento y el aire se volvió más frío. Una bruma de tristeza descendió sobre el palacio. Continuó sentado esperando a que el frío de la noche lo envolviera, entumeciendo sus sentidos. De nada sirvió. Todavía sentía. Todavía le dolía.

A la mañana siguiente mandó una carta a su maestro. Un mensaje breve.

Estimado maestro:

Si todavía desea que vaya, acompañaré con mucho gusto a Davud a Roma.

Su humilde aprendiz,

Jahan

Roma, la ciudad donde los recuerdos estaban cincelados en mármol. El día que llegaron caía una llovizna tan ligera como una caricia. Aminorando el paso a un trote lento cabalgaron sin rumbo durante un rato. Todos los rostros eran desconocidos, cada calle era más desconcertante que la anterior. De vez en cuando cruzaban un puente, pasaban por debajo de un arco —redondo u ojival— o recorrían una piazza rebosante de vendedores ambulantes y parroquianos. Jahan no sabía qué esperaba encontrar, pero la ciudad era enorme y estaba llena de vida. Davud y él, rígidos e inquietos, se abrieron paso a través de las multitudes. Al llegar a las ruinas de un foro antiguo, se detuvieron y miraron horrorizados. Vieron frailes con hábitos negros, mercenarios caminando de dos en dos, mendigos con un aspecto no muy diferente de los de Estambul. Mujeres con pequeños frascos de perfumes colgados alrededor del cuello, que no se molestaban en cubrirse ni el cabello ni los pechos. Davud, ruborizado hasta las orejas, desviaba la vista cada vez que se topaban con alguna dama de mangas abullonadas acompañada de sus criadas. Pero Jahan miraba furtivamente. Hacia media tarde llegaron a las señas que les había dado Simeón, el librero. Las encontraron con facilidad tras preguntar a un par de transeúntes que, pese a mirarlos con dureza, les indicaron cómo llegar al barrio judío.

La casa de León Buendía en Roma tenía un parecido asombroso con la de Simeón Buendía de Estambul. Como ella, se encontraba en una calle adoquinada y caótica, y tenía una antigua puerta de madera gastada, y detrás de ella, habitación tras habitación de libros y manuscritos. Y allí también vivía un anciano de orejas desproporcionadas y cejas llameantes, aunque tal vez no tan malhumorado como su hermano.

—Simeón le manda saludos —dijo Jahan en italiano cuando él les hizo pasar.

Se sentaron alrededor de una mesa y él les ofreció una pasta dulce de almendras.

—¿Qué tal le va a mi hermanito?

—Trabaja, lee, se queja —respondió Jahan.

León sonrió.

—Siempre ha sido huraño.

—Quiere que vaya a vivir a Estambul —comentó Jahan.

—Cree que eso es mejor. Pero a mí me gustaría que él se instalara aquí. Somos mortales. Las decisiones son ovejas; los hábitos, el pastor.

Jahan reflexionaba sobre esas palabras cuando Davud anunció:

—Nos gustaría visitar a Miguel Ángel.

Al oírlo el librero meneó la cabeza.

—Siento un enorme respeto hacia vuestro maestro. Pero debéis entender que no es fácil. El Divino no recibe a nadie. Después de dos años no ha cesado su duelo.

—¿Quién murió? —le preguntó Jahan.

—Primero su hermano y luego su aprendiz favorito. Eso acabó con él.

Jahan no pudo por menos que preguntarse si su maestro lloraría si les ocurriera algo a alguno de ellos. Mientras tanto el librero les contó que el aprendiz, que se llamaba a Urbino, había estado con Miguel Ángel desde que tenía catorce años. Durante veintiséis años los dos fueron inseparables. Tal era la devoción del maestro hacia su talentoso aprendiz que en los últimos meses de enfermedad no había permitido que nadie más cuidara de él, atendiéndolo día y noche. Tras la muerte de Urbino, Miguel Ángel, que siempre había sido un hombre malhumorado, se volvió resentido, pronto a estallar a la menor contrariedad.

—Al Divino no le gusta la gente. A los pocos que toma afecto, se lo demuestra de manera desmesurada.

Jahan arqueó las cejas. Su maestro no era así. Él no aborrecía ni ahuyentaba a la gente. Ecuánime y educado, se mostraba cortés con todos. Pero tal vez entre aceptar a todos y no tener demasiado aprecio a nadie solo había un paso. De ser así, ¿no era preferible tener por maestro a alguien desagradable con todos salvo contigo que a alguien amable con todos incluido tú?

—La aversión del Divino hacia los seres humanos seguramente es recíproca.

—¿Tiene enemigos? —le preguntó Davud.

—Ya lo creo. Hay quienes lo adoran y quienes lo aborrecen. Ni siquiera Dios sabe cuál de los dos grupos es más numeroso.

León comentó que el Divino ya tenía muchos rivales cuando aceptó a regañadientes el encargo de terminar la construcción de San Pedro. Desde entonces sus admiradores y detractores se habían multiplicado por dos. Aunque había utilizado gran parte de los planos de Bramante, descalificaba abiertamente a su predecesor, lo que no lo ayudó a congraciarse con sus enemigos.

—Dijo que el diseño de Sangallo no estaba bien hecho, que no tenía la iluminación adecuada. También dijo que serviría un buen prado.

—¿Un prado? —repitió Jahan.

—Para pastar. Comentó que el diseño de Sangallo era para bueyes y corderos ignorantes que no sabían nada de arte. Ese comentario no cayó bien entre los adeptos a Sangallo.

Jahan suspiró. Su maestro también era distinto en eso. Por nada del mundo podía imaginarse a Sinan burlándose de otro arquitecto, vivo o muerto.

—Tenemos entendido que el Papa apoya a Miguel Ángel.

—Así es. Si no fuera por Su Santidad, el artista estaría destrozado —observó León cambiando de postura en su silla y tapando momentáneamente la luz de la vela. Mientras su rostro se sumía en las sombras, añadió—: Vuestro maestro también debe de tener enemigos.

Davud y Jahan se miraron. Era una afirmación insólita pero cierta.

—Así es —respondió Davud, asintiendo de forma casi imperceptible.

León les contó entonces que la lista de enemigos de Miguel Ángel la encabezaba un hombre llamado Nanni di Baccio Bigio, que era arquitecto y escultor.

—Extraño, ¿verdad? Cuanto más afín parece la persona, mayores son las probabilidades de que se convierta en un enemigo. —En cuanto León hubo pronunciado esas palabras se le arrugó el rostro, como si cayera en la cuenta de que había hablado demasiado. Se retorció en su silla.

—Le hemos cansado —dijo Jahan al verlo—. Será mejor que nos vayamos.

—Me gustaría alojaros aquí, pero... —León exhaló un suspiro.

Comentó que en el barrio judío había toque de queda. Una vez que cerraban las puertas ya no entraba nadie. Si esperabas una visita, debías informar a las autoridades. Sin querer imponer su presencia al anciano y ser una carga, le pidieron que les recomendara un lugar donde alojarse. León llamó a su criado, quien debía de tener unos ocho años, y le dio instrucciones de llevar a los otomanos a una pensión donde, según dijo, estarían entre artistas.

Así volvieron a encontrarse en las calles, tirando de los caballos por la rienda mientras seguían al niño. Pasaron por delante de casas de gente adinerada con cristales en las ventanas, y cruzaron mercados donde vieron cerdos asándose en espetones. Jahan sospechaba que el niño no había querido tomar ningún atajo, no tanto porque quisiera mostrarles la ciudad sino porque quería mostrarlos ante la ciudad. Con sus atuendos, los dos aprendices llamaban mucho la atención. En cierta ocasión Jahan se volvió para hablar con Davud y una intuición, antes que algo concreto, hizo que se parara en seco. Le pareció que los seguían. Miró a izquierda y derecha, titubeante. Al final llegaron a una casa de dos plantas que hedía a salchichas y a sudor. Compartieron la habitación y el bacín con tres huéspedes más, un pintor, un estudiante de anatomía y un jugador.

A la mañana siguiente lo primero que hicieron fue dirigirse a la casa del Divino. Localizarla fue fácil. Incluso los niños sabían dónde vivía el gran hombre. Sin embargo, cruzar el umbral no estaba dentro de sus posibilidades. Se presentaron a sí mismos a su ayudante e indicaron que los enviaba el principal arquitecto del Imperio otomano. En respuesta este les dijo, educadamente pero con firmeza, que Miguel Ángel no quería ver a nadie.

—¿Quién se ha creído que es? —bramó Davud cuando nadie podía oírlos—. Nos está menospreciando.

—Ya has oído lo que dicen; no recibe ni al mismísimo Papa.

Davud chasqueó la lengua.

—Te diré algo. Esos infieles necesitan un escarmiento. No pueden tratarnos de ese modo.

Los días que siguieron visitaron iglesias, tal como Sinan les había pedido que hicieran. La cal de Roma era de un tono cálido pero de calidad inferior, y los lugareños la mezclaban con una sustancia marronácea llamada *pozzolana* para fabricar argamasa. Al secarse adquiría una textura muy fina semejante a la del polvo, y se utilizaba con profusión en las obras de construcción; pero con el tiempo acababa cubierta de un moho desagradable. Jahan y Davud tomaron notas y dibujaron los edificios. Se perdieron muchas veces en un laberinto de callejones para acabar siempre mirando con asombro una basílica. Pero fue la construcción de San Pedro lo que más les impresionó. Un santuario circular del color de una fría mañana, elusivo y atractivo como los retazos de un sueño que se escabulle. Distaba mucho de estar acabado, si bien tras estudiar todas las maquetas que encontraron intuyeron lo enorme y majestuoso que sería: la base, el tambor, la cúpula y la linterna. El olor a piedra, arena y madera recién serrada impregnaría sus túnicas y permanecería en ellas.

Jahan pensó que había dos clases de templos construidos por el hombre: los que aspiraban a alcanzar el cielo y los que querían acercar el cielo a la tierra. En alguna ocasión había una tercera categoría: los que conseguían ambas cosas. Era el caso de San Pedro. Mientras lo contemplaba, acabando el edificio con la imaginación, tuvo la extraña sensación de que allí también se encontraba el centro del universo.

Los obreros esperaban la entrega de unos materiales que se había retrasado debido al mal tiempo en el sur. Fue un golpe de suerte para los aprendices de Sinan, pues eso les permitió pasearse por las obras sin que nadie reparara en ellos. Se subieron a una colina e hicieron un sinfín de dibujos. Los muros del coro inferior, las columnas gigantes, los pilares del crucero..., cada uno de esos elementos era una oda a la perfección.

Todos los días sin excepción iban a ver a Miguel Ángel, solo para que los detuvieran antes de cruzar el umbral de su casa. En la entrada montaba guardia el mismo aprendiz —pintor y descendiente de nobles—, resuelto a no dejar pasar a nadie. Se llamaba Ascanio. Jahan nunca había visto una actitud más protectora en un aprendiz.

—El Divino no es un hombre de este mundo —les dijo Ascanio, mirándolos con ojos penetrantes.

Les contó que el maestro rechazaba las comidas, sobreviviendo a base de mendrugos de pan.

—Aunque arrojaran todos los escudos de Roma sobre su cabeza, él seguiría viviendo en la penuria.

—¿Por qué vivir en la penuria en medio de la riqueza? —preguntó Davud.

—Muy sencillo. No le interesan los bienes terrenales.

Davud parecía empecinado en caer mal a Ascanio.

—¿Es cierto que duerme con las botas puestas y que nunca se baña?

Un rubor tiñó las mejillas de Ascanio.

—No creas todo lo que oyes. Esta ciudad es cruel. —Comentó que los amigos de Miguel Ángel de Florencia le habían pedido que volviera, pero por amor a su arte y por ser hombre de palabra no había abandonado Roma—. ¿Se lo agradecen? ¡Ni una migaja de gratitud! Cuanto más les da, más piden ellos. ¿Sabes qué dice mi maestro?

—¿Qué? —preguntó Jahan sumisamente.

—La avaricia adormece la gratitud.

Lo que Ascanio se calló era que a los lugareños les preocupaba que Miguel Ángel muriera antes de terminar San Pedro. En la vejez tenía el espíritu alicaído y el cuerpo frágil, pero la mente afilada como una hoja. Sufría de otros muchos males: gases, dolor en el abdomen y piedras en los riñones tan dolorosas que a veces casi no podía orinar. Jahan se preguntó si su maestro también temía la muerte. A un artesano diligente y consagrado como Sinan tal vez le costara aceptar su mortalidad. Construía edificios que se mantenían en pie mientras que su propia transitoriedad dominaba cada vez más su corazón con el paso de los días. Era un pensamiento que iba y venía. Volvería a recordarlo años después.

Una tarde, después de otro intento frustrado de ver al Divino, entraron en una taberna que olía a humo y grasa. Pidieron codorniz asada y un dulce llamado *torrone.* Jahan advirtió que los observaba un desconocido con la gorra encasquetada hasta la nariz, el rostro medio oculto.

—No mires. Alguien nos está siguiendo.

—¿Quién? —preguntó Davud, volviéndose al instante.

El hombre se levantó bruscamente, apartó la mesa de un empujón y salió corriendo como un poseso. Los aprendices de Sinan se miraron perplejos.

—Debe de ser un ratero —dijo Davud encogiéndose de hombros—. Sabe que somos extranjeros y quería sacarnos dinero.

El décimo día acudieron por última vez a la casa de Miguel Ángel. Ascanio había salido a hacer un recado y aún no había regresado. Lo había sustituido otro aprendiz, un poco más joven y al parecer más amable. Se presentaron como si fuera la primera vez que acudían allí y pidieron al aprendiz que informara de su presencia a su maestro. Para su sorpresa, el aprendiz sonrió con afabilidad y entró. Al cabo de un rato regresó y les anunció que Miguel Ángel había accedido a recibirlos. Intentando no exteriorizar su perplejidad, lo siguieron. A Jahan se le ocurrió que tal vez Ascanio no había preguntado nunca a Miguel Ángel si quería verlos, convencido de que el Divino no quería que nadie lo molestara. Llegó a la conclusión de que los aprendices que contemplaban a su maestro como a un progenitor tendían a sobreprotegerlos.

Los hicieron pasar a una amplia sala abarrotada de pinturas, cestas, cinceles, martillos, rollos, libros y ropa esparcida alrededor. Casi todas las ventanas estaban cubiertas de pesados cortinajes de vivos colores para amortiguar el ruido de la calle, lo que confería un aura sobrenatural al espacio. En medio de la confusión había un anciano, rígido y esbelto, trabajando en una escultura —una cabeza masculina con torso— a la luz de velas de sebo de cabra. Otra vela sujeta a un brazo metálico ardía por encima de su cabeza. No era alto y tenía una constitución poco robusta, exceptuando los hombros, que eran anchos, y los brazos musculosos. Los ojos eran pequeños y oscuros, solemnes y amarillentos; la nariz, chata, y la barba negra estaba salpicada de canas. A Jahan no le causó una gran impresión. Fueron las manos lo que le atrajeron: de dedos largos, huesudos, pálidos por las puntas, con las uñas mordisqueadas y cuarteadas cubiertas de polvo y mugre.

—Gracias por recibirnos —dijo Jahan, inclinándose.

—En cierta ocasión recibí una carta de vuestro sultán —respondió el Divino sin mirar alrededor.

—Debió de ser del difunto sultán Bayezid —aventuró Davud.

Pasando por alto la observación, Miguel Ángel continuó:

—Vosotros no hacéis esculturas. ¿Cómo podéis llamarlo idolatría? Nunca lo he entendido. Pero vuestro sultán fue muy generoso. Yo estaba dispuesto a ir allí. Habría sido mi *grandissima vergogna*, la mayor deshonra. No estaba destinado a ocurrir. —Con voz áspera y gangosa, como un hombre acostumbrado a vivir en el interior de su mente, hablaba tan deprisa que Davud y Jahan tenían problemas para seguirlo con su limitado italiano—. ¿Cómo está vuestro maestro?

Solo entonces recordaron lo que los había llevado allí y le presentaron la carta que Sinan les había confiado. Secándose las palmas en un delantal más sucio que las manos, el Divino rompió el sello. Cuando terminó de leer, vieron en sus ojos algo que no habían observado un momento atrás: cierta inquietud.

Davud le dijo que se ofrecían de buen grado a entregar cualquier carta que quisiera mandarle a Sinan. Asintiendo, el artista se acercó a zancadas a una mesa cubierta de objetos extraños. Tiró varios al suelo para despejar un espacio y se sentó a escribir una carta, con la frente fruncida en señal de concentración.

Sin saber qué hacer entretanto, al ver que no les ofrecía asiento, Jahan y Davud inspeccionaron el entorno. Encima de una mesa de trabajo había dos maquetas, las dos de la basílica de San Pedro, pero una era de madera y la otra de arcilla. Advirtieron que Miguel Ángel había rediseñado la fachada y había suprimido el pórtico. También había cambiado la forma de las principales columnas que sostenían la cúpula. Las ventanas pequeñas ya no estaban, y en su lugar había construido menos y más amplias, dejando entrar más luz.

Un estrépito los arrancó de su ensimismamiento. Tras terminar la carta, Miguel Ángel empezó a buscar su sello. Frustrado, apartó con brusquedad un par de pergaminos y rompió un tintero.

Miraron debajo de libros, dentro de cajones y encima de cajas. Por fin encontraron el objeto desaparecido medio aplastado bajo un cojín, después de haber sido pisoteado. Miguel Ángel derritió el lacre, estampó el sello sobre él y ató una cinta alrededor de la carta. Debió de advertir el interés de los dos aprendices por las maquetas de San Pedro, porque comentó:

—Sangallo tardó años en finalizar su diseño. Yo he hecho el mío en quince días.

Jahan se sorprendió al percibir cierta irritación en su voz. El artista más reverenciado de Roma competía con un fantasma. Se le ocurrió que tal vez la escultura iba más con su temperamento que la arquitectura, pero no se lo dijo. Al ver un dibujo excelente de un caballo, comentó:

—Le gustan los animales.

—Los estudio —repuso Miguel Ángel, quien diseccionaba cadáveres y animales bociosos para ver los músculos, los nervios, los huesos.

—Yo tengo un elefante blanco —declaró Jahan con orgullo—. Trabajamos en las obras.

—¿Vuestro maestro emplea un elefante? Quizá yo también debería tener uno.

Les preguntó por la mezquita Süleymaniye y elogió la obra de Sinan. Jahan se preguntó de dónde sacaba Miguel Ángel toda esa información. Buscaba una forma delicada de preguntárselo cuando el artista levantó una mano y dijo:

—*Altro non mi achade*, creo que eso es todo.

Salieron en silencio.

Aquella misma semana emprendieron el regreso a Estambul a lomos de dos sementales. Aunque Jahan había tomado afecto a su montura, echaba de menos a Shota. No podía dejar de pensar en si el cuidador que lo había reemplazado habría hecho debidamente su trabajo, o, aunque así fuera, si el animal se habría negado a comer, como a veces sucedía cuando se sentían solos o tristes. Al aproximarse a Estambul su angustia fue en aumento. En Roma había logrado no pensar en Mihrimah, pero de pronto el recuerdo regresaba con ímpetu, como rápidos que destruían la barrera que los había contenido.

Hicieron un alto para descansar y hacer sus necesidades, y Jahan advirtió que Davud estaba pensativo. Como sabía que su compañero era huérfano y lo habían criado sus abuelos, le preguntó sobre su niñez.

—¿Qué te puedo contar? —respondió Davud con suavidad.

Había sido un niño airado y perdido hasta que el maestro Sinan lo encontró, le brindó una educación y cambió su destino.

Después de eso se abrieron paso por Adrianópolis en silencio, cada uno absorto en sus pensamientos. Anocheció; se pusieron a galopar. Solo cuando el dolor de espalda se volvió insoportable y los caballos echaban espuma por la boca aminoraron el ritmo. Había una posada no muy lejos y decidieron pasar la noche allí.

El interior estaba atestado. El comedor era amplio, aunque el techo bajo obligaba a encorvarse a no ser que los clientes se sentaran. En una chimenea excavada en piedra situada en una esquina colgaba una caldera ennegrecida de hollín. En las largas y anchas mesas de madera había clientes encaramados, hombres de todas las edades y religiones.

En cuanto Jahan y Davud entraron, todas las cabezas se volvieron y el ruido disminuyó. Nadie les dio la bienvenida. Al ver un sitio vacío en el extremo de una mesa, se acercaron a él. Jahan miró alrededor. A su izquierda había un hombre demacrado y canoso, tal vez un escribano, pues tenía los dedos manchados de tinta. Delante de ellos había un franco con el cabello del color de la paja, calentándose las manos alrededor de un cuenco humeante. Ladeó el sombrero en dirección a ellos a modo de saludo.

—¿Lo conoces? —le preguntó Jahan a Davud.

—¿Cómo quieres que conozca a alguien en este tugurio?

Un enano pasó por su lado con una bandeja con bebidas. Mientras avanzaba con resolución, alguien le puso la zancadilla. Cayó y los vasos rodaron por el suelo. Hubo un estallido de carcajadas. El enano se levantó, sonrojado pero sereno; los clientes se concentraron de nuevo en su comida, como si hubieran sido otros los que se reían un momento atrás.

Comieron en silencio. Después de cenar Davud subió para realizar los rezos de la tarde. Jahan decidió quedarse un rato más. Le invadió una especie de tranquilidad que nunca había experimentado. Pese a estar solo como un faro abandonado, en ese momento se sentía acompañado, aunque no habría sabido decir por qué o por quién. Por primera vez cesó el dolor que le causaba la boda de Mihrimah.

—¿Se ha ido su amigo?

Johan levantó la cabeza y vio al hombre del cabello color paja mirándolo.

—¿Puedo sentarme? —preguntó, y sin esperar una respuesta lo hizo.

Con un chasquido de dedos llamó al enano. Un minuto después había una jarra entre ellos.

—¡Bebamos! —exclamó el desconocido.

El vino sabía a corteza y a rosas puestas a secar. El viajero, que se llamaba Tommaso, parecía un hombre inteligente. Era italiano, y se dirigía al este porque ardía en deseos de ver Santa Sofía. Volvieron a llenar los vasos, luego la jarra. Hablaron de forma amistosa, aunque después Jahan no recordaría la mitad de lo que dijeron.

—Nuestro maestro nos mandó a Roma para que ampliáramos nuestros conocimientos —le dijo Jahan.

Chispeado como estaba, tuvo cuidado de no mencionar la carta que llevaban. Pero como un hombre que hace días que no habla, le contó todo lo que se proponía conseguir. Las palabras brotaban con el vino. Desde que se había enterado de la boda de Mihrimah, algo en él anhelaba ascender rápido.

Tommaso lo observaba por encima de la copa.

—¿Tanta importancia tiene lo que hacemos en la vida? —preguntó muy despacio—. ¿O es lo que no hacemos lo que tiene peso?

—¿Qué quiere decir? —le preguntó Jahan tras apurar la copa.

—Pongamos que estás cruzando un bosque y ves a una mujer totalmente sola. Podrías poseerla allí mismo pero no lo haces. Eso demuestra la clase de hombre que eres —dijo tuteándolo. Y añadió—: Un hombre te insulta. Podrías darle un puñetazo en la nariz. Si no lo haces, eso es lo que eres.

—Entonces dejar de hacer algo constituye una hazaña.

—Cierto —respondió Tommaso con una sonrisa—. Tú construyes con madera, piedra y hierro. También construyes con ausencia. Tu maestro lo sabe muy bien.

Jahan sintió un desagradable nudo en la boca del estómago.

—¿Lo conoces?

—Todo el mundo conoce a tu maestro —repuso Tommaso mientras se levantaba y lanzaba una moneda al enano—. Debo irme, amigo.

En secreto, Jahan se alegró de que Tommaso hubiera pagado. Se habría sentido culpable gastando el dinero de su maestro en vino.

—No hay nada malo en querer prosperar —dijo Tommasso—. Hagas lo que hagas, que Dios te bendiga. Pero no seas como las tristes almas.

En el piso superior, Jahan encontró a Davud durmiendo entre una docena de viajeros. Se acercó a una ventana y la abrió. Fuera chirriaba un grillo. Una lechuza ululó. Era una noche encantada, la luna parecía una hoz dorada. Ante él se desplegaba un jardín bordeado de parterres delimitados con piedra, de los que se elevaba un olor tan fragante que podría haberlo bebido. Mientras inhalaba ese olor dulzón hizo memoria. Solo entonces acudieron a él las palabras. Las había leído antes. Eran del «Inferno» de Dante.

«No seas como las tristes almas de aquellos que vivieron sin mancha y sin elogios.»

Cuando a la mañana siguiente Jahan y Davud se despertaron, descubrieron que les habían robado. Las botas, las monedas que les quedaban, la aguja de plata, la bola de cristal y el saco donde guardaban sus bocetos, todo había desaparecido. También el diario encuadernado en cuero de Jahan junto con el anillo que había escondido dentro. Se habían llevado todos los dibujos que con meticulosidad habían hecho durante el viaje. Tampoco estaba la carta de Miguel Ángel.

—¿Qué clase de bandidos robarían croquis arquitectónicos? —protestó Jahan.

—Deben de haberlos tomado por algo valioso —repuso Davud con tristeza.

Algo curioso, a los otros viajeros no les habían robado nada. El ladrón, fuera quien fuese, solo se había concentrado en los aprendices de Sinan. Lloraron y gimotearon como niños. Removieron cielo y tierra buscando, pero de nada sirvió. Preocupados, mortificados y desmoralizados, se marcharon de la taberna. Cada uno se acusaba a sí mismo: Jahan por haber bebido la noche anterior y Davud por haberse quedado dormido tan temprano y tan profundamente.

Nunca sabrían lo que el Divino había escrito a su maestro. La correspondencia entre el arquitecto jefe de la corte de Roma y el arquitecto jefe de la corte de Estambul se interrumpió, y no por primera vez. Los aprendices llegaron a la casa de Sinan sin nada que ofrecerle. Era como si no quedara nada de su largo viaje salvo un dolor en las extremidades y los recuerdos de San Pedro, que ya empezaban a desvanecerse.

Llegó el capitán Gareth desprendiendo un olor acre a sal, sudor y licor. Parecía atravesar las paredes del palacio con la facilidad de un fantasma. No le caía bien a nadie, pero nadie se atrevía a enfrentarse a él. Como consecuencia, todos lo rehuían, que era precisamente lo que él buscaba.

Jahan advirtió que no tenía buen aspecto. La piel, normalmente de un tono rosado que no era habitual entre los hombres otomanos, había adquirido un color macilento. Tenía los labios cuarteados y las mejillas hundidas. Una de dos, o había contraído alguna enfermedad en uno de sus viajes o la traición por fin había empezado a envenenarle el alma.

—Bueno, bueno. Cuánto tiempo. El otro día me dije que me tocaba hacer una visita al *mahout* impostor y decirle cuatro verdades. ¿Y qué me dicen al llegar aquí? ¡Pues que está en Roma! ¿Roma? Qué muchacho más afortunado eres. ¿Qué tal te ha ido en los burdeles? Me encantaría probarlos. Pero, ¡ay de mí!, a mí nadie me manda a Roma. ¿Dónde está mi compensación? Dime, ¿qué has traído a tu viejo amigo?

—Nos lo robaron todo al regresar a Estambul.

—¿Ah, sí? Me encantan las patrañas.

Para que se callara, Jahan le dio la sarta de cuentas de rubíes que había robado en la inauguración de la Süleymaniye. Tenía previsto venderla y comprar un regalo para Mihrimah. ¡Qué imbécil había sido!

Bastó un vistazo al botín para que al hombre se le cayera el alma a los pies.

—¿Eso es todo, haragán?

No lo era. Bajo el mismo árbol había otra caja enterrada: cubertería de plata de las cocinas imperiales, una perla que se había desprendido del dobladillo del vestido de Mihrimah, una pluma de oro, un tarro de miel de la despensa real y una horquilla que pertenecía a Hesna Jatun. La niñera le estaba soltando otro sermón cuando sufrió un ataque de asma y se inclinó tanto sobre las puntas de los dedos de Jahan que habría sido un pecado no agarrar la horquilla. No había sido su intención entregarle todo ese botín al capitán Cabezaloca. Pretendía guardarlo por si algo se torcía y necesitaba darse a la fuga.

Pero el capitán no era necio.

—Estoy perdiendo la paciencia. Lástima, porque todavía eres joven. Cuando se enteren de la clase de mentiras que has ido contando por ahí, te desollarán vivo.

Jahan se estremeció solo de pensarlo, pero también era consciente de que el hombre no le había golpeado ni había sacado una daga. Algo le hacía titubear.

—Dicen que tu princesa está triste. Pobrecilla. Posee todas las riquezas del mundo pero ningún amante que la abrace.

—Hace mucho que no la veo —repuso Jahan, incómodo.

—Ah, tengo la certeza de que la verás, ya que adora al elefante blanco…

Jahan comprendió. El capitán Gareth se había enterado de que la princesa Mihrimah estaba triste a raíz de su boda. Como toda la ciudad, había averiguado que pasaba muchas tardes llorando en su bonita y solitaria casa. Sabía que le tenía aprecio a Shota y tal vez también al *mahout*, así que el capitán había imaginado que no tardaría en aparecer de nuevo en la casa de fieras. Jahan era para él la gallina de los huevos de oro. No quería matarla tan pronto.

De repente Jahan se sintió más animado. Sonrió.

—Debería irse. El comandante de los eunucos blancos podría venir en cualquier momento. No querría estar en su pellejo si lo sorprende aquí.

El capitán Gareth lo miró boquiabierto, sin saber qué decir.

—¡Váyase! —añadió Jahan con prisas—. Cuando tenga algo que enseñarle le mandaré recado.

El hombre le lanzó una mirada helada, pero no protestó. Por primera vez se despidió sin proferir amenazas. Así fue como Jahan descubrió algo sobre los desgraciados como él: por mucho miedo que infundieran, se nutrían de las debilidades de la gente. Si Jahan quería sobrevivir en el serrallo, tendría que construirse un harén en su interior y poner bajo llave todos los temores, las preocupaciones, los secretos y los desengaños que mancillaban su alma. Sería el sultán y el eunuco de ese harén. No permitiría que nadie atisbara en él. Ni siquiera su maestro.

La cúpula

Jahan siempre recordaría 1562 como un año de felicidad. Imaginaba que en la vida de todas las personas había un año así. Creció, prosperó y, justo cuando empezaba a creer que siempre sería así, se acabó. Su época de gozo comenzó con la construcción de una mezquita para Mihrimah. Desde que su padre le había cedido extensas tierras y amplios ingresos, se había convertido en la mujer más rica y poderosa del imperio. Todos temían contrariarla, entre ellos los aprendices. Incluso el maestro Sinan se sentía un poco incómodo en su presencia. Dejaba a todos empapados en sudor frío. Con la excepción de Jahan. Él estaba demasiado enamorado de ella para acordarse de temerla.

Así, mientras los otros aprendices se mostraban tímidos y reacios a hacer alguna portación, Jahan desbordaba de ideas. Trabajaba con tanto ahínco que, pese a no ser más que un aprendiz, su maestro valoró su ímpetu. Empezó a llevárselo consigo cuando visitaba a la princesa para informarle de sus progresos.

Durante esos primeros meses, allá donde estuviera, hiciera lo que hiciese, Jahan pensaba en el plano que Sinan había trazado con tanta habilidad. Por las noches, ya acostado, se devanaba los sesos buscando el modo de perfeccionarlo. Incluso en sueños llevaba piedras a la mezquita de Mihrimah. Un día fue aún más lejos y diseñó un pórtico compuesto por siete crujías abovedadas, que mostró al gran arquitecto imperial.

—Has dejado de lado mi plano para diseñar el tuyo —le dijo Sinan, con más incredulidad que enojo.

—Le pido disculpas, maestro. No era mi intención faltarle al respeto. Pero creo que la entrada a la mezquita debería ser tan abrumadora como inesperada.

Sinan podría haberlo reprendido allí mismo. En lugar de ello examinó el boceto y preguntó:

—¿Por qué siete?

Jahan ya había pensado la respuesta.

—Siete son las capas de la tierra. Y siete las vueltas que da un peregrino alrededor de la Kaaba. Es un número santo.

Sinan reflexionó unos momentos, luego enrolló el pergamino.

—Vuelve con nuevos bocetos. Esmérate más si quieres que te tome en serio.

Jahan así lo hizo. No cesó de dibujar, hacer cálculos y soñar. En ningún momento se confesó a sí mismo que quería que la mezquita le recordara a Mihrimah el día que se habían conocido, cuando todavía era una niña que escapaba de una avispa y lucía un collar de siete perlas. En sus diseños eligió para las columnas el mármol y el granito más pálido, el color del vestido y el velo que ella llevaba aquel día. Cuatro torres sostendrían la cúpula así como cuatro habían sido aquella tarde en el jardín: la princesa, Hesna Jatun, el *mahout* y el elefante. Se alzaría un solo minarete, tan esbelto y grácil como ella. Y su mezquita tendría muchas ventanas, en la cúpula o en la sala de rezo, para que el sol se reflejara en su cabello.

Después de semanas de semejante frenesí, Sinan llevó a Jahan aparte.

—Te he visto matarte a trabajar. Aunque no estás del todo preparado, creo que tienes energía y agallas. Voy a darte más responsabilidad en la mezquita de la princesa Mihrimah. Te permitiré hacer esos cambios.

Jahan besó la mano de su maestro y se la llevó a la frente. La vida tal como la había conocido hasta entonces nunca volvería a ser igual. En ninguna otra construcción trabajaría con tanto ahínco, agotándose con cada detalle.

Mientras tanto, su incansable dedicación era una fuente de irritación para los otros aprendices, aunque de eso no se daría cuenta hasta que fuera demasiado tarde.

Al aproximarse la conclusión de la mezquita de Mihrimah, el maestro y los aprendices se encontraron en un atolladero. Desde hacía algún tiempo los antiguos acueductos necesitaban ser reparados. Alineados como gigantes derrotados, se alzaban sobre la ciudad, envejecidos y consumidos. La población de Estambul aumentaba y con ella la demanda de agua. Debajo de los hospitales, las tabernas, los mataderos, los *hamam*, las mezquitas, las iglesias y las sinagogas, los santos manantiales corrían por la tierra..., pero ya no era suficiente.

Sinan estaba dispuesto a asumir la tarea. Aparte de restaurar lo que se había construido en tiempos de los infieles, también se proponía hacer algo más grandioso y osado. Anhelaba llevar agua a toda la ciudad construyendo una serie de puentes de piedra, canales de desagüe y túneles subterráneos. Unas cisternas —abiertas y cubiertas— la abastecerían durante la estación seca de verano. Era una empresa importante que le crearía muchos adversarios, pero ninguno tan poderoso como Rustem Pasah, el recién nombrado gran visir y esposo de Mihrimah.

Rustem se había opuesto al plan de Sinan desde el principio. El agua dulce significaba nuevos emigrantes: más congestión, más barracas, más plagas. Estambul ya estaba suficientemente poblada y podía pasar sin nuevos colonos, que llegarían con un hatillo de sueños y decepciones.

Muchos se pusieron de parte de Rustem, aunque por motivos personales. Los arquitectos rivales, resentidos con Sinan por su talento, no querían que aceptara un encargo tan colosal por temor a que tuviera éxito. Los profanos en la materia insistían en que ningún ser mortal podía acarrear agua de las montañas, con la excepción de Ferhad, que había perforado el monte Bisutun para hacer llegar la leche hasta Shirin. Los predicadores proclamaron que la tierra debía permanecer intacta, por miedo a que los genios se despertaran y arrojaran infortunios sobre la humanidad. Mientras todos criticaban, Sinan continuó trabajando como si no pasara nada. Jahan no acertaba a comprender cómo podía aferrarse a su fe en medio de tanta traición y mantener la calma ante los chismorreos maliciosos. Ni una sola vez el maestro había devuelto injuria por injuria. A Jahan le hizo pensar en una tortuga que, al verse empujada por unos niños, se refugia dentro de su caparazón esperando a que pase la locura. Sin embargo, la tortuga que había en Sinan trabajaba sin parar mientras él permanecía inmóvil.

Nikola y Jahan debían ayudar al maestro en el proyecto del agua. Eran los encargados de tomar las medidas, calcular los ángulos de las pendientes, perfeccionar los diseños y estudiar dónde habían fallado los canales de agua bizantinos a fin de mejorarlos. En cuanto dispusieran de toda esa información presentarían sus hallazgos al sultán.

Con semejante cometido sobre los hombros, Nikola y Jahan estaban emocionados y nerviosos en la misma medida. De todas las tareas que habían realizado a lo largo de los años, aquella era con diferencia la más espinosa. Aun así, se mataron a trabajar, no tanto para impresionar al sultán o derrotar al gran visir como para no poner a su maestro en evidencia. Localizaron uno a uno los manantiales y los pozos, los arroyos y las corrientes, las fuentes y los embalses, y los señalaron en el mapa. Acto seguido reflexionaron sobre cómo empalmarlos a través de canales por encima y por debajo de la tierra. Por fin un jueves por la tarde, el maestro y sus dos aprendices, acicalados y animados, se dirigieron al palacio cargados de planos y esperanzas.

Fue Rustem quien los recibió, cortésmente pero no sin cierta frialdad. Jahan se clavó las uñas en las palmas de las manos para impedir que le temblaran ante el croata que le había robado a Mihrimah. El gran visir no advirtió nada. Con su alto porte, su mente penetrante y su naturaleza resistente, había sido merecedor de muchos elogios, y aquel día parecía probable que lograra detener a Sinan. Era tan profunda su aversión a los emigrantes de Anatolia que estaba resuelto a sacrificar la prosperidad de todos los habitantes de la ciudad con tal de impedir que llegaran a ella.

Los hicieron pasar a la sala de audiencias, donde encontraron al sultán Suleimán en su trono, que estaba cubierto de una tela dorada y salpicado de piedras preciosas. De una fuente situada en una esquina caía un hilo de agua y el sonido rompía el silencio en la habitación. El Señor de los Mundos, con una túnica de satén amarillo ribeteada con marta cibelina, saludó a Sinan con efusión, aunque nadie pasó por alto la dureza de su tono. Por primera vez en días vestía de vivos colores. Sus dos hijos se habían enemistado, pero era la pérdida de Hurrem lo que había acabado de destrozarlo. La mujer a quien había escrito poemas de amor, la madre de sus cinco hijos, la reina a quien detestaba y adoraba a la vez, la concubina que había ascendido más alto que cualquier otra joven del harén, la risueña, los había dejado. Había fallecido sin ver a uno de sus hijos sentado en el trono otomano.

Después de postrarse tres veces en el suelo, los aprendices trotaron detrás de su maestro con la mirada baja, notando la alfombra gruesa y blanda bajo los pies. Más tarde Jahan recordaría la luz que proyectaban los candelabros de pared, y el olor del tilo que entraba por la ventana y que no se atrevía a mirar pero que aun así lo reconfortaba.

—Arquitecto imperial, defienda su proyecto —le ordenó el sultán Suleimán.

Sinan hizo una señal a los aprendices. Habían dibujado sus bocetos en paneles de piel de camello, tan fina que era transparente. Cuatro en total. Nikola y Jahan desenrollaron y mostraron el primer diseño, sosteniéndolo cada uno por un extremo. Mientras tanto, Sinan expuso lo que se proponía hacer, señalando de vez en cuando algún detalle. Ni el sultán ni el gran visir pronunciaron una palabra.

Pasaron rápidamente al segundo y el tercer bocetos, acueductos de diversos tamaños y en diversas localizaciones. El cuarto, y el que más emoción les suscitaba —un laberinto de conductos subterráneos que comunicarían varias fuentes—, Sinan lo dejó de lado. De haberse encontrado con un público más receptivo lo habría presentado. Sin embargo el instinto lo impulsó a guardarlo. A continuación declaró que, con la ayuda de los conductos, el agua fluiría a los jardines, los patios y los viñedos. No había nada más noble que aliviar la sed de los sedientos. Cuando concluyó, el sultán Suleimán carraspeó un rato. Luego se volvió hacia el gran visir y le preguntó su opinión.

Rustem había esperado ese momento. Habló con cautela, como si le causara dolor lo que se disponía a revelar pero no tuviera otra elección.

—El arquitecto Sinan es un hombre de talento. Ha tenido una idea sublime. Sin embargo, me temo que no ha entendido que esta solo causará conflictos.

—¿Qué clase de conflictos, visir?

—Mi sultán, se trata de una obra cara. Las arcas se resentirán.

A la pregunta de qué tenía que alegar, Sinan respondió:

—Hay maneras de recortar los gastos. Siempre que sea posible escogeremos la ruta más corta y utilizaremos los materiales adecuados.

—¿Qué habrá conseguido entonces? —soltó el gran visir—. ¡Más inmigrantes! Pongamos que hay un incendio..., ¿cómo lo apagará si las casas se han multiplicado como setas? —Sin esperar una respuesta, sacó un pañuelo y se secó la frente—. Esta ciudad está abarrotada. No necesitamos más población.

A Sinan se le ensombreció el rostro.

—La cifra la puede determinar nuestro sultán. Pero la gente que vive aquí precisa agua.

Así siguieron durante un rato. El arquitecto jefe de la corte replicó al gran visir y viceversa. Aburrido con el careo, al final el sultán declaró:

—Ya es suficiente. He escuchado ambos pareceres. ¡Seréis informados de mi decisión!

Sinan y sus aprendices abandonaron la cámara, caminando hacia atrás. Rustem se quedó, lo que a Jahan le pareció una injusticia. En su ausencia el gran visir trataría sin duda de persuadir al soberano. Jahan se devanó los sesos intentando salvar la situación. Si uno de ellos pasaba un rato más a solas con el sultán, sin interferencias del gran visir, tal vez podría persuadirlo. De lo contrario no tendrían nada que hacer.

Aquella noche los aprendices se quedaron en casa de Sinan, agobiados por los acontecimientos del día. Jahan había esperado hablar del tema, pero el maestro, poco inclinado a las divagaciones, los puso a estudiar. Exhaustos, se acostaron después de cenar. Mientras yacía en su estera dando vueltas y vueltas en la oscuridad Jahan concibió un plan.

Incapaz de esperar a que amaneciera se abrió paso a tientas hasta el otro extremo de la habitación, donde Nikola dormía profundamente. Lo sacudió por el hombro.

—¿Quién eres? —preguntó Nikola, emergiendo de su sueño.

—¡Chisss! Soy yo.

—Jahan..., ¿qué ha pasado?

—No puedo dormir. No dejo de pensar en lo que ha ocurrido hoy.

—Yo también —repuso él, aunque un instante atrás había estado muerto para el mundo.

—¿Cómo va a llegar a una decisión justa el sultán cuando el visir está todo el tiempo allí con él? El maestro apenas ve al sultán. Rustem tiene acceso a él todos los días.

—Es cierto, pero no podemos hacer nada.

—Tal vez sí. Tengo una idea. Hay un lugar donde el gran visir nunca molestará al sultán.

Nikola jadeó.

—¿Te dispones a entrar en el harén?

—No, tonto. —Jahan se rió a pesar de sí mismo—. Hay otro lugar donde el visir no lo acompañaría. Adivina.

—No lo sé. Vamos, dímelo.

—La cacería. Cuando el sultán salga a cazar, lo seguiré y le explicaré lo que nos proponemos. Sin el entrometido visir alrededor pensará con más claridad.

—Es un plan brillante, hermano.

Los dos sabían que el gran visir detestaba la caza. Como era torpe, no podía moverse al mismo ritmo que los demás, y menos aún seguir a una presa arriba y abajo de las colinas.

—Ese será nuestro regalo para el maestro —le dijo Jahan—. No le digas nada aún.

—¿Y si resulta peligroso? —dijo Nikola en un susurro.

—¿Por qué iba a serlo? Si el sultán no quiere escuchar, me marcharé.

—¿Quieres que te acompañe?

—Es mejor que vaya solo. Te prometo que cuando regrese te lo contaré todo.

—Pero… ten cuidado.

—No te preocupes. Todo saldrá bien.

Pese a su actitud tranquilizadora, Jahan estuvo el resto de la semana con la cabeza como un torbellino y los nervios hechos trizas. A todas horas ensayaba, palabra por palabra, lo que le diría al sultán. Por sus compañeros de la casa de fieras, averiguó dónde y cuándo saldría el sultán a cazar. Allí empezaba la segunda parte del plan, que no había compartido con Nikola. Se llevaría a Shota consigo. Hasta ese momento todos sus esfuerzos para que el sultán le tomara afecto al animal habían sido inútiles. Por fin el elefante y él tendrían una oportunidad para ganarse su afecto, pensó Jahan.

Llegó el día y la primera luz de la mañana encontró a Jahan sentado a lomos del elefante, con una bolsa de cuero sujeta a la espalda, avanzando hacia la enorme Puerta Bab-i Humayun en dirección a Santa Sofía y saludando a los guardias.

—¿Adónde vas? —le preguntó uno.

—Nuestro sultán, refugio del mundo, se ha olvidado su arco de la suerte. Tengo órdenes de llevárselo.

—¿Por qué no ha enviado un jinete? —inquirió un segundo guardia.

—Porque los elefantes son más rápidos que los caballos —respondió Jahan sin titubear.

Ellos se burlaron.

—Será mejor que vaya a preguntar —repuso el primer guardia.

—Esperaré. Pero si el sultán se da cuenta de que no tiene su arco de la suerte y se enfada, no será mi culpa.

Mordisqueándose el bigote, los hombres lo contemplaron. La seriedad de Jahan les había dado que pensar. Luego, como unidos el uno al otro por una cuerda invisible, los dos se hicieron a un lado.

—¡Ve! —le ordenó el segundo guardia—. Será mejor que metas prisa al elefante.

Así lo hizo Jahan, pero solo cuando dejaron atrás la ciudad, pues no quería que Shota aplastara a nadie. En cuanto desaparecieron las vistas y los ruidos de Estambul, ordenó al elefante que corriera.

Llegaron a los pinares del norte de la ciudad. Jahan había averiguado que cuando el sultán cazaba, conducía a su presa hacia el borde de algún precipicio. Allí esperó Jahan. Transcurrió mucho tiempo, o eso le pareció. Empezó a preocuparse. Por lo que él sabía, podían estar agazapados detrás de algún arbusto y dispararle sin querer. Se estaba imaginando nuevos temores cuando oyó los ladridos de los perros a lo lejos. Eran media docena y se acercaban a toda velocidad.

Luego lo vio. Un ciervo. Salía tambaleante del bosque con una flecha atravesada en el cuello y otra en el corazón. Era un milagro que siguiera corriendo.

Mientras Jahan desmontaba del elefante, el ciervo se acercó más, y las astas brillaron al sol del atardecer. Era un animal magnífico, con grandes ojos diáfanos, atemorizados hasta el extremo del delirio. Perturbado por el olor a sangre, Shota balanceó los colmillos. Pero el ciervo estaba más allá de las amenazas. Ensanchó los ollares y, abriendo la boca como si quisiera decir algo, se desplomó.

Al correr hacia él, Jahan tropezó con la raíz de un árbol. Cuando finalmente alcanzó al ciervo, habían surgido cinco sabuesos como de la nada, ladrando con todas sus fuerzas. Rodearon el cadáver sin dejar que se acercara.

Llevado por un impulso, Jahan se volvió. El sultán, sentado a horcajadas sobre su caballo, lo miraba. Temblando, Jahan se arrojó al suelo.

—Mi señor.

—¿Qué estáis haciendo aquí..., tú y tu elefante?

—Este humilde sirviente ha venido a veros, si me permitís deciros unas palabras.

—¿No eres mi *mahout*?

—Sí, mi señor.

Apenas unos días atrás había estado a unos pocos pasos de él, enseñándole unos planos. Pero al parecer lo había olvidado.

—También soy aprendiz del maestro Sinan. Sobre este asunto he venido a rogar a Vuestra Alteza.

Mientras hablaban, los criados habían subido el cadáver del ciervo a un carro tirado por dos caballos. Los perros lo siguieron ruidosamente, sin dejar de ladrar en actitud triunfante.

—¿Has sacado un elefante real sin permiso? ¿Sabes que podrían azotarte por menos que eso?

—Os pido perdón, Vuestra Majestad. Tenía que veros. Pensé que si venía con el elefante repararíais en mí.

Si Jahan se hubiera atrevido a alzar la vista, habría visto un brillo risueño en los ojos del sultán.

—Debes de tener una buena razón para cometer tal fechoría.

—Mi señor, si me permitís... —Jahan no pudo impedir que le temblara la voz.

Poco a poco, desenrolló la piel de camello que no habían tenido oportunidad de enseñar días atrás. Comentó lo importante que era el plan de Sinan para la ciudad y cuánta gente —ancianos, enfermos, débiles y pobres— rezaría por el sultán cada vez que apagara su sed. El sultán Suleimán escuchó e hizo preguntas. Jahan se quedó encantado al comprobar que, tal como había esperado, fuera de los muros del palacio el soberano era otro hombre, más amable.

—¿Sabe tu maestro que estás aquí?

—No. Se enfadaría conmigo si se enterara.

—Yo también debería enfadarme. Es evidente que veneras a tu maestro. Si todos los aprendices de Sinan son tan devotos como tú, es un hombre afortunado.

Jahan advirtió que una sonrisa asomaba a sus labios. De vanidades espontáneas surgen tal vez los errores más graves de la vida. Así, en momentos como ese Shaitan te da unas palmaditas en el hombro y te susurra al oído, preguntándote inocentemente por qué no quieres más.

—Vuestra Majestad, ¿puedo enseñaros algo más?

El sultán asintió de forma casi imperceptible. Jahan sacó el pergamino que había guardado dentro de su túnica. Un diseño suyo de un puente de piedra de siete arcos.

El puente tendría proyecciones de piedra para proteger los pilares del ímpetu de la corriente y unas pasarelas por encima para los transeúntes y los animales. La enorme estructura levadiza haría posible controlar el flujo de bienes y pasajeros. Si el sultán autorizaba la construcción de su puente junto con los conductos de agua de Sinan, Jahan se haría famoso por sí mismo. Se le conocería como el «arquitecto del agua». O mejor aún, «el prodigio de Sinan». Quién sabía, incluso podrían aceptarlo en el gremio. Por regla general, un aprendiz ascendía al paso de una tortuga a través de un prado. ¿Por qué él no podía ser una excepción? Su éxito sin duda llegaría a oídos de Mihrimah.

Sin apenas mirar el diseño, el sultán asió las bridas de su semental.

—Me gusta tu coraje, joven. Pero el coraje es peligroso. Recuerda, un gobernante considera muchos aspectos antes de tomar una decisión. Regresa y espera a recibir noticias mías.

Se alejó seguido por hombres, perros y caballos. Aun después de que hubieran desaparecido, Jahan seguía sintiendo en la piel el viento que habían levantado. Exhaló un suspiro de alivio. Todo había salido bien. Dio las gracias.

Al día siguiente en el recinto de las obras Nikola se acercó corriendo hasta donde se encontraba Jahan.

—¿Qué pasó? ¿Cómo fue todo?

—Lo vi. Hablé con él.

Nikola abrió mucho los ojos.

—¿De verdad?

—¡Sí! —exclamó Jahan con un sentimiento de triunfo que apenas podía contener—. Si quieres saber mi opinión, el sultán quiere que construyamos un nuevo acueducto y un puente.

—¿Qué puente?

—Bueno, le mencioné el puente que he diseñado.

—¿Sin consultárselo al maestro?

Inquieto, Jahan no respondió. Durante todo el día esperó a tener una oportunidad para hablar con Sinan. En lugar de ello, poco antes del atardecer, llegaron los jenízaros.

Sinan los saludó.

—*Selamun aleikum*, soldados. ¿Qué les trae por aquí?

—Hemos venido a buscar a uno de sus hombres, arquitecto.

—Debe de haber un error. Mis trabajadores son hombres honrados.

—No es un trabajador. ¡Es un aprendiz!

Al oír la conversación, Jahan intuyó lo inevitable y se acercó.

—¿Cuál de ellos? —preguntó entonces Sinan.

El soldado dio el nombre de Jahan.

Desconcertado, Sinan parpadeó.

—Es un buen alumno.

—Son órdenes del gran visir —repuso el jefe de los soldados, que respetaba al maestro y no quería disgustarlo llevándose a su aprendiz.

—No ha hecho nada malo, ¿verdad?

Nadie ofreció una respuesta. En el silencio incómodo, Jahan murmuró:

—Lo siento, maestro.

El rostro de Sinan se descompuso al darse cuenta de que había ciertas cosas que no sabía. Puso las manos en los hombros de Jahan y apretó con fuerza, como si quisiera transmitirle algo de su fe.

—Pase lo que pase, no te abandonaré —le dijo—. No estás solo. Dios va contigo.

A Jahan se le hizo un nudo en la garganta. No se atrevió a abrir la boca por si se le escapaba un sollozo. Los soldados, respetuosos, caminaron a cada lado de él. Pero en cuanto el estruendo de la obra se convirtió en un débil murmullo, esposaron a Jahan. En ese estado lo llevaron a la presencia del gran visir.

—¡Tú! —exclamó Rustem Pasah, señalándolo con un dedo—. Has tenido el descaro de tender una emboscada al sultán. ¡Como una serpiente, te has deslizado a mis espaldas!

Jahan sintió el sudor en el cuello; temblaba.

—Te propones llevar las arcas a la ruina, ¿no es eso? He hecho averiguaciones sobre ti. ¡Pareces envuelto en mentiras! ¿Eres un espía persa?

—Mi visir —respondió Jahan con la voz quebrada—, os juro por el Santo Corán que no soy ningún espía. No tengo malas intenciones.

—Eso ya lo veremos. —Rustem llamó a los guardias.

Así fue como el aprendiz díscolo de Sinan, en su afán por ayudar a su maestro a llevar agua a la ciudad, se encontró con que lo conducían a las oscuras mazmorras de la fortaleza de las Siete Torres, donde cientos y cientos de almas habían entrado antes que él, pero de la que solo unos pocos habían salido con vida.

—¿Tu nombre? —le preguntó el escribano por segunda vez.

Jahan no se hacía ningún favor a sí mismo al negarse a responder. Aun así, algo en su interior se resistía a dejar su nombre registrado en ese pergamino en el que figuraban los de todos los maleantes que se habían capturado en Estambul. Se apoderó de él un temor creciente de que una vez inscrito allí te olvidaban en ese agujero hasta el fin de los tiempos.

El escribano lo miró furioso. Su acento, en contraste con su caligrafía, carecía de la menor elegancia.

—Yo pregunto y tú contestas. Si no lo haces te cortaré la lengua.

El jefe de los celadores, que había observado la escena, intercedió.

—Vamos, vamos. No hace falta que asustes a la gallina.

—¡Es una gallina real, efendi! —replicó el escribano.

—Eso ya lo veremos. Todas las gallinas son iguales cuando las desplumas.

—¡Ya lo creo, efendi!

Al ver la expresión deliberadamente inexpresiva de Jahan, el jefe de los celadores no se rió. Con el rostro delgado y los hombros redondos, Jahan le recordaba a un chico de su pueblo que solía atrapar sapos, atarlos a un palo y diseccionarlos con un cuchillo mientras permanecía imperturbable, con una mirada ausente.

—Nunca hemos tenido a nadie como él, ¿verdad? —preguntó, como si Jahan no estuviera en la habitación.

—Sí, es toda una presa.

—¡La presa del gran visir!

Jahan comprendió que ya lo sabían todo acerca de él. Preguntarle su nombre, al igual que esposarlo cuando era evidente que no iba a fugarse, obedecía al puro placer de molestarlo. Al guardar silencio solo prolongaba las burlas. Su voz sonó ronca cuando habló.

—Soy el domador de elefantes del sultán y el aprendiz del arquitecto jefe de la corte.

Siguió un breve silencio, solo interrumpido por el roce de la pluma del escribano. Cuando terminó, dijo:

—Es un pobre hombre, ¿no es cierto, efendi?

—Sin duda. Un pequeño hombre con un gran enemigo.

Jahan tragó saliva.

—Mi maestro me sacará de aquí.

El jefe de los celadores se acercó tanto que Jahan olió su aliento amargo.

—Todos los hombres que se han podrido aquí tenían un maestro. De nada les sirvió. Esos maestros ni siquiera van a sus funerales.

El escribano soltó una risita.

—Mi maestro no es como ellos —insistió Jahan.

—Un gallo que canta demasiado temprano está pidiendo un carnicero —replicó el jefe de los celadores, y alzando la voz se dirigió a los guardias—: Llevaos a este príncipe a su palacio.

Los guardias empujaron a Jahan por un pasillo húmedo y lúgubre. Bajaron un tramo de escaleras y entraron en un pasadizo tan estrecho que tuvieron que recorrerlo en fila india. Jahan se fijó en las grietas de una pared donde había crecido un musgo verde y viscoso. Bajaron otra planta, luego otra. El hedor se hizo más intenso, la oscuridad más profunda. Tropezó con algo que supo instintivamente que había estado vivo.

Se hallaban en las entrañas de la torre. Con excepción de un par de candelabros de pared, la oscuridad era total. Si Jahan no hubiera sabido que al entrar allí era por la mañana, habría creído que había anochecido. A izquierda y derecha había celdas excavadas como huecos en una dentadura. Luego los vio. Altos y bajos, jóvenes y viejos, con las mejillas hundidas, los huesos sobresaliéndoles. Algunos lo observaban con la frente apoyada contra los barrotes de hierro. Otros no le prestaron atención, volviéndose de espaldas. Otros estaban tumbados sobre ásperas esteras. De vez en cuando Jahan veía un brazo huesudo alargarse hacia un cucharón de agua, un rostro demacrado atisbar desde las sombras o zurullos amontonados al lado de baldes llenos de heces hasta los topes.

Un preso susurró algo con voz grave. Cuando Jahan se volvió para saber qué decía recibió un escupitajo en la cara. Incapaz de mover las manos, trató de limpiarse la flema con el hombro. El preso se rió. La risa continuó aun después de haber dejado de mover los labios, baja y espeluznante. En ese instante Jahan sintió cómo la torre se mofaba de él. Le fallaron las rodillas. Era cierto que había robado, pero él no era como ellos. Él no debería estar entre bandidos, asesinos, violadores, maleantes y forajidos. La amargura le subió por la garganta como la bilis, casi ahogándolo.

—¡Camina! —bramó un guardia.

Por delante de ellos se oyó un chillido. El guardia apuntó la antorcha hacia el lugar de donde venía. Era un murciélago. Jahan se preguntó cómo había entrado. No hubo tiempo para pensar. Los guardias abrieron una puerta oxidada y lo metieron de un empujón en una mazmorra vacía.

—¡Aquí tenéis el trono, Vuestra Alteza!

Jahan esperó a que los ojos se le acostumbraran a la oscuridad. En lo alto había rendijas de luz procedentes de aberturas, no más de una docena y apenas mayores que una moneda. Por ellas entraba el aire fresco, si es que se filtraba algo. Vio paredes de piedra, un suelo mugriento, una estera deshilachada y dos cubos de madera, uno rebosante de heces endurecidas y el otro lleno de agua en la que flotaban insectos muertos.

—Eh, ¿por qué no lo habéis traído aquí? —gritó alguien desde el otro lado del pasillo.

Y empezó a decir qué le haría a Jahan. Cada comentario lujurioso era recibido con una carcajada de sus compañeros. Así continuaron durante un rato, él gritando obscenidades y relamiéndose mientras los demás se burlaban. No tardaron en cantar una canción acompañada de golpes, palmadas y patadas en el suelo. Era tal el estrépito que Jahan no pudo evitar mirar de reojo la celda que, en contraste con la suya, estaba iluminada con velas.

Uno de los presos, un muchacho de pelo rizado, ojos almendrados y mejillas con hoyuelos, empezó a bailar mientras los demás silbaban y vitoreaban. Con un lento balanceo se levantó la camisa dejando ver el ombligo, en el que brillaba una pequeña perla. Debajo había una palabra tatuada en letras lo bastante grandes y legibles para que Jahan las reconociera: «Amado».

—¡Vamos, Kaymak!

—¡Sacude ese dulce trasero!

Envalentonado, Kaymak empezó a contonear el cuerpo. Cuanto más se meneaba y retorcía más procaces se volvían las burlas. Los otros presos —cuatro en total— se reían, aunque Jahan notó que el matón los asustaba. Le pareció que esos prisioneros no estaban encadenados, a diferencia de él y de la mayoría de los que había visto al pasar. Jahan no acertaba a imaginar cómo habían obtenido tal privilegio.

Mientras él miraba al chico, el matón lo había observado a él. De pronto agarró a Kaymak por detrás y lo dobló hacia delante como si fuera a montarlo. Sus amigotes se rieron a carcajadas. Ruborizándose, Kaymak sonrió nervioso. El estruendo debía de llegar a todas partes, pero los guardias habían desaparecido.

El matón sacó un cuchillo de la bota. Lamió la fría y afilada hoja, y la llevó al cuello de Kaymak. Este siguió balanceándose, aunque la nuez le subía y le bajaba. Durante un rato los tres estuvieron encerrados en un mundo propio: el matón, el bailarín y el cuchillo.

El matón se apartó y se enrolló la manga. Tenía el brazo izquierdo lleno de contusiones y laceraciones, de las cuales algunas estaban cubiertas de costras mientras que otras parecían recientes. Con un rápido movimiento se hizo un corte desde la muñeca hasta el codo. Un hilillo de sangre cayó al suelo que, según advirtió Jahan, estaba cubierto de manchas negras. Por mucho que intentó parecer indiferente le fallaron las fuerzas. Se le ocurrió que podía matar a este hombre.

Entonces una voz hendió el aire.

—¡Eh, vosotros! ¡Ya basta!

La orden, por irreal que sonara, rebotó en las paredes y enseguida silenció el alboroto. Jahan miró a la derecha, hacia la celda situada al final del pasillo. Al principio no vio nada. Poco a poco salió de la oscuridad un rostro familiar. Balaban.

El matón soltó un gruñido.

—Los chicos solo se están divirtiendo un rato.

—¿Sí? Pues diles que me duele la cabeza.

El matón hizo un gesto a los hombres. Se retiraron a las esquinas de la celda, incluso el muchacho se escabulló de mala gana.

—Una cosa más —dijo Balaban.

—¿Hummm?

—Deja de hacerte cortes, Abdullah. No quiero ver tu sangre.

—Es para el recién llegado —replicó Abdullah, casi ofendido de que no apreciara el espectáculo.

—Bueno, pues la ceremonia ha terminado —replicó Balaban. Se acercó a los barrotes de hierro de la celda y solo entonces miró a Jahan—. ¡Mira quién está aquí! ¡Pero si es el chico indio!

Con él en la mazmorra había cinco gitanos completamente leales. Uno de ellos inclinó la cabeza y saludó a Jahan.

—¿Cómo has acabado en este agujero? —le preguntó Balaban.

—He irritado al gran visir —respondió Jahan—. ¿Y usted?

—¿Yo? Soy inocente. ¡Solo le hice cosquillas a un cadí!

Balaban había sido arrestado por robar un coche que pertenecía a un juez. Ese hombre había metido a su primo lejano en la prisión y había mandado a su tío abuelo a la horca. Resueltos a vengar a su parentela, Balaban y sus secuaces robaron las joyas y los caftanes del cadí, cocinaron los pavos reales de su patio, secuestraron a su cuarta esposa y prendieron fuego a sus establos. Solo cuando posaron los ojos en su flamante carruaje recién llegado de Frangistán, que había sido propiedad de un *seigneur*, los apresaron.

En las mazmorras de la fortaleza de las Siete Torres, Balaban era el rey. En medio del suplicio y la desdicha había montado un oasis: suaves cojines de seda, un brasero para calentarse, un cazo de latón para hacer café y la silla de roble tallada que era su trono. Los presos lo reverenciaban o bien lo rehuían, procurando no cruzarse en su camino. Porque todos ellos tenían seres queridos —padres, esposas, hijos— fuera. Incluso el prisionero más feroz era consciente de que si ofendían a Balaban, un miembro de la familia gitana devolvería el golpe. Balaban era el jefe de una enorme tribu cuyo tamaño era un misterio incluso para él. Pero esa no era la única razón por la que lo respetaban tanto. Presos y celadores temían la maldición gitana, que si se echaba en luna llena tardaba siete generaciones en purgarse. Aunque muriera el culpable, sus nietos sufrirían las consecuencias.

Todo eso lo averiguó enseguida Jahan, quien sospechaba que detrás de las leyendas no había nadie más que el mismo Balaban. Después de Sinan, era el hombre más inteligente que Jahan había conocido. Pero el ingenio de su maestro era un lago sereno y sin fondo, mientras que el de Balaban era un río turbulento que se agitaba y se revolvía, demasiado impetuoso para seguir un curso.

Por la noche Jahan se envolvía en una fina manta devorada por las polillas que hedía a todas las almas que la habían utilizado. A menudo tenía tanto frío que le castañeteaban los dientes; el sonido le recordaba el de los cinceles tallando piedra. A través de las grietas de las paredes el viento aullaba, los insectos se escabullían, las ratas correteaban. La sola idea de que una de esas criaturas se le metiera en el oído o le mordiera la nariz era tan aterradora que dormía de forma interrumpida esperando el amanecer, con la cabeza dolorida de apretar las mandíbulas. Echaba de menos a Shota. Estaba desesperado por ver a Mihrimah una vez más, oír su dulce voz. Su vida anterior le parecía un cuento que conocía vagamente porque lo había oído contar una vez a alguien.

Los guardias eran malintencionados, y las semanas transcurrían con dolorosa lentitud. El tiempo se convirtió en una escalera de caracol que no llevaba a ninguna parte. La soledad era llevadera; el abandono, no. Por mucho que intentara buscar excusas, no podía comprender por qué Sinan no le enviaba un recado siquiera. Los primeros días, cada vez que oía pasos en el pasillo esperaba que los guardias lo soltaran. Ya no. Seguramente lo habían olvidado. Se los imaginaba a los cuatro, Yusuf, Nikola, Davud y su maestro, trabajando como siempre, sin afectarles su ausencia. Veía a Mihrimah con sus criadas, contemplando su rostro en un espejo veneciano y llorando en silencio, en silencio pero no con el corazón. Pensó en Shota y en los domadores del palacio, cada uno en su mundo propio. El resentimiento y la rabia le invadieron el alma, multiplicándose con más rapidez que los piojos que se arrastraban por su cabeza.

Una vez al día les daban una rebanada de pan mohoso y unas gachas con pedazos de cartílago, que Jahan no podía comer sin sentir arcadas. Descubrió que el hambre actuaba de forma extraña. Soñaba a cualquier hora con comida, toda clase de provisiones. Hablaba consigo mismo, discutiendo con los que le habían hecho daño en el pasado. El capitán Gareth, Carnation Kamil Agha, el domador Mirka... Despierto o dormido, discutía con cada uno de ellos. Desde su celda Abdullah lo observaba con una sonrisa irónica, como dándole a entender que empezaban a parecerse.

Al cabo de un mes los guardias llevaron a un muchacho con un semblante demasiado agraciado por su propio bien que resultó ser un ratero. Apenas podía caminar, después de haber recibido cien golpes en cada pie. Luego había besado con sumisión los pies de su verdugo, dándole las gracias por mostrarle el buen camino. Le pidieron que pagara al hombre que lo había azotado por su cansancio. Como no llevaba un solo aspro encima, volvieron a golpearlo y lo mandaron a la fortaleza de las Siete Torres.

En la celda de Jahan había mucho espacio, pero lo pusieron en la de enfrente. Abdullah enseguida empezó a acosarlo. El chico se resistió ferozmente. De vez en cuando Jahan oía su voz aflautada impregnada de temor. Bajo sus ojos aparecieron unos cercos oscuros. Jahan sospechaba que no podía apoyar la cabeza para descansar porque tenía que estar alerta todo el tiempo.

Una mañana, justo cuando acababa de quedarse dormido por agotamiento al amanecer, se despertó con sonidos amortiguados. Al primero que vio fue a Kaymak depilándose las cejas en una esquina de la celda. Los demás jugaban a un juego de dados, gritando y blasfemando. Luego lo vio. Abdullah sostenía el filo de un cuchillo contra la garganta del chico y lo estaba obligando a bajarse los pantalones y guardar silencio mientras los demás fingían no enterarse.

Jahan corrió hasta los barrotes de la celda y gritó a voz en cuello:

—¡Balaban!

Ni un sonido.

—¡Eh, Balaban!

—¿Qué? —llegó una respuesta ronca—. ¿Por qué rebuznas como un caballo?

—¡El chico está en apuros!

—¿Y qué?

—¡Ayúdelo!

—Si tuviera que ayudar a todos los chicos estúpidos no tendría tiempo ni para cagar.

—Solo es un crío.

—Si eres yunque, aguanta como yunque; si ere martillo, golpea como martillo.

—¡Maldita sea! —gritó Jahan—. Haga algo o… —La frase quedó suspendida en el aire, inacabada. Titubeante, tragó saliva. ¿Con qué podía amenazarlo? Con tono cansino, añadió—: O habrá demostrado que no es distinto de Abdullah.

—Nunca he dicho que lo fuera —replicó Balaban.

Abdullah se rió.

—¿Quieres salvarlo? —preguntó, acariciando con las manos el trasero del chico—. Ven y ponte en su sitio.

Un silencio frío se extendió mientras Jahan se planteaba cómo actuar. Le pareció que todos —Balaban, Kaymak, el chico y los presos de todo el pasillo— esperaban su reacción. Jahan sintió una vergüenza ardiente y sin embargo se vio en la necesidad de decir algo singular.

—Tengo un elefante y ha pisoteado a muchos hombres. Cuando salga de aquí te juro que te mataré.

—¿Qué es un elefante? —preguntó Abdullah, confuso.

—Una bestia salvaje. Más grande que una casa.

—¿Has tomado hachís? —se burló Abdullah—. ¿De dónde lo has sacado?

—Es cierto. Los elefantes son los animales más gigantescos del mundo. El mío te hará papilla.

—¡Eso es mentira! —gritó Abdullah.

—Será mejor que le creas —terció Balaban—. Yo tengo una elefanta. Su elefante y la mía son marido y mujer. Son animales listos. Más listos que tú, eso seguro. Podrían aplastarte como a un sapo.

Balaban se puso así del lado de Jahan. Abdullah se tomó más en serio la amenaza.

—¿Qué comen? —preguntó, frunciendo el entrecejo.

—Carne humana.

—¡Mentiroso! —gritó Abdullah, pero esta vez con menos seguridad.

En ese fugaz instante el chico se zafó de los brazos de Abdullah y corrió al otro extremo de la celda. No dijo una palabra en todo el día. Por fortuna no tardaron en ponerlo en libertad. Jahan se alegró mucho de verlo a salvo, aunque no pudo levantarse de su propia estera para despedirse de él. Se sentía cansado, tenía sed y frío. Para él el tiempo se había detenido. En arranques de delirio besaba a Mihrimah, se reía con Sinan y paseaba con Nikola, Yusuf y Davud. También vio a unos pocos *ghuls* e *ifrits*, enormes criaturas aladas de fuego. Uno de ellos, que era bastante desenfadado, insistió en que se tragara un brebaje.

—No quiero nada de un *ifrit* —replicó.

—No soy un *ifrit*, idiota.

Jahan se obligó a abrir los ojos.

—¿Balaban?

—¡Sí, vamos, bebe! Estás ardiendo. —Sosteniendo la taza en una mano, Balaban ayudó a Jahan a sentarse y a apoyar la espalda en la pared.

—¿Qué está haciendo aquí?

—Cuidar de ti.

—¿Cómo ha entrado?

—Tengo llaves de todas las celdas de este pasillo.

—¿Que tiene qué?

—¡Chis! Ya hablaremos de eso más tarde. Dime, ¿tienes esposa?

—No.

—¿Y una amante? Grandes pechos, culo caliente. Imagina que te ha preparado un *sherbet*. Toma un sorbo y no le rompas el corazón.

Por más que lo intentó Jahan no pudo imaginarse a Mihrimah preparando un *sherbet* para él o para otro.

—No quiero… —murmuró, cerrando los ojos.

—Confía en mí y bebe esto.

—¿Que confíe en usted? No ayudó al chico.

Balaban suspiró.

—Ese chico no era de los nuestros. No había jurado alianza. Si los protejo a todos, ¿cómo lograré que mi gente me sea leal? Ya tengo suficientes preocupaciones. Ya sabes lo que dicen, donde hay dos gitanos hay tres pareceres.

—Entonces, ¿solo protege a los suyos?

—¡Sí, solo a mi familia!

—Maldita sea su familia.

—Cuidado con lo que dices, hermano. ¿Por qué debería ayudar a cada bribón de este agujero?

—¿Por qué me ayuda a mí? Me he equivocado con usted. Es peor que Abdullah.

—Sigue hablándome con ese tono y te arrancaré la lengua.

—Hágalo. Ya no me importa.

—A menos… que seas de mi familia. Entonces sí que puedes hablar conmigo así.

Presa de un ataque, Jahan tosió y sacudió los hombros.

—¿De qué está hablando? —preguntó cuando recuperó la voz.

—Haremos un trato. Tú bebes esto y te pones bien. Y yo organizo una fiesta esta primavera y te hago gitano de honor. Así no tengo que arrancarte la lengua.

De los labios de Jahan brotó una carcajada. Balaban lo miró furioso.

—¿Crees que es gracioso?

—No, no. Sería un honor. Solo que… no creo que salga de aquí.

Abdullah, que lo había oído todo desde su celda, gritó:

—¡Déjale que se pudra!

—¡Cierra la boca! —gritó Balaban. Bajó la voz y añadió—: Bebe esto y te haré gitano. Es un brebaje excelente, receta de la *daki dey*, la abuela materna.

En ese estado no se le ocurrió preguntar quién era. En cuanto tomó un sorbo lo escupió.

—Puaj. ¿Qué es? Sabe repugnante.

Balaban suspiró. Con un brusco movimiento echó la cabeza de Jahan hacia atrás, se la sostuvo contra el hombro y le echó el líquido por la garganta. Derramándolo, jadeando, tosiendo y haciendo arcadas, Jahan tragó aun así la mitad de la taza.

—Bien. —Balaban sacó un pañuelo del interior de su chaleco e intentó atárselo a Jahan a la cabeza—. Esta primavera pasarás a formar parte de mi familia.

Ya fuera por la magia del brebaje, que Jahan ingirió tres veces al día durante la siguiente semana, o por pura suerte, en la que no creía demasiado, al final superó la enfermedad. Incluso encontró fuerzas para empezar a dibujar de nuevo.

En la Fortaleza de las Siete Torres, si la esperanza era un bien escaso, la mierda abundaba. Los baldes no se vaciaban casi nunca y el de Jahan no era una excepción. En una esquina de su celda había una montaña de heces. En los viejos tiempos los arquitectos dibujaban sus bocetos en suelos de yeso y empleaban la técnica del calco. Jahan rascó en el suelo con una rama utilizando los excrementos como tinta.

Primero diseñó un caravasar. Lo borró y probó a dibujar una casa solariega, digna de Mihrimah. Su obra maestra era una prisión. No era vertical sino horizontal, y a través de grandes aberturas en el techo entraba mucha luz y aire fresco. Nadie iba encadenado. Los presos podrían trabajar en talleres donde aprenderían carpintería o albañilería. Habría talleres adyacentes al edificio principal. Hasta ese día Jahan había disfrutado diseñando edificios, pero nunca había reflexionado con detenimiento sobre quiénes los utilizarían y cómo se sentirían dentro de ellos. Esta vez era distinto. Le importaban las personas tanto como los edificios.

—¿Qué estás haciendo? —le preguntó Balaban la siguiente vez que entró para ver cómo estaba.

—Dibujar una casa de beneficencia. Esto es la cocina. Y aquí está la biblioteca. Imagínese cómo se beneficiarían los pobres si todos los hombres sabios de la ciudad impartieran clases allí un día.

—Pobrecillo, te has vuelto loco —replicó Balaban, pero no pudo evitar preguntar—: ¿Y eso?

—Eso es un hospital —respondió Jahan, señalando el segundo dibujo—, para la gente más loca que yo. El edificio los retendrá pero sin encarcelarlos.

—Bueno, ahora ya puedes dibujar fuera. Traigo noticias. El gran visir te ha perdonado.

—¿Cómo lo sabe?

—Tengo familia en el palacio.

A Jahan se le ensombreció el rostro.

—Pero ¿por qué? ¿Qué ha cambiado?

—¿Qué te pasa? —le preguntó Balaban, levantando las manos exasperado—. Cae de rodillas y da gracias a Alá. ¿Por qué estás siempre haciendo preguntas? El que se ahoga se agarraría incluso a una serpiente. No se le ocurriría preguntar primero si es una buena serpiente o una mala.

Poco antes del amanecer Jahan oyó pasos; a continuación giró la llave de la cerradura de su celda. Entraron dos guardias. Le quitaron las cadenas y lo ayudaron a levantarse. Pese a la noticia que le había comunicado Balaban, lo primero que acudió a su mente era que iban a ejecutarlo. Al ver su resistencia, los guardias lo empujaron, aunque con más suavidad que los días anteriores. Su compasión no hizo sino confirmar sus temores.

—¿Me lleváis a la horca?

—No, imbécil. Eres libre.

En su incredulidad, Jahan se acercó a la celda de Balaban. Los gitanos dormían. Le disgustaba irse sin despedirse; se quitó el pañuelo que el jefe le había enrollado en la cabeza y lo ató a las barras de hierro. Miró a Kaymak, que solo entonces murmuró algo inaudible. Tendido en algún lugar cercano Abdullah dormía plácidamente, incapaz en apariencia de albergar toda la violencia que llevaba dentro.

Recorrieron a grandes zancadas los pasillos y subieron por las escaleras. Mientras tanto, en lo único en que Jahan podía pensar era en quién lo había salvado y por qué. Fuera lo esperaba un carruaje.

—¿Adónde vamos? —le preguntó al cochero.

—Tengo órdenes de llevarte a la presencia de mi señora Mihrimah.

Así fue como Jahan descubrió quién lo había rescatado. Desde la ventanilla del coche se quedó mirando la bruma sobre el mar, el gris oscuro de los pinos, las cometas de cola hendida elevándose en la brisa. Todo estaba como lo había dejado y al mismo tiempo ya nada era lo mismo. Cuando cambiabas, creías que el mundo también había cambiado.

Sacando la cabeza por la ventanilla llamó al cochero.

—Lo siento pero no puedo presentarme en este estado. Por favor, lléveme a un *hamam.*

—No. Tengo órdenes de llevarlo directamente ante mi sultana.

—Efendi, tenga compasión. ¿Cómo va a verme así?

El cochero se encogió de hombros. Le traía sin cuidado.

—Haberlo pensado antes —replicó con dureza.

Al oír esas palabras Jahan se encolerizó. Ya no tenía paciencia para la gente sin corazón.

—Escúcheme bien. Acabo de salir de una mazmorra. Si es necesario volveré a ella. ¡Pero antes lo mataré!

El cochero gruñó. Aun así, temeroso de un ex presidario, detuvo el coche en la siguiente plaza y viró en una callejuela estrecha, donde buscó el *hamam* más cercano.

El dueño del *hamam* se negó a dejar entrar a Jahan en su establecimiento y solo le permitió acceder después de que el cochero lo sobornara. En cuanto el agua caliente cayó sobre su cuerpo, Jahan hizo una mueca de dolor. Sentir el calor del mármol contra los dedos de los pies no distaba mucho a caminar sobre nubes. Se afeitó por primera vez en seis semanas. El *tellak*, un kurdo robusto, estaba furioso por alguna injuria que había sufrido aquella mañana o quizá había consumido demasiadas especias, porque lo restregó a base de bien, moviendo los dedos tan rápidamente que se le formaron aros rojo escarlata alrededor de las muñecas del esfuerzo. Cuando terminó, la piel de Jahan estaba del color de las amapolas. El hedor y la mugre de las mazmorras se desprendieron poco a poco de su piel. Mareado, se levantó y cruzó la bruma hacia el entarimado que había fuera. Después de la cámara interior humeante de calor, le pareció un lugar fresco y agradable.

Le ofrecieron un *sherbet* de fresones. Mientras bebía a sorbos la bebida, miró a su alrededor a falta de una ocupación mejor. Vio dormitar a un hombre robusto de tez rubicunda, probablemente un comerciante. En el borde había sentado otro hombre de mirada huidiza y con una cicatriz que le recorría el pómulo, balanceando las piernas cubiertas en su mayor parte con una *peshtamal.* El kazajo que tenía a su lado escudriñó a Jahan y, al no encontrar nada de interés, le volvió la espalda.

Al cabo de un rato aparecieron dos muchachos imberbes, de ojos grandes y brillantes. Los había llamado el hombre robusto. Jahan sabía lo que ocurría. En las habitaciones privadas los chicos brindaban servicios a clientes selectos. Jahan pensó en Kaymak y en Abdullah. Se puso tieso y torció el gesto.

—No te gustan los chicos —murmuró una voz a su oído.

Un hombre se había plantado a su lado en el mármol. Oscuras matas de vello le cubrían el pecho, los brazos, las piernas e incluso los hombros.

—No me gusta lo que está pasando.

El hombre asintió como si estuviera de acuerdo, pero respondió con una sonrisa.

—Ya sabes lo que dicen: «Chicos en verano, esposas en invierno para darte calor».

—Prefiero taparme con una manta fina en verano y con un edredón en invierno.

El hombre se rió pero no dijo una palabra más. Antes de irse del *hamam* Jahan se puso la túnica que el cochero le había proporcionado. Vio a los dos jóvenes susurrando fuera, uno de ellos con un akçe en las manos como si fuera la llave a un mundo secreto.

Esa misma tarde, mientras entraba en la mansión de Mihrimah situada en las orillas del Bósforo, se llevó un sobresalto. El corazón no se le había entumecido. Tomando aire en bocanadas cortas para serenarse, se postró a sus pies.

—¡Mírate! —Ella se llevó una mano a la boca—. ¡Estás en los huesos!

Jahan se atrevió a levantar la vista. Mihrimah llevaba alrededor del cuello una sarta de perlas en las que se reflejaba el sol cada vez que se movía. El vestido era de fina seda del color de un árbol de hoja perenne. Desde que era una mujer casada se movía de otro modo. Detrás del ligero velo se la veía hermosa... y triste. Nunca le había parecido tan dulce el dolor de alguien. Lloraba por él. Tal vez lo amaba.

Ella ordenó plato tras plato y lo apremió a probarlo todo. Cordero asado, hojas de parra rellenas, ciruelas en almíbar, almendras garrapiñadas de colores. En una pequeña fuente había algo que Jahan nunca había probado: caviar. El destino era extraño. Un día dibujaba bocetos en el suelo con heces y al siguiente estaba tendido sobre cojines de seda, comiendo caviar de la mano de su amada. Cerró los ojos por un instante, sin saber qué era realidad y qué la vida de otra persona.

—Solías contarme historias, ¿te acuerdas? —le dijo Mihrimah con una voz poco más alta que un suspiro.

—¿Cómo podría olvidarlo, Vuestra Alteza?

—Todo era distinto entonces. Éramos unos niños. Hay que ser niño para disfrutar plenamente una historia, ¿no crees? Aun así, incluso como adultos, podemos... —Se disponía a decir algo más, pero sus palabras se vieron interrumpidas por el eco de pasos en la gran escalera.

Jahan se irguió, pues se le ocurrió que quizá era el marido de Mihrimah, Rustem Pasah. Cuando se volvió vio a Hesna Jatun acompañada de una niña. La pequeña hizo una profunda reverencia ante su madre y clavó sus grandes ojos castaños en Jahan.

—Aisha, mi cielo, quiero que saludes a nuestro huésped. Es un arquitecto de gran talento. Él y el maestro Sinan han construido esas bonitas mezquitas de las que siempre hablamos.

—Sí, madre —respondió la niña sin un ápice de interés.

—También ha cuidado al elefante blanco —añadió Mihrimah.

A Aisha se le iluminó el rostro.

—¿Eres tú el que ayudó al elefante a beber la leche de su mamá?

Jahan tomó aire. Mihrimah debía de haberle narrado a su hija las historias que él le había contado. Al darse cuenta sonrió, como si hubiera participado de la intimidad entre madre e hija y se hubiese convertido sin saberlo en parte de su conversación en el momento antes de acostarse. Mihrimah y él se miraron por encima de la cabeza de la niña y entre ambos hubo un entendimiento, como una suave ráfaga de viento.

—¿A Vuestra Excelencia le gustaría venir a ver el elefante algún día? —le preguntó a la niña.

Aisha apretó los labios titubeante. En lugar de mirar a su madre buscando permiso, miró a Hesna Jatun, que observaba en silencio desde el fondo de la habitación.

Jahan se volvió hacia la niñera. Había envejecido; tenía las mejillas fruncidas como hojas marchitas. Pero ni la inconfundible severidad de su mirada logró interrumpir los pensamientos de Jahan. Así podría haber sido su vida de haber tenido la fortuna de estar en la piel de Rustem Pasah: esa hija sería suya, esas paredes constituirían su escudo contra el mundo, la espléndida vista de esa ventana sería la realidad a la que despertaría todas las mañanas y la princesa que en secreto amaba sería su esposa oficial. Ni en sus horas más oscuras en la mazmorra había deseado con tanta vehemencia la muerte de otro hombre como la deseaba en ese instante.

Percibió un movimiento difuso. Hesna Jatun lo miraba sin parpadear, moviendo los labios deprisa como si hablara con alguien. A Jahan se le puso la piel de gallina. Sabía que le había leído el pensamiento, aunque no podía explicarse cómo; y que buscaría el modo de utilizarlo contra él.

Al día siguiente de su puesta en libertad, Jahan se despertó con el corazón apesadumbrado. Parpadeó varias veces, incapaz de comprender dónde se encontraba. Los domadores ya estaban en pie y trabajando, y a través de la puerta cerrada oyó el rugido de un leopardo. Se levantó con esfuerzo del lecho y se precipitó hacia el patio, donde se lavó la cara con el agua de la fuente. Lloviznaba sobre los brezos, gotas perladas como el amanecer. En la brisa se percibía un olor agradable y los animales paseaban lánguidamente en sus jaulas. Aunque había estado con Shota la noche anterior, se sentía impaciente por volver a verlo. Más tarde ese día acudiría a ver a su maestro. Estaba eufórico y nervioso a la vez. Le preguntaría a Sinan por qué no había ido a visitarlo a la mazmorra o si algo se lo había impedido, por qué no le había escrito una carta siquiera.

Llegó a la casa de su maestro hacia el mediodía. La tristeza lo abandonó cuando vio a Sinan y el afecto que traslucía su mirada. Se preguntó si el padre que había perdido lo había contemplado alguna vez así. Se agachó para besarle la mano, pero Sinan lo atrajo hacia sí y lo estrechó entre sus brazos.

—Deja que te mire —dijo con voz entrecortada—. Estás tan delgado, hijo.

Al cabo de un rato entró la *kahya* ciega en la habitación. Estaba enseñando a su hijo, y Jahan sabía que este no tardaría en sustituirla. Jahan sintió una gran tristeza; esperaba poder despedirse de la anciana criada cuando llegara su hora y pedirle su bendición.

—Necesita comer —dijo Sinan desde su asiento.

—¡Ya lo creo! —exclamó la anciana *kahya*, y salió a toda prisa de la habitación para ordenar que sirvieran la comida.

Los criados entraron afanosamente con una mesa baja, toallas y cucharas de madera. Colocaron ante él cuencos de miel, mantequilla, nata, pan de pita, mermelada de uva verde, *halvah* y un tarro de yogur líquido con menta y pasas.

—¡Come! ¡Bebe! —ordenó Sinan.

Jahan obedeció aunque no tenía hambre. Cuando no pudo probar un bocado más, Sinan, que lo había observado, musitó:

—Te han castigado a ti para atacarme a mí. Todo el mundo lo sabe.

Jahan no supo qué decir.

—Su Majestad desea considerar de nuevo el proyecto del agua —continuó Sinan, sin sospechar la amargura que fermentaba en el corazón de su aprendiz—. Me gustaría que me acompañaras al palacio. Conviene limpiar tu nombre.

—Ni siquiera sé de qué se me ha acusado.

Se hizo un silencio.

—De traición.

En ese momento Jahan no sintió horror, sino una profunda tristeza.

—¿Estará allí Rustem Pasah? —preguntó.

Lo último que quería era ver el desagradable rostro del gran visir.

—Sin duda. Tendrás que besarle la mano y pedirle perdón. ¿Puedes hacerlo?

Jahan no pudo contestar. En lugar de ello replicó:

—No entiendo esta repentina clemencia. ¿Qué ha cambiado?

—Eso es lo que me he preguntado una y otra vez. Debe de haber una razón, pero la desconozco. Lo único que sé es que nuestro sultán ha expresado su deseo de verme.

Jahan guardó silencio. Debía de ser obra de Mihrimah. Ella debía de haber hablado con su marido y suplicado a su padre que escuchara una última vez a los arquitectos. Indicios sutiles como semillas de diente de león al viento. Todo apuntaba a que él no le era indiferente. Jahan bajó la cabeza por miedo a que su señor le leyera el pensamiento.

El día de la visita al palacio Jahan vistió ropa nueva: *shalwar* de algodón ligero, camisa de lino y babuchas puntiagudas terminadas en punta. Se la había comprado su maestro para que ofreciera su mejor aspecto. Sinan también se vistió con esmero, con un caftán rosado y un turbante bulboso. La *kahya* murmuró las plegarias que había aprendido de su madre hacía casi cien años y les roció la cabeza con agua de rosas bendecida por siete imanes.

Pasó a recogerles un carruaje real, sin duda un buen augurio que indicaba que el sultán les tenía cierta consideración. Maestro y aprendiz se sentaron en el interior con los rollos de pergamino entre ellos. Ambos tenían un nudo en el estómago y descubrieron que les costaba hablar. En ese estado Sinan y Jahan entraron en el palacio.

Los recibió el sultán Suleimán, flanqueado a su derecha por la corpulenta figura del gran visir, y a su izquierda, por el jeque del islam y el agha de los jenízaros. Con las manos entrelazadas, los miraban con una frialdad que no necesitaban ocultar.

—Arquitecto imperial —lo saludó el sultán—. Cada uno de estos hombres honorables tiene preguntas que formularle. ¿Desea responderlas?

Sinan hizo una inclinación.

—Es un honor para mí, Vuestra Venturosa Majestad.

Tomó la palabra el jeque del islam, Ebussuud Efendi, con un rostro tan impenetrable como un manuscrito desgastado.

—En nuestra gloriosa ciudad hay puentes de la época de los infieles que no han sobrevivido. Se han derrumbado porque no fue la verdadera fe la que impulsó su construcción. ¿Está de acuerdo?

Sinan tomó aire.

—Dios nos ha dado una mente y nos ha dicho que la utilicemos bien. Muchos puentes antiguos están en ruinas porque no se construyeron sobre tierra firme. Antes de construir un puente hay que asegurarse de que el agua sea poco profunda, la tierra firme y las mareas favorables. Es cierto que los puentes se construyen con fe, pero también con conocimientos.

El sultán Suleimán hizo un gesto hacia su izquierda para que tomara la palabra el agha de los jenízaros.

—Majestad, su vasallo Sinan parece creer que puede predecir cuánta agua hay bajo siete capas de suelo. ¿Cómo es posible? Creíamos que era arquitecto, no nigromante. ¿También profesa maestría en el ocultismo?

Jahan palideció al oír la insinuación, consciente de las implicaciones de ser acusado de magia negra.

—No tengo experiencia en adivinación. A través del uso correcto de instrumentos es posible medir la cantidad de agua que corre bajo tierra.

—Esos instrumentos que menciona..., ¿vienen de Alá? ¿O de Shaitan? —preguntó el agha de los jenízaros.

—Sin duda de Dios —replicó Sinan—. Él desea que ampliemos nuestros conocimientos.

—Al-Jidr, que en paz descanse en el Paraíso, descubrió agua —terció el jeque del islam—. ¿Afirma que usted es un hombre santo como él?

—No valgo ni la uña del meñique de un hombre santo —respondió Sinan—. Al-Jidr viajó con el profeta Moisés y desentrañó los secretos del universo. Al lado de esa revelación, la mía es una gota de agua. Pero creo que por medio de las mediciones adecuadas es posible localizar fuentes invisibles.

El sultán se volvió hacia el gran visir.

—¿Qué opina usted, pasah?

Rustem emitió una tos seca.

—Quisiera saber cuánto dinero tiene previsto gastar el arquitecto jefe de la corte. No podemos permitirnos vaciar las arcas.

Sinan esperaba esa pregunta.

—Hay dos opciones. Los gastos variarán según los deseos de mi sultán.

Suleimán estaba intrigado.

—¿Qué quiere decir, arquitecto?

—Majestad, pretendemos traer agua fresca a la ciudad. Para ello necesitamos obreros, cientos de ellos. Si así lo deseáis, emplearemos esclavos. Así no tendréis que pagarlos. Tendréis un sinfín de vasallos.

—¿Y la segunda opción?

—Contratar a artesanos de talento. Les pagaremos según sus dotes y los servicios prestados a Su Majestad. A cambio recibiremos el sudor de sus frentes y sus plegarias.

—Entonces cree que puede llenar las arcas de sudor y plegarias —replicó Rustem.

Pasando por alto el comentario, el sultán le preguntó a Sinan:

—¿Qué recomendaría usted?

—Creo que deberíamos pagarles y obtener sus bendiciones. Quizá se resientan las arcas, pero es lo que más conviene al trono y al pueblo.

Jahan palideció, esperando lo peor. Tras un largo e incómodo silencio, el sultán alzó una mano.

—El arquitecto imperial tiene razón. El agua es una dádiva que debemos distribuir generosamente. Daré agua al pueblo y remuneraré a mis trabajadores. —Pero acto seguido añadió—: No obstante, no le doy autorización para construir un nuevo puente. Reconstruya los acueductos, con eso bastará.

Hubo un revuelo en la cámara mientras decidían quién había vencido la discusión.

—Con vuestro permiso, mi señor, mi aprendiz indio me ayudará en las obras de reconstrucción.

El sultán se atusó la barba mientras contemplaba a Jahan.

—Le recuerdo. Es bueno tener aprendices tan devotos. —Hizo una pausa—. ¿Qué dice usted, pasah? ¿Lo perdonamos?

El gran visir, con los ojos centelleantes, extendió el brazo. Sinan asintió hacia Jahan de modo alentador. El aprendiz dio un paso como si atravesara una bruma y, tras besar la rolliza mano adornada de sortijas, se la llevó a la frente. Le habría complacido robar esas sortijas. En recompensa por todo lo que había sufrido, pensó.

—Que Dios bendiga sus esfuerzos —dijo Rustem, con una mirada gélida que contrastaba con la dulzura de su voz.

De regreso, el maestro y el aprendiz recorrieron pasillos de mármol. La euforia que se había apoderado de ambos era tan intensa que les costó guardar silencio. Jahan sabía que él no era el único al que le había martilleado el corazón; su maestro también se había asustado. Una vez más, Sinan se había visto en un aprieto cuando todo lo que anhelaba era trabajar. Una vez más, como si contara con un bienhechor secreto, había recibido un indulto. Tal vez tenía un protector, pensó Jahan, un patrono misterioso que intercedía en su favor cada vez que la situación se complicaba, un invisible ángel de la guarda que nunca se apartaba de su lado…

Al llegar de nuevo a la casa de fieras, Jahan encontró a los domadores esperándolo con una sonrisa de complicidad.

—Ven conmigo —le dijo Olev con los brazos cruzados sobre el pecho.

—¿Adónde vamos?

—No hagas preguntas. —Olev lo asió del codo y tiró de él—. Un hombre recién salido de la prisión necesita alguna alegría.

Jahan vio con gran sorpresa que lo conducía hacia los establos de los caballos favoritos. Allí albergaban a los purasangre, cada uno con un amuleto azul alrededor del cuello para ahuyentar el mal de ojo. Al verlos acercarse, el apreciado semental del comandante de los eunucos blancos, Tempest, relinchó. Noble, majestuoso, único. Olev le dio unas palmaditas en el lomo mientras le susurraba algo al oído.

—¿Puede decirme alguien qué está pasando aquí? —preguntó Jahan con nerviosismo.

—Siempre has querido montar un caballo, ¿verdad? Pues este es el regalo que te hacemos.

—Pero Kamil Agha...

Olev le interrumpió, alzando una mano.

—No te preocupes por él. Todo está arreglado. Esta noche no estará en el palacio. Ha ido al *hamam* de las penas. Aunque no me preguntes dónde está ese lugar, pues no lo sé.

—Pero ¿qué pretendes que haga con el caballo?

—Nada —respondió Olev guiñándole un ojo—. Tú solo móntate y baja la colina.

De las puertas del establo no tardó en salir disparada una sombra: Jahan, con el cuerpo reclinado sobre el lomo del caballo, dirigía a Tempest hacia la oscuridad. Los dos guardias de las puertas, que habían sido sobornados de antemano, no pudieron mostrar más indiferencia. Él galopó en la dirección que le había señalado Olev, disfrutando del viento en el rostro y sintiéndose por una vez libre y temerario. Luego aminoró el ritmo. A poca distancia de allí había un carromato y apiñados en él esperaban los gitanos.

—¡Qué diablos! —exclamó Jahan—. ¿Cuándo salisteis de la prisión?

—Nos soltaron un mes antes que a ti, pero esperamos a que te pusieran en libertad —dijo Balaban.

—¿Cómo? —tartamudeó Jahan—. ¿Por qué no me lo dijo? ¿Y qué están haciendo aquí a estas horas?

—Me ha llamado el domador de leones —respondió Balaban mientras ataba las riendas de Tempest en la parte posterior del carromato—. Por lo visto tus amigos han estado hablando sobre ti. Creen que ya es hora de que disfrutes un poco. Te lo mereces.

—¿Qué significa eso? —preguntó Jahan con recelo.

—Ya lo verás —continuó Balaban, pero antes de que Jahan pudiera objetar algo, dio un latigazo al burro. El carromato salió disparado con Tempest corriendo a la zaga.

El carromato avanzó traqueteando por caminos vecinales y

senderos rurales. Aun en una fría noche otoñal de cielo negro aterciopelado, retazos de bruma se arremolinaban por el norte y se desplazaban hacia las afueras de la ciudad. Un manto de niebla envolvió las calles sinuosas y los puentes con arcadas, y Estambul los envolvió a ellos a su vez. Recorrieron callejones, muchos de ellos muy angostos y bordeados por ambos lados de casas de madera combadas como arbolillos inclinados al viento, que rascaron con los ejes de las ruedas al pasar. Cada vecindario que dejaban atrás parecía más silencioso, mohoso y lúgubre que el anterior. Balaban guardó silencio. Durante mucho rato todo lo que oyeron, aparte de algún que otro chillido de gaviota, era el estrépito de los cascos de los caballos y el traqueteo de las ruedas sobre los adoquines.

El carromato se detuvo y bajaron. Jahan respiró hondo intentando calmarse, luego desmontó de un salto del caballo y miró alrededor, buscando en vano algo que le resultara familiar.

—Vamos —repuso Balaban, clavándole el codo—. Cuando alguien ofrece comida hay que comer. —Llevándose una mano al corazón, el cabecilla se volvió hacia sus hombres y les dijo—: Id con Dios.

Jahan echó a correr detrás de Balaban. A cada paso se intensificaban los olores de la calle: jazmín mezclado con el olor a mar y con ráfagas de comida salobre y cargada de ajo. Los domadores aprendían muchas cosas de los animales que tenían a su cuidado y si algo le había enseñado Shota era la mejor forma de olisquear. De modo que prestó más atención a los olores que flotaban en la brisa, y al cabo de un rato reconoció un rastro de aceites perfumados procedente de una casa cercana.

—¿Dónde estamos? —susurró Jahan.

Balaban se echó a reír.

—¿Aún no lo has pillado? ¡Te hemos traído a una casa de mala reputación!

Jahan palideció.

—Me niego a entrar.

—¿Cómo? ¿Te dan miedo las mozas? Solo entraremos y echaremos un vistazo. Si no te gusta lo que ves, nos largamos. Que la sangre tiña de rojo el suelo a tus pies si miento. Vamos, indio. Después de todo lo que hemos pasado en la prisión, hazme caso.

Jahan titubeó. No podía aceptar ni rehusar. Balaban lo empujaba sin parar de hablar, para aliviar su temor. Le contó que un burdel de Estambul se asemejaba al comienzo de un relato turco. Estaba allí y un momento después ya no estaba. Durante meses había varias rameras viviendo bajo el mismo techo y cuando creías que se quedarían allí eternamente, desaparecían sin dejar rastro y la casa era un cascarón vacío. Luego estaban las esposas cuyos maridos se habían ido a la guerra o las habían abandonado hacía mucho, y que, más pobres que un ratón de iglesia, acababan prostituyéndose, aunque solo en contadas ocasiones y de vez en cuando.

A las mujeres de vida alegre les lanzaban piedras y maldiciones en casi todos los barrios. Al despertar a menudo encontraban alquitrán en la puerta de sus casas o garabatos difamadores en las paredes. A veces las arrestaban e incluso las encarcelaban. Las sentaban de espaldas sobre una mula y les daban vueltas por las calles para que todos vieran qué les aguardaba a las mujeres de su calaña.

No obstante, según le contó Balaban, los cadíes constituían un grupo variopinto y tan ambiguo como todos los demás. Por mucho que aborrecieran a las rameras, veían el oficio como un mal inevitable además de como un botín para las arcas del tesoro, puesto que estaba sujeto a impuestos. Solo se prohibía estrictamente durante el mes del Ramadán. El resto del año la prostitución era la única transgresión que era y no era un delito.

En los últimos tiempos el barrio de Eyup se había vuelto muy estricto y había emitido varios decretos. Cerraron las tabernas, los prostíbulos y los locales de juego. Desaparecieron todas las mujeres de mala reputación, incluso las que habían renunciado a esa vida para contraer matrimonio. A fin de evitar el mismo destino, las mujeres pintadas iban de un lugar a otro, según el tiempo que hiciera.

—La prostitución es como el viento —declaró Balaban—. Si intentas sujetarla con grilletes se escabulle por los agujeros.

Dicho esto, llegaron a la puerta. Acudió a abrirla un negro que, al ver a Balaban, se inclinó.

—Bienvenido, señor.

—¿Es usted el dueño? —murmuró Jahan, sorprendido.

Balaban lanzó una mirada gélida al sirviente. Luego se volvió hacia Jahan y, alzando las manos, respondió:

—Soy un gitano pobre. ¿Crees que esta casa es ambulante? ¿Cómo quieres que yo sea el dueño? Vamos, no perdamos tiempo.

Los hicieron subir al piso superior donde una anciana, con el rostro arrugado como una nuez, saludó a Balaban con gran efusión. Junto a ella había una cesta con una gata y seis gatitos acurrucados alrededor, todos con el mismo grueso pelaje gris humo.

—Han nacido aquí —les contó ella—. Les he puesto los nombres de mis chicas.

Esos nombres, según averiguó Jahan, eran: Fatima la Árabe,

Nefise la Veneciana, Kamer la Kurda, Narin la Circasiana, Zarife la Turca, Lía la Judía y Ani la Armenia.

A derecha e izquierda había puertas cerradas y de vez en cuando llegaba un murmullo de ellas. Balaban introdujo a Jahan en una habitación de un empujón e hizo que se sentara sobre unos cojines, luego se excusó para ir a hablar con los músicos y desapareció.

A continuación apareció una criada con una bandeja. Con el cabello pelirrojo y unas tristes cicatrices en ambas mejillas, tenía una mirada perdida, como si evocara noches de otros tiempos. Le llevó agua, vino y platos con queso de cabra, higos azucarados, almendras tostadas y encurtidos que dejó sobre una mesa baja, y le preguntó si deseaba algo más. Jahan meneó la cabeza, con la mirada clavada en el estampado de la alfombra. En cuanto la criada se retiró entraron en la habitación dos mujeres pisándose mutuamente los talones. Una era tan rolliza que tenía triple papada. Sus mejillas redondas eran de un rojo vivo. A Jahan se le ocurrió pensar que, si Shota hubiera estado allí se las habría zampado, confundiéndolas con manzanas. Esbozó una sonrisa al imaginarlo.

Ella sonrió satisfecha.

—¿Te gusto?

—¡No! —exclamó Jahan. Sin querer parecer descortés, se apresuró a añadir—: Bueno, sí, pero no en ese sentido.

Ellas se rieron bobamente, la rolliza más que la otra. Las carnes del vientre le rebotaban. Relamiéndose, se echó hacia delante.

—Tengo tres senos y en mi estómago vive un monstruo que sale cuando tengo hambre. ¡Devoro hombres!

Jahan la miró horrorizado. Las dos prorrumpieron de nuevo en carcajadas.

—¿Alguna de vosotras puede ir a buscar a Balaban? Necesito hablar con él.

Ellas se miraron, temiendo haber ido demasiado lejos con sus bromas. En la habitación hacía calor y olía a cerrado. Levantándose de los cojines, Jahan murmuró una disculpa y salió como una flecha. En el último instante se dio cuenta de que las mujeres también se habían puesto en pie y lo seguían. Rápidamente cerró la puerta y echó el cerrojo. Fuera, tropezó junto a las escaleras con la criada que había llevado la bandeja.

—¿Está bien? ¿Adónde va?

—Me está esperando Shota.

—¿Es su mujer?

Jahan no pudo evitar sonreír.

—No, es mi elefante. Un animal enorme.

A ella se le iluminaron los ojos.

—Sé qué es un elefante.

Las mujeres encerradas en la habitación no tardaron en aporrear la puerta. Jahan palideció. Lo último que quería era que lo capturaran. Presa de pánico, miró a su alrededor.

—Venga conmigo —le instó la criada, cogiéndolo de la mano.

A través de una trampilla situada en el fondo subieron un tramo de escalones que crujían. Ella lo hizo subir a su habitación de la buhardilla, donde el techo era tan bajo que había que agacharse. Aun así, bajo la media luna, las vistas de la ventana eran preciosas: un bosque de altos pinos y más allá el mar a franjas negras. Desde lo alto el agua se veía suave y sólida como una gran tela de seda extendida sobre los hombros de la ciudad.

Jahan le contó a la criada lo sucedido en el piso de abajo, lo que la hizo reír. Ella le dijo que se llamaba Peri. En el pasado había sido de esas mujeres que seguían a los campamentos militares, pero desde que le desfigurara el rostro un soldado que había visto escenas tan brutales en el campo de batalla que había perdido el juicio y desahogado su ira contra las rameras, ya nadie la deseaba.

—No es cierto que nadie te desee. Eres más guapa que las mujeres de abajo.

Ella lo besó y él le devolvió el beso, y notó cómo el gusto de su lengua persistía en la boca. Ella le acarició el cabello y le deslizó las cálidas y blandas yemas de los dedos por la frente, fruncida a causa de la preocupación.

—No lo has hecho nunca, ¿verdad?

Por toda respuesta él se ruborizó intensamente. A ella le bastó. Le dijo que se tumbara y prenda por prenda lo desvistió. Jahan nunca había sabido de la existencia de semejante reino de placer. Solo años después comprendería lo afortunado que había sido de que alguien como ella le mostrara el camino.

Mientras dormía junto a Peri en la oscuridad, se vio a sí mismo montado a lomos de Shota en tierras desconocidas. Brincaban sobre las mansiones, saltando de un techo a otro. Luego veía a Mihrimah a lo lejos, con un vestido de lino blanco y el cabello ondeando al viento. «¡Espera!», le gritaba. Ella no lo oía. Él volvía a gritar, pero cada vez que abría la boca le brotaba otro grito perdido.

—Chisss, despierta.

Jahan tardó unos instantes en recordar dónde estaba, y de pronto se encontró empapado en sudor frío. Se vistió rápidamente y murmuró:

—Tengo que irme. —Pero se detuvo al ver que el rostro de ella se ensombrecía—. Lo siento. No sé..., hummm, yo... ¿debo pagarte?

Peri volvió la cabeza.

—No me debes nada.

Jahan se acercó y le acarició el cabello. En su interior fermentaba una confusión que no tardaría en dar lugar a acuciantes remordimientos. Sabía que tenía que irse de allí antes de que eso ocurriera. No quería que Peri viera cómo lo sucedido entre ambos se trocaba en pesar.

—Has estado hablando en sueños —le dijo Peri mientras abría la puerta—. Sea quien sea ella, sin duda vive en tu corazón. ¿Sabe que la amas?

Aturdido y desconcertado, Jahan se marchó de la casa. Jamás se habría atrevido a describir sus sentimientos hacia Mihrimah como amor. Sin embargo, en cuanto otro desveló y pronunció la palabra, él la recogió con cuidado, la apretó contra su pecho y no quiso soltarla.

Para llevar a cabo las obras de reconstrucción de los acueductos contrataron a ciento treinta obreros. Los distribuyeron en dos grupos, el primero en el ala oeste y el segundo en el centro, donde habían sido más graves los destrozos. Mientras tanto los cuatro aprendices, con la ayuda de un astrolabio, midieron la profundidad de los valles y la altura de las cimas. Como tenía por costumbre, Sinan les pidió que estudiaran los métodos utilizados por los artesanos en el pasado. Si querían superar a los bizantinos, era preciso comprender sus aciertos y sus errores.

Davud y Yusuf, expertos en la ciencia de la geometría, tomaron las medidas de las vías fluviales. Nikola y Jahan subieron y bajaron penosamente colinas registrando todos los canales destrozados y los arroyos obstruidos. En ciertos lugares el agua se precipitaba a través de una cañada debido al mal estado en que se hallaban los conductos. Se desparramaba entre los prados verdes y regresaba a la tierra sin haber sido de ninguna utilidad a los seres humanos. En otras partes tuvieron que buscar el nacimiento de la corriente y excavar los conductos. Contuvieron el agua para encauzarla en una sola dirección, hacia la ciudad. A continuación, mediante la construcción de una nueva zanja, lograron que corriera por todo el valle. En cada fase medían la cantidad de agua —por medio de canalones de latón conectados a depósitos con compuertas— y calculaban cuánta se había quedado por el camino.

Al cabo de una semana Jahan empezó a advertir algo extraño. Reacios a cumplir las órdenes, los obreros los rehuían. Cuanto más los observaba, más se convencía de que buscaban excusas para no martillear un clavo, llevar una tabla o hacer el menor esfuerzo, y la suma de todo ello bastaba para retrasar la obra.

Llevó aparte a un delineante kurdo llamado Salahaddin. Hacía poco su mujer había dado a luz gemelos. Como sabía que era un hombre honrado, Jahan esperaba que le dijera la verdad.

—¿Qué ocurre? ¿Por qué vais todos tan despacio?

Salahaddin desvió la mirada.

—Estamos trabajando, efendi.

—Os estáis quedando atrás, ¿por qué?

Un rubor tiñó las mejillas del kurdo.

—Nadie nos dijo que aquí hay un santo.

—¿Quién lo ha dicho?

El hombre se encogió de hombros, negándose a dar nombres.

Jahan tanteó con otra pregunta.

—¿Cómo sabéis que hay un santo?

—Han visto... una aparición —respondió Salahaddin, mirando a Jahan como si esperara una confirmación.

Se trataba del fantasma de un mártir, un fogoso soldado musulmán que había encontrado la muerte luchando contra los infieles. Una flecha le había atravesado el pecho y penetrado el corazón. Pese a todo continuó luchando sin descanso durante dos días más. La tercera mañana cayó y recibió sepultura en ese lugar. De pronto su alma, ajena al estruendo y al bullicio de las obras, estaba apareciéndose a los obreros, a quienes les preocupaba que les echara una maldición.

—Tonterías. Quien está difundiendo este bulo solo quiere perjudicar al maestro Sinan.

—Pero es cierto, efendi —insistió Salahaddin—. La gente lo ha visto.

—¿Dónde? —le preguntó Jahan, alzando las manos en actitud exasperada.

Vio con sorpresa que el hombre señalaba con la barbilla el andamio.

—¿Se ha instalado por aquí el fantasma? —le preguntó Jahan con tono burlón.

Pero Salahaddin se mostró solemne.

—Allí es donde lo han visto.

Jahan merodeó durante el resto de la tarde por el andamio, comprobando las tablas, tensando las cuerdas y asegurándose de que todo estaba bien sujeto mientras lanzaba miradas severas a los hombres, que apenas repararon en él.

—No estás atento —le reprochó Davud mientras hacían las mediciones al día siguiente.

—Lo siento. Pero tengo la mente en... —Jahan se interrumpió soltando un grito.

Con el rabillo del ojo había visto algo sobre la plataforma elevada de madera que se extendía a lo largo de la tercera grada. Allí había unos cuantos obreros trabajando y uno de ellos llevaba un balde. De pronto vio que el hombre se tambaleaba, como empujado por una mano invisible, y enseguida recuperaba el equilibrio. A Jahan se le erizó el vello de la nuca. En el pasado se suspendían plataformas de los contrafuertes para ahorrar madera cuando esta escaseaba. Pero esa en concreto se alzaba desde el suelo y se hallaba sujeta a las paredes, sostenida por puntales y cimbras. Para que oscilaran las cuerdas de ese modo debían de haberse aflojado, y una parte del edificio, o todo, debía de haber quedado sin sujeción.

—¿Qué ocurre? —le preguntó Davud, siguiendo su mirada.

Un grito de pánico hizo añicos el zumbido de actividad. Todos observaron cómo una tabla salía volando por el aire, se arremolinaba como una hoja al viento y caía flotando al suelo. Otra tabla golpeó a un albañil, que cayó de bruces con gran estrépito. La gente corrió a izquierda y derecha mientras llovían objetos de madera y metal de lo alto.

—*Kiyamet, kiyamet.* Apocalipsis —gimió alguien.

Los bueyes bramaron de dolor, un caballo con una pata rota se desplomó de lado con el cuerpo retorcido y los ollares ensanchados. En medio del revuelo Jahan no vio a Shota. En un abrir y cerrar de ojos el andamio que habían levantado orgullosos apenas unas semanas atrás se derrumbó. Los obreros de las gradas más altas de la parte central sufrieron las peores caídas, junto con los que se hallaban abajo y fueron golpeados por las tablas. Ocho de ellos no sobrevivirían. Entre ellos se encontraba Salahaddin.

Sinan y los cuatro aprendices se acercaron al *gassal*, la persona que lavaba los cadáveres.

—¿Puedo estar presente mientras lo lava?

El hombre titubeó. Sin embargo, ya fuera porque había reconocido al gran arquitecto imperial o porque lo había confundido con un pariente desconsolado, respondió:

—Está bien, efendi.

—¿Alguno de vosotros quiere acompañarme? —preguntó volviéndose hacia sus aprendices.

Yusuf desvió la mirada con un ligero rubor en las mejillas. Nikola, que no era musulmán, respondió que el difunto no habría querido que estuviera presente mientras lo lavaban. Davud, de pronto ceniciento, adujo que aún no había olvidado los cadáveres que había visto de niño y no deseaba ver más hasta el día de su muerte. Al ser el único que quedaba, Jahan asintió.

—Iré yo.

Tendido sobre el mármol frío yacía el cuerpo desnudo de Salahaddin. Tenía cardenales de varios tamaños y tonalidades en el lado izquierdo de la cabeza y el pecho, por donde lo habían golpeado las tablas al caer. Aun así Jahan tuvo la extraña sensación de que las heridas que veía en el cuerpo de Salahaddin habían sido pintadas, y que si las lavaban en cualquier momento daría señales de vida.

—Dios ha construido el palacio de nuestro cuerpo y nos ha confiado su llave —murmuró Sinan en voz tan baja que el *gassal*, que se hallaba detrás de él, inclinó la cabeza creyendo que era una plegaria.

«El palacio de nuestro cuerpo»... Qué expresión tan curiosa, pensó Jahan. Lo único que veía era carne herida. Como si leyera su pensamiento, Sinan le pidió que se acercara.

—El hombre ha sido creado a imagen y semejanza de Dios. En su centro hay orden y equilibrio. Mira los círculos y los cuadrados. Fíjate en su magnífica proporción. Estamos compuestos de cuatro humores: la sangre, la bilis amarilla, la bilis negra y la flema. Y trabajamos con cuatro elementos: madera, mármol, cristal y metal.

Jahan y el *gassal* se miraron. Jahan sabía lo que este pensaba porque él mismo había albergado pensamientos semejantes. Temía que su maestro, por cansancio o dolor, hubiera perdido el juicio.

—El rostro es la fachada, los ojos las ventanas, y la boca, la puerta que se abre al universo. Las piernas y los brazos son las escaleras. —A continuación Sinan echó agua de una jarra, y trazando círculos con las manos empezó a lavar el cuerpo con tanta delicadeza que el *gassal* no se atrevió a moverse—. Esta es la razón por la que debes respetar a todo ser humano, ya sea esclavo o visir, mahometano o infiel. Recuerda que hasta un mendigo es dueño de un palacio.

—Con todo el respeto, maestro —intervino Jahan—. Yo no

veo tanta perfección. Veo más bien huecos entre los dientes y huesos torcidos. Quiero decir que si contemplamos la humanidad en su conjunto unos son jorobados, otros…

—No son más que grietas en la superficie. Pero el edificio está en perfecto estado.

El *gassal* estiró el cuello por encima de los hombros de ellos e inclinó la cabeza en señal de aprobación, tal vez más convencido por el tono sosegado de la voz de Sinan que por su argumentación. Después guardaron silencio. Lavaron al difunto dos veces, la primera con agua caliente y la segunda con agua tibia. Luego lo envolvieron de la cabeza a los pies con un sudario blanquecino dejándole fuera la mano derecha, que colocaron sobre su corazón, como si dijera adiós a ese mundo y *salaam* al próximo.

Dirigió la plegaria funeraria un imán con un bocio tan grande que le presionaba la tráquea, por lo que respiraba en bruscas boqueadas. Dijo que era un gran consuelo que hubieran muerto trabajando en unas obras de construcción, pues no habían estado codiciando mujeres de mala vida, ni bebiendo ni blasfemando. La muerte los había sorprendido ocupados en un trabajo arduo y honrado. Cuando llegara el día del Juicio Final, como sin duda llegaría, Dios lo tendría en cuenta.

A continuación dijo que Salahaddin estaba construyendo un puente para el sultán cuando dejó la vida mortal; nadie se atrevió a señalarle que, en realidad, reparaba un acueducto. A cambio, cuando en el otro mundo le llegara el momento de cruzar el puente de Sirat —más fino que un cabello y más delgado que un millar de anguilas—, lo ayudarían un par de ángeles. Le cogerían de la mano y no le dejarían caer a las llamas del infierno que arderían bajo tierra.

Trasladaron el ataúd al cementerio en medio de lamentos y genuflexiones. Como la familia de Salahaddin era pobre fue Sinan quien pagó la lápida.

El padre del difunto, debilitado por los años y el dolor, avanzó cansinamente hacia ellos. Sintiéndose honrado y conmovido al ver a un hombre como Sinan en el funeral de su hijo, les dio las gracias a todos, uno por uno. Mientras tanto, el hermano de Salahaddin se mantuvo a distancia. No era difícil ver que ese muchacho que apenas había cumplido catorce años los hacía responsables a ellos de la pérdida de su hermano. A Jahan le bastó con mirarlo para saber que ya tenía un enemigo más. Después de arrojar paladas de tierra sobre el ataúd, el hermano se dirigió hacia el final de la multitud. Jahan lo siguió.

—Que Dios acoja a tu hermano en el Paraíso —le dijo al alcanzarlo.

No hubo respuesta. Entre ambos transcurrió un instante incómodo durante el cual cada uno esperó a que el otro hablara. Al final fue el muchacho quien rompió el silencio.

—¿Estabas con él cuando murió?

—Estaba cerca.

—El fantasma los empujó. ¿Viste cómo sucedió?

—No los empujó nadie. Fue un accidente —replicó Jahan con nerviosismo.

Ni siquiera él podía negar la singularidad del incidente.

—El fantasma quiere que interrumpáis las obras. Si lo molestáis continuarán los desastres, pero eso a tu maestro le trae sin cuidado. No respeta a los muertos.

—Eso no es cierto. El maestro es un buen hombre.

La cólera ensombreció el rostro del muchacho.

—Tu amigo tenía razón. Estáis deshonrando un lugar sagrado con vuestros martillos y burros. Todos seréis condenados al infierno.

La multitud empezó a dispersarse. En medio de los dolientes que avanzaban poco a poco hacia la puerta, Jahan advirtió que Sinan se movía con apatía, como tirado por cuerdas invisibles contra su voluntad. Jahan dijo débilmente:

—No eches la culpa a mi maestro.

Mientras salían del cementerio, se levantó el viento y soplaron ráfagas de polvo y escombros en dirección a ellos. Después, mucho después, Jahan caería en la cuenta de que en la conmoción no le había preguntado al hermano de Salahaddin quién era ese amigo al que se había referido y por qué había pronunciado premoniciones tan espantosas.

Al día siguiente solo acudieron a trabajar la mitad de los trabajadores.

—¡Eso es lo que ocurre con la mano de obra remunerada! —exclamó Davud—. Nada de esto habría ocurrido si hubiéramos contratado a esclavos. ¿Veis adónde lleva la amabilidad?

—El maestro encontrará mano de obra extra —repuso Nikola.

No se equivocó. Resuelto a concluir lo que había empezado, Sinan contrató a nuevos obreros. No le resultó difícil encontrarlos, pues el mal del hambre se imponía sobre el miedo a la maldición de un santo. Durante un tiempo la situación pareció mejorar. Las obras prosiguieron sin incidentes. Al aproximarse el otoño bajaron las temperaturas.

Luego llegó la inundación. Llevándose por delante casas, tabernas, altares y cobertizos, el agua recorrió los valles. Como no habían podido desatascar del todo los canales que comunicaban con el acueducto, las aguas arrasaron los andamios y derribaron la vía fluvial sin apenas resistencia. La inundación los pilló desprevenidos. Nadie resultó herido, pero perdieron semanas de trabajo y una gran cantidad de material caro. El desastre dio credibilidad a los rumores de los chismosos e incluso los que anteriormente habían tenido dudas esta vez se convencieron de que había caído una maldición sobre Sinan y sus aprendices.

Se les cayó el alma a los pies. Hasta ese momento su maestro había superado todos los obstáculos, por grandes que fueran. Sin embargo eso era distinto. ¿Cómo derrotaría Sinan a un fantasma?

Las obras de reconstrucción se interrumpieron. Pese a todos sus esfuerzos, Sinan no logró convencer a nadie para que siguiera trabajando. Los obreros acusaron al gran arquitecto imperial de ponerlos en peligro para granjearse el favor del sultán. ¿Quién quería agua si esta se hallaba gafada? Los acueductos databan de tiempos de los infieles. ¿Por qué repararlos si no era para propagar idolatría?

Jahan se sorprendió al constatar que ya habían olvidado al fantasma del mártir musulmán. Habían encontrado nuevos temores a los que aferrarse y así lo hicieron. Silenciosos y dóciles, susurraban chismorreos maliciosos en cuanto los aprendices se daban la vuelta.

Al cabo de una semana Sinan apareció acompañado de un pequeño visitante enjuto y nervudo. Los dos subieron al andamio recién construido.

—¡Trabajadores! ¡Capataces! Tenemos la fortuna de tener entre nosotros a un respetable *hodja*, un predicador.

Sinan tendió la mano al desconocido, quien, pálido y ceniciento, poco acostumbrado a las alturas, dio un paso al frente. Cerrando los ojos entonó unos versículos del Corán. Supieron que lo llamaban Hodja el Ruiseñor. De origen bosnio, podía comunicarse con Dios en siete idiomas y conocía las prácticas de muchos credos y sectas. En la voz de este hombrecillo, de aspecto corriente, había algo que fascinó a los obreros. Les instó a reanudar el trabajo y a no ofenderse unos a otros, porque si Shaitan podía volar tan alto era gracias a dos alas: la indolencia y la calumnia.

El *hodja* acudía todos los días y se codeaba con ellos de la mañana a la noche, con polvo en el cabello y barro en los zapatos. Rociaba agua bendita y pronunciaba la oración de *Cevsen* que, según él, había revelado el arcángel Gabriel cuando el profeta Mahoma se asustó y necesitó protección —porque los profetas, como el común de los mortales, podían asustarse de los peligros de este mundo—; santificó los acueductos, apaciguando los temores de judíos, cristianos y musulmanes por igual.

—Ya está limpio —concluyó—. Este lugar es tan puro como la leche de vuestras madres. Volved al trabajo.

Así lo hicieron, poco a poco. Las obras de reconstrucción se llevaron a término de forma tan satisfactoria que ni siquiera aquellos que aborrecían a Sinan pudieron poner objeciones. El sultán Suleimán quedó satisfecho. Enalteció a su arquitecto con obsequios y alabanzas, llamándolo *Al-insan al-Kamin*, «aquel que ha alcanzado la perfección».

Después de aquel incidente Jahan comprendió que el secreto de su maestro no radicaba en su resistencia, pues no era resistente, ni en su indestructibilidad, ya que no era indestructible, sino en su habilidad para adaptarse a los cambios y a los desastres, y para reconstruirse una y otra vez a sí mismo y salir de las ruinas. Si Jahan era de madera, Davud de metal, Nikola de piedra y Yusuf de cristal, Sinan estaba hecho de agua que corre. Cuando algo obstruía su curso, él era capaz de fluir por debajo, por encima o a través; por donde fuera, encontraba una ruta a través de las grietas y seguía fluyendo hacia delante.

¡Qué noche más espantosa! Shota sentía un gran dolor. Después de haber rugido, barritado y gruñido hasta las primeras luces del día, meneaba la trompa de un lado a otro, exhausto. Al verlo sufrir tanto Jahan tuvo que dormir a su lado, si es que durmió algo. Le bastó con echar un vistazo a la boca del animal para saber el motivo de su tormento: el molar del fondo del maxilar inferior izquierdo tenía un desagradable color negro y la encía se le había hinchado de pus.

Jahan recordó que él mismo había sufrido el verano anterior un terrible dolor de muelas y el barbero que afeitaba al capataz de los establos reales se había compadecido de él. Entre gemidos y gruñidos, el hombre tiró sin cesar hasta poner fin a su sufrimiento. Aun así, a Jahan no se le ocurría ni una sola alma en Estambul lo bastante valerosa para arrancar un molar a un elefante.

—¿Qué pasa? —preguntó Taras al verlo entrar en el establo—. Hasta una cabeza ensartada en una pica parece más alegre que tú.

—Es Shota. La muela lo está matando.

—Ojalá estuviéramos en la taiga. —Taras suspiró—. Sé de un arbusto que podría curarlo en un instante. A mi abuela le gusta mucho.

Jahan lo miró atónito.

—¿Tu abuela sigue viva?

—Sí, ella es una de las almas en pena. —Al ver la estupefacción de Jahan, añadió—: No hay peor maldición que enterrar a todos tus seres queridos y seguir respirando.

Años después Jahan recordaría ese momento, pero entonces las palabras pasaron por su lado como una corriente de aire.

—Ve a buscar ajo, en grandes cantidades, e hinojo, aceite de clavo... y una pizca de anís, nada más... Mézclalo todo.

Jahan consiguió los ingredientes en la cocina y los trituró en un mortero hasta convertirlos en una pasta verde y viscosa. Al verla Taras quedó satisfecho.

—Ahora frótasela al animal en las encías. Le proporcionará un alivio momentáneo. Es necesario arrancarle la muela.

Jahan regresó corriendo al cobertizo. El elefante se resistió con tal ferocidad a sus intentos que Jahan solo pudo aplicar la mitad de la mezcla. Además, no estaba seguro siquiera de haber frotado el molar correcto. A Shota le hedía la boca. No había podido comer nada y el hambre, como siempre, hacía que le bullera la sangre. Jahan cosió dos bufandas, puso dentro el ungüento restante y lo ató alrededor de la cabeza del animal, contra la piel hinchada. Shota estaba tan gracioso que, si no hubiera estado tan dolorido, Jahan se habría reído.

Salió a la calle y buscó un sacamuelas o un barbero ambulante. El primer hombre al que le preguntó estalló en carcajadas al averiguar la identidad del paciente. El siguiente era un tipo con un aspecto tan amenazante que Jahan no se atrevió a llevarlo a la casa de fieras. Estaba a punto de rendirse cuando recordó a la única alma en la ciudad cuyo saber era un pozo sin fondo: Simeón el librero.

El barrio que rodeaba la torre de Gálata era un hervidero de gente. Los comerciantes se codeaban con los vendedores ambulantes; los emisarios y los trujamanes se apartaban para dejar paso a los carros tirados por bueyes; un embajador en un *tahtirevan* transportado por esclavos negros pasó por su lado como una brisa; los perros vagaban en jaurías. Vio a hombres acudir a sus clases en la *yeshivà*, a ancianos parloteando en las esquinas, a una mujer tirando de su hijo. Palabras en español, francés y árabe se arremolinaban al viento.

Jahan dobló una esquina y apretó el paso pensando en Shota, pero se detuvo en seco. Ante él, a solo unos pasos de la casa de Simeón, estaba el viajero con el que había bebido en la taberna de carretera. Lo acompañaba Yusuf, el aprendiz mudo, con los ojos clavados en el suelo. El hombre le dijo algo, y Yusuf asintió y se alejó.

Jahan recordó de repente que les habían robado al regresar de Roma. De pronto sospechó que aquel hombre había tenido algo que ver con ello.

—¡Eh, Tommaso!

El italiano se volvió. Al reconocer a Jahan se le empequeñecieron los ojos. Salió disparado como una flecha y desapareció en medio de la multitud. Jahan lo persiguió durante un rato, aunque era evidente que nunca lo alcanzaría. Desalentado, retrocedió y llamó a la puerta de Simeón.

—¿Estás bien? —le preguntó el librero.

—¿Ha estado Yusuf aquí hace un momento, acompañado de un hombre rubio?

—¿Un hombre rubio? Hace días que no veo a Yusuf.

—No importa —respondió Jahan con un suspiro—. Necesito su ayuda.

—Llegas en buen momento. Acaba de llegar un barco y hay nuevos libros de España.

—Los miraré después. Necesito que antes me ayude con el elefante.

Una vez que Jahan le contó el problema que tenía, Simeón hizo una mueca.

—Soy un hombre de ideas, nunca he operado a un animal.

—¿Sabe de alguien?

—No más que tú. Pero iré a ver si encuentro algo en uno de los libros. Luego podrás hacerlo tú mismo.

—De acuerdo —repuso Jahan débilmente.

—Hará falta sedarlo. Ve a buscar mucha *boza*. O, mejor aún, una dosis de somnífero.

Simeón le contó que en el pasado los médicos utilizaban la cicuta, que había matado a más de un mortal y salvado a unos pocos. En la actualidad preferían la hierba mora y la mandrágora, aunque esta última soltaba un grito terrible cuando la arrancaban de la tierra. Pero lo mejor era el opio. Galeno lo recomendaba para la ictericia, la hidropesía, la lepra, la jaqueca, la tos y la depresión. Para un hombre de la edad y el tamaño de Jahan, la dosis adecuada era dos cucharadas. Teniendo en cuenta que un elefante pesaba como una montaña y era tan alto como un árbol… Simeón arqueó las cejas mientras hacía cálculos mentales.

—¡Vas a necesitar un tonel!

—¿Dónde puedo conseguirlo?

—Tendrás que pedírselo al comandante de los eunucos blancos. No hay milagro que se le resista —respondió Simeón.

Jahan regresó a palacio con un libro bajo el brazo y la cabeza llena de reparos. Nadie jugaba con Carnation Kamil Agha. No había olvidado la reprimenda con que lo había recibido. Aun así, se armó de valor y acudió a verlo. El hombre lo sorprendió mostrándose agradable e incluso afable.

Enseguida le proporcionaron un tonel de opio. Jahan no preguntó sobre su procedencia. Años en el palacio le habían inculcado el código de silencio. Entre dos domadores levantaron la quijada superior de Shota; otros dos sujetaron el inferior hacia abajo. El elefante, dolorido y cansado, no opuso gran resistencia. Por si acaso, con ayuda de un embudo, le vertieron en la boca flácida una jarra de vino rojo calentado con especias.

Poco a poco la respiración de Shota se acompasó; la cara se le derritió como la cera, los ojos se le vidriaron. Las patas cedieron bajo su enorme peso y se derrumbó. Lo ataron con cables, cadenas y cuerdas, por si se despertaba y los atacaba en un ataque delirante. En ese estado Jahan comenzó a operarlo.

Empezó con un cincel pero enseguida lo cambió por un martillo. Dara el domador de jirafas, Kato el domador de cocodrilos y Olev el domador de tigres se turnaron para golpear, aporrear y sacudir. A continuación agarraron, tiraron y retorcieron. Al cabo de lo que pareció una eternidad, Jahan arrancó una muela semejante al colmillo de la serpiente gigante de un cuento que se oiría contar a un *meddah* en algún café remoto.

«Dámelo», le ordenó el comandante de los eunucos blancos con los ojos brillantes.

Jahan comprendió entonces por qué el hombre se había mostrado tan amable desde el principio. Se había apropiado de la colección de objetos curiosos que había pertenecido a la sultana Hurrem y deseaba añadir el diente de Shota. Jahan sintió un escalofrío y se preguntó dónde guardaba esa colección y qué más había en ella.

Al enterarse de la muerte de Rustem Pasah, a Jahan le invadieron muchos sentimientos a la vez, pero entre ellos no figuraba la tristeza. El marido de la princesa Mihrimah…, el padre de sus tres hijos…, el favorito de la casa real que la había tocado todas las noches…, el joven reclutado por la *devshrime* que había ascendido demasiado deprisa…, el gran visir, tan respetado y temido… El hombre que había mandado a Jahan a la mazmorra y que esperó que le besara la mano al ser puesto en libertad… había pasado a mejor vida. Por lo que él sabía, hacía un tiempo que sufría de hidropesía. Pues pese a sus esfuerzos por apartar de sus pensamientos a ese hombre, cada día oía algo nuevo sobre él y lo había aborrecido más.

Un mes después Mihrimah mandó a Sinan recado de que acudiera a verla con su aprendiz indio.

—Arquitecto imperial, quiero que construya una mezquita grandiosa para mi difunto esposo, que el cielo sea su morada. —Vestía con tonos de luto como correspondía a una viuda.

Jahan esperó detrás de su maestro con las manos juntas y la mirada clavada en la alfombra, y se dijo para sus adentros que él estaría a cargo de esa mezquita y pondría en alguna parte su firma, sutil pero evidente para el ojo experto. Su aversión hacia Rustem Pasah quedaría grabada en el mismísimo monumento dedicado a él. Si pensar tales cosas era un pecado, él sin duda era pecador.

Ajena a esos pensamientos, Mihrimah continuó hablando. No sería preciso reparar en los gastos, pues ella correría con ellos. Pidió un patio espacioso y una hilera de tiendas en los soportales para proporcionar ingresos a la mezquita. Se mostró inclinada a utilizar los mejores azulejos de Iznik: verde salvia, azul zafiro y rojo oscuro como la sangre de un día de antigüedad.

—Vuestros deseos son órdenes, Vuestra Alteza —respondió Sinan.

—Quiero que sea de una belleza exquisita —insistió Mihrimah—. Digna del noble nombre de mi difunto esposo.

Jahan suspiró con disimulo. El resentimiento se enroscaba como una serpiente dentro de él. No pudo evitar lamentarse de haber acompañado a su maestro a esa casa de riquezas. Como si de pronto ella hubiera advertido su incomodidad, Mihrimah se volvió hacia él.

—Hace mucho que no veo al elefante. ¿Cómo está?

—Shota la ha echado de menos, Vuestra Alteza —murmuró Jahan.

Ella lo inspeccionó, advirtiendo el paso de tiempo.

—¿Cómo lo sabes?

—Lo encuentro muchas veces con la mirada clavada en el camino que Vuestra Alteza solía honrar con su presencia.

Mihrimah alzó una mano como para tocar el aire que los separaba.

—Bueno, dile a Shota que he estado fuera, atrapada en otra

vida, pero que volveré a visitarlo, porque nunca he conocido un elefante como él.

—Le alegrará saberlo, Vuestra Alteza.

—Dile que nada de todo eso ha estado en mis manos.

Jahan alzó la vista hacia el cielo. Una cometa se elevaba, hermosa y libre, en una corriente ascendente.

—Sin duda lo entenderá, Vuestra Alteza. Como sin duda espera que regrese. Los elefantes no olvidan.

Ella asintió despacio.

—Pueden retirarse. Que Dios los guíe.

Mientras el maestro y el aprendiz se despedían, ella murmuró:

—Has dicho que los elefantes nunca olvidan. ¿Qué hay de los domadores de elefantes?

Jahan palideció. Notó la mirada de su maestro, quien se sobresaltó por la informalidad de la conversación que acababa de oír. Pero por una vez no se escondió. No quería fingir.

—Ellos tampoco, Vuestra Alteza —respondió, inclinando la cabeza—. Ellos tampoco.

Estambul, la sede del trono, harta de incendios y terremotos, estaba hasta los topes. Como una madreselva, la ciudad atraía a gente de todo tipo que iba y venía de todas partes, buscando, anhelando. Eran demasiadas almas bajo un mismo cielo, muchas más que las estrellas que contemplaban: musulmanes, cristianos, judíos, creyentes y herejes de todas las creencias, hablando todos a la vez con Dios, y sus plegarias y sus ruegos pidiendo socorro y suerte se los llevaba el viento y se mezclaban con los chillidos de las gaviotas. Jahan se preguntó cómo el Todopoderoso podía oír a alguno de ellos en medio de tanto alboroto.

A finales del verano, el jeque del islam, Ebussuud Efendi, despotricó contra Sinan. Afirmó que los bloques de mármol que el arquitecto había mandado traer de Santa Sofía durante unas obras de reconstrucción estaban malditos, y habían desatado una calamidad tras otra sobre los habitantes de Estambul. Sin saber dónde colocar las condenadas piedras de la vieja iglesia, Sinan y los aprendices al final las utilizaron en la tumba de la sultana Hurrem, confiando en que a ella no le importaría.

En 1566, el primer día de mayo, se declaró la guerra para conquistar la fortaleza de Szigetvar y se requirieron los servicios del elefante. Pese a lo desgraciado que se sintió al enterarse de la noticia, Jahan cumplió con su deber. Tal vez estuviera formándose como aprendiz de Sinan, pero, mientras viviera Shota era y siempre sería el *mahout* del sultán.

En junio llegaron a Belgrado; el río Danubio corría hasta donde alcanzaba la vista: estrepitoso, atractivo, majestuoso. El sultán Suleimán, que hasta entonces había cabalgado al frente, redujo a un trote el paso de su montura, una yegua alazán. Poco se imaginaba Jahan que eso se debía a la gota, que se había vuelto tan dolorosa que era un suplicio permanecer sentado sobre la silla. Su gran visir, Sokollu, un hombre astuto de voz comedida y expresión ávida, un reclutado por la *devshirme* que provenía de un pueblo bosnio llamado el Nido de Halcones, había considerado la posibilidad de que lo transportaran en litera, pero al final rechazó la idea. Semejante medida solo desalentaría a las tropas, que preferían ver llover renacuajos de los cielos antes que a su comandante pálido y frágil. Entonces hallaron la solución: Shota.

Jahan recibió instrucciones de preparar el elefante para transportar al Señor de Oriente y Occidente. «Asegúrate de que tu animal se entera de quién lo monta», le advirtieron.

A la mañana siguiente Jahan vio de cerca al sultán por primera vez en varios años. Su piel, descolorida, le hizo pensar en las cenizas frías que se amontonaban en una lumbre cuando se apagaban las llamas. La frente alta, que Mihrimah había heredado, estaba surcada de arrugas, una oscura caligrafía que los años habían grabado. Postrándose a sus pies, Jahan le besó el dobladillo del caftán, una túnica que no era de una tela fina, pues Suleimán todavía rehuía de la opulencia. Sus guardias lo ayudaron a acomodarse en el *howdah.* Una vez instalado, Jahan tomó asiento sobre el cuello de Shota. Así reanudaron el camino.

Llegaron el 5 de agosto a Szigetvar. Era una tarde bochornosa y los campos estaban salpicados de dientes de león. Montaron el campamento y llevaron los cañones de asedio tirados por docenas de bueyes. Luego erigieron la tienda del sultán, con sus siete colas de caballo blancas, en lo alto de una colina desde la que se alcanzaba a ver la fortaleza que se habían propuesto conquistar. El conde Nikda Subic Zrinski estaba al mando en su interior, y sus habitantes habían colgado de las murallas enormes telas del color de la sangre.

—¿Qué significa eso? —le preguntó Jahan a un soldado de a pie.

—Significa que prefieren morir antes que salir de ese maldito castillo.

Obstinados y firmes, el conde y sus hombres defendieron la ciudadela. Los días se convirtieron en semanas. Se cumplió un mes de campaña. El calor se hizo insoportable. Para comer contaban con mijo tostado, frutos secos, carne seca y un pedazo de queso de leche de yegua para cada uno. Los rebaños de ovejas y cabras que habían llevado consigo desde Estambul aguardaban para ser sacrificados. Jahan no acertaba a comprender cómo soportaba el enemigo el hambre y las bajas. El ejército del sultán arremetía; la fortaleza resistía. Cayeron muchos hombres, más del bando otomano que de las líneas enemigas. Pero donde los defensores eran cientos, los otomanos eran miles. Enterraban a sus muertos en fosos más hondos que los pozos más profundos y se preparaban para otro asalto. Una y otra vez enviaron emisarios para preguntar al conde si se rendía y prometerle protección si lo hacía. El sultán Suleimán se ofreció a nombrarlo gobernante de

Croacia bajo la dirección otomana. Cada mensajero regresaba con la misma respuesta: combatirían.

Los cañoneos otomanos resonaron por todas las colinas onduladas. La resistencia del enemigo era inquebrantable. Las brechas que se abrían en las defensas durante el día eran reparadas por hombres, mujeres y niños por la noche. Para fortificar los muros utilizaban todo lo que tenían a su alcance: madera, telas, alfombras. No salvaron nada, ni siquiera un delicado tapiz de seda que debía de haber pertenecido a una familia muy adinerada. Las ninfas del agua danzaban sobre la superficie con lirios en las manos, el cabello relumbrando como el claro de luna sobre las oscuras olas. Jahan no podía apartar los ojos. Tampoco los jenízaros. En la imagen de ese paraíso resplandeciente había algo encantador. Su brillo y su suavidad resultaban tan atractivos que los comandantes, sospechando que era obra de la brujería, ordenaron bombardear el tapiz. Atacaron sin cesar esa parte de la pared hasta que sus vivos colores desaparecieron y acabó convertido en un apagado trapo de hollín y escoria.

Una despejada tarde de septiembre, Jahan iba montado sobre Shota, que llevaba al sultán de regreso a su tienda, cuando oyeron una explosión que le resonó durante días en los oídos. El suelo se estremeció y se elevaron oleadas de humo por encima de las nubes. El elefante dio una sacudida que casi los derribó.

Jahan le gritó órdenes, intentando tranquilizarlo, mientras miraba boquiabierto el cielo negro como el carbón.

—*Mahout*..., ¿qué ocurre? —exigió saber el sultán tendido sobre cojines en el interior del *howdah*.

—Mi señor, han volado su arsenal... y a sí mismos.

—¿Cómo? —El sultán se echó hacia delante para mirar mejor y luego murmuró—: Lo han hecho. Lo han hecho.

Durante un largo y espantoso instante el soberano y el *mahout* contemplaron el resplandor. Shota meneó la trompa y agitó las orejas frenético. Ajeno a la inquietud del animal, el sultán ordenó:

—Acércate. Quiero echar un vistazo.

Jahan obedeció, confiando en que el elefante no se pusiera nervioso a medio camino. Pero al llegar al lugar del incidente fue él quien quedó trastornado. El suelo estaba cubierto de armas destrozadas y miembros cercenados; era imposible saber cuáles eran del enemigo y cuáles de sus hombres. Jahan boqueaba asqueado. Se le llenó la boca de bilis que casi le hizo vomitar. Ocultó el rostro entre las manos.

—No llores —le dijo el sultán—. Reza.

Avergonzado de su debilidad, Jahan se cuadró de hombros.

—Rezaré por nuestros soldados, mi señor.

—No. Reza por todos. Ya no hay diferencia.

Ese hombre que, durante los cuarenta y seis años de su reinado había declarado una guerra tras otra; que había ordenado la muerte de su gran visir más brillante y tal vez su único amigo; que había visto estrangular a su hijo mayor, había hecho morir de pena a otro y dispuesto el asesinato de un tercer hijo lejos en Persia, y que se había convertido en el más poderoso de todos los sultanes otomanos, acababa de decir, en un campo sembrado de dientes de león y muerte, que al final no había diferencia entre los soldados que estaban dentro y fuera de la fortaleza del enemigo, los cristianos y los musulmanes, dejando a Jahan con un enigma que tardaría años en desentrañar.

A la mañana siguiente, el olor a carne quemada seguía flotando como un manto sobre el campo de batalla, un hedor tan denso que el viento no podía llevárselo consigo. Jahan tuvo la sensación de que se le había alojado en la parte posterior de la garganta y le costaba respirar, por no decir tragar.

Aun así, preparó como cualquier otro día a Shota para llevar al soberano y aguardó con él ante su tienda. Sin embargo fue Sokollu quien al cabo de un rato salió y le dijo en un susurro que deseaba tener unas palabras con él. A esas alturas Jahan había vivido en el serrallo el tiempo suficiente para saber que tenía que haber ocurrido algo poco menos que terrible para que un gran visir quisiera hablar con un vulgar criado. Lo siguió con el corazón en un puño.

En el interior de la tienda del sultán, pese a entrar a raudales la luz del día, una lámpara de aceite brillaba tenuemente en una esquina. En el otro extremo, sobre un sofá de terciopelo, yacía totalmente inmóvil el sultán.

—Escucha, hijo —dijo el visir—. Lo que estás viendo nadie lo sabe. ¿Comprendes?

—¿Está...? —A Jahan se le quebró la voz.

—Así es. Lamentablemente ha fallecido nuestro sultán, que descanse en el Paraíso. Más adelante lloraremos su muerte. Pero antes tú y yo tenemos que cumplir con un deber importante.

Sin saber hacia dónde mirar, Jahan, afligido, bajó la vista a sus pies. El sultán Suleimán, de setenta y dos años, no había vivido lo suficiente para disfrutar de su triunfo.

—Es esencial que ocultemos la noticia al ejército. —Sokollu habló con tiento y vacilación, firme creyente de que las palabras, como el dinero, debían utilizarse con moderación—. Nuestro sultán subirá al elefante como un día cualquiera y tú lo llevarás por el campo.

Jahan se estremeció al comprender que tendría que colocar un cadáver sobre Shota.

—¿Y si alguien quiere hablar con el sultán?

—Asegúrate de que el elefante no se acerca a nadie. Basta con que los jenízaros vean de lejos al sultán. No es preciso que oigan su voz. Lo único que necesitan saber es que está vivo.

De pronto oyeron pasos. Los guardias dejaron pasar a alguien. Sokollu, que había dado órdenes estrictas de que solo cruzaran el umbral los hombres más de fiar, estiró la cabeza para averiguar quién entraba. Era un tártaro de cuello de toro y corto de estatura.

—Ah, eres tú. Adelante.

El gran visir sacó de la túnica un pergamino que besó y se llevó a la frente.

—Llévaselo al príncipe Selim.

El hombre hizo una pronunciada reverencia.

—Muévete veloz como el viento. No te detengas por el camino. Come montado. No te duermas. No pierdas un momento. El destino del imperio depende de ti.

Jahan se preguntó cuánto se tardaba en galopar de Szigetvar a Kutahya, donde el príncipe ejercía en esos momentos de gobernador. No bastaba con que la noticia de la muerte de su padre llegara a él sin delación; además tenía que llegar a Estambul a tiempo. Un trono vacío era un mal augurio, pues en el espacio entre la muerte del padre y la ascensión al trono podía ocurrir cualquier cosa.

Sokollu sacó un Corán de una caja de nácar.

—Necesito que prestéis juramento sobre el libro sagrado. Los dos.

Ellos así lo hicieron. Aun así, el gran visir no se dio por satisfecho. Les preguntó de dónde eran.

—Del Indostán —respondió Jahan.

—De Kazán —replicó el mensajero.

Sokollu sacó una daga dorada con incrustaciones de piedras preciosas.

—Dadme las manos.

Hizo un corte en el índice del mensajero y a continuación en el de Jahan. Les manó sangre de las manos que cayó sobre la funda de la daga.

—Si uno de vosotros desvela el secreto, os mataré a los dos.

Jahan no entendió por qué su vida tenía que estar a expensas de un extranjero, y el mensajero debió de pensar lo mismo, porque se volvió hacia él con el ceño fruncido. No obstante, ninguno de los dos se atrevió a protestar. Sokollu les dio dos pañuelos de seda para que se envolvieran los dedos.

—Ahora vete, hijo mío —le dijo al mensajero—, y que Alá te guíe.

Jahan lanzó una última mirada al hombre en cuya lealtad confiaba. Se despidieron con un silencioso movimiento de la cabeza. Jahan no se enteraría hasta años después de que ese mismo mensajero llevaría al maestro Sinan al palacio la noche que el nieto del sultán Suleimán asesinara a sus cinco hermanos para asegurarse el trono.

En cuanto el mensajero se hubo retirado, entró el médico. Un ex converso de Salamanca que había vuelto a abrazar su religión. Hablaba la lengua otomana con acento cantarín. A él también se le hizo jurar que mantendría el secreto, aunque no sobre una sagrada escritura, pues no había ningún Pentateuco a mano, pero por alguna razón a él le ahorraron el corte del dedo.

—¿Puede ayudarme él? —preguntó el médico, señalando con la cabeza a Jahan.

Sokollu, que ya les había dado la espalda, estaba absorto falsificando la firma del sultán, enviando cartas y dando órdenes en nombre del soberano. Hizo un gesto de despedida mientras decía por encima del hombro al *mahout*:

—Ayúdale.

El médico abrió un tarro que inundó de un olor intenso la tienda. Una mezcla de mirra, casia y otras especias. Lo que Jahan vio a continuación no podría contárselo a nadie. Invadiría sus sueños, una y otra vez. El médico principal efectuó un corte en el lado izquierdo del pecho del sultán y le extirpó el corazón. Parecía un pájaro rojo. Tras cogerlo con las manos, lo depositó en una palangana de plata. Luego cerró la herida con doce suturas perfectas. Horrorizado, Jahan levantó la vista hacia él.

—Efendi, ¿por qué hacemos esto?

—El corazón es el centro de nuestro ser. Ese fue el último deseo del sultán. Si moría aquí, quería que enterraran su corazón en el campo de batalla.

Escogieron el mejor caftán de los baúles y vistieron el cadáver. Por último, le peinaron la barba, le delinearon los ojos con hollín y le colorearon las mejillas con unos polvos rosados. Cuando terminaron el sultán Suleimán tenía un aspecto más saludable que el que había presentado en vida.

—Quitadle esa túnica —ordenó Sokollu tras supervisar lo que habían hecho—. Es demasiado vistosa. Él nunca se la habría puesto.

Se decidieron por una túnica sencilla y prepararon el cadáver. Tras inspeccionar el campamento al atardecer, llegaron tres guardias de élite para dar el parte de que todo estaba tranquilo. Con su ayuda llevaron al elefante a la entrada. Shota notó que pasaba algo y se mostraba nervioso.

—¿Qué ocurre? —preguntó Sokollu con tono irritado.

—Mi señor, os suplico que me deis un poco de tiempo.

Jahan le habló con dulzura a Shota, diciéndole que iba a llevar a un hombre sin vida sobre su lomo. Le aseguró que solo sería durante unos días. Después de muchas palabras melosas y manzanas, el animal se calmó y permitió que subieran al sultán al *howdah*. Jahan ocupó su lugar habitual sobre el cuello del elefante y siguieron avanzando, con la mirada clavada en los buitres a lo lejos. Al ver descender a unos cuantos sobre los cuerpos desperdigados, tuvo que volverse. Veinte mil hombres perdieron la vida en el sitio de Szigetvar.

Durante el trayecto de regreso se enteraron de que el príncipe Selim había llegado a la ciudad. El mensajero había cumplido su cometido. Sokollu sintió un gran alivio. Dado que ya no había motivos para seguir fingiendo, ordenó a sus guardias que revelaran la verdad. Bajaron del *howdah* el cuerpo sin vida del sultán y lo tendieron en una litera tirada por dos sementales blancos. De ese modo se dirigieron a la capital. Los habitantes de Estambul aguardaban. A ambos lados de la carretera se habían congregado miles de personas que se mesaban los cabellos y se golpeaban el pecho. Jahan vio a soldados aguerridos romper en llanto, a hombres hechos y derechos sollozar como niños.

Tras el entierro del padre tuvo lugar la coronación del hijo. Selim expresó su deseo de celebrarlo por todo lo alto. Terremotos, enfermedades, muerte..., habían sucedido tantas calamidades en un espacio tan breve de tiempo que no quedaba mucho margen para la alegría, y aún menos para la esperanza. Ya habían tenido luto suficiente. Era hora de regocijarse.

Los ulemas se quedaron horrorizados. Incluso Sokollu temió su reacción. Fue el consejero Feridun Beg quien lo convenció de que no había nada de malo en dejar que la multitud se divirtiera un poco. «¿Puede estar estreñido un cuerpo todo el tiempo? El mundo necesita vaciar los intestinos. Dejad que se alborocen, mi visir.»

El día que Selim ascendió al trono, Shota iba ataviado con un tocado magnífico y una manta sudadera tejida con hilos de plata y ornamentada con piedras preciosas. El elefante encabezó el cortejo real a través de las calles de Estambul. La gente saludó, vitoreó y cantó a pleno pulmón. Y una vez más Jahan no podía creer la brusquedad con que el ánimo del pueblo pasaba de la tristeza al regocijo, la rapidez con que se secaba el río de lágrimas. ¿Eran capaces de transformar el amor en odio con la misma facilidad?

Una vez entronizado el nuevo sultán, Shota y Jahan reanudaron su trabajo en las obras. Salían de la casa de fieras al rayar el alba, siempre por el mismo sendero, y regresaban por las tardes, cansados y sedientos, oliendo a polvo y a barro. Por aquella época el maestro Sinan empezó a construir un puente que comunicaba el lago Büyükçekmece con el mar; era largo, grácil y con arcadas.

Una noche de diciembre, cuando ya estaba terminada la mayor parte de la construcción, el maestro y los tres aprendices regresaron en un carruaje a la ciudad con Jahan delante a lomos de Shota. En cuanto tomaron una curva oyeron un ruido procedente de un lugar remoto de la ciudad, e interrumpido por un pitido agudo y escalofriante. Al alzar la cabeza hacia el cielo, Jahan vio una cascada de naranjas, amarillos y rojos, tan brillantes que herían la vista.

—¡Fuego! —gritó.

El carruaje se detuvo y todos se apearon. Sinan parecía destrozado.

—Debemos echarles una mano.

—¿Por qué no vamos con Shota? Llegaremos antes.

Se subieron todos al *howdah* mientras Jahan se instalaba sobre el cuello del animal.

Avanzaron pesadamente por las calles siguiendo los gritos que perforaban el aire como esquirlas de vidrio. Por el camino el viento arreció y se volvió más tórrido, propagando la tormenta de fuego de una casa de madera a otra. Jahan parpadeó muchas veces, deslumbrado tanto por el resplandor como por el alboroto. Las llamas lamían el cielo nocturno en remolinos de tan vívidos colores que parecían casi sólidos. De vez en cuando había un resplandor y los árboles brillaban como arañas de luces de cristal de Murano.

Allá donde miraban, cada escena era más angustiosa que la anterior. Los animales trotaban de un lado a otro, perdidos y aturdidos. Familias que intentaban rescatar sus escasas pertenencias, hombres cargados de cestas y barriles, mujeres lívidas del pánico, bebés berreando. Solo los niños se mostraban intrépidos y correteaban como inmersos en un juego que los adultos habían inventado para ellos.

Ante sus ojos todos los vecindarios se vieron envueltos en humo. Habitaciones donde se había dado a luz y se habían celebrado circuncisiones, donde se había concebido vida y exhalado el último suspiro…, todos esos lugares, junto con los recuerdos que encerraban, quedaron reducidos a cenizas. No quedó nada salvo un calor persistente y, desperdigados por el suelo, prendas de ropa, zapatos, baratijas, un pedazo de ladrillo que se había desprendido de una pared. Sorprendido, Sinan expresó su deseo de apearse. En calidad de arquitecto jefe de la corte, había trabajado arduamente para impedir ese desastre, pavimentando las calles y comprobando los edificios. Todo había sido inútil.

Vio a jenízaros haraganear, cargando maletas y hablando con la gente pero sin brío, casi a regañadientes. Sinan se acercó a uno de ellos, que observaba sentado sobre un tronco con expresión aburrida.

—¿Por qué no hacéis algo?

El jenízaro, que no esperaba ser interrogado y que no reconoció al arquitecto, salió de su ensimismamiento de golpe.

—¿Cómo?

—¿Por qué no estás ayudando a la gente?

—Lo estoy haciendo —replicó el hombre, malhumorado.

Otro jenízaro se acercó. Le dijo que no estaban apagando las llamas porque esperaban órdenes de su agha, que se hallaba postrado por la enfermedad.

Al oírlo el rostro de Sinan se ensombreció.

—¿Qué órdenes necesitáis? ¿Cómo podéis estar de brazos cruzados mientras arde la ciudad?

Mientras hablaba con los jenízaros, un ruido desvió la atención del *mahout* y el elefante, que viraron y se introdujeron en una calle lateral. Más adelante Jahan vio a dos mujeres gritándose fuera de sí. Por los vecinos se enteraron de que eran las mujeres de un comerciante que se hallaba de viaje. Al estallar el fuego las dos habían salido corriendo de la casa con sus hijos, y cada una había dado por hecho que la otra había cogido al recién nacido.

Jahan miró el edificio envuelto en llamas y a las mujeres que gritaban.

—Espérame aquí —le dijo a Shota—. Voy a entrar.

Ni en sueños se habría llevado al elefante, sabiendo el terror que le tenía al fuego.

Jahan se abrió paso poco a poco hacia la casa que ardía lentamente. Cada paso que daba era más cauteloso, atento al menor ruido. En cuanto cruzó el umbral, las llamas lo asaltaron por todas partes. El techo de las habitaciones delanteras se había derrumbado, pero la parte trasera del edificio seguía intacta. Jahan vio una palmatoria de latón y la cogió por puro hábito, pues apenas tenía valor. Unos pasos más adelante tuvo más suerte: un tintero vacío hecho de oro y esmeraldas. Tosiendo y jadeando, se abrió paso a través de cortinas de fuego, con los ojos tan llorosos que apenas veía adónde iba. Esquivó una viga ardiendo que cayó justo delante de él. Le golpeó el hombro derribándolo. Ya no podía seguir avanzando.

De pronto algo blando le rodeó las caderas y lo levantó del suelo.

—¡Shota! ¿Cómo has llegado hasta aquí? —exclamó Jahan.

Por toda respuesta el elefante lo condujo hacia las profundidades de la casa, o lo que quedaba de ella, moviendo las orejas como si oyera un sonido imperceptible. Sus pies eran tan sensibles que debía de habérselos quemado, pero al *mahout* no se le ocurrió pensarlo hasta más tarde.

Jahan no podía abrir la boca por miedo a tragar más humo. Cada bocanada de aire le escocía la garganta. Quitándose la chaqueta, se cubrió el rostro con ella. Shota lo empujó por detrás con suavidad pero con firmeza. Cercado por las llamas, Jahan entró tambaleándose en la segunda habitación y recobró el equilibrio. El elefante esperaba detrás de él.

Allí estaba la cuna. El tul de gasa que la cubría debía de haber impedido que el bebé se asfixiara. Jahan lo agarró sin comprobar si vivía o no. El niño lo agarró con una mano, aferrándose a la vida. Había berreado tanto que ya no tenía voz; su boca en forma de capullo de rosa estaba cerrada. Pero tenía una fuerza sorprendente, y debía de ser contagiosa, porque Shota y Jahan de pronto se tranquilizaron.

Cuando Shota y Jahan salieron, se había triplicado el número de mirones. Entre ellos estaban Sinan y los aprendices, tras enterarse de que el animal había entrado pesadamente en una casa en llamas. La madre del bebé se precipitó hacia Jahan y le arrebató al niño. Luego empezó a rezar, a reír, a dar gracias y a llorar mientras intentaba besar la mano de Jahan y la piel de Shota, todo a la vez, sin miedo a que el elefante la pisoteara.

Jahan se acercó tambaleante a Sinan, que lo saludó con los brazos abiertos.

—Estoy furioso contigo... pero también orgulloso, hijo. Muy orgulloso.

Los aprendices también lo abrazaron. Aun así, Jahan notó la frialdad que emanaba de ellos. No les había gustado que los eclipsara.

Resultó que el jefe de los jenízaros había estado de verdad enfermo. No obstante, esa no era la razón por la que había tardado en dar órdenes a los soldados. El ejército, que reclamaba desde hacía tiempo un aumento de sueldo, había visto el incendio como una oportunidad para demostrar lo imprescindibles que eran. Como el gran visir tardaba en conceder el aumento, el agha no se apresuró a dar órdenes a sus hombres de apagar las llamas.

El *mahout* y el elefante se dirigieron a la casa del maestro, cubiertos de hollín y hediendo a ceniza. Jahan envolvió los pies de Shota. Se le habían partido dos uñas y le sangraban, y tenía partes de piel quemada por todo el cuerpo. Las cicatrices de esa noche persistirían y nunca sanarían.

Más tarde Jahan contempló desde el jardín de Sinan la ciudad a sus pies, con las guirnaldas de humo arremolinándose aquí y allá. Al amanecer no se oyeron los trinos de los pájaros, ni el crepitar de las lumbres, ni los chillidos de las gaviotas al descender en picado; todo se había sumido en el silencio. En extraño contraste con el calor de la noche, hacía fresco.

Una vez apagado el fuego se vio con toda claridad la extensión de la devastación. Con la excepción del barrio judío, construido en piedra, habían quedado arrasadas calle tras calle.

—El fuego ha sido nuestro maestro —observó Sinan cuando todos volvieron a reunirse—. Nos ha enseñado una lección.

Aquella misma semana Sinan acudió al palacio y obtuvo los permisos que necesitaba. Robando horas al sueño trazó planos.

Decidió que ensancharían las calles un codo por lado, y que en lugar de madera utilizarían más ladrillo y piedra.

En cuanto se aprobaron las nuevas normas, la población empezó a desafiarlas. Era cierto que el incendio había sido un maestro. Pero Estambul, que olvidaba con más facilidad que recordaba, nunca aprendía su lección.

Una noche Sangram fue a ver a Jahan con un cuenco de *sutlach*, tal como había hecho muchos meses atrás. Estaba muy anciano y frágil, y de vez en cuando movía la cabeza de forma incontrolable, como si discutiera con algún compañero invisible. Jahan aceptó el obsequio, dándole las gracias. Mientras lo observaba comer, Sangram le preguntó:

—¿Te has enterado de lo que ha hecho el capitán Cabezaloca esta vez?

Jahan casi dejó caer la cuchara.

—¿Qué?

La flota del capitán Gareth se había enrolado en la marina. En el siguiente combate el marinero mordió la mano que le había dado de comer durante todos esos años y se convirtió en un traidor. Tras empezar en el bando de los otomanos, había acabado brindando por el Papa. Consciente de que lo desollarían vivo si lo capturaban, huyó del territorio otomano. No podía regresar a Estambul. No es que le importara. Después de haber recibido asilo del papado, estaba bastante satisfecho con su nueva bandera, capturando marineros otomanos.

Al oírlo Jahan se quedó mudo de asombro, inundado de recuerdos perturbadores. El capitán Gareth era la única razón por la que había acabado en la casa de fieras real. De él había sido la idea de disfrazarlo de domador de animales y colocarlo a tiro de piedra de las riquezas del serrallo. Un plan que había funcionado a la perfección una vez que los marineros a su mando se habían deshecho del *mahout* auténtico arrojándolo a las frías aguas del mar. «Nunca me ha caído bien ese tipo», había dicho el capitán a modo de explicación, aunque Jahan nunca entendió cómo podía desagradarle un hombre que no hablaba una palabra de turco ni de inglés, y se pasaba el día entero mirando fijamente las olas. En el interior de la bodega transportaban mercancías del Indostán y un elefante blanco al borde de la muerte. Jahan solo era un grumete que escapaba de su padrastro. Era un jovenzuelo de una ciudad de Anatolia. ¿Qué sabía él de elefantes? Al recordar eso le asaltó otro pensamiento. ¿Por qué Sangram le hablaba de pronto del capitán Gareth?

—Entonces lo sabías…

—¿Cómo no iba a saberlo? Me dijiste que eras del Indostán. No hablas una palabra de ninguno de nuestros idiomas y la historia que me contaste no tenía sentido.

—¿Por qué no me delataste entonces? Podrías habérselo dicho a todos: Este chico es un impostor, está mintiendo.

Sangram sonrió.

—Pensaba hacerlo…, pero luego cambié de opinión. No quise hacerte sufrir. Ya has conocido suficiente sufrimiento, ¿para qué provocar más?

Jahan se levantó y besó la mano huesuda del hombre.

—Eras apenas un niño y mírate ahora —dijo Sangram, abrumado de ternura.

Jahan se mordió el labio inferior. Qué extraño. Mientras él perseguía cosas que nunca iban a suceder y lamentaba los dones que la vida le había negado, lo habían apoyado personas sin él enterarse. Habían dado sin esperar nada a cambio.

El sultán Selim estaba resuelto a disfrutar, revitalizar y ampliar la casa de fieras. A diferencia de su padre, que apenas había reconocido la existencia de sus súbditos animales, el nuevo soberano se interesó en sus vidas. Visitaba a menudo a los animales salvajes, a veces solo pero casi siempre en compañía de sus cortesanos. En particular, le cautivaban los felinos grandes: tigres, guepardos y leones, y, por alguna razón desconocida por todos, le había tomado simpatía al avestruz. Los gorilas le despertaron la curiosidad, con sus sonidos y sus gestos arcanos. Sin embargo, el que más le fascinaba era Shota. Le encantaba pasear a lomos del elefante. Con tal fin había encargado un *howdah* más grande junto con un nuevo tocado: turquesa vivo, ribeteado de borlas doradas y adornado con plumas de pavo real. Jahan vio consternado que a él le esperaba un uniforme igual de ridículo, un jubón plateado brillante con bordados de tulipanes azules y un turbante blanco. El sultán tenía debilidad por los ornamentos, tanto para ponérselos él como para quienes lo rodeaban. Le gustaba rodearse de enanos, mudos y bufones, prefiriendo su compañía a la de sus visires y consejeros con su conversación soporífera.

Poeta y arquero, Selim era un hombre taciturno y atribulado, con un cuello tan corto que era casi inexistente; tenía una tez rubicunda y hombros tan redondeados que cualquiera hubiera creído que los había aplastado un peso invisible. Se convirtió en sultán a los cuarenta y dos años, pasada la flor de la vida. Llevaba desde siempre esperando, rezando y conspirando por el trono otomano; y, sin embargo, llegado el momento, no estaba preparado. Para Jahan era como la luz titilante de una vela, nerviosa y errática, y esperaba el viento que algún día la apagaría.

Su hermano Bayezid, su principal rival, había muerto ejecutado en Persia, dejando a Selim como único heredero. Lo normal habría sido que eso le complaciera, en cambio se volvió temeroso. Si era posible matar con tanta facilidad a los príncipes, sin escrúpulos ni recriminaciones, ¿en quién podía confiar en este mundo? Bebía en exceso y comía con voracidad. Se acostaba con las mujeres más hermosas. Salía a cazar ciervos, patos, perdices, jabalíes. Nada saciaba su sed. Bastaba con echar un vistazo a su vestimenta para ver la diferencia entre su padre y él. En su pasión por la opulencia se engalanaba con piedras preciosas poco comunes, vestía brocados refinados y se aplicaba perfumes embriagadores. Se delineaba los ojos con *kohl*, lo que confería a su mirada una dureza que no armonizaba con su personalidad. No pasó inadvertido que sus turbantes, decorados con plumas de colores chillones, fueran más altos que los del sultán Suleimán.

Sus numerosas mujeres tuvieron muchos hijos. Pero había una concubina que las superaba a todas, Nurbanu la Veneciana, la hechicera; aunque su madre le había puesto Cecilia. Ella decía que procedía de una familia de alto rango y que habría vivido como una noble de no haber sido capturada como esclava por los corsarios a los doce años. No obstante, los maledicentes completaron los fragmentos que ella omitía de su relato: a pesar de que la había engendrado un patricio, había nacido fuera del matrimonio. Nurbanu nunca cesó de enviar cartas a sus parientes de Corfú y Venecia. También mantenía correspondencia con el *bailo*, el dux y el Senado.

Como respuesta recibía no solo correspondencia sino también obsequios. Como Selim, Nurbanu amaba el esplendor. A petición de ella, le habían enviado recientemente un par de perros falderos de Venecia con el pelaje corto color crema que nunca se apartaban de su lado. Eran criaturas divertidas que ladraban a todo lo que se movía, sin importarles el tamaño. Antes de cada comida un catador probaba los platos por si algún alma malvada pretendía envenenarlos. A unos cuantos les habría gustado.

Por la noche, los domadores hablaban alrededor de la chimenea sobre Nurbanu, intercambiando rumores y fábulas. Todavía se observaba el código que les exigía guardar silencio, pero no tan estrictamente como antes. Si bien escogían con cuidado las palabras y utilizaban una lengua secreta, se explayaban a gusto. Se produjeron asimismo otros cambios. Desde el patio de los eunucos hasta la torre del médico principal, desde las cámaras de los príncipes hasta los aposentos de los Zülüflü Baltacılar, los Alabarderos con Trenzas, el serrallo resonaba. Todos los ruidos que este había contenido durante el reinado de Suleimán de pronto eran liberados, arremolinándose por los corredores.

Si el tiempo era suave y cálido, el sultán salía a pasear en bote con sus acompañantes, y comían y bebían mientras se deslizaban por el Cuerno de Oro, chupando grageas de sabor almizclado para endulzar el aliento. Selim creía que mientras su gran visir Sokollu llevara las riendas del imperio todo marcharía sobre ruedas. Pese a que el sultán no era capaz de asimilar los entresijos del Estado, si no hubiera ascendido al trono una parte de sí mismo habría querido seguir siendo poeta o bardo ambulante.

Los ulemas aborrecían sus costumbres. Los jenízaros lo reprendían por no conducir al ejército de un campo de batalla a otro. Sus súbditos lo comparaban con su padre y lo encontraban débil, y maldecían el fantasma de Hurrem que todavía merodeaba por los salones de mármol por no haber traído al mundo a un ser mejor. Selim los aplacaba haciendo concesiones y distribuyendo riquezas para que lo dejaran tranquilo. Gracias a su generosidad, todo lo desagradable que se decía sobre él se borraba como si hubiera sido escrito sobre arena mojada, solo para que apareciera escrito de nuevo poco después.

Entre los cortesanos más allegados de Selim había poetas, compositores de elegías y músicos. Había una poeta llamada Hubbi Hatun que era capaz de recitar durante horas con los ojos cerrados, y su voz se alzaba y descendía como una gaviota transportada por el viento. Había cantantes de baladas que conocían canciones de todos los rinçones del imperio en una docena de idiomas, y que lograban que el público pasara de la felicidad a la desesperación, y viceversa. También había un pintor que, cuando estaba un tanto achispado, decía que algún día utilizaría su propia sangre como pintura roja.

Jahan los conocía a todos. Paseaban por la rosaleda a su estilo poco protocolario y luego se detenían en la casa de fieras para mirar y dar de comer a los animales. Constituían un grupo bullicioso, tan amante de la juerga y la jarana como su señor. Sus visitas eran fortuitas e intempestivas. Podían ser a cualquier hora de la tarde o de la noche.

Un jueves, a altas horas de la noche, los domadores se despertaron con música y carcajadas. Parpadearon con ojos soñolientos mientras trataban de comprender qué ocurría.

—¿Dónde están los malditos criados? —retumbó una voz en la oscuridad.

Todos se vistieron, salieron corriendo y se colocaron en hilera. Allí estaban el sultán y tres invitados, animados y, a juzgar por su aspecto, muy borrachos.

—¿Dónde está el *mahout*? —bramó Selim.

Jaham dio un paso al frente y se postró a sus pies.

—Estábamos buscándote. Queremos montar al elefante.

—¿Ahora, mi sultán?

La respuesta fue recibida con estallidos de risas bobas mientras el sultán se enfurecía. Jahan murmuró unas palabras de disculpa y corrió al establo. Shota gruñó, reacio a abandonar la tierra de los sueños donde brincaba alegremente. Entre súplicas y amenazas, Jahan logró sacarlo y colocarle el *howdah*.

El sultán, el músico, el poeta y el juglar se subieron a él. Jahan advirtió que el sultán había engordado y que jadeaba mientras se acomodaba. Los criados que los acompañaban llevaban cestas repletas de comida y bebida. Las izaron con cuerdas hasta el *howdah*. Shota rodeó a Jahan con la trompa y lo sentó sobre su cuello. De ese modo emprendieron el paseo nocturno.

Jahan creyó que permanecerían en los jardines imperiales, pero al llegar a las puertas exteriores oyó a Selim decir:

—Continúa, *mahout*.

—¿Adónde, mi señor?

Los guardias, con la mirada estupefacta, se hicieron a un lado. Shota, todavía dormido y malhumorado, avanzaba a paso de tortuga, negándose a avivar el paso pese a los codazos de Jahan. En el interior del *howdah* a nadie parecía importarle. Cantaban, y el sonido de un laúd llenó el aire. Cruzaron las calles serpenteantes donde no se movía ninguna hoja ni sombra.

—¡Detente, *mahout*! —ordenó el sultán.

Jahan así lo hizo.

—¡Baja!

También cumplió esa orden.

—¡Cógela!

Riéndose bobamente, descolgaron una cesta por una cuerda. En ella había una botella de vino y una copa.

—¡Bebe! —gritó el sultán.

—Mi señor…

—Vamos. ¿Tienes alguna idea de lo irritante que es un sobrio para quien está algo achispado?

Jahan llenó la copa y la apuró. Siguió un estallido de carcajadas.

—Bebe otra —ordenó el sultán, visiblemente divertido.

Así lo hizo. Cuando quiso darse cuenta se había bebido toda la botella. Le pidió a Shota que lo subiera, y mientras se acomodaba en su cuello notó que la cabeza le daba vueltas como si fuera una noria y empezaba a tener hipo. Permaneció sentado, con la cara enrojecida y disimulando su angustia, hasta que oyó que el sultán decía:

—Dime, *mahout*, ¿has estado alguna vez enamorado?

—Todo lo que sé sobre el amor es que hace sufrir, Vuestra Alteza —respondió Jahan con poca certeza.

Del *howdah* llegó la más triste melodía, flotando en la brisa como una pluma de un pájaro desaparecido mucho tiempo atrás. El poeta recitó:

—«Contempla la belleza que aumenta el corazón dentro del espejo de la rosa...»

En aquel instante Jahan pensó en que Dios, que debía de estar observándolos, comprendería el dolor y el miedo que sentían los seres humanos por ser tan pequeños y perecederos. Aplaudió con ímpetu. La naturalidad de su reacción, que en otras circunstancias le habría causado problemas, fue recibida con más risas y regocijo.

De pronto un aullido hendió el aire.

—¿Qué demonios es eso?

Ante ellos se tambaleaba un hombre. Tenía la mirada cruda de alguien que acababa de despertar. El portal frente al que se habían detenido era al parecer su lecho. Demasiado borracho para encontrar el camino, se había quedado allí dormido.

Jahan intentó prevenir al pobre tipo. Se inclinó y susurró:

—¡El que va ahí sentado es el sultán! —le susurró, inclinándose.

—Ah —bramó el hombre, señalando a Selim—. ¡Ese es el sultán! —Señaló a los cortesanos—. ¡Esos son los arcángeles! —Señaló a Shota—. ¡Esta bestia es el *zebani* del infierno. ¡Y yo estoy muerto!

El sultán lo interrumpió.

—¿Qué estás haciendo por las calles a estas horas?

—Nada.

—No puedes ni tenerte en pie, pero sigues buscando algo de beber, ¿eh? ¡No mientas! ¿No te da vergüenza?

Aturdido y perdido, el hombre se inclinó como si quisiera besar la trompa de Shota.

—Buscando, sí. Pero vino no. —Se dio palmadas en el pecho—. ¡Buscaba amor!

Los cortesanos se desternillaron y con ellos lo hizo el sultán, pese a su irritación.

—A estas horas en las calles vacías. Eres un caso perdido.

El borracho levantó la cabeza y cruzó los brazos sobre el pecho.

—Quizá. Pero ¿qué me decís de vos?

Jahan observaba, muerto de preocupación. No se atrevía a mirar al sultán, temiendo el castigo que infligiría a ese súbdito insolente. Sin embargo, cuando Selim habló de nuevo, lo hizo con un tono sereno, casi compasivo.

—¡Cógelo!

Algo repiqueteó contra los adoquines. El hombre lo recogió y miró con expresión interrogante el anillo que tenía en la mano.

—Si encuentras lo que buscas, acude al palacio y muestra el anillo. Diles que traes un mensaje para el Señor del Imperio.

El borracho, cayendo de pronto en la cuenta de que ese era realmente el sultán, se postró para besarle la mano, el dobladillo o los pies, pero, incapaz de alcanzarlo, abrazó la pata de Shota.

—Apártate o te aplastaremos —le advirtió Jahan.

El hombre retrocedió sin saber qué decir, tembloroso, sudando y murmurando las gracias, desconcertado y contento de estar vivo.

—Vámonos, *mahout* —ordenó Selim.

De regreso guardaron silencio, de repente sombríos.

Desde que habían llegado al palacio otomano, en alguna ocasión Shota había sido desatendido o tratado mal, pero él siempre había sido el único, pues en la casa de fieras no había otro elefante. En el imperio no había otro elefante real. Todo cambió el día en que fondeó un viejo barco destartalado en el puerto de Gálata.

Corría el mes de abril. Los árboles de Judas habían florecido y toda la ciudad estaba envuelta en su perfume cuando el barco echó anclas. Entre su cargamento había tres animales: una cebra, una jirafa y un elefante africano. Enfermos y desdichados tras un viaje angustioso, los transportaron en carros al palacio. Por desgracia la jirafa, con su lengua negra y sus ojos mansos, no sobrevivió mucho tiempo. A la cebra la mandaron a la casa del león. En cuanto al elefante, un macho de veinte años llamado Mahmood, se recobró y se quedó. Junto con él llegó un rostro poco amistoso: Buziba.

Shota había cumplido treinta años. Aunque no era una edad tan avanzada para un elefante, ya no tenía la agilidad de los años de apogeo. Sin embargo, cada verano era más listo y perspicaz. Jahan comprendía por qué los guerreros veteranos preferían los elefantes entrados en años que los jóvenes. Por muy robustos que fueran de cuerpo y extremidades, los jóvenes se inclinaban a la imprudencia, al igual que los seres humanos.

Llevaron a Mahmood al establo de Shota mientras Buziba se unía a los demás domadores en el cobertizo. De entrada, Jahan trató de rehuirlo, pero resultó imposible. Todas las noches cenaban juntos, todas las tardes atendían a sus elefantes uno al lado del otro. Si Buziba había oído lo que era un *hamam* no dio muestras de ello. Casi nunca se bañaba, si alguna vez lo hacía, y nunca limpiaba su espacio. Contraviniendo las costumbres del palacio, comía ruidosamente. Durante las comidas Jahan evitaba sentarse a su lado para evitar las migas que escupía a derecha e izquierda.

Jahan no era el único a quien le irritaban los recién llegados. Shota también estaba perturbado y furioso. Le molestaba que Mahmood se comiera su heno, se bebiera su agua y se apropiara de sus premios. De vez en cuando le derribaba el balde o le birlaba la comida. Un elefante furioso era un vengador consagrado.

Una mañana Jahan entró en el cobertizo y encontró a Shota pisoteando la manta sudadera que Buziba ponía a Mahmood cada vez que salían a pasear.

—¡Vergüenza debería darte! —siseó Jahan sin alzar la voz para que nadie más le oyera—. Deja eso.

Demasiado tarde. El sudadero estaba mugriento.

—¿Qué ocurre? —llegó la voz de Buziba a sus espaldas.

Era absurdo negar la fechoría de Shota y Jahan no lo intentó siquiera.

—Te juro que lo lavaré.

Buziba recogió del suelo la manta sudadera pero no sin antes murmurar algo que Jahan tomó por una maldición.

—¿Crees que soy estúpido? Sé qué está pasando —dijo, con un tono tan consternado como satisfecho—. Tú y tu bestia estáis celosos.

—Eso no es cierto.

—Sí lo es, y por una razón. Porque sabéis que pronto os echarán a los dos con cajas destempladas. Salta a la vista cuál de los dos elefantes es mejor.

Jahan abrió y cerró la boca, incapaz de objetar nada. Alguien había visto su temor más íntimo y lo había expresado en voz alta, y el universo lo había oído.

Al día siguiente el sultán apareció acompañado de sus cortesanos. Jahan se disponía a preparar a Shota para dar un paseo cuando Selim dijo:

—Hoy probaremos el otro elefante.

Buziba se postró a sus pies, declarando que él y el animal servirían gustosamente al Soberano de la Casa de Osman, el Comandante de los Fieles y el Sucesor del Profeta, la Sombra de Dios en la Tierra, el más generoso, virtuoso y juicioso de todos los gobernantes que habían ascendido al trono en el pasado y en años venideros.

Jahan nunca había oído tantas palabras melosas que goteaban un sirope denso y pegajoso. Sin embargo, el sultán pareció complacido. Como un rayo colocaron el *howdah* de Shota sobre el lomo de Mahmood, y entregaron a Buziba la chaqueta de Jahan, la misma que él había detestado con toda su alma pero que de pronto tenía en gran estima. Mientras Jahan se mordía los labios y Shota meneaba la trompa, Mahmood y su *mahout* los reemplazaron sin más.

Se fueron. Aun después de que desaparecieran de la vista, el viento les llevó sus ruidos, o eso le pareció a Jahan inmerso en su tristeza. Acarició a Shota, que enroscó la trompa alrededor de su cintura. Se quedaron así largo rato, buscando consuelo en su mutua compañía.

A la mañana siguiente se desató el infierno. Detrás del establo había un estanque rodeado de musgo que se asemejaba a una alfombra verde y peluda. No era más que una charca con peces, pero a Shota le encantaba pasar el rato allí. Jahan había obtenido permiso para que se bañara de vez en cuando, dado que a Selim le fascinaba ver chapotear a un elefante en el agua.

Cuando Shota y Jahan llegaron al estanque, encontraron a Mahmood en el lugar habitual de Shota. A su lado estaba Buziba, con los pies sumergidos en el agua, disfrutando del sol con los ojos cerrados y la boca entreabierta.

Jahan estudió las opciones que tenía. No tenía sentido empezar a pelear, pues llegaría a oídos del comandante de los eunucos blancos y solo le causaría problemas. Sin embargo, no podía dejarlo pasar. Shota se detuvo a su lado, silencioso como un ratón, como si él también estudiara sus opciones.

—Este es el rincón de Shota.

Ni una sola emoción se reflejó en el rostro acartonado de Buziba. Cerrando de nuevo los ojos, bostezó y continuó balanceando los pies lánguidamente, como si Jahan y Shota no estuvieran allí esperando una respuesta.

—Vamos, Shota. Ya volveremos otro rato.

Jahan apenas había dado un paso cuando oyó salpicar agua. Shota, esa alma bendita, había hecho lo que él no se había atrevido a hacer. Buziba, metido en el estanque, soltó una maldición, tosiendo y agitando las manos. Era evidente que no sabía nadar y Jahan corrió a rescatarlo.

—Dame la mano y tiraré de ti.

Pero al darse cuenta de lo poco profundo que era el lago, Buziba se detuvo. Se levantó, salió por si solo y pasó por su lado como un huracán, chorreando agua.

Así empezó su guerra. Todos los días encontraban una nueva excusa para atacarse el uno al otro. Jahan apenas podía concentrarse en su trabajo para Sinan por miedo a que Buziba le hiciera algo a Shota mientras él estaba fuera. Perdía horas de sueño, comía poco. Recordó lo que le había dicho Sinan en una ocasión con una nota compasiva en la voz. «El equilibrio es lo que nos mantiene erguidos. A las personas nos ocurre lo mismo que a los edificios.» Jahan había perdido el equilibrio. También Shota, que pasaba los días mirando fijamente al frente, como si anhelara con todo su ser estar al otro lado de las paredes del establo que compartía con su enemigo. Al cabo de dos semanas de tormento Jahan urdió un plan. Empezaba a hacer frío y el verano se alejaba. Los gitanos de Balaban, que habían regresado de Tracia hacía poco, no tardarían en partir hacia el sur. Jahan decidió ir a visitarlos antes de que se marcharan.

Lo recibieron como a un hermano perdido hacía mucho. Sirvieron *sherbets* de tamarindo y los rodearon de aromas suculentos: mermelada de uva agria, queso de cabra, *pide* de espinacas, carne asada. Los niños correteaban alrededor, las mujeres fumaban y las abuelas soltaban carcajadas desdentadas. Mientras se atiborraban, los gitanos preguntaron por el sultán, impacientes por enterarse de los últimos chismorreos de palacio. Jahan comentó que había tenido que pagar a los guardias para que le dejaran salir y que tenía que regresar antes de la patrulla de la tarde.

—¿Y qué te trae por aquí? —quiso saber Balaban.

—Necesito ayuda. ¿Podemos hablar a solas?

—No hace falta. Esta es mi familia —respondió abriendo los brazos.

Jahan se inclinó más hacia él y bajó la voz hasta susurrar:

—¿Existe algo que haga enloquecer a un macho por una hembra?

Balaban sonrió.

—Sí, se llama amor.

—No me refiero a eso. Para… aparearse. Unos polvos o una bebida que despierte el deseo.

Balaban dejó de masticar y miró a Jahan.

—¿Estás enfermo?

—No es para mí sino para un elefante.

—Esa bestia no necesita estímulo. ¿Qué tienes contra la pobre Gulbahar?

—¡Oh, no es para Shota!

Jahan le contó todo desde el principio: cómo había perdido la tranquilidad de espíritu desde la aparición de otro elefante y otro *mahout.* Esperaba que Balaban se riera a su costa, pero cuando terminó lo vio asentir con solemnidad.

—No sufras. Te ayudaremos.

Jahan sacó la bolsa que había llevado y la dejó sobre la mesa.

—¿Es del sultán o tuya? —le preguntó Balaban.

—El sultán no sabe nada de todo esto. No debe enterarse.

—Entonces guárdatela —repuso Balaban a su manera sucinta y jovial—. Ahora vete. Te encontraremos.

Jahan regresó a la casa de fieras. En su cabeza fermentaba una pócima de hechicero, compuesta de vergüenza, esperanza y culpa. Dos días después llegó un chico buscándolo con un tarro.

—Alguien le manda esto.

Jahan escudriñó su rostro: ojos negros brillantes, sonrisa con hoyuelos, tez aceitunada. Sin duda era un pariente de Balaban. En el interior del tarro había unos polvos del color de la cúrcuma. Introdujo un dedo y lo probó. Tenía un sabor suave, un poco salado. No sería difícil camuflarlo con cualquier comida.

Robó de la cocina un *sherbet* de granada y lo mezcló con una cucharada de polvos. En cuanto Buziba se marchó le dio la bebida a su elefante, quien la bebió alegremente. No pasó nada. Al día siguiente volvió a intentarlo pero aumentando la dosis. De nuevo, nada. Por último echó todos los polvos a las gachas de arroz de Mahmood y observó cómo el elefante lo devoraba todo.

Quiso la suerte que esa noche el sultán Selim apareciera con sus compañeros, impaciente por disfrutar de otra velada de diversión.

—*Mahout!* —exclamó el sultán.

Jahan se postró.

—Sí, mi sultán.

—¿Dónde está el otro *mahout*?

Buziba acudió corriendo con el rostro empapado en sudor.

—Vuestra Majestad, el elefante no se siente bien. Os ruego que nos disculpéis esta noche.

—¿Qué le ocurre a la bestia? —inquirió el sultán.

Como en respuesta llegó del establo un sonido espeluznante, seguido de un estrépito. El sultán se dirigió con todo su séquito hacia ellos.

Lo aguardaba una escena de lo más extraña. Mahmood, frenético, había embestido el panel del lateral del cobertizo y clavado un colmillo en la madera, y no podía moverse ni hacia delante ni hacia atrás. Tenía el órgano masculino hinchado y goteando, y barritaba con más rabia que desesperación. Nadie se atrevía a acercarse a él, ni siquiera Buziba.

Aquel fue el final de Mahmood. Aunque lo liberaron de la madera, su furia y su frustración no remitieron. Al final tuvieron que ponerle grilletes. Rompió las cadenas y arrasó las paredes. Lo peor era los ruidos que emitía: bramidos, gemidos, aullidos. Antes de que acabara el mes habían mandado a Mahmood y a Buziba a la vieja iglesia situada cerca de Santa Sofía.

Nadie sospechó con la excepción de Olev.

—Fuiste tú, ¿verdad? —le preguntó, con las cejas arqueadas.

Cuando Jahan, que ya sentía remordimientos, no respondió, Olev continuó:

—Recuerdo el día que llegaste. Eras un crío, al igual que tu elefante. Recuerdo que te miré y pensé: ¿cómo sobrevivirá en el palacio un chico tan inocente y con tan buen corazón? ¡Y mírate ahora! Para tu desgracia, te has convertido en uno de nosotros.

Jahan alzó la mirada.

—¿Qué quieres decir?

—Pues que estás librando batallas que no son necesarias. Tú eres más fuerte. Pero ten cuidado. Si vas armado con una espada obedeces a la espada, no al revés. Nadie que empuñe un arma tiene las manos limpias de sangre.

—Yo sí... No te preocupes por mí —replicó Jahan.

Pero en cuanto pronunció esas palabras sintió una fuerte punzada de pánico al pensar que tal vez estaba tentando a la suerte.

Desde el día de su ascensión al trono, siempre que Estambul lo abrumaba, lo que ocurría a menudo, Selim partía hacia Adrianópolis, la ciudad donde había transcurrido una buena parte de su juventud. Allí cazaba, holgazaneaba y bebía hasta hartarse, lejos de miradas reprobatorias y lenguas chismosas. Como cualquier hombre que es consciente de la aversión que suscita, el sultán tenía la impresión de estar en deuda con cuantos lo apoyaban, y los habitantes de Adrianópolis siempre habían estado de su parte. Así, llevaba varios años de reinado cuando decidió premiar la lealtad de la población encargando una mezquita en su ciudad adoptiva en lugar de en la capital, como era de esperar.

En cuanto se hizo público el anuncio de que el soberano costearía una mezquita espléndida empezaron las murmuraciones. Corrió el rumor de que había un motivo por el que el sultán no había escogido Estambul. Al no haber encabezado nunca al ejército en el campo de batalla, no gozaba del prestigio necesario para mandar construir un monumento tan grandioso en la sede del trono. ¿Cómo levantaría su mezquita cerca de la de Suleimán cuando no llegaba ni a la suela de los zapatos del padre? Por esa razón la nueva construcción solo podía erigirse en Adrianópolis.

Palabras semejantes a la bilis negra. Haciendo caso omiso, Sinan y los cuatro aprendices echaron los cimientos de la mezquita Selimiye en abril. El sultán regaló a su arquitecto una túnica de oro y plata como prueba de la confianza que depositaba en él. Todos los que se hallaban en el recinto de las obras —ya fueran carpinteros o esclavos— estaban a la expectativa, ni optimistas ni pesimistas. De algún modo parecían ser conscientes de que estaban contribuyendo a crear algo único. Trabajaban con esa convicción... y con ese temor, pues era un pecado crear algo tan grandioso que pareciera rivalizar con el Creador. A los imanes, los sacerdotes y los rabinos tal vez no les gustara oírlo, pero en su fuero interno sospechaban que, en ocasiones, hasta Dios tenía celos.

La idea de la mezquita había acudido al sultán en un sueño. Contemplaba al profeta Mahoma y no lo reconocía por el rostro, dado que ningún ser sobre la tierra podía verlo, sino por su aura. Selim le prometía que conquistaría la isla de Chipre, y que con el botín de guerra construiría una fabulosa mezquita para la adoración comunitaria de los viernes. El Profeta hacía un gesto a los ángeles que aguardaban a su lado. Deslizándose por el aire, luminosos como luciérnagas, estos desaparecían y regresaban con un rollo de pergamino. Era el plano de la Selimiye.

Alborozado y emocionado, a la mañana siguiente el sultán no quería despertarse. Cuando por fin lo hizo, le contó a su gran visir lo que había visto. Sokollu, que era taimado y astuto, creía que los sueños de un gobernante solo podían ser de dos clases: los que no debía compartir con nadie, ni siquiera con su gran visir, y los que debía dar a conocer a todos. Así que dedujo que ese era de la segunda clase.

Hacia el mediodía, Sokollu abordó el tema delante del *nishanci*, el jefe de la Cancillería, quien, como era muy goloso, se lo mencionó al principal repostero quien, a su vez, se lo contó al comerciante encargado de abastecer de frutos secos a las cocinas reales. Por la tarde el chismorreo abandonó el palacio en una carreta llena de pistachos y llegó a las afueras de Estambul. Desde allí se difundió de norte a sur, y de este a oeste. Antes de que la plegaria vespertina llenara el aire, cientos de personas estaban al corriente de ello. Apenas había terminado la semana, la ciudad entera, incluido el *bailo* veneciano, se había enterado de que el Profeta le había pedido al sultán que salvara Chipre de los infieles cristianos.

Selim visitó las tumbas de sus antepasados y la del mártir Ayyub. Los espíritus le dieron su bendición para librar una guerra. Sin embargo, cuando llegó el momento de embarcar, él se quedó en tierra. La conquista no se realizaría por medio de la espada del sultán sino de su sueño. Las recompensas serían inmensas. Conquistaron y saquearon Nicosia hasta que poco quedó de la ciudad que había sido. A continuación tomaron Famagusta junto con cientos de cautivos, después de sacudirla durante meses.

Mientras tanto el gran arquitecto imperial y sus aprendices se hallaban de nuevo en Adrianópolis trabajando con ahínco. Para Sinan, cada empresa era como un capullo: una vez se metía de lleno en una rechazaba el mundo exterior. No tenía interés en las guerras, por no hablar de los triunfos. Aun así, las obras solo cobraron impulso tras la conquista de la ciudad. El dinero obtenido con los tributos proporcionó más mano de obra y materiales.

Curiosamente, la mezquita erigida en su honor iba ganando altura a medida que el sultán caía en picado. El hombre y el edificio estaban unidos de un modo profundo pero inverso, como la noche y el día. Para que uno existiera el otro debía perecer. Con cada clavo que se martilleaba y cada piedra que se colocaba en el edificio algo le era arrebatado: la salud, la felicidad, el poder y, por último, el *kismet.*

Una tarde de otoño, mientras el maestro trabajaba en una de las ocho enormes columnas de la mezquita Selimiye, mandó recado a sus aprendices de que quería verlos. Al llegar a su tienda, Jahan encontró a los demás en la entrada. Se sentó con ellos en un banco mientras esperaban a que Sinan acabara de hablar con unos vidrieros.

Davud parecía preocupado, como era habitual en él.

—El maestro nunca nos apartaría del trabajo a los cuatro si no se tratara de algo serio —susurró.

Por fortuna los vidrieros no tardaron en marcharse, lo que les ahorró hacer más conjeturas inútiles. Encontraron a su maestro sentado sobre una alfombra decorada con árboles en flor en el centro y una procesión de ciervos, gacelas, tigres y leones en los bordes; tejida en la ciudad de Herat, en Jorasán, era un obsequio de un mendigo kurdo para quien había construido una casa de beneficencia. Sinan estaba recostado sobre cojines y en la mano tenía una sarta de cuentas que pasaba despacio. Jahan sabía que escogía las cuentas según su estado de ánimo: las de ópalo celeste cuando estaba absorto en sus pensamientos; las de ámbar amarillo cuando se sentía alegre, las de ónice negro cuando estaba impaciente por comenzar un nuevo proyecto. Aquel día eran las cuentas de berilo verde pálido que escogía cuando estaba preocupado. Encima de la mesa baja que tenía delante había una taza de café y un vaso de agua, y al lado, un boceto que Jahan reconoció: Santa Sofía.

Uno por uno los cuatro se sentaron en la alfombra, mirando a su maestro. Él guardó silencio hasta que se hubieron acomodado, y el ruido de las cuentas que en esos momentos pasaba más deprisa llenó el aire. A continuación les comunicó lo que le ocupaba la mente.

Con los años los alrededores de Santa Sofía se habían llenado de casuchas, todas ellas construidas ilegalmente. Al cadí jefe de Estambul le habían llegado quejas, pero no sirvieron de nada. Al final, al ver lo desesperada que era la situación Sinan presentó una petición al sultán. En ella criticaba a los hombres ignorantes que, pasando por alto la regla de los codos, había levantado estructuras sin nociones del oficio ni respeto al entorno.

—Nuestro sultán ha estudiado la petición de su humilde siervo —concluyó Sinan.

Se había constituido un comité, y en breve se reunirían el cadí jefe, el imán de la mezquita, los estudiosos religiosos y los decanos de los delineantes y los albañiles para inspeccionar los daños y presentar un informe. A partir de él, y siempre que el sultán lo aprobara, Sinan reconstruiría Santa Sofía.

Emocionado, Jahan inclinó la cabeza. Sería un honor restaurar esa joya arquitectónica, que en otro tiempo había sido una basílica y hoy día se erigía como una mezquita majestuosa. El edificio por el que Justiniano había exclamado con orgullo: «¡Salomón, te he superado!». No obstante, Jahan tuvo la clara impresión de que había algo más.

—Si el sultán nos da su autorización para restaurar la mezquita, ¿qué ocurrirá con las casas que la rodean?

El rostro de Sinan se ensombreció.

—Las demolirán.

Jahan respiró hondo al comprender el aprieto en el que se hallaba su maestro. Este había tenido que escoger entre el pueblo y el edificio, y era evidente que había escogido lo segundo.

Sin embargo, el día en que se celebró la reunión en Estambul, el soberano asistió a ella con su séquito, para estupefacción de todos. Impaciente por ver con sus propios ojos la situación, el sultán Selim decidió acudir acompañado de sus visires y grandes. Pasearon por los alrededores de Santa Sofía y lo que contemplaron les causó un dolor indescriptible. A lo largo de los muros exteriores de la mezquita se extendían canalones de los que caía un agua tan turbia que dejaba a cuantos la tocaban más sucios que antes. Por los bordes croaban las ranas, correteaban las ratas y se amontonaban las heces, tanto de animales como de seres humanos. En un recodo vieron el cadáver de un perro, sin quijada y con los ojos muy abiertos como si todavía vieran el horror.

Toda la gente que vivía alrededor de la mezquita había llegado hacía poco a Estambul. Dejando atrás sus pueblos, emigraron a la «sede del trono» sin contar con un techo bajo el que cobijarse, parientes en los que confiar o tierras que labrar. Tras enterarse de que en los alrededores de Santa Sofía había espacio y era fácil acceder a él, habían echado raíces allí. Había talleres, cobertizos, establos para ovejas, lugares de ordeño, gallineros y letrinas. Todos juntos se recostaban contra la mezquita, empujándola desde los cuatro lados. Tan grande había sido la presión que los muros occidentales de Santa Sofía, donde más densos habían sido los asentamientos, empezaban a inclinarse hacia dentro.

El séquito entró en el taller de un zapatero. Al ver al sultán, el artesano, con los ojos desorbitados de miedo y mudo, tembló y tartamudeó, incapaz de responder una sola pregunta. Por fortuna, no se desmayó. En un cobertizo situado unas casas más abajo había unas ollas enormes en las que hervían intestinos de animales para fabricar velas. Desprendían un hedor tan espantoso que el sultán, llevándose un pañuelo de seda a la nariz, salió disparado. Los demás lo siguieron con prisas.

Uno de los habitantes de ese barrio variopinto había construido un establo y una casa de tres plantas, y alquilaba las habitaciones restantes a estudiantes y peregrinos. Otro había cavado un profundo hoyo en su jardín trasero con la intención de abrir un pozo, con lo que había dañado los cimientos de Santa Sofía. Un tercero había levantado una casa que al poco tiempo se vino abajo, milagrosamente sin resultar nadie herido; poco después levantó una segunda vivienda y esta vez logró que se mantuviera en pie. Había una montaña de casquetes en su jardín donde los niños jugaban y los perros vagaban.

Al concluir la visita guiada, el sultán gritó desde lo alto de su semental:

—Arquitecto imperial, dé un paso al frente.

Sinan así lo hizo y a continuación se inclinó.

—Esto es indignante. Es mi deseo restaurar la mezquita.

Sinan se postró de nuevo y cerró los ojos, lleno de gratitud.

—Le doy mi bendición. Empiece las obras sin demora. Levante contrafuertes donde crea necesario. Derribe las casuchas. Ninguna ha sido construida con mi autorización.

El sultán agitó una mano adornada con anillos y se adelantaron dos criados: uno iba primero y el otro lo seguía con un caftán de seda pura ribeteado de armiño. El gran visir lo tomó y se volvió hacia Sinan, quien seguía arrodillado, y con voz suave le pidió que se levantara. Así fue como el arquitecto fue obsequiado con la túnica de honor.

Davud, Yusuf, Nikola y Jahan se miraron de reojo, sin poder contener una sonrisa.

—Bien. Ya puede empezar a trabajar —declaró el sultán, y tiró de las riendas del caballo, listo para partir.

—Vuestra Majestad, uno de los edificios ilegales es un almacén que pertenece al palacio —señaló Sinan—. ¿Estamos autorizados para derribarlo junto con todo lo demás?

El sultán Selim titubeó, aunque muy brevemente.

—Haga lo que tenga que hacer.

Al día siguiente inspeccionaron los barrios de Zeyrek y Kalenderhane, donde también encontraron muchas construcciones ilegales. Sinan decidió delimitar un espacio de treinta y cinco codos alrededor de la mezquita sagrada y derribar todo lo que hubiera en él. Pidió a sus aprendices que pusieran por escrito de manera detallada el plan de trabajo, no una sino dos veces. Una copia para pedir la aprobación del sultán y la otra para los archivos de los arquitectos de Vefa. En él se comprometían a llevar a cabo las siguientes tareas: reparar las partes tanto del interior como del exterior de Santa Sofía que se hallaban en mal estado; llevar agua sin contaminar a la mezquita mediante nuevos canales; cubrir con plomo los tejados afectados por goteras; reemplazar la desvencijada base de madera del minarete por otra de ladrillo resistente; abrir una franja de tres codos de ancho alrededor de la madrasa derribando las casuchas existentes; dejar un espacio de treinta y cinco codos de ancho a izquierda y derecha de Santa Sofía y derruir todas las estructuras de construcción ilegal; utilizar las piedras, los ladrillos y las maderas de los derribos en la reconstrucción de Santa Sofía.

Poco después de recibir la carta, el sultán no solo dio su aprobación sino también promulgó un decreto:

> Al cadí jefe de la ciudad de Estambul y responsable del legado de la mequita de Santa Sofía:
>
> Estas son mis órdenes que deberá cumplir de inmediato en su totalidad. Cuando se me informó de que la Gran Mezquita sufría el desgaste del paso del tiempo y el deterioro causado por la población, y solicitaron mi autorización para restaurarla, acudí personalmente a inspeccionar el área acompañado del maestro de los arquitectos imperiales y otros expertos, que Dios aumente sus conocimientos, y he llegado a la conclusión de que las obras son esenciales, y, por lo tanto, deben llevarse a cabo, pues la restauración de los santuarios venerados no solo es un cometido que nos ha encomendado Dios Todopoderoso, sino también una noble responsabilidad del sultán.
>
> Así pues, le ordeno que ayude al arquitecto imperial y a sus delineantes, y se ocupe de proporcionarles todo lo que precisen para destacar en su trabajo.

Eufóricos con el decreto, Sinan y los aprendices se dirigieron al lugar de las obras. Con ellos había ochenta y cinco obreros equipados con mazos y almádenas, y grandes cantidades de pólvora. También había animales como bueyes, camellos y mulas, aparte de Shota.

Al llegar a Santa Sofía encontraron a una multitud esperándolos. Esta se interpuso en su camino, un muro de carne y hueso, impidiéndoles pasar. Ojos oscuros y hundidos, entornados a causa de la exasperación; bocas cerradas y en tensión. Flotaba en el aire una cólera palpable. Poco acostumbrados a esa clase de odio, los aprendices se quedaron sorprendidos. También su maestro, con la cara lívida, parecía muy envejecido de repente.

—¿Qué ocurre? —preguntó.

—Estamos destruyendo sus hogares —respondió Nikola.

—Maestro, permítame hablar con ellos. —Era Davud—. Son paisanos míos. Conozco a mi gente. No queremos que se enemisten con nosotros.

—Davud tiene razón —terció Jahan—. Deberíamos ponerlos de nuestra parte antes de comenzar.

Envolviéndose en su capa como si estuviera expuesto a una corriente de aire, Sinan accedió.

—Ve a hablar con ellos, Davud. Asegúrales que los compensaremos por sus pérdidas. Nuestro sultán ha dado su palabra. —Luego se volvió hacia los obreros—. Hoy no haremos nada.

Al día siguiente, cuando llegaron, la calle estaba vacía y todo parecía estar en calma. Hasta que apareció el capataz corriendo, con el rostro encendido.

—Rece, efendi —dijo sin apenas saludar.

—¿Qué pasa?

—Nos han robado las herramientas y destrozado los carros. ¡Esta gente malvada no nos permitirá trabajar! —A continuación informó de que al lado de la mezquita se había congregado una multitud, más amplia y más furiosa que la del día anterior.

—¿Qué quieren? —preguntó Sinan.

—Dicen que es un templo de los infieles —dijo Gabriel el Nevado—. ¡Qué desvergonzados! Si me lo permite, maestro, corren rumores sobre usted.

—¿Qué dicen?

Gabriel el Nevado bajó la mirada.

—Dicen que como usted es converso del cristianismo, quiere destruir los hogares de los buenos musulmanes.

—Mezquitas, iglesias, sinagogas —replicó Sinan frunciendo el entrecejo—, todas son construidas para glorificar a Dios. ¿Cómo pueden ser tan poco respetuosos?

La turba no oyó nada de todo eso. Los días que siguieron los aprendices se enfrentaron con un problema tras otro. Los obreros se sentían intimidados. Encontraron dos animales muertos envenenados. Temiendo que le ocurriera algo a Shota, Jahan dejó de llevarlo a las obras. No se martilleó un clavo ni se retiró una piedra.

Al cabo de una semana Sinan envió a sus aprendices a pedir ayuda al cadí jefe, un hombre de barba gris, ojos hundidos y semblante cauto. Jahan contaba con que se irritara con los ocupantes ilegales. Sin embargo, se enfureció con Sinan.

—Su maestro escribió al sultán, y nuestro sultán, benevolente como es, se ha tomado en serio la petición. Mire en qué ha acabado todo.

—Pero, efendi, ¿acaso no es culpa de la gente? —preguntó

Jahan—. Han construido ilegalmente sus viviendas en los alrededores de Santa Sofía y…

—Está bien —lo interrumpió el cadí jefe—. Veré lo que puedo hacer. Pero no esperen milagros.

Los aprendices salieron de la casa desmoralizados. Jahan comprendió que las personas que podían ayudarlos se abstendrían de hacerlo por amargura, pereza o envidia del éxito de Sinan.

La situación tal vez no se habría solucionado nunca de no ser por la fatua que se emitió poco después. Las palabras del gran muftí cayeron como granizo sobre la ciudad, apagando todos los fuegos, grandes y pequeños.

> Pregunta: Hay quienes sostienen, a propósito del tema de la reconstrucción de una mezquita santa que ha sido una iglesia previamente, que no nos marchamos porque un edificio de los infieles tiene forzosamente que derrumbarse, y lo de menos es si se derrumba, y hay quienes los apoyan, diciendo que todo aquel que restaura un templo de los infieles es él mismo infiel. ¿Qué debe hacerse con tales personas y sus adeptos?
>
> Respuesta: Todo el que pronuncia palabras tan erróneas es él mismo infiel y será ejecutado. Los que obstruyan las obras recibirán su castigo. Las obras de reconstrucción de la mezquita se reanudarán sin incidentes, conforme a la sharía justa.

A partir de ese momento las aguas volvieron a su cauce. No hubo más turbas por las calles, aunque aquí y allá se producían pequeños incidentes, sobre todo robos de material. Sinan regresó a Adrianópolis con Yusuf para finalizar la mezquita Selimiye. Jahan se quedó intranquilo. Habría preferido vigilar a Yusuf. Todavía no había tenido oportunidad de preguntarle sobre sus reuniones secretas con Tommaso, y verlo solo con el maestro lo llenó de inquietud.

Davud, Nikola y Jahan se quedaron a cargo de las obras de los alrededores de Santa Sofía. De vez en cuando enviaban a su maestro una carta para ponerle al corriente de los logros alcanzados. Poco a poco las cartas disminuyeron, y la distancia entre el maestro y los aprendices se fue llenando de un silencio culpable.

Nunca se lo confesaron a Sinan, pero los aprendices que se quedaron en Estambul se sentían muy incómodos. Todos los días procuraban avisar a los dueños de las casuchas que se disponían a demoler a fin de darles tiempo suficiente para que recogieran sus pertenencias. Sin embargo la gente era demasiado lenta o bien se mostraba reacia, pues una y otra vez se daba la misma escena lamentable: en medio de lágrimas y maldiciones se veía a familias enteras arrastrando lo poco que tenían a cuestas: utensilios de cocina, lámparas, esteras, juguetes, una cuna, un *kilim*, un pájaro en su jaula.

Jahan tomó la costumbre de pasearse por el barrio para despejarse; a veces con otro aprendiz, pero casi siempre solo. Un día de esos Nikola y él pasaron por un lúgubre callejón lleno de talleres medio vacíos y vieron a dos niños acercarse a ellos. Un niño y una niña de brillantes ojos verde salvia —hermanos, a juzgar por el parecido— sobre pecas oscuras, lo que les confería un aspecto travieso. Llevaban el cabello muy corto, una precaución contra los piojos. Los dos iban descalzos.

—Eh, pequeños —les dijo Jahan arrodillándose—. No deberíais estar aquí solos. ¿Dónde vivís?

La niña señaló una choza al final del callejón. Nikola y Jahan se miraron con aire culpable. Era uno de los lugares que demolerían a la mañana siguiente.

El niño le cogió la mano y empezó a tirar de él con todas sus fuerzas. De sus amplias mangas raídas asomaron los dos palos blancos que eran sus muñecas. Aterrado, Jahan comprendió que el niño quería que lo siguiera hasta su casa.

—No, no puedo ir contigo —dijo más fuerte de lo que pretendía.

El niño se mostró firme. Mientras suplicaba con sus grandes ojos límpidos, la niña tiró de Nikola. Al final los aprendices no pudieron resistirse a ellos.

Un rancio olor a moho y podredumbre les llegó de golpe al entrar en la casucha que los niños llamaban casa. En el interior de la primera habitación había un hombre enfermo tendido en el suelo. Lo asistía una mujer cubierta de la cabeza a los pies, que al verlos salió corriendo de la habitación.

—Mi padre —dijo la niña.

Al oír su voz, el paciente, que hasta entonces había yacido inerte, volvió la cabeza. La mirada que lanzó a Jahan fue de dolor. Cuando abrió la boca solo brotó un susurro sibilante. La niña, imperturbable, se inclinó hacia él, escuchó y asintió.

—Pregunta si se llama usted Azrael.

Jahan se estremeció. Era evidente que el hombre tenía alucinaciones y lo confundía con el Ángel de la Muerte. Una voz que sonaba dentro de la cabeza le decía que se marchara. En lugar de ello, le deseó al hombre que mejorara su salud y dejó que los niños lo condujeran en silencio hasta las entrañas de la casa. Nikola lo siguió. En la segunda habitación vieron a unos gemelos durmiendo en la misma cuna, con la boca abierta y un rayo de sol sobre ellos. Uno de los bebés tenía el labio deforme. Gemelos idénticos que nunca se parecerían.

Los niños los apremiaron para que siguieran avanzando. Cruzaron un pasillo oscuro de techo bajo y se adentraron en el patio trasero; los dos aprendices se sorprendieron de lo cerca que estaba Santa Sofía. A un lado había un gallinero vacío. Una desvencijada puerta de madera daba a un tramo de tierra que utilizaban de retrete, del que llegaba un intenso hedor. Junto a esa puerta en una cesta había una gata moteada con las mamas hinchadas y cinco gatitos del mismo color alrededor.

La niña cogió uno de los gatos por el cuello y apretó la nariz en su pecho flaco. Colmado de amor, el animal no emitió ruido alguno. Luego ella lo levantó con brusquedad y dijo:

—Tome.

—Oh, no. No puedo quedármelo.

—Es suyo.

Jahan se mostró igual de firme.

—No quiero un gatito.

A ella se le demudó el rostro.

—Si se queda aquí se morirá.

Al ver la agitación de su hermana, el niño cogió el gatito y lo puso en las manos de Jahan. El gato, asustado, arañó el pulgar de Jahan, que soltó un grito.

—Lo siento, pero no está en mis manos salvar a tu gatito.

Conmovidos, los aprendices cruzaron de nuevo la casa y salieron a la calle, donde se habían congregado varios vecinos al enterarse de que estaban allí. Uno de ellos arrojó una piedra que alcanzó a Nikola en el hombro.

Los aprendices echaron a correr. En su confusión giraron por donde no debían y salieron a un campo de zarzas que les arañaron los tobillos. Respiraban con gran esfuerzo y tenían todos los sentidos alerta, esperando que alguien saltara sobre ellos desde detrás de los matorrales.

—Yo no quiero hacer esto —dijo Nikola jadeante cuando aminoraron el paso.

—Yo tampoco.

De nuevo en el recinto de las obras encontraron a Davud trabajando. Al verlos apareció en su rostro una expresión de preocupación.

—¿Estáis bien?

Jahan le contó lo ocurrido. El enfermo, los niños, los bebés...

—No dejéis que eso os afecte —dijo Davud—. No tenían derecho a construir esa barraca.

—Pero no tienen adónde ir.

—Los compensarán. Así lo ha prometido el sultán.

—Sabes tan bien como yo que no será suficiente.

—¿Qué podemos hacer? —murmuró Davud atusándose la barba con los dedos—. Nuestro maestro nos ha confiado esta tarea.

—Sí, ¿y dónde está él ahora? Construyendo la mezquita del sultán mientras nosotros tenemos que lidiar con este desastre. —En cuanto pronunció las palabras Jahan se detuvo, sorprendido por su propia ira—. Perdonadme.

—Yo ya lo he hecho —repuso Davud con una sonrisa fraternal.

Aquella semana pospusieron el escribir a Sinan, pues ninguno se sentía con ánimos para hacerlo. Procuraron evitarse, como para no recordarse su sentimiento de culpa. Al final llegó una carta de su maestro:

Mis diligentes aprendices:

Estaría con vosotros si no me hubieran encomendado finalizar sin demora la mezquita del sultán. El apremio de la mezquita Selimiye me ha obligado a dejaros solos, pero lo he hecho sabiendo que sois más que capaces de ocuparos de la Gran Mezquita de Santa Sofía. Aun así, soy consciente de que esa es la tarea más difícil. En nuestra profesión casi nunca vemos a gente. Hacemos amistad con canteras de piedras, conversamos con tejas, escuchamos al mármol.

Sin embargo, en esta ocasión tenéis que enfrentaros con las mismas personas cuya casa debéis demoler. Eso es muy duro. De haber estado en mi mano, habría trasladado a cada una de esas familias a un hogar seguro con mucha tierra y árboles. Pero no lo está, como tampoco lo está en las vuestras.

Solo recordad que las ciudades son como los seres humanos. No están hechas solo de piedras y madera sino de carne y hueso. Sangran cuando les haces daño. Toda construcción ilegal es un clavo incrustado en el corazón de Estambul. Acordaos de compadecer a la ciudad del mismo modo que compadecéis a sus habitantes.

Que Dios os conceda vuestros deseos y os mantenga serenos.

Sinan, el humilde y modesto alumno de Set y Abraham, patrones de los canteros y los arquitectos.

Aquel otoño los aprendices arrasaron un sinfín de casuchas. Sin embargo, si ellos trabajaban rápido, más rápidos eran los reción llegados. Así, mientras derribaban estructuras y se llevaban los cascotes, en otras partes de la ciudad se levantaban nuevas viviendas, igual de ilegales, e igual de inseguras y antiestéticas. Las normas que Sinan había elaborado en relación con el ancho de las calles y la altura de las casas volvían a ser ignoradas. Jahan estaba horrorizado. Nunca había creído que la tarea de un arquitecto fuera proteger la ciudad de sus habitantes y resguardar el pasado del futuro.

La cúpula. Eso era lo que estaba en boca de todos. En sus cartas al gran arquitecto imperial, el sultán exigía que las dimensiones de la cúpula fueran más grandes que las de Santa Sofía. Su mezquita debía proclamar el triunfo del islam sobre el cristianismo. Todas esas conversaciones pusieron nervioso a Jahan. El pueblo, tanto o más que su gobernante, incitaba a los arquitectos a competir entre sí, enfrentando a Sinan con Antemio el matemático e Isidoro el físico que habían diseñado la iglesia infiel.

—¿Te preocupa algo? —le preguntó Sinan—. Pareces ausente.

Una fina capa de serrín le cubría el calzado y un leve velo de sudor le hacía brillar la frente. Pese a su agotamiento, seguían trabajando como si cada día fuera el último.

—Estoy impaciente por acabar aquí e irme.

—En cuatro semanas habremos terminado, si Alá lo permite —repuso Sinan, y se le fue la voz.

Incluso eso era demasiado tiempo, pero Jahan no puso objeciones. Se sentía avergonzado de quejarse cuando su maestro, con más de ochenta años, no cesaba de trabajar desde el amanecer hasta el anochecer. Pese a los ruegos de todos, no descansaba. Como una polilla atraída por el fuego, Sinan se sentía atraído por el polvo, la suciedad y el arduo trabajo de las obras. Tenía las manos ásperas, las uñas astilladas; por debajo de los caftanes de seda que llevaba en las ceremonias era obrero hasta la médula. Eso tenía un efecto en sus aprendices. Verlo en acción, no muy diferente de un comandante en el campo de batalla, impulsaba a todos a seguir trabajando con aún más ahínco.

—Esta mezquita está agotándonos —dijo Jahan.

Sinan se quedó pensativo.

—Te has dado cuenta.

Jahan, que no esperaba que su maestro afirmara sus temores, tartamudeó:

—Y usted lo sabe.

—Piensa en un bebé en el seno materno. Vive de su madre y la agota. Mientras damos a luz a un edificio somos como la madre. Cuando nazca la criatura seremos las almas más felices.

La comparación entre construir y parir arrancó una sonrisa de los labios de Jahan. Aunque al instante le asaltó otro pensamiento.

—Pero no lo entiendo. El sultán no trabaja con nosotros. ¿Por qué también le está agotando las fuerzas a él?

—Aun así está unido a su mezquita.

—Hemos trabajado en otros muchos edificios. Puentes, mezquitas, madrasas, acueductos… ¿Por qué nunca me he sentido así?

—Lo hiciste, pero ya no te acuerdas. Eso también es muy común. De nuevo como una madre, nos olvidamos de cómo nos sentimos la última vez. —Sinan guardó silencio unos instantes, como si no estuviera seguro de qué decir a continuación—. Aunque algunos partos son más difíciles que otros.

—Maestro…, ¿me está diciendo que lo que creamos puede matarnos?

—No, lo que creamos puede debilitarnos, pero pocas veces nos mata.

Tres semanas después, el sultán envió una carta en la que expresaba su deseo de estar presente cuando dieran los toques finales a la mezquita. Viajaría a Adrianópolis encabezando un desfile real. Para ello necesitaría un elefante. Dado que Mahmood había caído en desgracia y aún no había recobrado su puesto, se requerían una vez más los servicios de Shota.

Con la bendición de su maestro, Jahan regresó al palacio con Shota. Fue un placer ver a los viejos amigos de la casa de fieras mientras el elefante descansaba en el establo. A la mañana siguiente estarían listos para unirse al cortejo.

Fue espectacular. Los jenízaros, la guardia de élite y los arqueros iban ataviados con ropa de vivos colores. Varias concubinas, sentadas en carruajes con pesadas cortinas, acompañaron al sultán. En el aire se respiraba emoción y orgullo. Debajo se agazapaba la inquietud, como nubarrones que se acumulan a lo lejos en un día por lo demás radiante y soleado. Los cristianos, horrorizados con la pérdida de Chipre y con el hecho de que sus catedrales se convirtieran en mezquitas, habían constituido la Liga Santa. Buscaban venganza. Las fuerzas del Vaticano, los españoles y los venecianos superaron las viejas rencillas e hicieron un frente común. Mientras se preparaban para emprender el viaje a Adrianópolis, en el golfo de Corinto, cerca de Lepanto, se libró una batalla naval entre fuerzas otomanas y cristianas.

En una hora el sultán Selim salió muy ufano, con el rostro redondo y colorado. Después de hacer el saludo militar a los soldados señaló su montura, un semental purasangre de color negro. En ese instante ocurrió algo de lo más extraño. El caballo, sin razón aparente, avanzó dando tumbos y tropezó. Del público se elevó un grito ahogado. Solo podía ser un mal augurio.

Selim, visiblemente alterado, ordenó que llevaran al caballo de nuevo al establo. No montaría un animal gafado. Rápidamente encontraron un sustituto: Shota. Resuelto como estaba el sultán a dejar la capital de forma imponente y llegar del mismo modo a Adrianópolis, ¿qué mejor transporte que un elefante? Jahan recibió órdenes de preparar el *howdah* y el tintineante y deslumbrante tocado que tanto desagradaba a Shota.

El sultán se aferró a la escalera colgante y logró subir con gran dificultad. Se disponía a sentarse en el interior del *howdah* cuando Shota, ya fuera por el picor que le causaba el tocado o por algún demonio que le había metido el dedo en el ojo, se balanceó con gran fuerza y el soberano perdió el equilibrio. El turbante, ese enorme montículo con plumas, se le resbaló de la cabeza y cayó en picado hasta aterrizar a los pies de Jahan, que se encontraba abajo. El *mahout* lo recogió y subió torpemente la escalera.

Por primera vez se encontraron frente a frente: él encaramado en la escalera y el sultán sentado en el interior del *howdah*. Jahan bajó la cabeza. Aun así durante un instante fugaz se cruzaron una mirada.

—Mi señor. —Jahan se aferró con una mano a la cuerda mientras con la otra le ofrecía el turbante.

—Déjalo aquí —ordenó Selim, con una voz impregnada de irritación.

Sin embargo el turbante resbaló de nuevo de la mano del sultán y volvió a caer. Abajo los criados se apresuraron a recogerlo del suelo. Se lo entregaron a Jahan, quien se lo entregó a su vez al sultán. Esta vez Selim lo asió con cuidado, pálido como un muerto, sin decir una palabra.

—Puedes retirarte, *mahout.*

Jahan se apresuró a bajar la escalera y dio unas palmaditas en la trompa de Shota. El animal lo levantó del suelo y lo sentó en su lugar habitual sobre el cuello. En medio de plegarias y alabanzas se pusieron en camino. Apiñada a ambos lados del camino, la gente contemplaba con admiración el desfile. Aun así, el desasosiego había hecho presa en todos pese al esplendor. Aparte del estruendo de los cascos de los caballos, el traqueteo de las ruedas de los carros y el tintineo de las campanillas del tocado de Shota, reinaba el silencio. Jahan nunca había visto hacer tan poco ruido a tanta gente.

En cuanto dejaron atrás Estambul se animaron. Pero en las puertas de la ciudad de Adrianópolis les aguardaba una mala noticia. Habían perdido a toda la flota otomana en una humillante y angustiosa derrota. Si *kiyamet* tuviera otro nombre, este habría sido Lepanto. Cientos de hombres se habían ahogado, habían acabado asesinados o capturados como esclavos. La gente enmudeció de espanto, si bien duró poco. La perplejidad dio paso el descontento, y este a la rabia. De pronto todo el mundo estaba furioso con el sultán.

Por primera vez en años a Jahan le daba pavor caminar por las calles. Un día que paseaba con Shota, alguien les lanzó una piedra. Pasó silbando junto a la cabeza de Shota y se estrelló contra el tronco de un árbol. Jahan miró alrededor buscando al culpable. Vio a unos chicos jugando a las tabas, a un vendedor ambulante pregonando asaduras y a transeúntes deambulando. Podría haber sido cualquiera de ellos. En ese instante no pudo evitar pensar que los contemplaban con desprecio por ser el elefante y el *mahout* del sultán.

El ambiente que reinaba en el recinto de las obras también era fúnebre. La esperanza con que habían empezado se trocó en pesimismo. El entusiasmo en desesperación. El poder en pérdida. Chipre en Lepanto. Como si se hallara construida sobre un péndulo invisible, la Semiliye oscilaba entre dos opuestos. Y en medio de todo ello estaba el maestro Sinan, trabajando imperturbable y ajeno a todo.

Reemprendieron el camino. Los minaretes lucían esbeltos y garbosos, y más altos que cualquiera de los que alguna vez habían visto u oído hablar. Cuatro hileras de ventanas dispuestas en tres galerías dejaban entrar a raudales la luz que se reflejaba en las tejas, volviendo luminosa y alegre la mezquita pese a la disposición de los obreros. Las fachadas de piedra de arenisca eran de color miel, cálido e invitador. El espacio interior era inmenso e ininterrumpido. Desde cualquier punto donde alguien se arrodillara alcanzaba a ver el *mihrab*, el lugar donde el imán se sentaba y dirigía la plegaria. Todos se hallaban igual de cerca de Dios.

Habían llevado a pintores griegos de la isla de Quíos para participar en la decoración. También había un artista mahometano, un soñador llamado Nakkash Ahmed Chelebi. Era tal su respeto hacia la mezquita que acudía a diferentes horas del día solo para admirarla. Entretanto, en el mar abierto se capturaban islas y se hundían flotas, los musulmanes mataban a los cristianos y viceversa mientras en el universo de Sinan, semejante a un capullo, trabajaban codo con codo.

Sostenida por ocho columnas de mármol y granito, y de ocho lados, la cúpula descansaba sobre un cuadrado con semicúpulas en cada esquina. Por preciosa que fuera por dentro y por fuera, lo más curioso era su tamaño. Maestros en geometría habían unido sus esfuerzos a los de Takiyuddin, el astrónomo imperial, y tomado meticulosamente medidas. Todos querían saber la respuesta a la pregunta: ¿había superado su cúpula azul intenso la de Santa Sofía?

Sí y no. Si alguien medía la cúpula desde la base hasta la parte superior, era más alta. La cúpula de la mezquita Selimiye, con su eje más alto, había superado en altura la cúpula plana de la iglesia de Justiniano. Y al mismo tiempo no la había superado. Si alguien calculaba la distancia desde el suelo hasta la parte superior, la de Santa Sofía era más alta.

Así pues, era a la vez más alta y más baja. Jahan se quedó con ganas de saber, pues en medio del frenesí y la expectación nunca tuvo valor para preguntárselo, si no era exactamente eso lo que el maestro Sinan había pretendido.

Marcantonio, el *bailo* complaciente, se disponía a marcharse de Estambul. Había vivido seis años bajo los cielos otomanos y, a diferencia de muchos de los viajeros que llegaban a esas tierras, se había convertido en un estambulita, aunque solo fuera en pequeña medida. Como era afable, tenía un sinfín de amigos, y entre ellos había dos a quienes tenía en gran estima: el gran visir Sokollu y Sinan.

Hombre de letras, familiarizado con la escultura y la arquitectura, ese entusiasta emisario de Venecia acudía una y otra vez a ver a Sinan, cuyo trabajo calificaba de «fabuloso» con un chasquido de dedos y una sonora carcajada. Sinan lo visitaba a su vez, pese a las miradas de desaprobación que recibía por trabar amistad con un infiel.

En esa ciudad había un alma más a la que había tomado afecto el embajador: Shota. Cada vez que Marcantonio se cruzaba con Jahan le preguntaba por la salud del animal y le daba premios. Imbuido de un espíritu inquisidor, lo interrogaba sobre los elefantes, pero no se interesaba tanto en qué comían, cuánto pesaban o hasta qué edad vivían. Jahan estaba acostumbrado a esa clase de preguntas. Las de Marcantonio eran distintas. ¿Era cierto que los elefantes, como las mujeres, eran propensos a llorar desconsolados? ¿En qué soñaba la bestia, en opinión de Jahan, cuando dormía? ¿Tenía una noción de un «yo» elefante o solo comprendía el mundo exterior a él? Incapaz de contestar a esas preguntas, en varias ocasiones Jahan le había dejado dar de comer y montar a Shota con la esperanza de que él mismo hallara las respuestas.

En un bonito día de primavera Marcantonio se presentó en la casa de fieras con dos sirvientes cargados con un gran marco.

—Es un obsequio de despedida para el gran visir —dijo el *bailo* con una sonrisa pícara.

—¿Puedo echarle un vistazo? —le preguntó Jahan.

Cuando retiraron la tela Jahan se sorprendió al ver que era un cuadro del emisario italiano ataviado con caftán y turbante. Estaba sentado en un sofá, pero no tenía una pierna cruzada sobre la otra como los francos sino una doblada hacia atrás y la otra flexionada por la rodilla como los otomanos. Por la ventana abierta del fondo se veían las colinas verdes de Estambul, nubes algodonosas, un mar de un azul intenso salpicado de caiques.

A primera vista el retrato no recordaba al *bailo*. Marcantonio tenía la tez macilenta y porosa, mientras que la imagen pintada irradiaba salud y juventud. Habían desaparecido la nariz aguileña, el vello en las fosas nasales y el lunar en la mejilla que cada día empolvaba con cuidado. Era como si al llevar el atuendo otomano y posar para el pintor, se hubiera trasladado a otro reino donde todo era más suave y luminoso. En la parte inferior del marco había una dedicatoria: «Domino Mahomet Pacha Musulmanorum Visiario amico optimo».

Cuanto más lo miraba, más vivo parecía el retrato. Poco a

poco los caiques empezaron a deslizarse mar adentro, salpicando agua con los remos, y las nubes del horizonte se tiñeron de rojo intenso. Luego, el hombre del retrato volvía con cautela la mirada hacia el *bailo*, como para evaluar hasta dónde llegaba el parecido. Con un escalofrío Jahan dejó caer la tela que lo cubría. Estaba seguro de que en el marco se ocultaba un espíritu, aunque no sabía si era bueno o malo.

El miércoles, mientras los aprendices estaban ocupados en un boceto, llegó otro regalo de Marcantonio, este último para el maestro Sinan. Una caja de palisandro con las iniciales «MB» incrustadas en oro. En el interior había un tomo encuadernado en cuero: *Diez libros de arquitectura*, de Vitruvio. Lo había traducido, con algún comentario añadido, el mismísimo hermano de Marcantonio.

Aunque Sinan había estudiado el tratado anteriormente, se quedó entusiasmado con esa nueva edición en italiano. Llevándose el libro al pecho, se retiró a la biblioteca. Pero antes llamó a Jahan.

—Ven a ayudarme a leer esto.

Sin embargo no fue tan fácil. Escrito en un italiano cortesano y refinado, el texto le pareció a Jahan complejo de interpretar. Cada frase suponía una tensión. Poco a poco fue capaz de abrirse paso entre las páginas. Sinan escuchaba con atención, entrecerrando los ojos en actitud contemplativa.

El libro sostenía que la arquitectura era una ciencia y se basaba en tres cualidades: *forza*, fuerza; *utilità*, que Jahan tradujo como uso, y *bellezza*, belleza.

—Dime, si tuvieras que sacrificar una de ellas, ¿por cuál te decantarías?

—*Bellezza* —replicó Jahan sin titubeos—. No podemos renunciar a la fuerza o a la utilidad. Pero podemos prescindir de la belleza, si es necesario.

El rostro de Sinan decía lo contrario.

—No podemos renunciar a la belleza.

—¿Entonces cuál sacrificaría usted?

—Ninguna —respondió Sinan con una tierna sonrisa.

En ese instante entró la *kahya* con una carta del palacio. Sinan rompió el lacre y la leyó, con los ojos brillantes de motas ámbar. El sultán Selim iba a dar un banquete para Marcantonio. Sin duda, un gran honor que demostraba el afecto del soberano hacia el *bailo.*

—Es muy generoso por parte de nuestro sultán —comentó Jahan.

—Parece que tú también estarás allí.

—¿Yo? —Jahan no podía creer que su nombre apareciera en una carta real.

No aparecía exactamente. En primer lugar, la carta era del gran visir Sokollu. Y no era el nombre del *mahout* sino el del elefante el que se mencionaba. Consciente del afecto que el *bailo* tenía a la criatura, Sokollu solicitaba que Shota entretuviera al público esa velada. A Jahan se le cayó el alma a los pies.

—Estás contrariado —dijo Sinan.

—Soy aprendiz del arquitecto jefe de la corte, pero el visir me ve como un *mahout.*

—Anímate. Me gustaría que me acompañaras al banquete. Una vez que hayas comido podrás actuar.

Jahan lo miró boquiabierto, sin apenas contener la emoción. Eso significaba que no cenaría con los domadores de la casa de fieras mientras esperaba su turno, sino en el majestuoso salón junto con los invitados. Sin embargo, en lugar de darle las gracias, se oyó a sí mismo decir:

—Shota no sabe hacer acrobacias.

—No hace falta. Exhibe al animal. Un solo truco bastará. Quieren ver lo que Dios ha creado, no lo que eres capaz de hacer con un elefante.

Aun así, Jahan estaba inquieto. En su memoria seguía viva la catástrofe de los tiempos de la sultana Hurrem. Pese a su resentimiento, empezó a ensayar trucos con Shota. Habían proporcionado al elefante una nueva manta sudadera amarilla para la ocasión, y cuando lo llevaba parecía un globo de fuego visto de lejos. En los pies lucía ajorcas de plata con cientos de campanillas diminutas. La primera vez que Jahan se las puso, el animal se quedó paralizado. Dio un par de pasos torpes y se detuvo, avanzó de nuevo y se paró otra vez, incapaz de localizar la fuente del sonido.

El gran día por la tarde, Jahan lavó, cepilló y untó de aceites a Shota desde la trompa hasta la cola. Por último le puso la manta sudadera y las ajorcas.

—Qué guapo estás —lo arrulló—. Si fuera una elefanta, me enamoraría de ti.

Los ojos de Shota, demasiado pequeños para su cabeza, se fruncieron de regocijo durante una fracción de segundo. En ese estado cruzaron las puertas que se abrían a los patios interiores.

La velada empezó con una ceremonia de entrega de obsequios. El *bailo* recibió chales, zapatos, cinturones con incrustaciones de piedras preciosas, ruiseñores en jaulas de oro y una abultada bolsa que contenía diez mil akçes. Se elevó un murmullo de apreciación mientras todos elogiaban la generosidad del sultán Selim, aunque él aún no había aparecido. Condujeron al embajador al comedor. En el interior de una estancia de altos techos habían dispuesto cuatro mesas para los invitados más notables. Marcantonio, el gran visir y el maestro Sinan se sentarían a la misma mesa.

El sultán comería solo, como era la costumbre en el palacio. Jahan pensó en los reyes y las reinas francos que siempre comían en medio de su séquito. Se preguntó qué era mejor, su costumbre o la de los otomanos. ¿Quién querría ver al monarca devorando una pata de pollo o masticando y eructando como un simple mortal? No ver al sultán sentado a la mesa solo aumentaba su respetabilidad. Sin embargo, eso lo volvía al mismo tiempo más inalcanzable y, con el tiempo, más difícil de comprender. Resultaba más fácil amar a alguien con quien compartías el pan.

Entretanto condujeron al resto de los invitados, entre ellos a Jahan, a unas salas más pequeñas donde unos cincuenta muchachos, de tamaño y estatura similares, y vestidos con *shalwar* verde, empezaron a servir. Diestros y rápidos, llevaron grandes bandejas redondas que colocaron sobre unas patas de madera. Sobre ellas dispusieron cucharas y aceitunas, encurtidos y especias en cuencos tan pequeños que nadie se atrevía a introducir un dedo en ellos por temor a romperlos. Al lado había palanganas y jarras de plata para que todos se lavaran las manos. Por último distribuyeron toallas y *peskirs* con el fin de que los invitados se los pusieran sobre el regazo y los utilizaran para secarse los dedos.

Consciente de la importancia de los modales, Jahan miró a izquierda y a derecha, observando qué hacían los demás. El peor pecado que se podía cometer en un banquete era el de la gula.

Aunque fuera tu plato favorito, había que comer despacio, sin dar muestras de glotonería. Jahan tuvo cuidado de utilizar los tres dedos de la mano derecha, sin derramar aceite. Afortunadamente había otros que, como él, observaban qué hacían los demás. En unas cuantas ocasiones se cruzaron una mirada y asintieron educados.

Les sirvieron sopa de trigo con un pedazo de pan moreno, que llenaba tanto que Jahan se habría quedado satisfecho después de eso. Pero en cuanto retiraron los platos, llevaron hojas de parra rellenas de carne, arroz y piñones, *kebab* de pollo, pollo con champiñones, cordero con mantequilla, palomas fritas, perdices asadas, piernas de codero, ganso relleno de manzanas, anchoas en salmuera, un enorme pescado rojo de las aguas gélidas del norte, *borek* con carne a tiras, huevos con cebolla. Sirvieron *hoshaf* en boles y limonada en jarras. Se le despertó el apetito con los deliciosos olores y probó todos los platos. Mientras comían, el *cesnici* y el *kilerci* daban vueltas, asegurándose de que todo se desarrollaba con normalidad. Llegaron los postres: *baklava* de almendras, peras horneadas con ámbar gris, pudin de cereza, granizado de fresas silvestres y una profusión de higos con miel.

Después de cenar, los invitados se acomodaron en los asientos dispuestos para ellos en el jardín. Alrededor de ellos los tragafuegos daban saltos con sus chaquetas brillantes, los acróbatas hacían ruedas hacia atrás y los tragasables se engullían las hojas más afiladas. Aparecieron tres hermanos: un *cemberbaz*, que jugaba con aros; un *shishebaz*, que jugaba con botellas, y un *canbaz*, que jugaba con la vida haciendo pequeñas cabriolas sobre una cuerda extendida de un extremo a otro en lo alto. Cuando les llegó su turno, Shota y Jahan salieron con fingida confianza. Afortunadamente hicieron los pocos trucos que sabían sin incidentes. Shota arrancó la flor del cinturón de Jahan y se la entregó al *bailo*, quien la recibió con una carcajada feliz.

Después los tres —el maestro, el aprendiz y el animal— abandonaron el palacio, cada uno absorto en sus pensamientos. En el aire flotaba una sensación de irreversibilidad. El *bailo* se marchaba y el verano tocaba a su fin. El sultán Selim no había salido de sus aposentos en toda la noche y corrían rumores de que su salud había empeorado. Jahan tuvo la impresión de que ese mundo también era un espectáculo. De uno u otro modo, todos desfilaban. Cada uno hacía sus trucos, y algunos se quedaban más tiempo y otros menos, pero al final todos se iban por la puerta trasera, igual de frustrados e igual de necesitados de aplausos.

Poco después de la inauguración de la mezquita Selimiye, el sultán se vio postrado por la melancolía. Tan profundo era su pesimismo que no pudo disfrutar siquiera del gran monumento erigido en su nombre. A Jahan le resultó extraño que la gente corriente que rezaba en la mezquita disfrutara más de su arquitectura y su esplendor que el soberano que la había financiado. Eran los humores de su cuerpo los que le hacían sufrir. Tenía demasiada bilis negra en la sangre y, en consecuencia, no podía evitar sentirse triste de día y de noche. Le habían aplicado ventosas y extraído sangre, y lo habían obligado a ingerir eléboro para provocarle el vómito, pero la tristeza no había abandonado su organismo.

Con su maestro, sus compañeros aprendices y Shota, Jahan regresó a Estambul, donde se instaló de nuevo con el elefante blanco en la casa de fieras. Allí apareció una tarde de diciembre el sultán acompañado de un sufí, el jeque Halveti Suleimán Efendi.

Jahan estaba en el establo, comprobando el forraje del elefante. En los últimos tiempos habían encomendado el cuidado de Shota a una sucesión de domadores jóvenes, pero Jahan todavía supervisaba las necesidades del animal, asegurándose de que estaba en buenas manos. En eso andaba cuando oyó al sultán y al sufí abrirse paso por las rosaledas. Se subió rápidamente al altillo del granero y a través de una grieta en los tablones de madera los espió. El rostro marchito de Selim había adquirido un tono amarillo enfermizo, la barba le raleaba y había engordado. Tenía los ojos hinchados. Debía de haber vuelto a la bebida. O había estado llorando, se dijo Jahan horrorizado.

El sultán y el sufí se sentaron en un banco de piedra cerca de las jaulas de los felinos salvajes. Jahan no podía creer que el Comandante de los Fieles y el Sucesor del Profeta del Señor del Universo se hubieran sentado en ese frío y mugriento asiento. Sus voces eran como el murmullo de un río y apenas entendió qué decían. Luego oyó brotar de los labios de Selim:

—¿Es cierto que Alá ama a los que se purifican?

Jahan sabía que era el sura del Arrepentimiento. Al sultán le gustaba tanto esa oración que había mandado escribirla en *thuluth* en el muro de una mezquita que había hecho construir en Iconio. Jahan sintió una tristeza tan profunda que se mostró más osado de lo que normalmente habría sido. Abandonó su escondite, y salió a darles la bienvenida.

—¿Cómo va la bestia? —le preguntó Selim, que nunca había retenido el nombre de Jahan.

—Está bien, mi señor. ¿Desea Vuestra Alteza dar una vuelta en su elefante?

—Otro día, *mahout*—respondió Selim, distraído.

Sin embargo, no habría otro día. La semana siguiente Selim se cayó en el *hamam* y se dio un golpe en la cabeza. Dijeron que se hallaba ebrio cuando murió. Otros sostuvieron que estaba sobrio pero tan ausente que no había visto por dónde iba. El hijo de un hombre tan dominante, el gobernador de un imperio tan enorme, el portador de un alma tan tierna, el soñador de poemas demasiado delicados, Selim el Beodo, Selim el Rubio, Selim el Melancólico, había abandonado este mundo a los cincuenta años. Nurbanu conservó el cuerpo en hielo y ocultó su muerte hasta que su hijo favorito, Murad, llegó de su puesto en Anatolia.

Así fue como ascendió al trono el sultán Murad. Pero antes mandó ejecutar a sus hermanos y enterró a su padre. Aunque anhelaba tanto como cualquier otro gobernador una mezquita imponente erigida en su nombre, él nunca apreciaría tanto la suntuosidad como su abuelo Suleimán ni la belleza como su padre Selim. Tampoco la *forza* ni la *bellezza.* De pronto lo único que importaba era la *utilità.* El funcionalismo sobre la majestuosidad. El funcionalismo por encima de la estética. A partir de aquel día nada sería lo mismo para Sinan y sus aprendices.

Una noche se despertaron en la casa de fieras con un estruendo horrible. Una algarabía de relinchos, ladridos, gruñidos, alaridos y gemidos hendió el aire. Jahan apartó la manta y se levantó de un salto. Los otros domadores también hicieron lo propio. Taras el Siberiano, siempre tranquilo ante cualquier calamidad, fue el primero en salir mientras los demás se vestían y se ponían las botas a tientas. Caminando como un ciego en la oscuridad, Jahan salió al jardín, tímidamente iluminado por el claro de luna. Desde lo alto caía un torrente de luz, una cascada en todas las tonalidades de rojo. Tardó un instante en reconocer qué era.

«¡Fuego!», gritó alguien.

Jahan era testigo de otro incendio en el corazón del palacio. Los jardines, los pabellones y los pasillos, siempre tan silenciosos que uno alcanzaba a oír el suave vaivén de un cabello al recorrerlos, de pronto resonaban de gritos de socorro. El código de silencio que databa de tiempos del sultán Suleimán se desvaneció.

El desastre se había desatado al otro lado de los muros interiores, a lo largo del extremo oriental del segundo patio. Jahan sabía que allí se encontraban las cocinas reales. La antecocina, la despensa, la habitación del mayordomo y la cocina ardían con lentitud. No hacía mucho el maestro y los aprendices habían reparado esos edificios. De pronto se hallaban envueltos en llamas. Estas habían saltado hacia el oeste, despacio pero con firmeza, y habían engullido el aviario. Jahan se preguntó si alguien habría puesto en libertad a los pájaros. La sola idea de cientos de pares de alas batiendo, incapaces de alzar el vuelo, le tocó en lo más vivo.

El primer patio, donde se encontraban en esos momentos, no había sido alcanzado por las llamas. Aun así, el viento era recio y caprichoso. De vez en cuando soplaba en dirección a ellos, llevando consigo espesas cenizas grises semejantes a mariposas muertas. El humo le irritó los ojos, le llenó los pulmones. Los monos, enseñando los dientes con los ojos vidriosos, presas de un pánico que iba más allá de la razón, se arrojaban contra los barrotes de hierro. Los domadores se vieron obligados a trasladar la casa de fieras a un lugar seguro.

Sin embargo, constituía toda una hazaña. Bajo presión, los animales podían mostrar el comportamiento más extraño. Los jardines reales no eran su hábitat natural, pero sí su hogar. Nadie sabía cómo reaccionarían si los obligaban a salir de sus jaulas para introducirlos en cajones de madera. Como solo tenían dos carros a su disposición, los domadores tuvieron que ir por partes, transportando a unos pocos animales cada vez. Desprevenidos y confusos, debatieron sobre cómo proceder. Los mozos circasianos preferían esperar a recibir órdenes del comandante de los eunucos blancos. Sin embargo, una nueva ráfaga de humo y cenizas bastó para silenciarlos. No había tiempo que perder.

Primero trasladaron a los gorilas, no porque fueran los animales más valiosos sino porque nadie podía soportar el estruendo que hacían. A continuación Jahan sacó del establo a Shota. Un alma sabia, el elefante blanco no causó problemas. En todo caso, se mostró solícito y complaciente. No le importó tirar del carro que transportaba a los monos y los gorilas, muchos de ellos brincando, chillando y temblando como borrachos ingobernables.

A continuación dejaron salir a las criaturas que podían hacerlo por su propio pie: caballos, camellos, cebras, jirafas, gacelas y renos. Temiendo que un sonido repentino las sobresaltara y provocara una estampida, los domadores actuaron con cautela. Ataron a los animales unos a otros por el cuello, formando una caravana de compañeros inauditos y, montados a caballo o subidos a carros, los siguieron. A pesar de la cautela, en cuanto salieron de los muros del palacio las cebras echaron a correr colina abajo como si les hubieran echado un mal de ojo, arrastrando consigo al resto de la caravana. Los domadores salieron tras ellas, corriendo como demonios. Cubiertos de sudor, polvo y maldiciones, lograron detener a las cebras antes de que toda la horda rodara cuesta abajo.

Con ayuda de palos y redes, premios y amenazas, subieron a los animales de la casa real a los carros. Allí fueron las serpientes, los camaleones, las avestruces, las tortugas, los mapaches, las comadrejas, los pavos reales y las llamas aterrorizadas. A continuación les tocó a los zorros, las hienas, las panteras y los leopardos. Los transportaron fuera del palacio y bajaron las lomas hacia un claro situado junto al embarcadero, sin saber lo lejos que podían llegar las llamas.

El elefante y el *mahout* hicieron muchos viajes, acarreando forraje y agua para los animales. Cuando terminaron, Jahan colocó una cesta de hojas delante de Shota y lo dejó al cuidado de los gemelos chinos; luego regresó a la casa de fieras para hacer una última inspección. En parte se debía a un viejo hábito, pues si bien desde la desaparición del capitán Gareth había dejado de hurtar, como todo ladrón que se preciara sabía que un incendio era una oportunidad única para dar con riquezas inesperadas. Sin embargo, esa no fue la única razón por la que regresó. Pensaba en Mihrimah. Tras la muerte de su hermano Selim ella no se dejaba ver mucho por el palacio. Pero aquella noche se encontraba en el harén. Jaham se preguntó si estaría asustada. Pensó en su niñera y en los problemas que debía de tener para respirar con el asma. Por lo que él sabía, en un par de horas las llamas llegarían a su cámara. Quería asegurarse de que se hallaban fuera de peligro.

Los guardias de la puerta estaban demasiado ocupados para reparar en él. A esas alturas las llamas se habían aproximado mucho y lamían los muros en dirección a las rosaledas. Las ascuas saltaban en una llovizna dorada. Cuando llegó a la jaula de los felinos salvajes, Jahan se sorprendió al ver que los leones seguían encerrados en ella: dos hembras y un macho. Las poderosas bestias, inquietas y tensas, se paseaban de un lado a otro, gruñendo a algo que se hallaba lejos, como si se enfrentaran con un enemigo que solo ellos podía detectar.

Fuera de la jaula encontró a Olev.

—Eh, indio —lo llamó, alegre como siempre—. ¿Por qué has vuelto?

—Solo quería asegurarme de que todo iba bien. ¿Quieres que te eche una mano?

—Mis chicas están asustadas, y él no quiere salir. Tendré que sacarlos a rastras. No quiero que los pobres acaben calcinados.

Riéndose de su propia broma, Olev abrió la puerta de hierro y entró en la jaula sin ninguna arma para defenderse. Jahan observó cómo se acercaba a una de las hembras y le hablaba con tono sereno y firme. Ella permaneció inmóvil, con la mirada clavada en cada gesto del domador. Con cautela, Olev le puso un collar y tiró de ella con cuidado. La hizo subir a una tabla y meterse en un cajón de madera colocado sobre un carro. A continuación se llevó a la segunda leona del mismo modo. Mientras tanto el macho observaba desde una esquina, con los ojos como dos rendijas amarillo oscuro.

Jahan empezó a notar un calor en la nuca. La aprensión se iba apoderando de él. A lo lejos amanecía. En el rostro de Olev había algo que nunca había visto. Un temblor casi imperceptible en las fosas nasales, un tic en la boca. Estaban los dos solos dentro de la jaula, el domador y el león. Olev tenía en la mano una cuerda, suelta y floja, como si no supiera qué hacer con ella. Por primera vez Jahan lo vio titubear. El león soltó un gruñido casi inaudible, como si él también titubeara. Con el corazón en un puño, Jahan aferró una porra y se metió en la jaula.

—¡Retrocede! —gritó Olev—. ¡Sal de aquí!

Exhalando el aire, Jahan obedeció.

—¡Cierra la puerta!

Jahan así lo hizo. Se sentía aturdido, incapaz de pensar con claridad. La coleta pelirroja de Olev se soltó y le cayó sobre el cuello. Él se secó el sudor de la frente, momentáneamente distraído. En ese instante el león se volvió hacia él con otro gruñido, como si no reconociera al hombre que había cuidado de él durante años, dándole de comer cada día antes de comer él mismo. La bestia levantó la pata con las garras extendidas y se abalanzó sobre el hombre.

Olev cayó. En su rostro no había rastro de dolor, solo perplejidad. La expresión de un padre decepcionado con su hijo. Fuera de la jaula Jahan daba vueltas como un loco, agitando los brazos y gritando. Con la porra todavía en las manos, golpeó los barrotes de la jaula con la esperanza de distraer al león. Funcionó. Retrocediendo, el animal se acercó a Jahan.

Entretanto, Olev se levantó tambaleándose. Pero en lugar de acercarse a la puerta, se acercó más al felino y le gritó. Todo ocurrió demasiado deprisa. Como en un sueño Jahan observó lo que sucedía ante sus propios ojos. El león apartó la vista de Jahan y, volviéndose, se abalanzó sobre su domador y cerró las mandíbulas alrededor de su cuello.

Jahan gritó con la voz de un desconocido. Hizo añicos la porra, dio patadas a los barrotes, gritó al felino. Encontró otra porra cerca y regresó corriendo, demasiado asustado para acordarse de rezar. Entró en la jaula. Donde yacía Olev había un charco de sangre. El león perdió entonces todo interés en él y regresó a su rincón. Poco a poco, sin apartar la mirada del felino aunque no muy seguro de cómo reaccionaría si saltaba, sacó a rastras al domador de la jaula. Olev abrió los ojos y parpadeó. De la garganta le manaba sangre a borbotones. Tenía el cuello abierto y la yugular rasgada. En cuanto Jahan estuvo fuera cerró la puerta. Le traía sin cuidado si las llamas alcanzaban al león. Quería que ardiera vivo.

Enterraron a Olev en un cementerio situado no muy lejos del serrallo. Pese a los deseos de Jahan, el león sobrevivió. Las llamas nunca alcanzaron la casa de fieras y todos sus esfuerzos resultaron ser en balde. Las cocinas reales quedaron reducidas a cenizas junto con parte del harén y la cámara privada. Sinan y los aprendices tendrían que reconstruirlos de nuevo.

Tras el funeral de Olev, al que solo asistieron los domadores y los mozos de las caballerizas, a Jahan le sucedió algo. Hizo presa en él un presentimiento, como si en una sola muerte hubiera visto la muerte de todos. En lo más profundo de su ser estaba furioso, no con el león que había matado a su amigo sino con todos los demás; consigo mismo, por dejar a Olev solo en esa jaula y haber reaccionado demasiado tarde; con el nuevo sultán, por lo poco que le importaba que murieran los sirvientes a su servicio; con su maestro Sinan, porque seguía construyendo edificio tras edificio, ajeno a los desastres; con Dios, porque permitía que se equivocaran y sufrieran, y aun así esperaba que siguieran rezando agradecidos. Sin embargo el mundo era bello, de una belleza que irritaba. ¿Qué más daba si eran felices o sufrían, si se equivocaban o estaban en lo cierto, cuando el sol salía y la luna menguaba con o si ellos? La única criatura con la que no estaba resentida era con Shota, y pasaba todo el tiempo que podía con él, sosegado por su calma.

La cólera no era todo. La acompañaba algo más, una ambición que nunca había conocido. Parte de él quería desafiar no solo al maestro que lo había nombrado aprendiz, al sultán que lo había convertido en su *mahout*, y a Dios que lo había hecho débil, sino sobre todo a Mihrimah, quien durante todos esos años lo había hecho sufrir en silencio. Trabajaba mucho, hablaba poco. Ese era en líneas generales su estado de ánimo cuando Sinan y los otros tres aprendices llegaron al palacio para reparar una vez más los daños.

—Construiremos nuevos baños y pabellones junto a la costa —anunció Sinan—. Será preciso reconstruir el harén y la cámara privada. Volveremos a ampliarlas. Todo lo que construyamos debe ser acorde con el espíritu del edificio. —Se detuvo un instante—. Quiero que dibujéis un plano. Al que presente el mejor diseño lo nombraré mi ayudante principal.

Jahan se sorprendió al oírlo. Hasta ese día los había tratado a los cuatro como iguales, aunque ellos sabían que no lo eran. De pronto el maestro los animaba a competir unos contra otros. Debería haberse alegrado, pero no lo hizo. Aun así trabajó, aunque no al lado de los demás aprendices, a la sombra de los jardines. Fue al establo y se sentó junto a Shota, y terminó allí sus bocetos.

Al cabo de unos días Sinan quiso hablar con él..., con urgencia. Jahan vio que había colocado los cuatro diseños, uno al lado del otro.

—Ven —dijo—. Quiero que los mires y me digas qué ves.

Sin saber a quién pertenecía cada pergamino, Jahan inspeccionó los otros tres y los comparó con el suyo. Le pareció que él era el único que proponía derribar los baños y construirlos de nuevo detrás del harén. Aunque Mihrimah ya no vivía allí, había concebido su diseño pensando en su comodidad. Mientras observaba los bocetos empezó a reconocer los apresurados trazos de Davud, el delineado meticuloso de Nikola y la mano suelta y ligera de Yusuf.

—¿Qué te parecen? —le preguntó Sinan.

Intranquilo, Jahan señaló lo mejor de cada boceto.

—Sé cuáles son sus puntos fuertes. Háblame de los débiles.

—Este ha sido hecho con prisas —dijo Jahan. El otro, señaló, en su afán por emular a su maestro, no había aportado nada de su propia alma.

—¿Qué hay de este? —le preguntó Sinan, presentándole su propio pergamino—. Me gusta porque tiene en cuenta la población del harén y le hace la vida más fácil.

A Jahan le ardía el rostro.

—Pero no le preocupa el entorno. Entre los nuevos añadidos y la vieja estructura no hay armonía.

A Sinan le brillaban los ojos. Señaló el último diseño.

—¿Y este?

—Es cuidadoso y equilibrado. Ha respetado el edificio original y lo ha ampliado de forma proporcionada.

—Así es. Lo que quisiera saber es por qué tu boceto, que es el mejor, no ha tenido en cuenta el palacio.

A Jahan se le ensombreció el rostro.

—No sabría decirlo, maestro.

—El tuyo era el mejor, pero ha pasado por alto la armonía. Los edificios que erigimos no flotan en el espacio vacío.

Así fue como el aprendiz mudo se convirtió en el ayudante principal. Ruborizado hasta las orejas, con una tímida sonrisa en los labios, Yusuf mantuvo la mirada clavada en el suelo como si quisiera que este se lo tragara allí mismo. Por otra parte, Jahan aprendió algo acerca de sí mismo: llegado a ese punto en su profesión, podía mejorar su talento o destruirlo. Davud, Yusuf y Nikola no eran sus rivales. Su más temido rival era él mismo.

Pasaron el verano ampliando el palacio y restaurando las secciones del edificio destruidas por el incendio. Acostumbrados a trabajar arduamente en toda clase de obras, ese lugar era muy distinto e insólitamente tranquilo. Por una vez no hubo chismorreos, bromas ni ocurrencias entre los obreros mientras acarreaban tablas, levantaban poleas o tomaban sopa. Cuando erigían una columna de mármol sin cortar, con docenas de hombres tirando a la vez y cortándose las palmas de las manos con los calabrotes, no se alzaban gritos de «Alá, Alá». Tampoco había palabras de aprobación de los capataces cuando uno de ellos hacía un buen trabajo, con el propósito no tanto de elogiarlos como de alentar a todos los demás a trabajar con más ahínco. Incluso los ruidos de los martillos, las sierras y las hachas eran menos intensos que de costumbre. Un silencio incómodo lo invadió todo, dejándolos tan aturdidos como si acabaran de despertar de un sueño profundo. Tal era el impacto que producía estar cerca del sultán Murad.

Durante esas semanas Jahan se cruzó con criados que nunca había visto y descubrió pasillos cuya existencia desconocía. El palacio era un laberinto de habitaciones dentro de habitaciones y de senderos que describían círculos, como una serpiente que se muerde la cola. Era un lugar lo bastante solitario para impulsar a cualquiera a amar su propia sombra y al mismo tiempo lo bastante abarrotado para dejarlo sin aliento. Bajo su techo vivían muchas más personas que en tiempos del sultán Suleimán; había más mujeres en el harén, más guardias en las puertas y más pajes sirviendo más platos. Como un pez que no sabe cuándo está lleno, el palacio seguía absorbiendo más y más.

Una vez que los aprendices terminaron de reconstruir las cocinas, emprendieron la construcción de los anexos de la parte exterior del harén. Las concubinas, tras retirarse a las cámaras interiores, no estaban a la vista. Jahan esperaba ver, si no a Mihrimah, al menos algo que le perteneciera, como un pañuelo con sus iniciales, una zapatilla de terciopelo o un peine de marfil. Pero no encontró nada. Al cabo de unos días Mihrimah le envió un mensaje. Ella y su *dada* se disponían a regresar a su mansión. «A mediodía pasaremos junto a la Primera Puerta.»

Eufórico y aterrado, Jahan esperó encaramado en una de las ramas más altas de un manzano. En medio del calor aletargante, el sol brillaba a través de la fruta madura que nadie se atrevía a recoger porque pertenecía al sultán, quien no tenía tiempo para esas minucias. Jahan se estremeció al oír un estruendo a lo lejos. Ante sus ojos apareció un carro que avanzaba despacio. A Jahan le pareció que solo él se había detenido mientras el mundo seguía moviéndose. Todo resultaba familiar de un modo extraño. Al lado de la vastedad del universo los latidos de su corazón eran inaudibles. Había sido un mero espectador, pero ya no lo era. Las hojas susurraban, las babosas se acercaban, las polillas batían las alas en la brisa. Jahan saboreó de cada detalle, intuyendo que nunca volvería a disfrutar de ese instante. El tiempo era un río. Él estaba de pie en la orilla cubierta de hierba y, solo y desamparado, miraba el agua correr. El carruaje se detuvo. De la ventanilla salió una mano, grácil como un pájaro, y descorrió la cortina. Mihrimah alzó la vista hacia donde Jahan estaba encaramado, y su rostro se suavizó al contemplar la expresión de él, llena de adoración. Ella constató una vez más que, pese a las décadas, las distancias y los profundos surcos en sus rostros, nada había cambiado entre ellos. Jahan la contempló largo rato, sin desviar la mirada ni inclinar la cabeza; la miró a los ojos fijezamente. Ella curvó los labios en una sonrisa tierna y se ruborizó un poco. Sacó de su pecho un pañuelo perfumado, lo olió y, alzando la vista hacia él, lo dejó caer para que él lo recogiera después.

Era una tarde de calor sofocante del Ramadán y el ritmo de trabajo había disminuido a causa del ayuno. Jahan llevaba bien el hambre, pero la sed le estaba matando. Por muchos tazones de agua que bebiera durante el *sahur*, la comida que se servía por la noche después del ayuno, en cuanto llegaba al recinto de las obras a la mañana siguiente se notaba la boca reseca a causa del polvo. Horas después, incapaz de seguir soportándolo, se dirigía a la parte posterior de las cocinas donde había una fuente. Allí se enjuagaba la boca para librarse del sabor a óxido. Si tragaba unas pocas gotas, pues que así fuera. Era un pecado hacer esa clase de trampa, pero confiaba en que a Dios no le importara que consumiera unas pocas gotas de Su infinita agua.

Mientras se dirigía a la fuente Jahan pasó por delante de él una figura con guantes. Rápida y furtiva, desapareció entre los matorrales. Reconoció al aprendiz mudo y decidió seguirlo. Había llegado el momento de abordarlo y averiguar si él era el traidor.

Yusuf se dirigía al estanque donde Shota chapoteaba de vez en cuando para refrescarse; se sentó en la orilla, con una expresión inescrutable. Al principio Jahan pensó que él también había acudido allí para aliviar la sed. Pero solo parecía contemplar su reflejo en el agua, triste y apagado como si acabara de despedirse de un ser amado. Jahan lo contempló durante un rato. Yusuf estaba tan ensimismado y silencioso que, de no haber sido por el movimiento de sus manos y la mirada que de vez en cuando lanzaba en dirección a las obras, podría haber sido otra extraña criatura inanimada de la colección del comandante de los eunucos blancos.

Luego, como en un sueño, Yusuf se quitó los guantes. Tenía las manos esbeltas y blancas, sin rastro de quemaduras. Jahan se preguntó por qué les había mentido a todos. Lo que ocurrió a continuación fue de lo más desconcertante. Yusuf se puso a tararear una canción. La voz, que nadie había oído, era cantarina y dulce. Al comprender que había descubierto un oscuro secreto que no sabría cómo manejar, Jahan contuvo la respiración y se quedó mirando al aprendiz que durante todo ese tiempo había tomado por mudo.

Yusuf se calló de nuevo y la magia del instante se desvaneció. Jahan intentó retirarse pero en sus prisas pisó una rama. Con una mueca Yusuf se volvió y lo vio. Se le demudó el rostro e hizo un mohín pueril. Tan profundo era su pánico que Jahan casi corrió tras él para tranquilizarlo y prometer que no revelaría el secreto. En lugar de ello regresó corriendo a las obras e intentó apartar de su mente lo que había presenciado. Aun así, no podía evitar mirar a Yusuf, que mantenía la cabeza gacha y la vista clavada en el suelo.

Esa noche después de cenar Jahan reflexionó sobre el enigma. El rostro imberbe, las pestañas largas y curvadas, el recato con que se sentaba, con las manos enguantadas en el regazo. Todo empezaba a encajar. A la mañana siguiente encontró a Yusuf cubierto de hollín y polvo, dibujando. Al ver a Jahan el rostro se le ensombreció y se le tensó la espalda.

—Me gustaría hablar contigo —dijo Jahan—. Te ruego que me acompañes.

Yusuf lo siguió. Caminaron en silencio hasta que encontraron un rincón apartado a la sombra de un árbol. Se sentaron en el suelo, con las piernas cruzadas.

Jahan carraspeó.

—Siempre te he envidiado. Tienes un don. No me extraña que el maestro te nombrara su ayudante principal.

Un porteador que pasaba con una cesta de piedras a la espalda los distrajo. En cuanto dejaron de oír sus pasos, Jahan continuó:

—Pero actuabas de forma extraña... Sospechaba que estabas involucrado de algún modo con los accidentes.

El rostro de Yusuf se frunció a causa de la sorpresa.

—Ahora entiendo la razón por la que te has comportado de un modo tan misterioso. No eres mudo. Has estado ocultando tu voz porque... eres una mujer.

Él —ella— clavó sus ojos grandes y asustados en Jahan, como si este fuera una aparición. Luego movió los labios, vacíos de sonido al principio, y una voz que hacía mucho que no se utilizaba se quebró como un polluelo que aprende a volar.

—¿Se lo dirás a alguien?

—Bueno, no estoy intentando...

Con las manos temblorosas, ella lo interrumpió.

—Si lo dices será mi fin.

Jahan la miró con asombro y asintió.

—Te doy mi palabra.

Descubrir el secreto del aprendiz mudo despertó la curiosidad de Jahan, no solo sobre su persona sino también sobre Sinan. Estaba convencido de que su maestro lo sabía. Aún más, sospechaba que había sido idea suya. Sinan había querido, permitido y alentado que trabajara con ellos una mujer entre cientos de obreros, año tras año, en edificio tras edificio. Jahan estuvo una semana entera dándole vueltas al asunto. Al final acudió a verlo.

—Aprendiz indio —lo saludó Sinan, animado—. Veo que tienes algo que preguntar.

—Si me lo permite, me gustaría saber con qué criterio eligió a sus aprendices.

—Los escogí entre los talentosos.

—En la escuela del palacio hay muchos que lo son. Algunos de ellos habrían sido mejores delineantes.

—Tal vez algunos... —Sinan dejó la frase en suspenso.

—Antes pensaba que éramos los alumnos más brillantes que usted había encontrado. ¡Cuánta vanidad! Ahora entiendo que tenemos talento pero no somos los mejores. Usted no escogió a los mejores. Optó por los que eran buenos, pero también... —Se detuvo, buscando la palabra—. Huérfanos..., abandonados...

Sinan tardó unos momentos en hablar.

—Tienes razón. Escogí con gran cuidado a mis aprendices entre los alumnos talentosos que no tenían adónde ir.

—¿Con qué objeto?

Sinan inhaló despacio.

—Tú has navegado, has estado en alta mar.

Aunque no era una pregunta, Jahan asintió.

—¿Alguna vez has visto una de esas tortugas marinas que han sido arrastradas hasta la playa? Siguen caminando enérgicamente pero en la dirección equivocada. Necesitan que una mano les dé la vuelta y las dirija hacia el mar, donde pertenecen. —Sinan se tiró de la barba, que en los últimos meses había encanecido mucho—. Cuando te vi pensé que tenías una gran cabeza sobre los hombros y que aprenderías rápido, si lograba apartarte de tus malos hábitos y del pasado.

Mientras Jahan escuchaba a su maestro, encontró la palabra que buscaba: «dañados». Empezó a comprender las intenciones de Sinan, lo que se había propuesto hacer desde el principio. Jahan, Davud, Nikola y Yusuf. Los cuatro eran muy diferentes entre sí, pero todos igual de dañados. El maestro Sinan no solo los instruía, también los estaba reparando con sutileza y tenacidad.

Jahan cumplió su palabra. No reveló el secreto de Yusuf a nadie, ni siquiera a Shota, fiel a la superstición de que pasaría del animal al *howdah* y del *howdah* a la gente que este transportaba. Durante los descansos Yusuf le contó poco a poco su historia —o lo que quedaba de ella— y le reveló el nombre con el que era conocida muchos veranos atrás: Sancha.

Había una gran casa blanquecina cubierta de glicinas en una ciudad llamada Salamanca. Su padre era un médico de renombre. Afectuoso con sus pacientes, y estricto con su mujer y sus hijos, no tenía otro deseo que ver cómo sus tres hijos continuaban su noble profesión. No obstante, insistió en que su hija también recibiera una educación. Como consecuencia, todos los profesores que acudieron a la casa instruyeron a los cuatro hijos. El verano que ella cumplió ocho años, la peste cruzó las puertas de la ciudad. La muerte reclamó a los varones, uno por uno. Solo quedó Sancha, que se sentía culpable por haber sobrevivido a los hijos más queridos. Su madre, anonadada de la pena, se refugió en un convento de Valladolid. Solo quedaron su padre y Sancha. Ella cuidó de él, aunque él menospreciaba visiblemente sus esfuerzos. Aun así, poco a poco empezó a instruirla. No sobre medicina, pues creía que las mujeres estaban incapacitadas por naturaleza para ejercer tal profesión, sino sobre otras disciplinas como aritmética, álgebra o filosofía. Le enseñó todo lo que sabía. Ella era una buena estudiante y aprendió rápido, al principio no tanto por avidez de saber sino con la esperanza de ganarse el afecto de su padre. Con el tiempo tuvo mejores profesores. Hubo un arquitecto anciano y empobrecido que pasó mucho tiempo instruyéndola, y entre lección y lección le robaba besos.

Su padre tenía amigos que, como él, atesoraban la sabiduría. Conversos y católicos, y entre ellos un árabe. No obstante, había mucho miedo y recelo. Los herejes ardían en la hoguera, y el hedor de la carne chamuscada contaminaba el aire. Su padre, cuya salud empezaba a deteriorarse, le anunció a Sancha que al cabo de un año contraería matrimonio con un primo lejano; un comerciante adinerado que ella nunca había conocido y a quien ya odiaba. Suplicando y llorando, trató en vano de persuadirlo para que no la mandara lejos.

El barco que debía llevarla al encuentro de su prometido fue asaltado por los corsarios. Tras semanas de penalidades que ella prefería no recordar, acabó en Estambul convertida en una esclava. La vendieron a un músico de la corte que resultó conocer a Sinan. El hombre era un alma gentil y la trató bien, y le proporcionó papel y pluma cuando ella se los pidió. Sin embargo, las dos esposas del hombre la atormentaban a diario. Celosas de su juventud y de su belleza, se quejaban con amargura de que ella no las ayudaba como correspondía a una concubina. La habían revisado de la cabeza a los pies y no le faltaba nada, pero aun así dudaban de que fuera una mujer. Aunque la habían convertido al islam y le habían puesto el nombre de Nergiz, ella dibujaba a escondidas iglesias cristianas con cruces y campanas. El músico oía las constantes quejas de sus esposas, pero ni una sola vez pidió ver los bocetos a los que ellas se referían.

Un día, mientras el músico se encontraba de viaje, las esposas rompieron los dibujos de Sancha y le dieron una paliza. Esa misma noche él regresó. El destino de Sancha tal vez habría sido distinto si hubiera vuelto unos días después, una vez desaparecidas las contusiones. Tal como fueron las cosas, él vio la ropa rasgada, el rostro magullado y los ojos hinchados. También encontró los bocetos rotos. Uno de ellos seguía intacto. Lo tomó y se lo enseñó a Sinan. Con sorpresa vio que el gran arquitecto imperial quedaba impresionado y mostraba interés en conocer al autor del boceto. El músico le comentó que pertenecía a una concubina suya, una joven damisela que, pese a que ya no era virgen, era hermosa como la luz del sol, y tenía la satisfacción de ofrecérsela como obsequio. Podía hacer con ella lo que quisiera. Si la joven continuaba en su casa, sus esposas la pisotearían como una vieja alfombra.

Así fue como Sancha acabó en casa del gran arquitecto imperial, donde estaba autorizada para utilizar la biblioteca y hacer sus bocetos siempre que echara una mano de la mañana al mediodía a Kayra, la esposa del maestro, en las tareas domésticas. Al cabo de un año Sinan empezó a instruirla. Pero si bien se sentía complacido con esa insólita alumna, nunca consideró llevarla a las obras.

La semana que Sinan colocó la primera piedra de la mezquita de Shehzade, Sancha le suplicó que le permitiera trabajar con él. Al verse rechazada repetidas veces, ella cogió unas tijeras y se cortó su larga melena de color pardo oscuro y la dejó amontonada ante la puerta del maestro. Cuando Sinan salió a la mañana siguiente y pisó una sedosa alfombra de cabello, comprendió y le proporcionó a la muchacha ropa de varón. Al ponérselas, la contempló entre divertido y asombrado. Podía pasar fácilmente por un muchacho. Los únicos obstáculos serían su voz y sus manos. Solo podía resolverse con el silencio y un par de guantes. Sinan decidió que sería su aprendiz mudo.

Sancha le contó a Jahan todo eso en una tarde mientras trabajaban en la mezquita de Molla Çelebi, que albergaba un baldaquino de bóveda hexagonal con cuatro torreones de planta cuadrada. Los dos se sentaron fuera en un banco situado frente a la media cúpula que dominaba el *mihrab*.

—¿No lo sabe nadie? —le preguntó Jahan.

—Solo una persona. Ese arquitecto italiano, Tommaso. Siempre anda siguiendo a nuestro maestro. Me temo que me oyó hablar una vez.

Jahan estaba a punto de responder cuando oyó un sonido semejante al de un animal nocturno agitándose en un rincón. Se volvió asustado. Se hizo un silencio inquietante y percibió con todo su ser que no estaban solos. Con el corazón martilleándole en el pecho, se levantó y miró alrededor. Vio a lo lejos a unos cuantos hombres merodeando. Reconoció a uno de ellos. Era el hermano de Salahaddin. Jahan recordó el amargo intercambio de palabras que habían tenido en el cementerio. Sabía que el joven odiaba a Sinan porque lo hacía responsable de la muerte de su hermano. Jahan temía que hubiera acudido allí con la intención de hacer daño a su maestro. Pero también podían tratarse de ladrones. Siempre había unos cuantos alrededor de las obras, buscando materiales que saquear. Sin querer alarmar a Sancha y aumentar su inquietud, observó un rato más a los intrusos y se guardó para sí sus recelos.

—Te vi con Tommaso —le dijo tras un momento de silencio. Se le ensombreció el rostro al comprender—. Te está chantajeando.

Sancha bajó la mirada.

—Pero no eres rica. ¿Qué quiere de ti?

—No va detrás de mi riqueza —repuso Sancha, retorciendo el dobladillo de la camisa entre los dedos—. Quiere planos del maestro.

Jahan la miró horrorizado.

—¿Se los has dado?

—Todo lo que ha recibido de mí son unos pocos diseños mediocres. Cree que pertenecen al maestro Sinan, pero en realidad los dibujé yo.

Se sonrieron. Jahan experimentó una sensación de camaradería que, de no haber sabido la verdad, habría tomado por un gesto fraternal. Lo que Sancha no le dijo, ni entonces ni más tarde, y que Jahan tardó un tiempo en descubrir, era que en el fondo de su corazón guardaba un secreto. Le había infundido fuerzas y había fortalecido su lealtad. En las noches más solitarias, cuando lloraba hasta quedarse dormida, pensar que él se hallaba bajo el mismo techo, aunque fuera a toda una vida de distancia, y que se preocupaba por ella, aunque solo fuera de forma paternal, reconfortaba su alma.

Ella era su aprendiz. Era su concubina. Era su esclava. Y podría haber sido su hija. Sin embargo, Yusuf Negiz Sancha García de Herrera, un alma que llevaba demasiados nombres sobre su esbelto cuerpo, estaba enamorada del maestro Sinan.

Jahan y ella nunca tuvieron otra oportunidad para hablar de forma tan íntima y sincera. Ese mismo día se produjo un nuevo accidente. Un bloque de piedra se desprendió de la columna adyacente a la sala de rezo y cayó al suelo; hirió a dos esclavos y mató al devoto capataz de Sinan, Gabriel el Nevado.

Los accidentes eran tan esporádicos que podían atribuirse al destino, sin embargo, eran sorprendentemente similares, sorprendentemente persistentes.

«Si no se utilizan, el hierro se oxida, la madera se pudre y el hombre yerra —decía Sinan—. Trabajar es nuestro deber.»

Siguiendo sus pasos, los cuatro aprendices trabajaban con tanto ahínco como si el Juicio Final estuviera a la vuelta de la esquina y tuvieran que terminar las obras antes de que todo se convirtiera en polvo. Construyeron mezquitas para la adoración de los viernes, *masjids*, madrasas, escuelas del Corán, puentes, baños, hospitales, lazaretos, casas de beneficencia, graneros y caravasares para viajeros procedentes de todas partes del mundo. La mayoría de las obras habían sido ordenadas por el sultán; otras, por su madre, sus esposas, sus hijas y una sucesión de visires.

Sin embargo, algunas construcciones no eran encargos de los ricos y los poderosos. Para empezar, los altares. En ellos los aprendices también ponían un gran empeño. En muchas ocasiones los financiaba el mismo maestro. Y la única razón por la que seguían construyéndolos año tras año era porque alguien en alguna parte los había visto en un sueño. En calidad de maestro de los arquitectos imperiales, Sinan no solo era responsable de levantar estructuras y supervisar ciudades; también estudiaba los sueños sagrados.

Con tal petición podía acudir cualquiera, ya fuera soldado, tabernero, marmitón o mendigo. Llamaban a la puerta de Sinan, respetuosos pero resueltos y en secreto orgullosos, como si los cielos les hubieran confiado una importante carta. A continuación relataban sus sueños. La mayoría de las veces trataban sobre santos y sabios que estaban muy contrariados por el estado ruinoso y abandonado en que se hallaban sus tumbas. O sobre mártires que les mostraban dónde estaban sus restos mortales y suplicaban que se celebrara un funeral como era debido. O sobre místicos ejecutados por herejía a los que habían enterrado furtivamente, si es que estaban enterrados.

En las visiones, los difuntos se mostraban impacientes y sus peticiones eran apremiantes. También lo eran los receptores de los sueños que las presentaban. Pretendían que el arquitecto y los aprendices interrumpieran lo que estaban haciendo —como la construcción de una mezquita— para seguirlos. Algunos incluso soltaban amenazas. «Es un santo poderoso. Si no hacen caso a sus palabras les echará una maldición.»

Todas las semanas uno de los aprendices se encargaba de atender a los receptores de los sueños. Ante él tenía la ingente tarea de escucharlos y distinguir a los honestos de los farsantes. Así fue como un jueves por la tarde Jahan se encontró sentado en un taburete frente a unos desconocidos. A su lado había un escribano que, inclinándose sobre la mesa, deslizaba la pluma sin descanso. Por disparatadas o triviales que fueran las peticiones, había que tomar nota de cada una de ellas. Sinan recibía a los solicitantes con cordialidad y les anunciaba que su sabio aprendiz estaba allí para oír lo que tuviera que decir. Mirando de reojo a Jahan, se marchaba con una sonrisa pícara. Bajo la mirada de una decena de ojos que estudiaban cada uno de sus movimientos, Jahan a menudo rompía a sudar. La habitación de pronto parecía pequeña y sofocante. De repente no había suficiente espacio para esa gente y sus enormes expectativas.

Llegaban de todas partes. De puertos bulliciosos y de aldeas desoladas. E imploraban a los aprendices que fueran y construyeran en diversos lugares: una ciudad, una granja o una propiedad que solo sería habitada por serpientes. Los solicitantes eran en su mayoría varones de distintas edades. Los colegiales iban acompañados de su padre. De vez en cuando acudía una mujer, pero esperaba fuera mientras su marido o su hermano contaba el sueño que ella había tenido.

En una ocasión varios campesinos pidieron que reconstruyeran una fuente bizantina que suministraba agua a todo un pueblo. Habían acudido al cadí, pero hasta la fecha sus ruegos no habían dado fruto. Luego un calderero tuvo un sueño sagrado. En él un santo enérgico y furioso le confiaba que debajo de la fuente se hallaban los restos de un *dergah* sufí. Mientras brotó agua de ella las almas de los derviches descansaron en paz. Pero al secarse la fuente se agitaron. Por lo tanto, había que restaurar la fuente sin demora.

Cuando Jahan informó a Sinan de las entrevistas, él seleccionó ese caso como digno de atención.

—Pero, maestro, ¿cree que nos están diciendo la verdad? —protestó Jahan.

—No importa lo que yo crea, ellos necesitan agua.

Reconstruyeron la fuente y limpiaron las zanjas por las que corría el agua de las montañas. Tanto Sinan como los aldeanos quedaron complacidos.

Por aquella época llegó un molinero. Les contó que había oído cantar a una mujer de un modo dulce y cautivador mientras molía grano. Temiendo que fuera un genio, se había dirigido a las colinas. Al día siguiente lo aguardaba la voz, a pesar de que se había tirado sal sobre el hombro izquierdo y escupido tres veces a la lumbre. El anciano del pueblo le aconsejó que leyera el Corán antes de acostarse. Él así lo hizo. Aquella misma noche apareció en su sueño una mujer. Su rostro brillaba como si tuviera un faro bajo la piel. El cabello rubio y luminoso le caía como una cascada sobre los hombros. Le contó que había muerto estrangulada por órdenes de la sultana madre, aunque no dio su nombre. Desde entonces su alma deambulaba por la tierra buscando su cuerpo, que se encontraba en el fondo del mar. Hacía poco un pescador había recogido la peineta de concha que ella llevaba y se le había desprendido del cabello al ser arrojada al mar con una piedra atada a los pies. Sin saber qué hacer con ella, el pescador la había guardado en una caja. Ella quería que el molinero fuera a buscar la peineta y la enterrara como si fuera ella en carne y hueso. Así tendría una tumba y podría hallar algo de paz.

—¿Por qué no se apareció directamente al pescador? —preguntó Jahan con incredulidad.

—Es un tipo difícil —le respondió el molinero—. Vive a tiro de piedra del castillo de Rumelia. En una casa de campo azul como el huevo de un petirrojo.

—¿Ha estado en ella?

—Por supuesto que no, efendi. Me lo dijo ella. Soy pobre y mi mujer está achacosa. No tengo hijos que me echen una mano. No puedo ir tan lejos a caballo.

Jahan comprendió lo que se le pedía.

—Yo tampoco puedo ir. Me necesitan aquí.

La decepción que reflejaron los ojos del hombre atravesó a Jahan como una flecha en llamas. No obstante, se llevó una gran sorpresa cuando Sinan, al oír la historia, lo apremió a ir a investigar. Así, al día siguiente el elefante y el *mahout* se pusieron en camino.

Encontrar al pescador resultó fácil; lo arduo fue hablar con él. Con ojos oscuros de amargura y una boca que no había sonreído durante años, era un alma cruel. A Jahan le bastó con echarle una mirada para saber que ese hombre jamás le permitiría hurgar entre sus pertenencias. Urdió otro plan. En cuanto estuvieron detrás de las colinas, detuvo al elefante y bajó de un salto. Después de atar a Shota a un sauce que este podría haber arrancado de un tirón sin mucho esfuerzo, le dijo:

—Enseguida vuelvo.

Silencioso como una lechuza, Jahan volvió sobre sus pasos. Rodeó de puntillas el patio y entró en la casucha, que hedía a pescado. Vio unas pocas cajas pero en ninguna de ellas encontró una peineta. Cuando estaba a punto de salir reparó en una cesta en el suelo. Con manos temblorosas, revolvió en ella. Allí estaba la peineta, de color marrón con motas y ámbar, y resquebrajada por los bordes. Se la guardó y puso pies en polvorosa.

Por fortuna, Sinan no le preguntó cómo la había recuperado. En lugar de ello, observó:

—Es preciso darle sepultura. Necesitará una lápida.

—Pero... ¿se puede enterrar una peineta en lugar de un cuerpo?

—No veo por qué no si es lo único que queda de la persona.

Sinan y los aprendices cavaron un hoyo hondo junto a una

morera, y en él depositaron la peineta. Mientras arrojaban tierra a la tumba, rezaron. Por fin, la mujer del sueño del molinero, tanto si era real como si no, tenía una lápida. En ella se leía:

Rezad por el alma de alguien cuyo nombre nunca se supo.
Amada por el Todopoderoso, Él la ha conocido siempre.

En la primavera de 1575 el astrónomo Takiyuddin frecuentó más la casa de Sinan. Los dos se encerraban en la biblioteca y hablaban durante horas. En el ambiente se respiraba algo nuevo e importante; Jahan lo olía como pan recién horneado; algo que emocionaba a esos dos ancianos como si volvieran a ser unos muchachos.

El astrónomo jefe de la corte y el arquitecto jefe de la corte siempre se habían profesado respeto mutuo. Takiyuddin había asistido en repetidas ocasiones a la ceremonia de inauguración de una mezquita y los ayudaba con las mediciones. Asimismo consultaba a Sinan acerca de las leyes de la aritmética, en las que ambos eran expertos. Los dos hombres leían con soltura en varios idiomas: turco, árabe, persa, latín y un poco de italiano. Con los años habían compartido un sinfín de libros e ideas, y Jahan sospechaba que no pocos secretos. Los unía su afición a los números, así como su diligencia. Ambos creían que la única manera de dar gracias a Dios por las aptitudes que habían recibido de Él era trabajar con tesón.

Pese a todo lo que tenían en común, los dos sabios no podrían haber sido más diferentes. Takiyuddin era un hombre apasionado.

Su rostro era un libro abierto que revelaba las emociones que le traspasaban el corazón. Cuando estaba alegre se le iluminaban los ojos; si se ponía pensativo, pasaba las cuentas de rezo con tanta brusquedad que la cuerda casi restallaba. Se rumoreaba que su obsesión por aprender era tal que había contratado a ladrones de tumbas para que le llevaran cadáveres para estudiarlos. Si alguien le hubiera preguntado por qué un estudioso de las estrellas mostraba interés por el cuerpo humano, él habría respondido que Dios había diseñado el pequeño cosmos y el gran cosmos en paralelo. A menudo se quejaba de la arrogancia de los ulemas y de la ignorancia del pueblo. Con tanto fuego en el espíritu, a sus amigos les preocupaba que él mismo ardiera. Vehemente y animado, su carácter contrastaba marcadamente con Sinan, quien rara vez exteriorizaba su fervor y por regla general tenía una actitud serena.

Sin embargo, en esta ocasión Sinan también parecía emocionado, si bien algo aprensivo. Se pasaba el día leyendo y dibujando, lo que era habitual en él, pero asimismo miraba por la ventana con expresión distraída y distante. En un par de ocasiones Jahan le oyó preguntar a los criados si había algún recado para él.

Un miércoles en que los aprendices trabajaban en la casa del maestro, el esperado mensajero llegó con un pergamino. Bajo miradas de curiosidad, Sinan rompió el lacre y leyó la carta. Su rostro, rígido de impaciencia en suspense, se suavizó en una sonrisa de alivio.

—¡Vamos a construir un observatorio! —anunció.

Una casa para estudiar la oscura extensión sobre sus cabezas. Sería el observatorio más grande que jamás se hubiera construido en Oriente y en Occidente. A él acudirían astrónomos de todas partes del mundo para perfeccionar sus aptitudes. El sultán Murad había prometido apoyar a Takiyuddin en su deseo de descubrir la bóveda invisible.

—Esto alterará nuestra comprensión del universo —señaló Sinan.

—¿Por qué nos concierne a nosotros? —le preguntó Davud.

En respuesta Sinan explicó que el conocimiento, *ilm*, era un carruaje tirado por muchos caballos. Si uno de los corceles empezaba a galopar, los otros también aceleraban el ritmo y el viajero que iba en el carruaje, el *alim*, se beneficiaba de ello. Una mejora en un campo impulsaba las mejoras en los otros campos. La arquitectura debía congeniar con la astronomía; la astronomía con la aritmética, la aritmética con la filosofía, y así sucesivamente.

—Hay algo más —añadió Sinan—. Construiréis el observatorio vosotros. Yo supervisaré el trabajo pero será obra vuestra.

Los aprendices abrieron la boca, llenos de incredulidad. Habían contribuido a erigir muchos edificios pero nunca habían construido uno por sí solos.

—Nos honra, maestro —le dijo Nikola—. Le estamos muy agradecidos.

—Que Dios ilumine vuestro camino —respondió Sinan.

En las semanas que siguieron los aprendices presentaron sus diseños al maestro. Les habían concedido un terreno en una colina de Tophane, y antes de comenzar comprobaron el suelo y midieron la humedad. Aunque todavía competían unos con otros por ser el favorito del maestro, unieron fuerzas. La emoción de construir juntos pudo más que los celos.

Entretanto, Takiyuddin era el hombre más dichoso del imperio, así como el más inquieto. Merodeando por las obras y haciendo preguntas incomprensibles para todos, apenas podía contener sus ansias de ver finalizado su querido observatorio. A las pocas semanas de empezar a construirlo se apoderó de él el miedo a la muerte. Morbosamente fascinado con los accidentes y las defunciones, temía dejar esta vida sin haber visto el edificio acabado. Jahan jamás había visto a un hombre inteligente enloquecer hasta ese extremo a causa de la preocupación.

Llegaron instrumentos de todas partes. Reunieron libros y mapas celestiales para la gran colección que albergaría el observatorio. Redonda y amplia, inundada de la luz que entraba a raudales por los altos ventanales, la biblioteca era un lugar que Jahan amaba y se sentía orgulloso de haber contribuido a su diseño.

A medida que avanzaban las obras, Jahan tuvo oportunidad de averiguar más cosas sobre Takiyuddin. Nacido en Damasco, había estudiado en Nablus y El Cairo antes de afincarse en Estambul, la ciudad que en su opinión más se adecuaba a su talento. En ella había prosperado, ascendiendo incluso al cargo de astrónomo jefe de la corte. Más tarde Jahan averiguaría que era él quien había impulsado todo el proyecto, convenciendo al sultán de la necesidad de construir un observatorio real. Eso no significaba que hubiera persuadido a toda la corte. Respetado por unos y aborrecido por otros, Takiyuddin tenía amigos y enemigos para dar y tomar.

Tras beneficiarse de los hallazgos del matemático Jamshid al-Kashi y de los instrumentos perfeccionados por Nasir al-Din al-Tusi, Takiyuddin tenía gran interés en promover los éxitos del observatorio de Samarcanda, construido por el astrónomo, matemático y sultán Ulugh Bey. Casi doscientos años atrás, los eruditos más brillantes habían desvelado muchos secretos del universo. Sin embargo, sus logros, en lugar de perfeccionarse, habían caído en el olvido. Un saber valiosísimo se había perdido para futuras generaciones. Por todas partes había perlas de sabiduría esperando a ser descubiertas como cofres de un tesoro profundamente enterrados. Aprender, por lo tanto, era cuestión de recordar antes que de descubrir.

Takiyuddin a menudo mencionaba a Tycho Brahe, un astrónomo de Frangistán. Por pura casualidad los aprendices colocaron la primera piedra de su observatorio al mismo tiempo que Brahe erigía el lejano Uraniborg. Los dos científicos, en lugar de enzarzarse en rivalidades, se habían escrito cartas de estima y admiración.

—Amamos a la misma mujer —concluyó Takiyuddin.

—¿Qué quiere decir? —le preguntó Jahan.

—Los dos estamos enamorados de la bóveda celeste. Por desgracia, somos mortales. Cuando muramos otros la amarán.

Una vez colocados los instrumentos ópticos sobre los pesados pies de hierro forjado, Takiyuddin se los enseñó a los aprendices de Sinan. Allá donde miraba, Jahan veía relojes astronómicos de tres esferas de excelente factura y precisión. En una cámara del fondo había unas bombas de agua de distintos tamaños que, según explicó Takiyuddin, nada tenían que ver con el cielo, sino que era otra pasión suya. En el piso superior había un astrolabio gigante de seis aros —*dhat al-halaq*— que se utilizaba para calcular las latitudes y las longitudes. Otra herramienta montada sobre la pared —*libna*— consistía en dos grandes cuadrantes de latón y servía para calcular las declinaciones de las estrellas y el Sol. Los largos pedazos de madera que por su humilde aspecto parecían insignificantes resultó que servían para calcular el paralaje de los acimuts de las estrellas; el de al lado determinaba los equinoccios.

El favorito de Jahan era un sextante que medía la distancia entre los cuerpos celestes.

En cada sala que entraban había un aparato que desvelaba otro secreto de firmamento azul. El astrónomo imperial comentó que con los cuerpos celestes, al igual que con otras muchas cosas de la vida, había que buscar el guía adecuado. En lugar de tomar como punto de referencia la Luna, estudió dos estrellas errantes: una se llamaba Venus y la otra Aldebarán. A Jahan le gustó tanto el segundo nombre que no paró de repetirlo para sí, como si fuera poesía.

A diferencia de los instrumentos, que eran nuevos, los libros y los manuscritos de la biblioteca tenían muchos años. Era allí donde Takiyuddin guardaba sus tratados de geometría, álgebra y las fuerzas de movimiento. Estaba particularmente satisfecho con un decreto reciente dirigido a los cadíes de Estambul según el cual el sultán ordenaba que todo el que estuviera en posesión de colecciones valiosas debía entregarlas al observatorio real. «En cuanto reciba esta orden, busque en sus estanterías los libros de astronomía y geometría, y entrégueselos a mi honorable astrónomo, Takiyuddin, para que pueda continuar su excelente trabajo bajo mi protección.»

Con semejante refrendo creyeron que nada podía torcerse. Impecable por dentro y por fuera, su observatorio, el observatorio de los aprendices, con sus ventanas iridiscentes al sol vespertino, fulguraba en lo alto de una colina de Tophane.

La ceremonia de inauguración fue espléndida. Por encima de sus cabezas brillaba el sol, radiante y generoso, y el cielo era de un azul ininterrumpido. Pese a ello, el aire era frío y vigorizante, como si tanto el invierno como el verano hubieran querido estar presentes en un día como aquel. Las gaviotas se lanzaban en picado a lo lejos, por una vez sin chillar; las golondrinas descendían para beber agua de la fuente de mármol del patio. El olor a mirra impregnado en las túnicas y las barbas se mezclaba con la dulce fragancia del *halvah* que Takiyuddin había repartido entre los obreros que se habían matado a trabajar para acabar a tiempo.

Sinan asistió, ataviado con un caftán color canela y un turbante bulboso, y moviendo los dedos de la mano derecha alrededor de unas cuentas de rezo imaginaria. Los aprendices se colocaron unos pasos atrás, intentando disimular su orgullo. Pese a que se habían reunido para rezar por la salud y el triunfo del sultán Murad, y por el éxito del astrónomo imperial, la contribución de los aprendices de Sinan a la construcción de ese observatorio había sido enorme. No podían evitar sentirse satisfechos con los dos edificios que habían diseñado, construido y acondicionado, bajo los auspicios de su maestro pero aun así los tres solos. Era su obra, si el Creador les permitía utilizar esa palabra, pues solo pertenecía a Él.

Más allá de los jardines del observatorio había una explanada atestada de mirones y seguidores cuya voz se la llevaba el viento. Los mensajeros extranjeros observaban todo cuanto ocurría, los comerciantes calculaban los beneficios que podía reportarles, los peregrinos musitaban plegarias, los mendigos pedían limosna, los ladrones buscaban presas, y los niños se sentaban sobre los hombros de sus padres para ver el lugar desde el que se podría contemplar el Sol y la Luna, y averiguar adónde iban las estrellas fugaces cuando caían.

Takiyuddin, alto y erguido, se hallaba en el centro, con un holgado atuendo blanco como el alabastro. Poco antes se habían sacrificado cuarenta corderos y cuarenta vacas, cuya carne se distribuyó entre los más pobres de entre los pobres. Una gota de su sangre brillaba en la frente del astrónomo, entre los ojos. A izquierda y a derecha de él se habían colocado en hilera veinticuatro astrónomos, con el rostro radiante de satisfacción.

Bruscamente cesó todo el ruido. Una oleada de emoción recorrió al público. Llegaba el sultán Murad. Como el agua, su presencia fluyó hacia el patio, llenando todos los espacios vacíos mucho antes de que se avistara la comitiva a lo lejos. La Sombra de Dios en la Tierra se disponía a inaugurar el observatorio más grandioso en los siete climas. Una vez que el sultán y sus guardias se acomodaron, un jeque sufí empezó a rezar con una voz fuerte y dulce a la vez.

—¡Que Alá brinde protección a nuestro magnánimo sultán!

—¡Amén! —repitieron todos al unísono, saboreando la palabra como si fuera un bocado delicioso.

—¡Que Alá tenga compasión de nuestro glorioso imperio, nos oriente en nuestro obrar y nos ayude a unirnos a los que han pasado antes por este mundo y no han errado! Que Alá cuide de esta casa y revele los secretos de los cielos a aquellos que están preparados para soportarlos.

—¡Amén!

Mientras Jahan escuchaba las palabras del sufí, su mirada se desvió hacia los ulemas, las autoridades religiosas, que observaban la ceremonia. Corrían rumores de que el jeque del islam había rehusado dirigir la plegaria comunal cuando se lo habían pedido. Jahan observó el rostro del hombre. Parecía sereno, con una expresión tranquila como un estanque. En ese instante apretó los ojos y torció la boca en una mueca, como si hubiera probado algo amargo. Nadie más debía de haberlo advertido, cautivados como estaban con la plegaria. Pero él vio ese pequeño gesto y sintió una opresión en el pecho.

Por un instante tan breve como el ascenso de un cóndor, Jahan notó en sus entrañas que algo no iba bien, aunque no había ningún signo externo que indujera a pensarlo. Tuvo la impresión de que Sinan también era consciente de ello, de ahí el movimiento nervioso de sus dedos. Entretanto Takiyuddin, en su euforia, no sospechaba nada.

Más tarde Jahan repasaría ese instante con detenimiento. Sinan no había tenido mucho trato con los ulemas, pero aun así percibía su aversión. Takiyuddin, en cambio, los conocía mejor que nadie. Al fin y al cabo, él había sido juez, teólogo, *muwakkit*, guardián del tiempo y maestro en una madrasa. Sin embargo, no compartía la inquietud que el maestro y el aprendiz habían experimentando aquel día. Jahan llegó a la conclusión de que la proximidad cegaba y la distancia permitía tener una visión más clara.

Takiyuddin estaba escribiendo un tratado sobre los entes cósmicos que él llamaba *zij*. En él registraba las posiciones, las distancias y los movimientos del Sol, la Luna, las estrellas y los cuerpos celestes. Le llevaría años terminarlo, pero cuando lo hiciera sería una perpetua guía.

—Un *zij* es un mapa —explicó—. Un mapa de la creación divina.

Tiempo atrás un sabio infiel llamado Aristóteles —un hombre que había enseñado al gran Alejandro todo lo que sabía— había sostenido que la Tierra era el centro del universo y que, a diferencia de otros cuerpos celestes, estaba en calma. Dejó para los astrónomos la tarea de descubrir el total de las esferas que giraban alrededor de la Tierra, el número acumulativo de las cúpulas que se movían por encima de sus cabezas.

—¿Ha podido contarlas alguna vez? —le preguntó Jahan a Takiyuddin cuando Davud y él lo visitaron después de la inauguración.

—Hay ocho —respondió él con firmeza.

Era una cifra perfecta y con razón: la forma de la Tierra, la disposición de los cuerpos celestes, las capas del universo, todo había sido ordenado por Dios para que los seres humanos lo vieran, lo estudiaran y lo contemplaran. Cuanto más hablaba Takiyuddin, más locuaz se volvía. Les contó que, pese a lo brillante que había sido Aristóteles, se había equivocado. Era el Sol, y no la Tierra, lo que se hallaba en el corazón del universo. Los demás cuerpos giraban en torno a la bola de fuego en círculos perfectos. Takiyuddin le enseñó a Jahan un libro que lo demostraba con toda certeza. Jahan leyó en alto el título, y las palabras en latín le rodaron por la lengua, lisas y redondas. Algo relacionado con la revolución de las esferas. «Copérnico.» Qué nombre más extraño, pensó, aunque el astrónomo imperial lo pronunció con tanta veneración que de su boca brotó una especie de conjuro.

—Tenía una novia, pero nunca llegó a casarse —le dijo Takiyuddin, señalando el tomo encuadernado en cuero como si tuviera vida—. Crió a la prole de su hermana y no tuvo hijos propios.

—¿Por qué no se casó? —le preguntó Davud.

—Sabe Dios, pero probablemente por la joven. ¿Qué esposa es capaz de soportar a un marido que solo mira los cielos?

Davud y Jahan se miraron, pensando lo mismo. Aunque Takiyuddin estaba casado, dormía casi todas las noches en el observatorio. No se atrevieron a preguntarle si no se había referido también a él al hablar de Copérnico.

Dando las gracias al astrónomo y a sus acólitos, Davud y Jahan se despidieron. Apenas habían salido cuando fueron engullidos por una penetrante y siniestra ola de niebla. Abriéndose paso a tientas como dos ciegos, encontraron a Shota, se montaron sobre él y despacio, muy despacio, regresaron a trote a la ciudad.

A los pocos pasos Jahan sintió una necesidad apremiante de volverse y mirar. Entonces ocurrió algo extraño. De los dos edificios altos que formaban el observatorio no se veía nada, ni siquiera la luz trémula de una vela en las ventanas o un brillo de los instrumentos en la terraza superior. Sus contornos se habían fundido tan profundamente en el mar gris que en ese instante era como si el observatorio no hubiera existido nunca y todo lo dicho y hecho bajo su techo no hubiera sido más que huellas en la arena.

Al regresar del trabajo un día ventoso, Jahan sentado en el cuello de Shota y el maestro y los aprendices acomodados en el interior del *howdah*, encontraron a Takiyuddin esperándolos en el patio con una expresión preocupada. Jahan, que hacía tiempo que no lo veía, se quedó asombrado al ver cuánto había cambiado. La emoción que había dado brillo a sus facciones los meses anteriores a la construcción del observatorio se había apagado. Tras un breve intercambio de saludos, los dos ancianos se retiraron al cenador del jardín, bajo un dosel de parras, donde hablaron con voz apagada y llena de tensión.

Sin atreverse a acercarse y reacios a alejarse mucho, los aprendices se dirigieron a la cocina, donde, pese a los gruñidos del cocinero, se encaramaron junto a la ventana, el único lugar desde donde podían espiar a los maestros. Desde esa distancia no era posible oír qué decían. Aun así, nada pudo contenerlos de hacer conjeturas por su cuenta.

—Pasa algo —murmuró Davud—. Lo presiento.

—Tal vez solo están discutiendo sobre algo —replicó Nikola, que no estaba dispuesto a abandonar su habitual optimismo.

Takiyuddin había llegado acompañado de uno de sus acólitos,

un joven astrónomo con el rostro picado de viruela y barba rala del color del atardecer. Cuando se juntó con los aprendices, estos empezaron a darle la lata preguntándole qué ocurría. El joven intentó soslayar las preguntas, pero no tardó en revelarlo todo.

—Mi maestro ha visto un cometa en Sagitario.

Jahan lanzó una mirada a los demás. Nikola parecía confuso, Davud receloso, y no había forma de saber qué pasaba por la mente de Sancha, pues miraba al suelo. Imaginando que no era el único ignorante entre los presentes, preguntó:

—¿Qué significa eso?

El astrónomo suspiró.

—Una estrella de cola. Enorme. Viene para aquí.

—¿Qué hará? —preguntó Davud.

—Mi maestro no lo sabe.

—Seguro que sabes algo —insistió Davud.

—Algunos cometas han causado inundaciones. En un reino todas las mujeres embarazadas sufrieron abortos naturales. En otra ocasión llovieron ranas de tres patas del cielo.

Los aprendices escucharon horrorizados. Alentado por su propia voz, el joven enumeró una calamidad tras otra.

—Otro cometa trajo un período de sequía que duró siete años. Grandes vendavales. Derramamiento de sangre. Saqueos...

—¡Chis! Ya vienen —dijo Nikola, aunque no era posible que los oyeran desde fuera.

Avergonzados casi como niños que se portan mal, salieron al jardín para recibir a los dos maestros. Fuera cual fuese el problema, Takiyuddin parecía haber arruinado el estado de ánimo de Sinan como un cancro que se extiende de árbol en árbol.

—Míralos —dijo Takiyuddin señalando a los aprendices.

—Los chismorreos vuelan más rápido que un cometa —dijo Sinan con el tono jocoso que reservaba para los reproches paternales.

—Sobre todo cuando hay alguien que no es capaz de morderse la lengua —replicó Takiyuddin mirando fijamente a su acólito, quien al instante bajó la cabeza, con las mejillas coloradas. Y en voz baja añadió—: No importa. Toda la ciudad se enterará tarde o temprano.

Alentado por esas palabras, Jahan preguntó:

—¿Qué significa todo esto?

—Alá es grande como grandes son sus signos —repuso Takiyuddin—. Nosotros los mortales tal vez no lo veamos del mismo modo, pero al final siempre es así.

Jahan miró al astrónomo imperial, cohibido. Su respuesta, que ofrecía escaso consuelo, lo había abrumado. No era al único. Hasta ese momento los aprendices habían estado más preocupados inventando amenazas donde no había ninguna. De pronto se sentían amenazados por una fuerza que no tenían sabiduría para comprender ni poder para derrotar.

Sinan no se equivocaba acerca de la velocidad de propagación de los chismorreos. En los días siguientes no se habló de otra cosa en Estambul. Susurros atemorizados y malos presentimientos se filtraban por las grietas de las paredes, llenaba los resquicios entre los adoquines, traspasaban los ojos de las cerraduras, corrían por las alcantarillas y mancillaban el mismo aire. Poco después el sultán anunció su intención de celebrar un cónclave de notables, visires y miembros de los ulemas. Un consejo improvisado donde Takiyuddin informaría de la situación. La emoción de Jahan fue en aumento al oír que Sinan también asistiría para dar su opinión.

—Lléveme con usted, por favor —le suplicó.

Sinan lo miró fijamente.

—¿Por qué? ¿Solo porque eres curioso?

—Si no quiere llevarme a mí, lleve a otro de nosotros. Nosotros construimos ese observatorio...

No hizo falta que continuara. Sinan cedió.

—Ve a prepararte.

El maestro y el *mahout* llegaron al palacio después de la plegaria del mediodía. Como a los demás asistentes, los hicieron pasar a la sala de audiencias. A ambos lados de la amplia estancia había unos cuarenta dignatarios, algunos con acompañantes, colocados en hilera. En el centro se encontraba el sultán Murad, sentado en un trono dorado.

Condujeron a Takiyuddin hasta allí. Jahan lo vio arrodillarse para besar el dobladillo del sultán, inclinarse de nuevo para saludar a los miembros del diván y esperar recatadamente, con las manos juntas y mirando al suelo. En ese momento nadie habría querido estar en su piel.

—Astrónomo imperial, le hemos hecho venir para que informe a nuestro benevolente sultán de lo que traerá el cometa —declaró el gran visir Sokollu.

—Si Vuestra Alteza me lo permite. —Takiyuddin sacó un pergamino del interior de su túnica y empezó a leer en voz alta—: «Yo, Takiyuddin ibn Ma'ruf, en calidad de astrónomo jefe de la corte, he visto un cometa en Sagitario. Después de consultar mi *zij* y de utilizar mi turquet, como hiciera en otra ocasión el gran

Nasir al-Din al-Tusi, he descubierto que se halla a una longitud de veintiséis grados de Sagitario y a una latitud de veintidós grados norte. En mis medidas he tomado como puntos de referencia tres estrellas principales: Aldebarán, el ojo de buey; Algorab, el cuervo, y Altair, el buitre volador. Durante días y días he observado el movimiento del cometa para comprender su temperamento. He anotado minuciosamente todos los detalles de su avance para que los jóvenes astrónomos los estudien cuando mi alma haya abandonado este mundo de sombras.

Llegado a este punto Takiyuddin guardó silencio unos instantes. No se oyó un solo ruido en la cámara.

—Apenas he pegado ojo durante siete noches seguidas. Mis aprendices y yo nos hemos turnado para estudiar…

—Ahórrenos lo que ha hecho usted y díganos lo que hará la estrella —lo interrumpió Sokollu.

Takiyuddin tomó aire, como si se impregnara de ese instante, de esa habitación; lo abarcó todo, empezando por los rostros de sus amigos y de sus enemigos observando cada uno de sus movimientos, y tal vez se sintió tan solo como el cometa que había estado vigilando. Llevó un dedo al pergamino y saltó hasta el final.

—He descubierto que el cometa se siente atraído por Venus, pues la cola se extiende hacia el este y el movimiento va de norte a sur. Al estudiar la constitución del cometa y el temperamento del planeta hacia el que se siente atraído, he llegado a la conclusión de que, a diferencia de los cometas que han visitado nuestros cielos en el pasado, este tiene una naturaleza benévola. No desea perjudicarnos.

Se elevó un silencioso rumor de alivio. Al oír esas palabras, el sultán habló por primera vez con una inclinación de la cabeza:

—Eso es bueno. Continúe.

—Traerá nubes de tormenta en abundancia; la cosecha se desbordará —presagió Takiyuddin.

—¿Qué hay del campo de batalla? —preguntó la Sombra de Dios en la Tierra.

—Nuestras tropas ganarán una importante victoria, Vuestra Majestad.

Otra oleada de emoción recorrió la estancia. Todos los presentes abrieron mucho los ojos, llenos de deleite. Con esas palabras la reunión concluyó.

Sin embargo, nada de eso sucedió. La guerra con Persia no se desarrolló como habían previsto. Si bien el ejército otomano salió victorioso, las pérdidas fueron demasiado elevadas para engañar a nadie. Siguió una sequía. Durante meses seguidos las despensas permanecieron vacías, y los niños se fueron a la cama con hambre. Peor aún fue el terremoto que dejó barrios enteros en ruinas. Volvió a asolar la peste. La población murió de forma masiva y de forma masiva recibió sepultura. Allá donde uno miraba había pobreza y aflicción.

El cometa había llevado miseria. Pero nadie salió más perjudicado que Takiyuddin. Los ulemas empezaron a conspirar contra él. El nuevo jeque del islam, Ahmed Shamseddin Efendi, que esperaba el momento oportuno para atacarlo, lo hizo con todas sus fuerzas. «El observatorio tiene la culpa de que hayan caído calamidades sobre la ciudad.» ¿Quiénes eran ellos para observar a Dios? Más bien tenía que ser Dios el que los observara a ellos. Los seres humanos debían tener los ojos clavados en el suelo y no apuntados hacia la bóveda celeste.

El sultán ordenó la demolición del observatorio.

La mañana que los aprendices se enteraron de la noticia, corrieron a la casa de su maestro. Casi sin habla miraban más allá de ellos, como si caminaran en un sueño.

Entretanto Sinan había pasado el resto del día sentado solo en el cenador, recordando quizá otros tiempos en que Takiyuddin y él se reunían allí, esperanzados y confiados. Después de la oración vespertina salió y les dijo con voz suave y dulce:

—Vosotros lo construisteis y vosotros deberíais derribarlo.

—Pero, maestro… —intentó protestar Nikola.

Jahan no pudo dominarse por más tiempo. Desde la muerte de Olev acumulaba demasiada cólera en su corazón y esta vez estalló.

—¿Esa es la razón por la que nos dejó construirlo a nosotros? ¿No quiso hacerlo usted porque sabía lo que ocurriría?

Los demás lo miraron boquiabierto. Era lo que todos habían pensado en silencio, pero les asombró que tuviera la descortesía de expresarlo en voz alta.

—No tenía ni idea. De haberlo sabido, jamás os lo habría encargado.

Pero una vez que empezó Jahan no pudo detenerse.

—Entonces, ¿por qué no defiende nuestro observatorio? —insistió—. ¿Cómo puede permitir que ocurra esto?

Sinan sonrió con tristeza y las arrugas de alrededor de los ojos se hicieron más profundas.

—Hay cosas que están en mis manos y cosas que no. No puedo impedir que la gente destruya. Lo único que puedo hacer es seguir construyendo.

La noche anterior a la demolición cada uno se retiró a su rincón, evitando la conversación. El maestro se refugió en el piso superior del *haremlik* con su familia; Nikola se quedó en el taller; a Davud no se le veía en ninguna parte; Sancha se encerró en su habitación de la parte trasera de la casa de Sinan; y Jahan se recluyó en el establo. La pobre *kahya*, incapaz de convencerlos para que cenaran juntos, tuvo que llevar a cada uno la comida en bandejas separadas.

Jahan echaba de menos estar a solas con el elefante y atender sus necesidades, y esa noche ahuyentó al joven ayudante. En el fondo de su corazón creía que nadie sabía cuidarlo tan bien como él. Como en los viejos tiempos, limpió la orina del suelo, recogió los excrementos, cambió el agua del barril y cambió las hojas del comedero. Frotó los pies de Shota —los frontales, grandes y redondos, y los traseros, pequeños y ovalados— con cuidado de no hacerle daño en las almohadillas. Examinó detenidamente las dieciocho uñas que a continuación cortó, limpió y frotó con ungüento, una por una. Trabajar en el recinto de las obras y subir colinas empinadas año tras año le habían pasado factura. Cuatro de las uñas se le habían partido y una estaba a punto de caer.

Jahan revisó la trompa del animal para ver si tenía verrugas, y le examinó la cola buscando pulgas y ácaros, y al no encontrar nada quedó satisfecho. A continuación le inspeccionó el tejido blando de detrás de las orejas por si tenía liendres, que era lo peor. Era extraño ver a un animal tan colosal totalmente impotente frente a la criatura más insignificante, pero lo cierto era que un piojo podía arruinar el temperamento de un elefante. Aunque encontró unos pocos pequeños bultos marrones, por fortuna no había nada alarmante. Después de lavarlo, Jahan le examinó el lomo para ver si había heridas y abscesos. Por donde la piel estaba seca aplicó ungüento. Mientras tanto Shota aguantaba con paciencia deleitándose con la atención. Jahan también disfrutó con el esfuerzo. Le ayudaba a olvidar su desesperación, aunque sabía que no tardaría en recordarla. Cuando terminó, Shota meneó la trompa como preguntando qué aspecto tenía.

—Estás como un sol —le dijo Jahan.

Entonces oyeron pasos al otro lado de la puerta entornada.

—¡Estoy aquí! —gritó, esperando ver a un sirviente con su comida.

Se sorprendió al ver que era Sinan. Limpiándose las manos con un trapo grasiento, Jahan se acercó a él corriendo.

—Bienvenido, maestro. —No le pareció bien invitarlo a un establo, por lo que se apresuró a añadir—: ¿Quiere que salga?

—Hablaremos mejor aquí.

Jahan extendió la manta sudadera de Shota sobre un montón de heno, preparando un extraño asiento que era mitad terciopelo, mitad heno.

—Jamás pensé que llegaría el día en que te pediría lo que me dispongo a pedirte —dijo Sinan después de acomodarse.

—¿Qué es? —preguntó Jahan, no muy seguro de si quería oír la respuesta.

—Preciso de tus aptitudes. No como delineante, sino tus anteriores aptitudes, si es posible llamarlas así. —Al ver que Jahan palidecía, se explicó—: Me refiero a cuando solías disponer de las pertenencias de los demás. Me consta que ya no lo haces.

Vergüenza. Horror. Entonces el maestro estaba al corriente de sus hurtos. Una oleada de culpabilidad recorrió su ser. Aun así no lo negó.

—Sí, bueno…, pero no lo entiendo.

—Necesito que robes ciertas cosas por mí, hijo.

Jahan lo miró fijamente.

—Como sabes, mañana demolerán los edificios. Los instrumentos. Los libros. Todo ha sucedido tan deprisa que Takiyuddin no ha tenido tiempo de salvar gran cosa. Pero han cerrado las puertas con llave y ya no puede entrar nadie.

Jahan empezó a comprender lo que su maestro intentaba decir.

—Si pudieras rescatar unos pocos libros al menos, sería un consuelo para nuestro amigo.

—Entiendo, maestro.

—No tienes por qué aceptar, por supuesto —añadió Sinan. Y, bajando la voz, susurró—: Podría ser una mala idea.

—Creo que es una idea excelente.

—Podría ser peligroso, hijo.

—Robar siempre lo es, maestro, si me permite la observación.

Sinan contempló a su aprendiz con la cabeza ladeada y una sonrisa melancólica, como si solo verlo restaurara su espíritu.

—Tiene que ser un secreto entre tú y yo —añadió tras un instante de silencio.

—Y Shota —añadió Jahan—. Es mucho más silencioso que un caballo y puede cargar más.

—Está bien. Lo llevaremos con nosotros.

—¿Nosotros? ¿Quiere decir que piensa venir conmigo?

—Por supuesto. No puedo mandarte solo.

Jahan reflexionó unos instantes sobre ello. Si lo capturaban a él, lo tomarían por un vulgar ladrón. Si capturaban a Sinan, perdería su reputación e incluso su posición en la corte. Sus trabajadores, su familia, sus alumnos y todos lo que lo contemplaban como una figura paterna se quedarían desolados.

—No puedo trabajar con alguien a mi lado. Va contra mi carácter.

El maestro protestó, pero el aprendiz se resistió. Sinan dijo que entonces lo suspendía todo. Jahan replicó que era demasiado tarde, pues ahora que le había dado la idea lo haría de todos modos. Fue una extraña batalla de palabras. Pelearon sin pelear.

—Está bien —concluyó Sinan, cediendo con un ademán que Jahan interpretó como un gesto de derrota antes que como un signo de confianza.

A continuación el maestro le entregó a Jahan una bolsa de monedas. Si se topaba con el vigilante nocturno tal vez tuviera que sobornarlo. El plan podía funcionar o fracasar, dependiendo de la disposición del hombre y de lo que la providencia hubiera dispuesto para Jahan.

Al oír pasos que se acercaban los dos se estremecieron. Apareció un chico llevando una bandeja con un bol de sopa humeante, pan, agua y *baklava.* Sinan y Jahan esperaron a que sirviera la comida y se marchara.

—Come —le dijo el maestro—. Será una noche larga.

Jahan partió un pedazo de pan, lo dejó caer en la sopa y se lo comió quemándose la lengua mientras le acudía un pensamiento a la mente.

—¿Hay algo en particular que quiere que rescate?

Sinan esperaba la pregunta.

—Bueno —respondió, arqueando una ceja—. Los instrumentos no, pues son demasiado grandes. Pero habría que rescatar los libros, cuantos más mejor. Si puedes, busca su *zij*, ya sabes lo mucho que ha trabajado en él.

El mapa de la Luna, el Sol, las estrellas y los cuerpos celestes. Años y años de trabajo. ¿Por qué el astrónomo imperial no se lo había llevado consigo?

—Takiyuddin guardaba en el observatorio todos sus objetos de valor —repuso Sinan, leyéndole el pensamiento—. Era su hogar.

Jahan tomó varias cucharadas más de sopa; luego se llevó otro pedazo de pan a la boca y se guardó el resto en el fajín.

—Estoy listo para partir.

Brillaba una luna llena sobre la ciudad, una hoguera de una época lejana. Jahan condujo a Shota hacia Tophane en medio de las sombras.

Contra el cielo plomizo los edificios parecían dos gigantes fundidos en un triste abrazo. Una punzada de dolor recorrió a Jahan al comprender que al día siguiente a esa hora habrían desaparecido. Desmontó de un salto y escuchó en medio de la noche para asegurarse de que no había nadie alrededor. En voz muy baja le pidió a Shota que lo esperara allí y lo recompensó con peras y nueces que el animal se zampó al instante. Jahan había llevado unos sacos grandes para acarrear los libros. Los cogió, y después de besar la trompa de Shota tres veces para que le diera buena suerte, fue derecho al observatorio.

Primero probó la puerta principal. Colgaba de ella un candado oxidado. Por un momento intentó abrirlo con la cuchilla y el punzón que llevaba en el fajín. Le pareció que no sería muy difícil, pero no sabría recomponerlo después. A la mañana siguiente todo el mundo sabría que había entrado alguien.

Se deslizó por detrás y comprobó las puertas traseras de ambos lados. Como había un pasaje que comunicaba ambos edificios, no importaba por qué puerta entrara. Luego vio lo que necesitaba: una ventana redonda en la planta baja. Recordó que ese invierno se había aflojado y nadie las reparó del todo. Takiyuddin se había quejado del trabajo mediocre que había hecho el obrero y luego se olvidó por completo del asunto, al igual que todos los demás.

Al cabo de un momento Jahan estaba allí, empujándola. Tras un instante, la bisagra cedió con un ruido metálico. Abrió la ventana y se deslizó dentro. En el interior reinaba la oscuridad más absoluta. Jahan estaba tan poco preparado para ello que se le doblaron las rodillas. Esperó a que los ojos se le acostumbraran a la penumbra y al cabo de un momento empezó a identificar formas. Subió las escaleras de caracol que conducían a la biblioteca; le llegó un olor intenso a papel, pergamino, tinta y cuero. Todos los estantes eran una herida abierta sangrando en la noche. Tambaleándose, miró a izquierda y derecha. Había miles de libros, mapas y manuscritos. ¿Cómo sabría cuáles eran más valiosos que otros? ¿Por la antigüedad? ¿Por el autor? ¿Por el tema?

Jahan corrió de hilera en hilera, cogiendo al azar libros que olisqueaba y palpaba, y llevaba a la ventana, por donde entraba la trémula luz de la luna. Llovieron sobre él palabras en latín, árabe, otomano, hebreo, griego, armenio, persa. Jadeó. De pronto se enfureció consigo mismo. Estaba perdiendo un tiempo precioso con sus dudas. Presa del pánico, sacó los sacos que llevaba consigo y empezó a llenarlos con los primeros libros a los que echó mano. Como no podía escoger, no escogería. Los salvaría todos.

Empezó por el primer estante, luego por el segundo, el tercero. Ya tenía un saco lleno. El segundo saco engulló las siguientes tres estanterías. Eso era todo. Dio un paso, tambaleándose como un borracho. Pesaban demasiado. Tuvo que sacar algunos tomos, con las manos temblorosas y los dientes castañeteándole como si lo hubiera sorprendido una corriente de aire frío.

—Regresaré —susurró para sí.

Salió, buscó a Shota y descargó los libros en el *howdah*, y regresó corriendo y jadeando. Se maldijo por no haber pensado en llevar una carretilla. Habría resultado más fácil. De nuevo llenó los sacos, cinco estantes más, y salió corriendo. No sabía cuántas veces repitió la operación. Resoplaba tan ruidosamente que temió que alguien lo oyera y todo se fuera al traste.

Tragó saliva para aliviar la boca seca e intentó calmarse. Fuera amanecía. Se obligó a hacer un último viaje y terminaría. Todo lo que pudiera salvar lo salvaría y el resto lo dejaría. Entonces ocurrió algo que nunca reveló a nadie ni siquiera años después, ya anciano. Los libros, los manuscritos, los mapas y los gráficos empezaron a llamarlo por su nombre; primero débilmente, luego con un tono cada vez más estridente, suplicándole que los llevara consigo. Jahan podía ver las bocas de papel rasgado, los dientes de tinta. Se tiraban por sí solos de los estantes y se amontonaban en el suelo, impidiéndole pasar, con los ojos muy abiertos del horror. Jahan se sintió como un hombre a bordo de un barco que intenta salvar a una docena de marineros de una tormenta mientras cientos se ahogan a su alrededor.

Se echó a llorar. Llenó tres sacos más y se marchó con celeridad, como si lo persiguiera una fuerza invisible. Nunca recordaría cómo montó a Shota y llegó a la casa de Sinan. Le entregó los libros a su maestro y se negó a acercarse a ellos por miedo a que volvieran a hablarle.

—Aprendiz indio, has rescatado muchos —le dijo Sinan.

—He dejado muchos más —respondió Jahan con una expresión adusta.

En su frente apareció una arruga de preocupación. Sinan vació los sacos, desempolvó los libros y los escondió en su biblioteca. Más tarde informaría a Jahan de que había rescatado cuatrocientos ochenta y nueve libros.

Solo cuando Jahan regresó a su habitación, apoyó la cabeza en el catre y logró dejar de temblar, cayó en la cuenta de que con las prisas no se había acordado de buscar el *zij* de Takiyuddin. Al final el astrónomo imperial no pudo evitar perder lo que más le dolía. El conocimiento y la sabiduría debían ser acumulativos, un flujo ininterrumpido que pasaba de generación en generación; sin embargo, los jóvenes astrónomos que lo sucedieran tendrían que empezar desde cero.

Al día siguiente, poco después del amanecer, mientras el cielo se fundía con la ciudad, Sinan, los aprendices y el elefante se encontraban allí, listos para destruir lo que habían construido. Ninguna paloma agitó las alas debajo de los aleros y no sopló brisa alguna. Jahan reparó en los ojos llorosos de Sancha. Nadie dijo una palabra.

Durante todo el día, al frente de las cuadrillas de obreros que llegaron con mazos, almádenas y pólvora, derribaron las puertas y las ventanas, y echaron abajo las paredes. Shota tiraba con todas sus fuerzas de las cuerdas que ataban a los postes de madera. La gente acudió a mirar. Algunos vitorearon y aplaudieron; la mayoría se sumió en un silencio perplejo. Cinco días después, mientras retiraban la última piedra, se rezaron plegarias, del mismo modo que se habían rezado cuando los aprendices de Sinan habían colocado la primera, tres veranos atrás. Solo que esta vez los mirones dieron gracias a Dios por derribar un edificio pecaminoso.

Algo en el interior de Jahan se hizo añicos a la vez que el observatorio. De no haber sido por su amor a Mihrimah y su lealtad hacia Sinan, habría abandonado sin titubear esa ciudad de ladrillos rotos y madera calcinada. Huye, le susurraba una voz en su cabeza. Pero ¿adónde? Era demasiado viejo para emprender nuevas aventuras. Vete, imploraba la voz. Pero ¿cómo? Por mucho que le contrariaran sus costumbres, Estambul se había apoderado de su alma. Incluso sus sueños transcurrían allí. Vete, le advertía la voz, pero ¿por qué? El mundo era una caldera hirviendo, la misma mezcla de esperanzas y congojas aquí y allá.

Durante años y años Jahan había entregado su vida a una ciudad donde había sido —y seguía siendo— un extraño, su amor a una mujer inalcanzable, y su juventud y su ímpetu a una profesión que, aunque valorada, era rechazada cuando surgía un contratiempo. Aquello que erigían durante años, piedra sobre piedra, podía destruirse en una tarde. Lo que hoy día se atesoraba podía menospreciarse el día de mañana. Todo quedaba sujeto a los caprichos del destino, pues a esas alturas él no tenía duda de que el destino era caprichoso.

Las semanas que siguieron fueron sus días más sombríos en Estambul. No podía dejar de preguntarse por qué se desvivían por detalles nimios cuando a nadie —ni al sultán, ni a la gente, ni seguramente a Dios— le importaba el esfuerzo que ponían en ello. Todo parecía traerles sin cuidado, exceptuando el tamaño y la majestuosidad de los edificios, y no ofender al Todopoderoso.

¿Por qué prestaba Sinan tanta atención a los más mínimos detalles cuando solo unos pocos los advertían, y menos aún los valoraban?

Nada arruina más el alma humana que el resentimiento oculto. De puertas afueras Jahan siguió llevando la vida de siempre, trabajando con ahínco junto con su maestro y dando de comer a Shota, aunque ya no atendía todas sus necesidades. Por dentro, sin embargo, el estupor hizo presa en su corazón, eliminando los signos de alegría como la nieve borra las huellas de la vida al fundirse. Estaba perdiendo la fe en su profesión. Poco podía imaginar entonces que el valor de la fe no dependía de lo firme y sólida que era, sino de las veces que uno la perdía y era capaz de recuperarla.

El día más frío en cuarenta años, según anunciaron, fue el día que murió Mihrimah. Los gatos callejeros de Scutari se quedaron paralizados en el aire al saltar de un tejado al otro, suspendidos como lámparas de cristal. Los mendigos, los peregrinos, los derviches errantes y todos cuantos carecían de un domicilio fijo buscaron refugio en casas de beneficencia por temor a helarse. Jahan nunca sabría por qué ella escogió semejante día para abandonar este mundo. Había nacido en primavera y amaba las flores.

Llevaba meses enferma y, a pesar de que el número de médicos que la rodeaban aumentaba por días, su salud fue decayendo. Durante esos meses desesperados Jahan la había visitado seis veces. En cada ocasión la había encontrado más delgada. Había visto más a Hesna Jatun, la mensajera reacia. La anciana acudía a la casa de fieras para llevarle recados de la princesa y esperaba en un rincón a que él escribiera una respuesta. Pese a los resoplidos y los jadeos de la niñera, Jahan se lo tomaba con calma, escogiendo con cuidado las palabras. Con expresión irritada ella cogía por fin la carta sellada y desaparecía.

Así, la mañana de enero de 1578 en que se presentó la niñera en la casa de fieras, envuelta en una capa de pieles, Jahan esperaba una carta.

—Su Alteza desea recibirlo —dijo en su lugar.

Ante él se abrieron de par en par las puertas cerradas y se iluminaron los corredores ocultos. Al verlo aparecer, los centinelas miraron para el otro lado. Todo había sido arreglado. Cuando Jahan entró en la alcoba, hizo un esfuerzo por mantener intacta la sonrisa. Mihrimah tenía el rostro congestionado y el cuerpo abotagado. Las piernas, los brazos, el cuello, incluso los dedos se le habían hinchado, como si le hubiera picado la avispa de la que había huido de niña.

—Jahan, querido…

Él dejó de fingir entereza y ocultó la nariz en el ribete de la colcha. Allí había permanecido todo el tiempo, en la periferia de la existencia de la princesa. Al verlo llorar ella levantó la mano y dijo con suavidad:

—Basta.

Jahan se disculpó de inmediato.

—Basta —repitió ella.

El aire de la alcoba, con las ventanas siempre cerradas y los pesados cortinajes, siempre estaba viciado. Jahan sintió el impulso de abrirlas, pero se contuvo.

Ella le pidió que se acercara un poco más, pese a la ardiente mirada de Hesna Jatun. Posó una mano sobre la de él y, aunque ya se habían tocado antes, siempre de hurtadillas, esa fue la primera vez que Jahan sintió cómo el cuerpo de ella se abría al de él. Jahan la besó en los labios. Sabía a tierra.

—Tú y tu elefante blanco… habéis alegrado mi vida.

Jahan intentó pronunciar unas palabras que le levantaran el

espíritu, pero no logró encontrar ninguna que ella quisiera oír. Al cabo de un rato un criado le llevó un cuenco de crema pastelera con esencia de agua de rosas. El dulce olor que cualquier otro día le habría abierto el apetito le produjo arcadas. Jahan le dio agua, que ella bebió con avidez.

—Cuando yo ya no esté aquí tal vez oigas cosas sobre mí que no te gusten.

—Nadie se atreverá a decir nada malo sobre Vuestra Alteza.

Ella sonrió cansinamente.

—Pase lo que pase a mi muerte, quiero que pienses en mí con afecto. ¿Me das tu palabra de que no harás caso a los chismosos y los calumniadores?

—Nunca les creeré.

Ella pareció aliviada, pero enseguida frunció el entrecejo. Un nuevo pensamiento había acudido a su mente.

—¿Y si dudas de mí?

—Excelencia, yo nunca…

Ella no permitió que continuara.

—Si alguna vez tienes sospechas acerca de mí, recuerda que detrás de todo hay una razón.

Jahan le habría preguntado qué quería decir si no hubiera oído ruido de pasos cada vez más cercanos. Hicieron pasar a sus tres hijos, que entraron en fila india. Jahan se sorprendió al ver lo alta que estaba Aisha desde la última vez que la había visto. Uno a uno besaron la mano de su madre. Un silencio respetuoso flotó en el aire mientras el más pequeño fingía estar tranquilo, aunque el temblor del labio inferior lo traicionaba.

Cuando se fueron, Jahan lanzó a Hesna Jatun una mirada penosa. Veía en el movimiento nervioso de sus manos que quería que él también se marchara. Él no quería irse. Se sintió aliviado cuando Mihrimah, al percibir su incomodidad, le dijo:

—Quédate.

Al oscurecer su respiración se hizo menos profunda. Jahan y Hesna Jatun esperaron, uno a cada lado del lecho, ella rezando y él recordando. Las horas transcurrieron en una bruma. Mucho después de la medianoche Jahan luchaba por no cerrar los ojos, tras apoderarse de él la convicción irracional de que mientras la velara ella estaría bien.

La llamada a la oración despertó a Jahan. En la habitación no había ningún movimiento, no se oía ruido alguno. Presa de un frío pánico, se levantó tambaleándose. Se quedó mirando a la anciana, que parecía no haber dormido en toda la noche.

—Se ha ido —musitó Hesna Jatun con tono agrio—. Mi gacela nos ha dejado.

Diez meses después Sinan y los aprendices dieron los últimos retoques a la mezquita de Sokollu. Una cúpula central, ocho arcos, ocho columnas y un patio de dos plantas. Junto a la sala de rezo había un pórtico cerrado bañado de la luz de sol que entraba por las numerosas ventanas. El *minbar* era de un mármol blanco prístino enmarcado con azulejos turquesa. A lo largo del interior de la mezquita se extendía un delicado y elegante balcón. Aunque no era tan mágica como la mezquita de un sultán, tenía mucho carácter como el hombre en sí.

El gran visir Sokollu acudió a ver la construcción acompañado de asesores, centinelas, lacayos y aduladores. Inspeccionó el edificio que lo haría inmortal e hizo un sinfín de preguntas, impaciente por que los obreros lo terminaran. El hombre con más visión de futuro del imperio, siempre astuto, se comportó con dignidad. Había servido a tres sultanes: Suleimán, Selim y Murad. Muchos se preguntaban cómo había resistido tanto tiempo en su cargo cuando muchos hombres de Estado perdían la cabeza ante cualquier contratiempo. Corría el rumor de que lo asistía un genio femenino que estaba prendado de él y cuyo nombre era impronunciable para cualquier criatura terrenal. Cuando Sokollu se hallaba en peligro ese genio femenino le advertía.

Jahan observó el alboroto de lejos. No había olvidado ese día en Szigetvar en que habían acomodado en el interior del *howdah* de Shota al difunto sultán Suleimán mientras fingían que estaba vivo. Desde entonces, como un escultor consagrado, el tiempo había cincelado las facciones de Sokollu, confiriéndole una expresión severa. Mientras Jahan pensaba en cuánto había envejecido, el gran visir se detuvo y se volvió. Le brillaron los ojos al ver al *mahout.*

—¡El domador de elefantes! —exclamó con un desdeñoso chasquido de los dedos—. ¡Caramba, tiene canas! ¡Ha envejecido!

Jahan asintió en silencio. Desde que Mihrimah había fallecido acusaba más que nunca el paso de los años.

Sinan se unió a ellos.

—Jahan es uno de mis mejores aprendices, mi señor.

Sokollu se interesó por su salud y la del elefante, aunque no prestó atención a la respuesta. Al cabo de una hora el gran visir se alejó a galope. Jahan no apartó la vista de él hasta que se perdió en las sombras que se habían congregado a lo largo del camino y finalmente se lo tragó la oscuridad. Aquella misma noche estalló una tormenta que bajó por los postes, zarandeó los árboles y desbordó los fosos, dejando todo sumido en la confusión.

A la mañana siguiente Jahan encontró el recinto de las obras cubierto de lodo. Por todas partes corrían riachuelos sucios. Ante él una docena de obreros empujaba un carro para sacarlo de un surco. Otra cuadrilla levantaba un madero con ayuda de unas poleas de hierro, gritando al unísono «Alá, Alá», como si la construcción fuera una guerra santa que hubiera que ganar. Allá donde miraba veía a trabajadores afanándose por reparar algo. El único que no trabajaba era Shota, que chapoteaba con deleite en un charco marrón.

En el exterior de la mezquita, enfrente mismo del nártex, había un cobertizo improvisado donde el maestro se retiraba cuando necesitaba descansar. Aquel día sufría de dolor de espalda y pasó la tarde tendido sobre una superficie plana, envuelto en toallas calientes. Un médico judío llegó y le extrajo dos cuencos de sangre para eliminar los humores malignos. A continuación le aplicó cataplasmas sobre las articulaciones doloridas.

Después de la oración de la tarde se abrió la puerta y salió el maestro, pálido y amodorrado pero por lo demás bien. Hizo señas a Jahan, y estaba a punto de saludarlo mudamente cuando ocurrió algo extraño. Uno de los obreros que subía las planchas de plomo desde el tejado perdió el control. La cuerda que tenía en las manos se partió y dejó caer toda la carga justo en el momento en que Sinan pasaba por debajo.

Un grito se elevó por el aire. Fuerte, agudo y a todas luces femenino. Era Sancha. De sus labios brotaron dos palabras:

—¡Cuidado, maestro!

Las planchas de plomo cayeron con gran estrépito. Sinan, que milagrosamente se había vuelto hacia un lado, salió ileso. De no haberse movido lo habrían partido en dos como la espada de Damocles.

—Estoy bien —dijo cuando se acercaron corriendo a él.

Entonces, una por una, todas las cabezas se volvieron hacia Sancha. Bajo sus miradas entrometidas, ella se ruborizó hasta las orejas y entreabrió la boca.

En el incómodo silencio que se hizo, Sinan dijo:

—Ha sido un honor oír la voz de Yusuf. Dicen que el miedo suelta las lenguas atadas.

Temblorosa, Sancha bajó la cabeza, con el cuerpo como el de

una muñeca de trapo. Durante las horas de trabajo restantes evitó a todos. Jahan no se atrevió a acercarse a ella. Los obreros se mostraron recelosos. «Hay un *hunsa* entre nosotros», susurraban entre miradas de reojo. Una persona que era mitad hombre, mitad mujer, y que se había quedado eternamente varado en el limbo. A nadie se le ocurrió la posibilidad de que Yusuf fuera una mujer.

Al día siguiente el ayudante principal de Sinan no acudió a las obras. Tampoco lo hizo al siguiente. Lo justificaron diciendo que Yusuf no se sentía bien y había tenido que ausentarse unas semanas. Nadie preguntó adónde había ido ni cómo. Todos sin excepción, al toparse con un secreto, habían intuido de algún modo que lo mejor y lo más seguro era no saber nada. Solo Jahan comprendió que ese era el final: Sancha no volvería a trabajar con ellos. Si regresaba, pondría en peligro al maestro y a sí misma. Había vuelto a la vida que aborrecía, la de concubina.

Aquella misma semana Jahan se abría paso por el recinto, absorto en sus pensamientos, cuando reparó en una cuerda que Shota había pisoteado en el barro. Sin pensar, la recogió. Mientras la examinaba se le cayó el alma a los pies. Los dos hilos exteriores se habían partido, dejando la fibra deshilachada, y el del medio era más corto y recto, como cortado con un cuchillo. Alguien había reducido la cuerda cortándola por el centro. Si por fuera parecía una cuerda normal, por dentro era frágil como una cáscara de huevo.

Jahan acudió a ver a su maestro de inmediato.

—Alguien le tendió una trampa.

Sin decir una palabra, Sinan miró la cuerda con los ojos encerrados.

—¿Me estás diciendo que no fue un accidente?

—Creo que no —dijo Jahan—. ¿Por qué salió del cobertizo, maestro?

—Oí que alguien me llamaba.

—Debió de ser la misma persona que lo planeó. Sabía que la cuerda se rompería porque la había cortado. La pobre San… Yusuf intentó salvarlo. ¡Y ahora está condenado!

—Dado que estás tan informado… —dijo Sinan, con infinita tristeza en la mirada—, debes saber que está en casa con mi familia.

—Maestro, trabajar al lado de usted es su única alegría. Debería pedirle que vuelva.

Sinan meneó la cabeza.

—Ya no puedo tenerla aquí. No es seguro.

Jahan apretó los labios, intentando contener palabras de las que podría arrepentirse.

—¿No piensa indagar sobre lo ocurrido?

—¿Para qué? No puedo interrogar a todos los que trabajan en las obras. Si sospechan que no confío en ellos perderán las ganas de trabajar.

La intranquilidad se apoderó de Jahan. Él, por el contrario, creía que Sinan debía interrogar a todos hasta dar con el culpable. Con una voz que no identificó como suya, dijo:

—Miguel Ángel lloró la muerte de su ayudante como si fuera un hijo. Mientras que a usted… ni siquiera le importamos. Cristal, madera, mármol, metal… ¿No somos a sus ojos meros instrumentos de sus construcciones?

En el silencio que siguió, Sinan repuso despacio:

—Eso no es cierto.

Pero Jahan ya no escuchaba.

Aun contando con un aprendiz menos el maestro terminó a tiempo la mezquita de Sokollu. Recitaron oraciones; tiñeron de *henna* ovejas y sacrificaron carneros. Sokollu, radiante de orgullo y satisfacción, dio *baksheesh* a los obreros y liberó a un centenar de esclavos. Poco después, en una reunión del *diván*, un hombre vestido como un derviche expresó su deseo de ver al gran visir. Como este, era de Bosnia. Por alguna razón que nadie acertó a comprender ni entonces ni después, Sokollu le dio autorización para entrar y acercarse.

El gran visir murió apuñalado por un desconocido, a quien apresaron y ejecutaron antes de que nadie tuviera oportunidad de averiguar la razón que había detrás del derramamiento de sangre. Sokollu, Sokolovic, el gran visir y uno de los últimos mecenas de la arquitectura, había fallecido. El genio femenino, si existía, por una vez no había podido advertirlo.

Tras el asesinato de Sokollu, el sultán nombraría a una sucesión de visires, pero ninguno estuvo cerca de ser como su predecesor. De pronto, era como si hubieran destapado una olla hirviendo y esta estallara. Las arcas del tesoro imperial estaban vacías y las monedas habían perdido su valor. Los jenízaros se pusieron furiosos, los campesinos se quedaron muy afectados, los ulemas se mostraron descontentos. El maestro Sinan era demasiado anciano y frágil, y su aprendiz mudo ya no estaba a su lado.

Jahan soñó que estaba en su pueblo. Avanzaba con dificultad por el sendero que conducía a su casa, sintiendo el sol abrasador en la nuca. Encontraba la puerta abierta y entraba. En el patio no había nadie. Luego advertía un débil movimiento bajo un árbol: un tigre. No muy lejos de allí un pavo real se paseaba muy ufano y un ciervo comía una mata de hierba salpicada de maleza. Caminaba con gran lentitud para no llamar la atención. Un intento inútil, pues el felino ya lo había visto. Este posaba en él los ojos sin ningún interés. A cada paso se encontraba con otros animales: un rinoceronte, un jabalí, una jirafa. En su ausencia su familia había construido una casa de fieras.

Habían ampliado la casa con más habitaciones y más plantas. Desesperado, trotaba por los pasillos de mármol buscando a su madre y a sus hermanas. En el piso superior, en una alcoba que recordaba la del palacio del sultán, encontraba a su padrastro sentado solo. Este le señalaba el jardín trasero, solo que ya no era un jardín trasero. En su lugar había un río agitado. A lo lejos, en un bote llevado por la corriente, se encontraba Sinan.

Jahan gritaba. Al oír su voz Sinan se levantaba y perdía el equilibrio, y agitaba los brazos como un ave a punto de alzar el vuelo. El bote se volcaba y lo tiraba al agua. Alguien gritaba al oído de Jahan, dándole golpecitos en el hombro.

—¡Despierta, indio!

Jahan así lo hizo, con el corazón en el puño. Encontró a la última persona que esperaba ver allí: Mirka, el domador de osos. Jahan frunció el entrecejo mientras el recuerdo de esa noche de muchos años atrás regresaba, tan deprisa como se desenfunda una espada.

Mirka retrocedió un paso con las manos alzadas en un gesto de defensa.

—Ha ocurrido algo. Teníamos que informarte.

Solo entonces Jahan reparó en el joven que estaba a su lado. Era Abe, el nuevo domador de Shota, un esbelto africano negro de poco más de dieciséis años. Un alma bondadosa pero tan inexperto que Jahan no le habría confiado un conejo, menos aún un elefante.

—¿Qué ha pasado?

Mirka desvió la mirada.

—La bestia se ha ido. Ha huido.

Apartando la manta de una patada, Jahan se levantó rápidamente y agarró a Abe por el brazo.

—¿Dónde estabas? ¿Por qué no lo has vigilado?

El chico se dejó caer como un saco vacío en sus manos. Mirka apartó a Jahan de él.

—Él no ha tenido la culpa. La bestia se desbocó y rompió las cadenas. Nunca lo había visto tan enloquecido.

—Algo debe de haberlo irritado. ¿Qué le has hecho?

—Nada —respondió Abe, con la voz temerosa—. Parecía un poseso.

Jahan se puso el *shalwar* y se arrojó agua al rostro. Pasaron de puntillas frente a los dormitorios. Al llegar a la casa de fieras, se detuvieron a la entrada del establo vacío y buscaron en vano alguna pista.

—¿En qué dirección se ha ido? —le preguntó Jahan.

Mirka y Abe se miraron.

—Salió por la puerta principal. Los centinelas no pudieron detenerlo.

A Jahan se le encogió el corazón. ¿Cómo iba a encontrar a Shota en una ciudad tan enorme antes de que se metiera en algún apuro?

—Necesito un caballo y una autorización —le pidió a Mirka.

—Se los pediremos al comandante de los eunucos blancos. Se pondrá furioso cuando se entere, pero tenemos que encontrar a la bestia.

Poco después Jahan estaba fuera de las puertas del palacio, a lomos de un caballo, sin saber qué dirección tomar. Ante él las calles se extendían, abriéndose como abanicos. El caballo —un viejo corcel castaño pálido— se mostraba reacio a galopar, aunque no tardó en apretar el paso. Cruzaron plazas y bazares.

Al doblar una esquina, Jahan se topó con un vigilante seguido de dos jenízaros.

—¡Eh, tú, detente! —le gritó levantando una porra.

Jahan obedeció.

—¿Eres un genio?

—No, efendi. Soy tan humano como usted.

—¡Entonces bájese del caballo! ¿Qué está haciendo en la calle a estas horas, desafiando las normas del sultán? Acompáñenos.

—Efendi, vengo del palacio —le dijo Jahan, aferrándose al

pomo de la silla con una mano y entregándole la carta de autorización con la otra—. Ha escapado un animal y debo ir a buscarlo.

—¿Qué clase de animal? —inquirió el hombre mientras leía la carta.

—Un elefante. —Al no obtener respuesta, añadió—: La criatura más enorme sobre la tierra.

—¿Cómo piensa atraparlo?

—Soy su domador —respondió Jahan con voz entrecortada—. Hará lo que yo le diga.

Jahan no estaba seguro de ello, pero por fortuna no tuvo que insistir. Notó su mirada clavada en la nuca aun después de haber desaparecido.

Solo cuando vio a un muecín dirigirse a una mequita para rezar las oraciones de la mañana, comprendió cuánto tiempo llevaba buscándolo. Recordó el cementerio antiguo con vistas al Cuerno de Oro y la conversación que había tenido con Sangram hacía una eternidad. «He oído decir cosas curiosas sobre estas bestias. Dicen que escogen el lugar donde quieren morir. Este parece haberlo encontrado.»

Cuando Jahan llegó al lugar que buscaba, un retazo de nube ocultaba la luna y el aire tenía un gusto salado. Vio ante él una sombra enorme, tal vez una roca. Desmontó de un salto y se acercó.

—¿Shota?

La roca se movió.

—¿Por qué has venido aquí?

Shota levantó la cabeza y la dejó caer al instante. Abrió y cerró su boca hacía tiempo desdentada.

—¡Travieso! —Jahan le abrazó la trompa, llorando—. No vuelvas a hacerlo.

Juntos vieron amanecer. El cielo les mostró sus tonos más brillantes, como un comerciante de tejidos pregonando sus sedas más preciosas. Jahan contempló Estambul, con sus gaviotas, sus empinadas cuestas y sus cipreses, y de pronto comprendió que sus días en la ciudad tocaban a su fin. Por extraño que pareciera, no se entristeció. Sabía que eso llegaría más tarde. La tristeza siempre se retrasaba.

Después de muchas súplicas, Jahan logró convencer a Shota de que lo siguiera al palacio. Lo llevó al establo, lo sujetó con grilletes más resistentes y llenó los cubos de forraje fresco, y confió en que pronto se olvidara su fuga. Sin embargo, al final tuvo que enfrentarse con lo que se había negado a ver. La gran bestia se moría. Y quería estar sola cuando llegara el momento.

Después del maestro

En el Paraíso había un árbol que no se asemejaba a ningún otro sobre la tierra. Las ramas eran translúcidas, las raíces succionaban leche en lugar de agua, y el tronco brillaba como si estuviera revestido de hielo, pero cuando te acercabas a él no estaba frío en absoluto. Cada hoja de ese árbol llevaba escrito el nombre de un ser humano. Una vez al año, la noche del 14 al 15 del mes de shaban, todos los ángeles se reunían alrededor y formaban un círculo, y al unísono batían las alas. Así levantaban un fuerte viento que sacudía las ramas. Poco a poco se desprendían algunas de las hojas. A veces una hoja tardaba bastante en caer, otras el descenso era tan breve como un abrir y cerrar de ojos. En cuanto una hoja tocaba el suelo, la persona cuyo nombre llevaba escrito exhalaba el último suspiro. Por esa razón los sabios y los eruditos no pisaban jamás una hoja seca, por si transportaba el alma de alguien a alguna parte.

En un día lluvioso de 1588 la hoja del maestro Sinan tocó el suelo. Había trabajado hasta los últimos momentos, sin fallarle nunca la salud ni las facultades mentales. Solo en las últimas semanas se vio obligado a permanecer postrado en su lecho. Los tres aprendices se apiñaron alrededor de él junto con el capataz con quien había trabajado desde el principio. Las mujeres, envueltas en velos, se colocaron en hilera junto a la puerta. Aunque Jahan no se atrevía a mirar, supo que entre ellas se encontraba Sancha, la concubina enamorada de Sinan.

Con una voz que era apenas un susurro, a la tenue luz que se filtraba por las persianas, el gran arquitecto imperial les comunicó que había escrito, firmado y sellado su testamento.

—Lo leeréis cuando me haya ido.

—No va a irse a ninguna parte, maestro. Que Dios lo retenga siempre con nosotros —dijo Nikola, secándose una lágrima a hurtadillas.

El maestro levantó una mano, como para apartar de sí esas palabras corteses.

—Hay algo importante que debéis saber. Los accidentes..., los retrasos... He descubierto cómo ocurrieron. Ha estado delante de mis ojos... todo este tiempo, y yo nunca lo vi.

De pronto el aire de la estancia cambió. Todos contuvieron el aliento, esperando a oír más. Donde apenas un instante atrás solo había habido dolor de pronto flotaba una tensión expectante.

—Esperad cuarenta días después de mi muerte —dijo Sinan, con dificultad—. Entonces podréis abrir mi testamento y sabréis quién de vosotros deseo que me suceda, si Dios quiere. Deberéis seguir construyendo. Deberéis superar las obras que yo he hecho.

—Maestro..., sobre los accidentes. ¿No piensa decirnos quién estaba detrás de ellos? —le preguntó Jahan.

—Jahan..., espíritu exaltado..., siempre has sido el más curioso —dijo Sinan con un hilo de voz—. Todo debe de haber ocurrido por una razón. Hay que pensar en la razón y no aborrecer a la persona.

Recordando las últimas palabras de Mihrimah, Jahan sintió un dolor tan intenso que perdió el habla. Ella también había mencionado que todo tenía una razón. Esperó una explicación del maestro, pero no llegó. Al cabo de un rato hicieron salir a los aprendices de la estancia porque estaban cansando al maestro. Fue la última vez que Jahan lo vio. La noche siguiente, más temprano que de costumbre, Sinan se durmió. No despertó.

Así fue como después de ejercer durante casi cincuenta años el cargo de arquitecto jefe de la corte y de haber construido cuatrocientos edificios extraordinarios, sin contar los altares y las fuentes, Sinan abandonó este mundo. En sus obras siempre había dejado un defecto para admitir que no era perfecto ni completo, cualidades que solo pertenecían a Dios. Murió del mismo modo, en la gloriosa pero imperfecta edad de noventa y nueve años y medio.

Al séptimo día de la muerte de Sinan su familia convocó una ceremonia para rezar por su alma. Parientes, vecinos, pasahs, artesanos, alumnos, trabajadores y transeúntes... llegaron de todas partes para asistir al rito. Había tantos invitados que atestaron el patio, de allí salieron a la calle y llegaron al siguiente barrio. Incluso los que nunca lo habían conocido lloraron su pérdida como si fuera uno de los suyos. Se sirvieron dulces y *sherbets*, y se distribuyó carne con arroz a ricos y pobres. Quemaron ramas de olivo mientras recitaban el Corán de principio a fin. «Yusuf Sinanettin bin Abdullah.» Su nombre se pronunciaba al unísono, una y otra vez, un ensalmo que abría los corazones cerrados. A mitad de camino a Jahan le llegó una ráfaga de una fragancia que conocía bien: la mezcla de gris ámbar y jazmín con que su maestro perfumaba sus caftanes. Miró alrededor y se preguntó si estaba allí observándolos desde un rincón o nicho, escuchando lo que se decía en su ausencia y sonriendo con esa sonrisa tan suya.

Jahan pensó en Sancha, sabiendo que se encontraba en alguna parte de la casa, detrás de esos muros, con la frente apretada contra la ventana de vidrio, su cabello corto adornado con un pañuelo de gasa. Le dolía tanto saber que ella ya nunca trabajaría con ellos que tuvo que apartar esos pensamientos como si de una bandada de cuervos negros se tratara.

Después de la plegaria los aprendices pasearon un rato juntos: Nikola, Davud y Jahan. El cielo estaba oscuro y encapotado, reflejo de su estado anímico. En la brisa se arremolinaban las hojas secas; las gaviotas descendían en picado para recoger algún resto de comida. Ellos se quedaban sin conversación a cada rato y no era solo a causa de la aflicción. Había algo más, algo que nunca había sucedido. Jahan comprendió que durante todos esos años Sinan había sido el hilo invisible que los mantenía juntos. Era cierto que en el pasado se habían producido pequeñas muestras de celos, pero Jahan siempre las había atribuido a un amor compartido hacia su maestro y a un anhelo de destacar ante él. De pronto vio que en realidad había más diferencias que similitudes entre los tres, tres vientos soplando en distinta dirección. Él no fue el único en percibirlo. De pronto todos medían sus palabras como si fueran unos desconocidos educados.

Mientras se abrían paso por un bazar se detuvieron para comparar pan de pita con *pekmez*, un jarabe dulce a base de uva. Ninguno de ellos había comido en casa de los dolientes y el paseo les había abierto el apetito. Jahan regateaba con un vendedor cuando oyó a sus espaldas un estornudo. Mirando de soslayo, vio que no era un desconocido como esperaba. Vio a Nikola con la cara medio tapada, como avergonzado. Cuando apartó la mano tenía una gota de sangre en la palma.

—¿Estás bien? —le preguntó Jahan.

Sin decir una palabra, Nikola hizo un gesto de asentimiento. Sus ojos eran dos estrellas fugaces en el sereno firmamento de su rostro. Davud, absorto en las tortugas que vendía un campesino, no parecía haberse percatado. En aquellos tiempos las tortugas estaban muy solicitadas por sus caparazones, pues con la harina obtenida al molerlos se preparaba una sopa con yogur que decían que curaba muchas enfermedades.

Bajo las abatidas ramas de un sauce se atracaron a comer, chismorreando sobre los que habían asistido a la ceremonia y los que no se habían presentado. Pero había una pregunta que ninguno se atrevía a formular: ¿cuál de ellos sustituiría a su maestro? Tendrían que esperar a que se leyera el testamento. Hasta entonces era inútil hacer conjeturas. ¿Cómo sabrían lo que estaba escrito en las estrellas y cifrado en las runas cuando ni siquiera Takiyuddin lo sabía? Así, hablaron de esto y aquello, palabras cortantes que no significaban nada, y no tardaron en irse cada uno por su lado.

Al día siguiente el comandante de los eunucos blancos llamó a Jahan a sus dependencias y le informó de que debía empezar a impartir clases en la escuela del palacio, un empleo respetable que lo llenó de recelo y orgullo en igual medida.

Cuando Jahan conoció a sus alumnos, descubrió en sus jóvenes rostros inocencia y curiosidad, presunción e ignorancia, destreza y pereza. Se preguntó cuáles de esas cualidades se impondrían sobre las demás; ¿la enseñanza los haría diferentes o su destino ya estaba trazado?

«A cada hombre se le da su propio *kismet* —habría dicho su maestro de haber estado vivo—, porque Dios nunca repite dos veces el mismo destino.»

Inmerso en sus preocupaciones, transcurrieron las semanas. Solo entonces Jahan cayó en la cuenta de que no había tenido noticias de Davud ni de Nikola. Mandó a ambos recado. Cuando ninguno de los dos respondió se quedó preocupado, sobre todo por Nikola. Davud tenía mujer e hijos; Sancha todavía vivía en casa del maestro Sinan; Jahan tenía a Shota y un lecho en la casa de fieras, y ahora otro en la escuela del palacio. Pero Nikola solo tenía unos padres ancianos y ambos habían fallecido no hacía mucho tiempo. Se dio cuenta de lo poco que lo conocía. Todos esos años habían trabajado codo con codo, en verano y en invierno, y sin embargo habían seguido siendo un misterio los unos para los otros.

El martes por la mañana Jahan decidió visitar a Nikola. La bruma se había asentado sobre la ciudad, y el sol era un halo difuminado detrás de una gran nubosidad gris. A primera vista la población de Gálata situada al otro extremo del Cuerno de Oro no había cambiado. Las casas —mitad de piedra y mitad de madera— estaban dispuestas en hileras como dientes podridos; había iglesias sin campanario; de las capillas llegaban los olores de las velas y el incienso, y por todas partes pululaba una mezcolanza de gente: florentinos, venecianos, griegos, armenios, monjes judíos y franciscanos.

Jahan trotó a lomos de su caballo, contemplando su entorno. Al adentrarse en los callejones, el gentío disminuyó. Todo se volvió silencioso. Demasiado silencioso. Pasaba algo. Postigos cerrados, puertas atrancadas, jaurías de perros furiosos, gatos muertos sobre las aceras y un olor hediondo que lo envolvía todo. Al entrar en la calle de Nikola se estremeció, como si lo hubiera atravesado una brisa fría. En algunas casas habían pintado cruces, y garabateado con prisas oraciones en latín y griego, inacabadas e ininteligibles.

Bajándose de un salto del caballo, Jahan se acercó a otro letrero. Esta vez era la casa de Nikola. Nunca supo cuánto tiempo permaneció allí, incapaz de marcharse y al mismo tiempo reacio a entrar. Un vecino, tan jorobado que parecía doblado en dos, se acercó a él.

—¿Qué quiere?

—Aquí vive mi amigo Kiriz Nikola. ¿Lo conoce?

—Conozco a todos. No entre allí. Manténgase alejado.

—¿Qué ocurre?

—La maldición ha vuelto…

—Se refiere a… —Jahan se interrumpió, detectando el desdén del hombre hacia su ignorancia. Volvía a asolar la peste—. ¿Cómo es que no nos hemos enterado?

—¡Necio! Solo se entera de lo que le permiten enterarse —soltó el hombre antes de alejarse a zancadas.

No se fue muy lejos. Desde el umbral de la casa de enfrente lo vigiló a través de las finas rendijas de sus ojos.

Jahan se quitó el fajín y se tapó con él la boca y la nariz. A continuación empujó la puerta de Nikola. De haber estado cerrada con llave se habría rendido. Pero la encontró entreabierta, fijada con una cuña para impedir que se cerrara del todo. Quien la había dejado así se proponía regresar y sabía que no habría nadie dentro para abrirle la puerta.

En cuanto entró en la casa, un intenso hedor lo alcanzó como un golpe inesperado. Se encontró en un pasillo estrecho, mohoso y oscuro. Tuvo que esperar a que los ojos se le acostumbraran a la penumbra. La primera habitación estaba vacía. En la contigua yacía un hombre sobre una estera a la débil luz de una vela. Con el cabello negro sin lustre, la tez macilenta y la frente alta y arqueada cubierta de gotas de sudor, ese hombre con una barba de varios días en su rostro siempre impecablemente rasurado, era y no era

Nikola. A su lado yacía una pequeña figura de madera de un hombre con barba castaña y cabello largo.

Junto a la estera había dos cuencos de arcilla, uno con agua y el otro con vinagre. Tenía la ropa empapada en sudor y los labios cuarteados. Jahan le puso una mano en la frente. Ardía. Al roce de la mano Nikola hizo una mueca. Con gran esfuerzo volvió la cabeza sin ver.

—Soy yo —dijo Jahan.

El aliento de Nikola llegó entrecortado, como el crujido de un leño que arde despacio antes de consumirse.

—Agua —jadeó Nikola.

Bebió con avidez. A través de la camisa abierta Jahan le vio en el pecho manchas de un morado que rayaba en negro, y una desagradable hinchazón en las axilas. Estaba ansioso por huir de ese lugar de sufrimiento, pero mientras la mente le susurraba que era un cobarde, el cuerpo se le quedó allí clavado. Poco después llamaron a la puerta y aparecieron dos monjas. Largos hábitos negros y mascarillas de muselina blanca sobre la boca.

—¿Quién es usted? —le preguntó la mayor—. ¿Qué quiere?

—Soy amigo suyo —respondió Jahan—. Trabajábamos juntos con el difunto arquitecto imperial.

En el espacio que los separaba flotó un desconcertado silencio.

—Siento haberle hablado con dureza —dijo ella—. Lo he tomado por un ladrón.

Jahan sintió una oleada de horror, temiendo que esa mujer de ojos ancianos y serenos como piedras lo hubiera calado. Ajena a sus pensamientos, la monja continuó:

—Nadie entra en estas casas, aparte de los ladrones.

—¿Los ladrones?

—Sí, entran para robar... —No terminó la frase.

En lugar de ello se acercó a Nikola. Le hizo beber del ánfora que había llevado y le secó la frente con un paño de franela empapado en vinagre, sin dar muestras de la repugnancia que Jahan había experimentado poco antes al rozarlo. Entretanto la otra monja se ocupó en limpiar las heces de las sábanas.

Jahan quiso preguntarles si no temían la muerte, pero se calló sus pensamientos.

—¿Hay muchos más? —susurró.

—No, pero los habrá.

Nikola empezó a toser. Le salió sangre por la boca y la nariz. La monja anciana, al ver la consternación de Jahan, le dijo:

—Debería marcharse. No puede hacer nada aquí.

Entristecido pero al mismo tiempo aliviado al oír esas palabras, Jahan preguntó:

—¿En qué puedo ayudar?

—Rece —dijo ella por toda respuesta.

Jahan avanzó poco a poco hacia la puerta y se detuvo.

—Esa figura de allí, ¿quién es?

—Santo Tomás —respondió la monja con una sonrisa cansina—. El santo patrono de los carpinteros, los constructores, los arquitectos y los obreros. También se le conoció como el Dubitativo. No podía evitar dudar de todo. Aun así, Dios lo amó.

Dos días después Jahan se enteró de que Nikola había muerto. En un mundo donde todo cambiaba sin cesar, había fallecido el ser más fiable y equilibrado que había conocido después del maestro Sinan. Enseguida les siguieron los demás. Cientos de ellos. La enfermedad se extendió de Gálata a Uskudar, saltó a Estambul y, como empujada por una mano furiosa, rebotó de nuevo a Gálata. Una vez más la turba tomó las calles buscando un culpable. El palacio no permaneció inmune. Los gemelos chinos que habían tenido a los gorilas a su cuidado pasaron a mejor vida. Los monos se volvieron agresivos, sintiéndose desdichados en sus jaulas reales donde en otro tiempo sus antepasados habían sido huéspedes privilegiados. Taras el Siberiano se escondió en su choza, avergonzado de estar vivo a su edad.

Poco después murió Sangram. El leal y bondadoso sirviente del serrallo que había anhelado regresar al Indostán algún día exhaló el último aliento a miles de kilómetros de su tierra natal. La siguiente víctima fue Simeón, el librero de Pera. Su esposa se dejó embaucar por unos hojalateros y vendedores ambulantes, y vendió todos los libros por un puñado de aspros. Amontonados en carretas desvencijadas, esos valiosos libros procedentes de todas partes del mundo abandonaron Pera para trasladarse a sus nuevos destinos. Muchos se extraviaron por el camino. Simeón, que siempre había deseado estar al cuidado de una magnífica biblioteca, no había tenido oportunidad siquiera de ceder sus propias colecciones a alguien que las apreciara.

Jahan, que no se enteró de ello hasta mucho después, esperó en vilo preguntándose quién sería el próximo. Pero por alguna razón que nunca acertó a comprender, la enfermedad le perdonó la vida y, cual ave depredadora, continuó su peregrinaje al sur, proyectando una oscura sombra sobre los pueblos y las ciudades por los que pasaba. En el cementerio cristiano, no muy lejos de la Virgen del Manantial, donde ya no quedaba de la iglesia del emperador Justiniano más que la fuente sagrada, se leía en la lápida de Nikola:

El arquitecto Nikola ascendió a los cielos como las torres que erigió.
Que su alma descanse en las bóvedas del cielo
y sea santo Tomás su compañero.

Al regresar al palacio, Jahan encontró a Shota solo. En cuanto vio a su viejo domador, el animal barritó, berreó y dio patadas en el suelo. Jahan le acarició la trompa, y le ofreció las peras y las nueces que le había llevado. En el pasado Shota habría reconocido su olor mucho antes de que llegara Jahan. Pero en los últimos tiempos había perdido el olfato, junto con las fuerzas.

Encaramado sobre un barril, Jahan le habló del funeral de Nikola. El animal escuchó cada palabra con los ojos entrecerrados, como era su costumbre. Cuando Jahan lloró, Shota le rodeó el pecho con la trompa y lo abrazó. Una vez más Jahan tuvo la impresión de que el elefante blanco comprendía todo lo que le decía.

Al cabo de un rato oyeron pasos. En el umbral aparecieron dos sombras. El hijo de Sangram, que lo había sucedido, se parecía tanto a su padre en el físico y en la manera de ser que todos lo llamaban Sangram, como si hubiera resucitado la misma alma y la muerte solo fuera un juego. Lo acompañaba Abe, el cuidador de Shota.

—¡Aquí está Jahan! —exclamó Sangram hijo, feliz al ver al hombre que conocía y amaba como a un tío.

—Yo estoy aquí pero ¿dónde estaba él? —jadeó Jahan, señalando a Abe—. ¿Por qué dejas al elefante sin atender? Tiene una uña rota. ¿Tienes idea de lo que duele eso? Hay que cortárselas y lavárselas. Y este establo está hecho un asco. ¿Cuándo lo limpiaste por última vez?

Murmurando disculpas, Abe cogió un cepillo y se puso a limpiar hasta el último rincón. En los rayos de sol que se filtraban a través de las grietas en la madera se arremolinaba el polvo. Sangram hijo se acercó con expresión grave.

—¿Te has enterado?

—¿De qué?

—Davud. Lo han ascendido.

—¿Cómo dices?

—No se habla de otra cosa en la ciudad. Tu amigo es ahora el arquitecto jefe de la corte.

—¿Nuestro Davud? —tartamudeó Jahan.

—Bueno, ya no es nuestro. ¡Ha llegado muy alto! —exclamó Sangram hijo señalando el techo, donde una araña había tejido una tela alrededor de un tábano, muerto hacía mucho.

—¿Quieres decir… que han leído el testamento?

Sangram hijo miró a Jahan con visible compasión.

—Así es. Parece ser que tu maestro quiso que él fuera su sucesor.

—Bueno…, me alegro —balbuceó Jahan, aturdido, como si se abriera un precipicio bajo sus pies y cayera, cayera a toda velocidad.

Al cabo de unos días la esposa de Sinan, Kayra, liberó a varios de sus esclavos domésticos, tal como dictaba la tradición. A Sancha fue a la primera que le concedió el *berat*, el documento que se entregaba a un esclavo liberado.

Jahan siempre había sospechado que Kayra tenía sentimientos encontrados hacia esa extraña concubina que vivía bajo su techo; una mujer que había compartido con su marido muchas cosas que ella nunca compartiría. Si había contemplado con desaprobación que Sancha se vistiera como un hombre y trabajara en las obras, se había guardado mucho de decirlo. Por otra parte, Jahan no albergaba dudas de que Kayra estaba al corriente del amor que Sancha sentía por el maestro. Las dos mujeres habían abierto entre ellas un abismo que nadie, ni siquiera Sinan, podía sortear. Ahora que él ya no estaba, el rostro de Sancha era el último que Kayra deseaba ver. Aun así, no quería tratar mal a la esclava. Le compró rasos, tafetán y perfumes, y antes de dejarla marchar le dio su bendición. De este modo fue liberada Sancha García de Herrera, hija de un prestigioso médico español, tras décadas de cautividad en Estambul.

Sancha le escribió a Jahan una carta. Sus palabras rebosaban de emoción y aprensión. Tímidamente le preguntaba si podía ayudarle con los preparativos de su partida, ya que no sabía qué hacer ni por dónde empezar. Decía que le habría gustado que Davud también la ayudara, pero él no estaba al corriente de la verdad. A veces ya no tenía la seguridad de quién era, Yusuf la constructora o Nergiz la concubina. Jahan le respondió sin demora:

> Estimada Sancha:
>
> Tu carta me ha causado dicha y desesperación. Dicha porque por fin eres libre para marcharte. Desesperación porque te vas. Acudiré en tu ayuda el próximo jueves. No te preocupes por estar preparada o no. Has tenido tiempo más que de sobra para prepararte.

El día señalado, Jahan acudió a la casa de Sinan para ver a Sancha. Por primera vez desde que se habían conocido, él la vio vestida con ropa de mujer: un vestido largo verde esmeralda con la falda en forma de cono que realzaba el color de sus ojos. Sobre el cabello todavía corto llevaba un tocado a juego de los que utilizan las mujeres en las tierras de Frangistán.

—No te quedes mirándome de este modo —dijo ella ruborizándose bajo su mirada—. Me siento fea.

—¿Cómo puedes decir eso? —protestó Jahan.

—Es cierto. Soy demasiado vieja para vestir ropas bonitas.

Observando cómo sus mejillas adquirían un rosa más oscuro, Jahan se apresuró a decir con tono jocoso:

—Imagínate, si durante todo este tiempo los albañiles hubieran sabido que había entre ellos una belleza, habrían desatendido el trabajo para sentarse a componer poemas. No habríamos construido nada.

Ella se rió y bajó la mirada al tiempo que deslizaba los dedos por los pliegues de la falda. Debajo llevaba un corsé con ballenas.

—Me aprieta tanto que apenas puedo respirar. ¿Cómo se las arreglan las mujeres?

—Enseguida te acostumbrarás.

—No, tardaré años en conseguirlo. Antes habré muerto —repuso ella esbozando una sonrisa que enseguida desapareció—. Ojalá él me hubiera visto así.

Por encima de sus cabezas, el cielo era azul y brillante como un espejo. Fuera pasó un carro traqueteando. Al mirar por la ventana Jahan vio que iba cargado de halcones encapuchados en jaulas. Distraído por los pájaros, no se dio cuenta de que Sancha lloraba a su lado. Un muchacho que era una joven, una muda con el don del habla, una concubina y al mismo tiempo una arquitecta, Sancha había vivido una vida de mentiras y apariencias..., no muy distinta de la de Jahan.

—¿Qué te preocupa? —le preguntó Jahan—. Pensé que estarías eufórica con tu repentina libertad.

—Estoy contenta —repuso ella con poca convicción—. Solo que... aquí está su tumba y todo lo que hicimos juntos. Ha dejado más huellas en esta ciudad que el sultán.

—El maestro ya no está. No lo estás dejando.

Por un breve instante ella intentó no hablar de él, luchó consigo misma pero perdió.

—¿Crees que él me amó?

Jahan titubeó.

—Creo que sí. ¿Por qué si no permitió que te unieras a nosotros? Si alguien lo hubiera descubierto se habría visto en un serio apuro.

—Se expuso por mí —dijo Sancha con un atisbo de orgullo—. Pero nunca me amó. Al menos no como yo lo amé.

Esta vez Jahan no respondió. Sancha no parecía esperar una respuesta.

—He oído decir que dentro de un par de semanas zarpará un barco veneciano.

Jahan asintió. En los últimos días había visto en varias ocasiones los mástiles sobre los tejados y los árboles.

—Yo me encargaré de todo.

—Te lo agradezco. —A ella le centellearon los ojos de la emoción cuando añadió—: Ven conmigo. Ya no hay nada que te retenga aquí.

Jahan se sorprendió al oírla hablar así. De todos modos, decidió tomarlo a la ligera.

—¡Ah, construiríamos mansiones para los grandes de España!

Ella le asió las manos, que estaban frías y suaves al tacto.

—Podríamos buscarnos un mecenas. He estado indagando. Cuidaríamos el uno del otro.

Al observar esos gestos familiares, Jahan notó que algo lo removía por dentro. Vio lo que ella veía. Unidos por el recuerdo del maestro, con un corazón insensibilizado a todo menos a su profesión, podrían trabajar juntos. El amor no era necesario. Era mejor prescindir de él. El amor solo causaba dolor.

—Si hubiera sido más joven podríamos haber tenido hijos —dijo ella.

Jahan no pudo evitar sonreír.

—Hijas con tus ojos y tu coraje.

—Hijos con tu curiosidad y tu bondad.

—¿Qué hay de Shota? —murmuró él.

—Shota es viejo. Ha sido feliz en el palacio. Estará bien. Pero tú y yo necesitamos seguir construyendo…

—«La sabiduría no llueve del cielo, surge de la tierra y del trabajo arduo» —dijo Jahan, recordando las palabras del maestro.

—Cúpulas. Deberíamos erigir cúpulas que recuerden a la gente que existe Dios, y que no es un Dios de pecado e infierno sino de amor y compasión.

Jahan ocultó el rostro entre las manos y cerró los ojos.

—Estoy asustada —prosiguió Sancha—. Hace tanto que me sacaron a rastras de la tierra de mi padre que ya no conozco sus costumbres.

—Saldrás adelante —dijo él, intentando infundirle confianza.

—Solo si tú vienes conmigo. ¿Qué me dices?

En aquel momento Jahan comprendió que la vida consistía en la suma de las elecciones que no se tomaban, de los senderos que se anhelaba seguir pero no se seguían. Nunca había compadecido tanto a Sancha como en aquel momento, el momento en que comprendió que se disponía a rechazarla. Ella lo percibió en su rostro, en su resistencia. Dejó traslucir un atisbo de dolor, pero no lloró. Las lágrimas las reservaba para su maestro, su único y verdadero amor.

—Te ruego que me recuerdes —le dijo Jahan.

—Nunca olvidaré —respondió ella, y solo la voz ligeramente entrecortada traicionó su decepción.

Aproximadamente una semana después el barco veneciano, una vieja carraca de tres mástiles con la popa redondeada, estaba listo para regresar a su país de origen. Muchos de los privilegios de los comerciantes venecianos habían pasado a manos de los franceses, los holandeses y los ingleses, y el capitán llevaba su infelicidad como la guerrera que lo ceñía. Aun así había suficiente bullicio para distraerlo de sus inquietudes. Los marineros iban y venían cargando los barriles y los comerciantes voceaban sus mercancías. A un lado aguardaba un pequeño grupo de pasajeros: sacerdotes jesuitas, monjas católicas, viajeros, un británico de alta cuna abanicado por sus criados. Aparte de ellos el resto eran burdos marineros.

Haciendo visera con la mano Jahan miró alrededor, pero Sancha no estaba en ninguna parte. Se le ocurrió que tal vez había cambiado de opinión. Tal vez al despertar su tierra natal le había parecido elusiva y remota, un sueño imposible de recuperar. Pero mientras se abría paso entre los barriles que todavía había que subir a bordo, la vio ante él, con su sombra proyectándose lejos de su persona como si solo ella hubiera decidido quedarse en tierra.

Con sorpresa Jahan advirtió que volvía a vestir su ropa de aprendiz y se detenía a su lado como si fuera un muchacho.

—Me gusto más así.

Jahan miró por encima de su hombro buscando porteadores. No había ninguno.

—¿Dónde están tus pertenencias?

Ella señaló un fardo en el suelo.

—¿Y tus túnicas? ¿Los regalos de Kayra?

—No se lo digas, pero se lo he dado todo a los pobres. —Abrió el fardo y le enseñó la caja que Sinan había tallado para ella. A su lado había una docena de rollos de pergamino y un collar de cierto valor—. Solo me llevo esto. Me los dejó el maestro.

Caminaron en silencio hasta que llegaron a la pasarela que comunicaba el barco con tierra firme.

—No he tenido oportunidad de despedirme de Davud. Dale recuerdos y transmítele mis mejores deseos. No puedo creer que sea él el arquitecto jefe de la corte.

—Así lo haré —dijo Jahan pensativo. Lo cierto era que él mismo no lo había felicitado. No había sentido ningún deseo de hacerlo. Se llenó los pulmones de aire—. Asegúrate de que nadie se da cuenta de que eres una chica. Si notas...

—Sé cuidar de mí misma. —Convertida de nuevo en hombre, se mantenía muy erguida.

—Lo sé.

Ella alzó los ojos.

—Hummm..., anoche tuve un sueño horrible. Estabas atrapado y me llamabas, pero yo no podía ayudarte. Ten cuidado, ¿quieres?

Alguien gritó una orden desde la popa del barco. Jahan notó un nudo en la garganta. Todo cambiaba, fluía como la arena entre los dedos. Mihrimah había cruzado la gran línea divisoria y él estaba impaciente para reunirse con ella cuando llegara el momento; el maestro y Nikola ya no estaban; Davud y él apenas se veían; a Shota ya no le quedaba mucho tiempo en este mundo, y ahora Sancha se marchaba. Se había equivocado al compadecer a Nikola por estar solo. Él estaba igual de solo. Por un instante el deseo de acompañar a Sancha, la única persona a quien le importaba, fue casi demasiado abrumador para soportarlo. De no haber sido por el elefante, se habría ido.

Aquella tarde, bajo los chillidos de las gaviotas y un aura de luz solar vaporosa como una gasa, Jahan observó cómo la proa del barco surcaba el agua al ritmo de los latidos de su corazón, llevándose al aprendiz mudo y su historia cada vez más lejos.

Incapaz de plasmar sobre papel sus pensamientos, Jahan buscó a un escriba que lo ayudara a redactar una carta para Davud. Después de escucharlo, el hombre se puso a garabatear sin más interrupción que para sumergir la pluma en el tintero. Cuando terminó, Jahan sostuvo en las manos una carta llena de saludos y felicitaciones. Le costó seis aspros.

Jahan no esperaba una respuesta inmediata de un hombre que había ascendido tan alto. Sin embargo Davud le contestó; el pergamino estaba sellado con lacre rojo, y la caligrafía —de un escribano de rango superior— era elegante. Todo había ocurrido muy deprisa, le escribía. «Nuestro clemente sultán, que Alá le conceda cien años de vida, al abrir el testamento del maestro Sinan y averiguar su último deseo, me concedió a mí, su humilde súbdito, el honor de arrojar la preciosa túnica de nuestro maestro sobre mis insignificantes hombros.» ¿Cómo iba a rechazarla?, se preguntaba Davud como buscando confirmación. A continuación le pedía a Jahan que lo visitara. Compartirían recuerdos y hablarían de las obras inminentes, como en los viejos tiempos.

Por mucho que Jahan quisiera visitarlo, no podía hacerlo. No tenía el corazón puro. Le preocupaba lo que Davud podría ver en sus ojos, con los celos rezumándole por los poros. Hasta hacía poco habían sido iguales. De pronto su amigo era un hombre favorecido por el destino. Jahan comprendió que lo más duro entre la gente de posición similar era aceptar el hecho de que uno ascendiera y el otro no. En las contadas ocasiones en que lograba no sentir envidia, le asaltaban los remordimientos. En lugar de alegrarse por Davud y rezar por su éxito, envidiaba su buena fortuna. Jahan pensó que si Sinan hubiera estado vivo, se habría avergonzado de él.

Así pues, Jahan esperó. Transcurrieron los días. Continuamente oía hablar de Davud, quisiera o no: cómo le habían entregado un cincel de oro, bolsas de monedas y el sello del maestro Sinan, un anillo de jade tallado, en la ceremonia en su honor. De todas partes le llovía la información: que lo habían visto con un caftán tan valioso que nadie podía llevarlo a menos que el sultán le diera autorización; que tenía tanta debilidad por las concubinas circasianas que había llenado de ellas el harén; que había contraído segundas y terceras nupcias con mujeres tan encantadoras como hadas; que en el patio tenía pavos reales contoneándose y un halcón procedente de Samarcanda. Jahan sospechaba que la mitad de esas historias eran falsas. Pero la otra mitad bastó para llenarle el corazón de amargura.

Jahan continuó impartiendo clases en la escuela del palacio, buscando consuelo en la inocencia de sus alumnos. Por las noches, solo en su lecho, diseñaba edificios que nunca se construirían. Uno de ellos era un jardín donde los animales salvajes deambulaban sueltos y la gente caminaba por un laberinto de túneles con grandes cristaleras que les permitían contemplar a los animales sin ponerse en peligro. Shota perdió tres uñas más. Sospechó que se trataba de una misteriosa enfermedad y dejó de acusar a Abe del descuido. El elefante había envejecido. Jahan también, aunque no quisiera aceptarlo.

Al cabo de un mes recibió un mensaje que lo informaba de que en la cuarta colina se levantaría un edificio —una nueva mezquita— y lo habían nombrado capataz jefe. Le pagarían una suma generosa. Eso demostraba hasta qué punto Davud confiaba en él. Mientras a él lo consumía la envidia, su amigo había decidido honrarlo. Jahan ya no podría evitar verlo. Le enviaría una carta —que esta vez escribió él mismo— para agradecerle el privilegio y pedir permiso para ir a verlo. Davud le respondió invitándolo a su nueva casa en Egyp, en el Cuerno de Oro.

No le resultó muy difícil encontrar la casa, pues los lugareños hablaban de ella entusiasmados. Era una mansión con un jardín de olores fragantes que se extendía hasta donde alcanzaba la vista. No tuvo que llamar a la puerta, pues lo esperaban. Un criado lo recibió en las puertas de hierro; lo condujo por un sendero hasta la casa y lo invitó a entrar en una amplia y luminosa estancia orientada al sur. Al quedarse solo Jahan observó el entorno. No estaba muy amueblado, pero los pocos muebles que había eran muy hermosos. Un armario de marquetería con incrustaciones de nácar y mesas bajas a juego; un sofá rematado con cojines bordados; candelabros de pared dorados; una alfombra persa de seda tan hermosa que no se atrevía a pisarla; y, en el centro, un brasero de latón que en ese momento se hallaba apagado. En alguna parte una campana tintineaba en la brisa con un sonido evocador. Reinaba un silencio absoluto en toda la casa. No se oían las voces de las mujeres del harén ni el estruendo de algún coche que pasaba por la calle. Ni siquiera los chillidos de las gaviotas parecían alcanzar ese techo. Se preguntó cómo había reaccionado la mujer de Davud al cambio de circunstancias y a las nuevas esposas. Era una de esas cosas en la vida que lo maravillaban pero que nunca había comprendido. Al cabo de un rato llegó un criado anunciando que su señor estaba listo para recibirlo. Jahan lo siguió escaleras arriba, asiéndose a la balaustrada para obtener fuerzas.

Davud había engordado. Vestido con un caftán azul y un turbante alto, y con la barba redondeada y corta, lo vio muy cambiado. Estaba sentado detrás de una mesa de castaño y tenía una pluma en la mano, después de haber firmado un documento. Lo asistían cuatro ayudantes: dos a cada lado, con las manos juntas y la cabeza gacha. Iban vestidos de forma similar.

Al ver a Jahan entrar en la habitación detrás de su criado, Davud se levantó y sonrió.

—¡Por fin!

Hubo un instante de incomodidad entre ambos mientras Jahan se preguntaba cómo saludar a ese hombre que hasta el día anterior había sido amigo suyo y de pronto era su superior. Se disponía a inclinarse, pero Davud, que ya se había acercado a él, le puso una mano en el hombro.

—Puede que fuera de esta habitación sea tu superior. Pero dentro somos amigos.

Por aliviado que se sintiera Jahan al oír esas palabras, la voz le brotó ronca, llena de culpabilidad, cuando le deseó lo mejor y se disculpó por no haber acudido antes a verlo.

—Estás aquí ahora —repuso Davud.

Jahan le dijo que Yusuf se había ido de la ciudad, aunque no dio detalles. Si Davud tenía sospechas acerca de Sancha, no dio muestras de ello.

—Solo quedamos nosotros dos —murmuró Davud.

—¿Cómo?

—De los cuatro, ahora solo estamos tú y yo. Somos los herederos de Sinan. Debemos apoyarnos mutuamente.

Un criado negro entró con una bandeja con refrescos que colocó sobre una mesa baja, silencioso como un suspiro. Los aprendices, de pie en el otro extremo de la habitación, permanecieron callados. Jahan pensó que eran como una hilera de arbolillos jóvenes perforando la alfombra con sus raíces para alcanzar el suelo.

El *sherbet* de rosas, servido con clavo y enfriado con hielo triturado de las montañas de Bursa —un privilegio exclusivo de los ricos—, era delicioso. A su lado había una fuente con tres clases distintas de *baklava* y un cuenco de nata espesa.

En cuanto bebieron el refresco, Davud dijo:

—Hay tanto trabajo que apenas puedo seguir el ritmo. Mis mujeres se quejan. Eres el arquitecto jefe de la corte pero no eres capaz de reparar ni la valla que rodea la casa, me dicen.

Jahan sonrió.

—Necesito a mi lado a un hombre honrado como tú que sea mi mano derecha. Lo haremos todo juntos. Serás el capataz jefe.

Conmovido, Jahan le dio las gracias. Al mismo tiempo pensó en sus alumnos de la escuela del palacio. Comprendió con tristeza que tendría que dejar de enseñar.

Su confusión debió traslucirse en su rostro, porque Davud le preguntó:

—¿Qué ocurre? ¿Te resulta difícil recibir órdenes de mí?

—En absoluto —repuso Jahan, aunque ambos sabían que mentía.

—En tal caso no hay nada más que hablar. —Davud juntó las manos—. ¡Ahora come!

Mientras comían la *baklava*, Davud le contó a Jahan los cambios que quería introducir. Después de una serie de rebeliones y escaramuzas en las llanuras de Anatolia, cada vez era más difícil llevar materiales de construcción del interior. Por otra parte ya no se encargaban enormes mezquitas. No había suficiente dinero en las arcas. Aquellos tiempos habían quedado atrás. Sin los botines de la guerra santa ningún soberano podía gastar tanto dinero en obras. Para que la arquitectura siguiera prosperando en la capital era preciso ganar guerras.

—Verás, nuestro maestro murió en el momento adecuado —dijo Davud con nostalgia—. Si hubiera vivido hoy se le habría partido el corazón.

Al otro lado de la ventana el sol se ponía, tiñendo la habitación de un suave tono naranja. Hablaron sobre los artesanos con los que preferían trabajar y los que preferían evitar, haciendo bromas que se arremolinaron sin apremio ni consistencia como finas borlas de polvo.

Enseguida entró un mensajero con una carta; un asunto importante, a juzgar por su aspecto. Davud se sentó ante su escritorio con sus aprendices a cada lado. Al verlo ocupado, Jahan se levantó.

—Quédate a cenar —dijo Davud volviéndose hacia el tintero.

—No quisiera robarte tiempo.

—Insisto —respondió Davud.

Dado que no tenía nada mejor que hacer, Jahan esperó junto a la ventana, viendo cómo un bote de pesca se deslizaba con la fuerza de la corriente, alejándose cada vez más de la línea donde el agua lamía la orilla. Despacio, se acercó a las estanterías de la esquina. Inhalando el olor de la tinta, el pergamino, el papel y los años, pasó los dedos por los lomos. Vio *Sobre la guerra contra los turcos*, cuyo autor era ese extraño monje llamado Lutero, y *El libro del gobernador* que un inglés llamado Elyot había dedicado a su rey. Encontró tratados de la biblioteca del rey Matías de Hungría. Y allí, entre tomos gruesos y delgados encuadernados de cuero, estaba la *Divina comedia* de Dante. El obsequio que él había recibido de Simeón el librero y que, después de leerlo una y otra vez, había regalado a su maestro. Le temblaron las manos cuando lo sacó del estante y lo hojeó, sintiendo el peso familiar. No tenía ninguna duda; se trataba su ejemplar. Era evidente que Davud se había apropiado de la biblioteca del maestro Sinan.

Un sirviente se acercó y encendió la vela del candelabro de pared más cercano. La sombra de Jahan aumentó de tamaño, se volvió más alta e inquieta. Reconoció *De Architectura* de Vitruvio, el libro que había viajado de Buda a Estambul. Lo sacó del estante y lo tuvo durante un rato entre las manos. Se disponía a colocarlo de nuevo en su sitio cuando vio un pergamino en el fondo, medio aplastado. Lo abrió y reconoció enseguida el plano de la mezquita Süleymaniye. Admiraba su magnificencia aún más que cuando la construyeron. Advirtió marcas hechas en tinta más clara por otra pluma, como si alguien hubiera trabajado en el plano una vez terminado, cambiando varias secciones de la construcción. Debía de haber sido el propio maestro. Probablemente lo había estudiado para averiguar dónde y por qué habían fallado. Jahan buscó con la mirada alguna fecha en el borde del papel. «18 de abril de 1573.» Intentó recordar qué hizo aquel día. No acudió nada a su mente. Los murmullos de fondo aumentaron. Davud, que había acabado de trabajar, daba indicaciones a los criados sobre los preparativos de la cena. Jahan devolvió rápidamente el pergamino a su sitio y se reunió con él.

Les sirvieron una sopa fría de yogur seguida de arroz con cordero, capones en salsa de acedera, faisanes cocinados en caldo de carne de vaca, *borek* de cordero y una enorme fuente ovalada de carne humeante que no supo identificar.

—Esta nos ha sido enviada del cielo —dijo Davud, aunque no estaba bien visto que el anfitrión elogiara la comida.

—¿Qué es? —le preguntó Jahan, si bien no estaba bien visto que el invitado preguntara sobre la comida.

—¡Venado! Cazado ayer.

A Jahan se le cerró el estómago al recordar el ciervo que había visto en el bosque mientras esperaba al sultán Suleimán. Para no ser grosero se obligó a probarlo.

—Se deshace en la boca. He observado que cuanto más deprisa muere el animal, mejor sabe. El miedo estropea el sabor.

Jahan masticó, pero le costaba tragar la carne de ciervo.

—No sabía que cazabas.

Al advertir la incomodidad de Jahan, Davud apartó el cuenco.

—Yo no. No dispongo de tiempo para eso. Además, no creas que tengo el coraje suficiente.

Al llegar el momento de despedirse Davud acompañó a su invitado a la puerta. A tan poca distancia Jahan reconoció el olor que desprendían sus ropas: intenso, fragante y extrañamente familiar, un olor que se disolvió tan deprisa en la brisa nocturna que no tuvo tiempo de recordar cuándo o dónde lo había olido antes.

Cuando Jahan conseguía escabullirse de las clases que todavía impartía en la escuela del palacio y de su nuevo empleo de capataz con Davud, corría al lado de Shota. Se llevaba consigo los planos y dibujaba en el establo, sentado sobre un montón de heno que los otros domadores llamaban en broma «el trono». Shota lo observaba embelesado, aunque Jahan no estaba seguro de si lo veía. Su vista, que nunca había sido muy buena, había empeorado.

El pobre Abe hacía todo lo posible, no porque temiera la ira de Jahan sino porque le gustaba el elefante blanco. Pese a sus esfuerzos, Shota había perdido otro diente, uno de los tres últimos. Ya no podía masticar la comida. A Jahan no le hacía falta subirlo a la enorme balanza que utilizaban los marineros en el puerto de Karaköy para saber que había perdido mucho peso. En los últimos tiempos Shota dormitaba de pie a trompicones y perdía el equilibrio, sacudiéndose hacia delante y hacia atrás. Cuando bebía agua, se bañaba o paseaba por el jardín, sus movimientos eran más lentos, dejaba caer la cabeza y cuando quería darse cuenta estaba profundamente dormido, deambulando en el reino de los sueños. A Jahan le dolía ver al elefante confuso e impotente. Unas cuantas veces lo sorprendió mirando con nostalgia el tilo que tanto había disfrutado mordisqueando.

Le trituraban la comida —hojas, nueces y manzanas—, que mezclaban con agua hasta hacer una papilla y se la introducían en la boca con ayuda de un embudo. Aunque Shota derramaba casi todo, algo le llegaba al estómago. Shota no intentó escapar de nuevo, y se volvió cada vez más sedentario, negándose a recorrer incluso la escasa distancia hasta el estanque. Abe recogía sus excrementos con una pala, limpiaba el bebedero y le daba de comer leche y *sherbets*, pero todos eran conscientes de que la criatura se estaba fundiendo como un puñado de cera sobre el fuego.

De nuevo en el cobertizo, a Jahan le costaba conciliar el sueño. Daba vueltas en su camastro, preocupado por Shota. Fue en una de esas noches de insomnio, rodeado del habitual silencio, cuando empezó a pensar en el testamento de su maestro. No podía creer que el maestro no los hubiera mencionado ni a él ni a Shota en su última voluntad. El maestro que él había conocido y amado habría dejado algo, por pequeño que fuera, a los dos seres que habían trabajado tan estrechamente con él durante tanto tiempo. Sancha se había marchado con una caja, un collar y varios planos, diciendo que se los había dado el maestro. ¿No les habría dejado Sinan algo también a ellos? Tal vez lo había hecho, pero nadie se había molestado en tratar con él de un asunto tan trivial. Si el maestro había hecho un último regalo a Shota, Jahan quería averiguar qué era sin demora, porque ya no albergaba ninguna duda de que el elefante se estaba muriendo. Movido por tal motivación, acudió a ver al comandante de los eunucos blancos.

—Quería preguntarle acerca del testamento del maestro Sinan. ¿Lo ha visto?

El hombre entrecerró sus ojos delineados con *kohl*.

—¿Por qué me lo pregunta a mí?

—Porque es el oficial de mayor rango al que puedo dirigirme.

—Bueno..., he visto el testamento.

A Jahan se le iluminó el rostro.

—¿Mencionaba a Shota?

—Ahora que lo pregunta, recuerdo que dejó una bonita manta sudadera al elefante. Me aseguraré de que la bestia lo recibe.

—Se lo agradezco —respondió Jahan, mirándose los pies con el entrecejo fruncido como si le molestaran—. ¿Y... a mí?

—A usted el maestro le dejó su biblioteca.

—Entonces, ¿por qué el maestro Davud no me lo ha dicho? He visto los libros del maestro Sinan en su casa. ¿Significa eso que los libros son míos?

—Deben de ser otros libros... —replicó Kamil Agha con impaciencia—. Hace demasiadas preguntas, indio. Me ocuparé de que le manden la manta sudadera y los libros que le pertenecen. Ahora retírese y deje de pasar tanto tiempo con la bestia. Es un arquitecto. Compórtese como tal.

Jahan asintió, pero tuvo la impresión de que algo no iba bien.

La tarde siguiente, tres semanas después de la huida de Shota, Jahan regresó de sus clases y encontró a Abe sentado sobre una roca, llorando.

—El animal —dijo Abe, y la frase quedó suspendida en el aire.

En silencio, Jahan entró en el establo. Shota estaba solo, respirando con dificultad. Jahan le frotó la trompa con las palmas y le ofreció agua, que él declinó. El elefante clavó sus ojos marrón rojizo en su domador, y en esos ojos Jahan vio rastros de todos los caminos, largos y cortos, que habían recorrido juntos. Recordó cómo Shota había bajado del barco cincuenta años atrás, cubierto de polvo y heces, al borde del colapso.

—Lo siento —le susurró Jahan, con lágrimas rodándole por las mejillas—. Debería haber cuidado mejor de ti.

No se apartó de Shota aquel día y al llegar la noche durmió a su lado, escuchando la respiración acompasada del animal. Si soñó algo no lo recordaba. A la mañana siguiente lo despertó el golpeteo de un pájaro carpintero en un árbol cercano, como un mensaje cifrado. En el interior del establo reinaba el silencio. Jahan no quería mirar a Shota, pero al final lo hizo. El elefante yacía inmóvil. Tenía el cuerpo hinchado, como si el viento se hubiera colado por la trompa y lo hubiera inflado mientras dormía.

—Debería tener un funeral como es debido —dijo Jahan a nadie en particular, después de haber lavado y perfumado al animal.

Recordó cómo Nurbanu había preservado el cuerpo del sultán Selim hasta que su hijo ascendió al trono y buscó bloques de hielo. De nada sirvió. El elefante era demasiado grande y los bloques demasiado pequeños. Aun así, estaba resuelto a preservar el cuerpo hasta haber organizado una ceremonia digna de la grandeza de Shota.

En menos de una hora sus palabras habían llegado a oídos de Carnation Kamil Agha, que al ser el supervisor de todo, incluso de las penas y la locura, se presentó en la casa de fieras.

—He oído decir que está pidiendo un ritual.

—Shota fue enviado a un gran sultán por un gran sah.

—Es un animal —replicó el comandante de los eunucos blancos.

—Un animal real.

Más sorprendido que disgustado por la falta de modales, el comandante de los eunucos blancos replicó:

—Basta de tonterías. Despídase de él. El emisario francés lo diseccionará.

Jahan dejó escapar un grito de dolor, como si le acabaran de dar un puñetazo en el estómago.

—¿Quiere decir que lo cortarán? ¡Nunca lo permitiré!

—Es el deseo del sultán.

—Pero ¿sabe...? —Jahan no pudo terminar la frase. «¿Sabe el sultán que no es un animal corriente?» La pregunta resonó en los rincones más recónditos de su alma. Deseó que el maestro Sinan estuviera vivo; él habría sabido qué hacer, cómo hablar.

Aquel mismo día el cuerpo sin vida de Shota fue cubierto de guirnaldas y coronas de flores, y subido a un carro tirado por cinco bueyes. En ese estado el elefante desfiló por última vez por las calles de Estambul. Los transeúntes estiraban el cuello, llenos de asombro y deleite. Aplaudieron, vitorearon y aclamaron. Dejando de lado sus obligaciones siguieron el carro, a menudo más movidos por la curiosidad que por la compasión. Jahan iba el primero, con la vista clavada en el horizonte, mirando por encima y más allá del mar de espectadores, sin desear ver a nadie. Triste y pesaroso, llegó a la residencia del embajador, donde entregó el cuerpo del elefante como se entrega un cordero para el sacrificio.

Al día siguiente Jahan fue llamado a la presencia del comandante de los eunucos blancos. Lo primero que pensó fue que se proponía reprenderlo por haber permanecido en la casa de fieras la noche de la muerte de Shota. Al final Jahan había contravenido las órdenes y se había negado a entregar el cuerpo al emisario francés. No cambió nada, pues de todos modos procedieron a diseccionarlo, pero eso bastó para enfurecer al comandante de los eunucos blancos durante años. Por extraño que pareciera, a Jahan le traía sin cuidado. Se había apoderado de él una rebeldía desconocida.

Cuando le hicieron entrar en la cámara, Jahan hizo una reverencia, despacio y a regañadientes, y esperó con los ojos clavados en el suelo.

—¡Levante la cabeza! —La orden restalló como un látigo.

Jahan obedeció. Y por primera vez desde que había llegado al palacio y había recibido un inolvidable bofetón del comandante de los eunucos blancos, lo miró a los ojos: del color de un cardo azul oscuro.

—Le he observado durante todos estos años. Ha ascendido rápido. Ningún otro domador ha estado cerca de alcanzar lo que ha conseguido usted. Pero esa no es la razón por la que le tengo aprecio. ¿Quiere saber por qué?

Jahan guardó silencio. Era la primera noticia que tenía de que Kamil Agha le apreciaba.

—Todos los jóvenes reclutados por la *devshirme* están hechos de acero derretido. Son remodelados. Usted es uno de nosotros, indio. Aunque parezca extraño, nadie lo ha convertido. Lo ha hecho usted solo. Pero ¿sabe cuál ha sido su error?

—No, efendi.

—¡El amor! —Las comisuras de sus labios se curvaron hacia abajo como si la palabra le hubiera dejado un gusto amargo en la lengua—. En nuestra ciudad hay muchos aprendices, cientos de ellos. Respetan a sus maestros. Usted amaba al suyo. Al igual que al elefante. Su trabajo era cuidar de él; asegurarse de que tenía el estómago lleno. Pero usted amaba a la bestia.

—No es algo que hiciera de manera consciente. Simplemente pasó.

—No ame a nadie demasiado. —Los labios del eunuco se abrieron en un suspiro—. Dado que su maestro se ha ido, en adelante yo seré su guardián. Si es fiel a mí, no sufrirá derrotas.

—No estoy librando ninguna guerra, efendi.

El hombre fingió no oírle.

—Lo ayudaré. Hay una casa donde borran la desesperación. La llaman el *hamam* de las penas.

Jahan parpadeó, recordando el nombre de una época tan lejana que podría no haber sido su vida.

—Iremos allí y olvidaremos todo. ¿Lo entiende?

Perplejo como estaba, Jahan respondió que sí.

—Bien, prepárese y esta noche lo llevaré allí.

Después del atardecer un criado acudió a buscar a Jahan. Un hombre enorme de espaldas anchas, sordomudo como el resto. Jahan siguió su antorcha por el patio y a través de una puerta trasera medio escondida. No los miraron siquiera. De no haber sido por las moscas que les rodeaban la cabeza, y se les metían ciegamente en las fosas nasales y la boca, y por el ruido que hacían sus pies al avanzar por los senderos de grava, tal vez habría creído que eran invisibles.

Sobre la ciudad el cielo era un manto de terciopelo de un negro intenso que rayaba en azul. Los esperaba un carruaje tirado por cuatro sementales. Aun a la tenue luz Jahan admiró los aparejos dorados, los paneles de marfil tallado, los cortinajes que cubrían las ventanillas y que ningún ojo podía penetrar. En el interior iba sentado el comandante de los eunucos blancos, envuelto en una capa orlada de armiño. En cuanto Jahan se acomodó a su lado, el eunuco dio un golpe en el techo con el bastón. Partieron a galope.

El carruaje viajó a tanta velocidad y con tanto estrépito que Jahan tenía la certeza de que no habían pasado inadvertidos. Los vieron los panaderos que se dirigían a amasar el pan, las madres que atendían a sus bebés insomnes, los ladrones que huían con su botín, los borrachos que bebían su siguiente botella o los piadosos que deambulaban pidiendo una plegaria. ¿Cuánta gente estaba al corriente de las correrías nocturnas del comandante de los eunucos blancos y callaban? Había secretos que toda la ciudad sabía y aun así seguían siendo secretos.

Se apearon cerca de un callejón tan estrecho y oscuro que Jahan titubeó antes de entrar. El cochero les mostró el camino con un candil que apenas emitía luz. A izquierda y derecha se alzaban casas de madera desvencijadas, apiñadas como viejas arpías. Después de lo que pareció una eternidad llegaron a una puerta ornamentada. El comandante de los eunucos blancos llamó tres veces con un anillo, esperó y aporreó dos veces más con las manos.

—¿Jacinto? —preguntó una voz detrás de la puerta.

—¡Jacinto! —repitió el comandante de los eunucos blancos.

Durante un instante de perplejidad Jahan no pudo respirar. Tuvo la terrible sospecha de que el eunuco conocía el apodo que su madre le había puesto de niño. No tenía ningún deseo de entrar en esa casa con ese hombre, pero la puerta ya estaba abierta.

Los recibió la mujer más baja que Jahan había visto jamás. Exceptuando los senos, todo en ella era diminuto: las manos, los brazos, los pies.

Ella se rió.

—¿Nunca has visto a una enana? ¿O nunca has visto a una mujer?

Jahan se ruborizó, así que la mujer se rió más fuerte. Se volvió hacia Kamil Agha.

—¿Dónde lo ha encontrado?

—Se llama Jahan. Es arquitecto. Es brillante pero blando.

—Bueno, tenemos cura para eso —repuso ella—. Bienvenido a nuestro *hamam* de las penas.

El comandante de los eunucos blancos, familiarizado con su entorno, se dejó caer en unos cojines grandes y brillantes e invitó a Jahan a seguir su ejemplo. No tardaron en aparecer cinco concubinas con instrumentos musicales: laúd, panderetas, lira y flauta. La mirada de Jahan iba de un rostro a otro hasta que descansó en la última mujer. De frente amplia, nariz cincelada, barbilla afilada y grandes ojos castaños, guardaba un asombroso parecido con Mihrimah. Jahan se sintió mareado. Como si fuera consciente del efecto que provocaba en él, ella ladeó la cabeza y sonrió con picardía. Empezaron a entonar una melodía alegre.

En una bandeja de plata les sirvieron bolas de una pasta de color azafrán del tamaño de una castaña. Jahan cogió una y la sostuvo con cuidado entre los dedos. Kamil Agha engulló tres, una detrás de la otra, y se reclinó con los ojos cerrados. Envalentonado, Jahan se llevó la suya a la boca. Tenía un sabor raro. Intenso y dulce al principio, enseguida prevalecía un regusto a especias, como semillas y orégano silvestre triturados. A continuación llegó el vino, jarras de líquido rojo. Jahan bebió con cautela, sin fiarse aún de nadie.

La enana se sentó a su lado.

—Tengo entendido que ha perdido a un ser amado.

—Mi elefante.

Jahan esperó a que se riera, pero ella no lo hizo. En lugar de eso, después de llenarle la copa, le dijo:

—Sé lo que se siente. Yo tenía un perro. Cuando murió me quedé destrozada. Nadie lo entendió. «Solo es un chucho, Zainab.» ¡Qué sabrán ellos! Es mejor hacer amistad con los animales que con los seres humanos.

—Tiene razón —repuso Jahan, y tomó otro sorbo—. Los animales son más de fiar.

La música seguía sonando, cada vez más acelerada. Volvieron a pasar la bandeja de bolas de pasta. Esta vez Jahan cogió una más grande y la acompañó de otro sorbo de vino. Por mucho que lo intentara, no podía evitar mirar a la doble de Mihrimah. Hasta la sonrisa angelical, la curva casi imperceptible del labio inferior, eran idénticas a las de ella. Los pliegues sueltos del velo le enmarcaban el rostro, translúcido y pálido como la bruma matinal. Parecía más relajada y segura que las demás mujeres; tal vez tenía menos preocupaciones.

Al oír la voz de Zainab Jahan volvió a entrar en razón.

—¿Quiere que le enseñe su ropa?

—¿Cómo?

—La ropa de mi perro. ¿Quiere verla?

—Me encantaría.

El comandante de los eunucos blancos, que ya estaba algo achispado, los miró hoscamente pero no dijo nada. Contento de alejarse de su vista, Jahan siguió a Zainab a los rincones más recónditos de la casa. Ella lo condujo a una amplia estancia donde todo era pequeño: el lecho, las mesas bajas, la alfombra. En una esquina había un diminuto armario de palo de rosa con muchos cajones. En él había jubones de cuero, pieles y chales minúsculos; también una especie de chaleco. Debía de haber sido una criatura cuadrada, porque los artículos eran compactos. Sollozando, Zainab le contó que era un cachorro cuando lo encontró. Ella buscó a su madre por todas partes, hasta que se convenció de que, como ella, el perro no tenía a nadie más. A partir de entonces, se hicieron inseparables.

Jahan le dio un pañuelo, que ella aceptó agradecida y se sonó. Lo miró como si lo viera de nuevo.

—Siénteme en esa silla.

Era ligera como una niña. No apartó los ojos de él.

—Llevo treinta años ejerciendo esta profesión. He visto el infierno y el cielo. He conocido ángeles y demonios. Si he sobrevivido es porque mis labios están sellados. Nunca me he inmiscuido en asuntos ajenos. Pero le he tomado simpatía. Usted parece un buen hombre.

Se oyó una sacudida en la habitación contigua. Tal vez se había quedado atascado un ratón entre los tablones del suelo. Ella bajó la voz hasta susurrar:

—El eunuco. Tenga cuidado con él.

—¿Por qué dice eso?

—Solo hágame caso y tenga cuidado —repitió ella, bajando de un salto de la silla.

Cuando regresaron a la habitación seguía el canto, aunque había pasado de la alegría a la melancolía. Zainab se sentó al lado del comandante de los eunucos blancos y empezó a prodigarle elogios, comida y vino.

Jahan cerró los ojos mientras se recostaba. Se habría dormido si una voz no se hubiera alzado por encima de la música.

—¿Me permite?

Era la doble de Mihrimah. A Jahan le dio un vuelco el corazón.

Ella se arrodilló delante de él, rozándole las rodillas con las mangas del vestido, y le sirvió una copa de vino. Cuando él la apuró, ella le quitó los zapatos, le apretó los pies contra sus senos y empezó a frotárselos con suavidad. El pánico hizo presa en el interior de Jahan como una bilis negra. Temía desearla. Le sostuvo las manos, no sabía si para impedir que lo tocara o para contenerse de tocarla.

—¿Te gustan mis manos? —le preguntó ella tuteándolo.

—Me recuerdas a alguien.

—¿De veras? ¿Era alguien a quien amabas?

Jahan apuró la siguiente copa y vio cómo ella se la llenaba al instante.

—¿Dónde está ahora?

—Murió.

—Pobrecillo. —Ella lo besó. Sus labios sabían a *sherbet* helado. Su lengua alcanzó la suya y se retiró. A pesar de sí mismo Jahan se notó excitado. Ella lo abrazó con fuerza, presionando las palmas de las manos en su nuca. Jahan de pronto se dio cuenta de que habían desaparecido todos: las muchachas con la música, Zainab, el comandante de los eunucos blancos.

—¿Dónde se han metido los demás? —preguntó aprensivo.

—Cálmate, se han ido a sus alcobas. Nosotros estamos bien aquí.

Volvieron a besarse. Ella le guió las manos por su cuerpo, alentándolo a acariciarle los senos, las caderas amplias y redondas. Él le subió las faldas; capas de tafetán se fruncieron bajo su peso. Le deslizó los dedos entre las piernas, acariciándole la oscura y húmeda cavidad. Jadeando, se montó sobre ella mientras se desvestía, y la desvistió a ella, incapaz de detenerse.

—Mi león —le susurró ella al oído.

Él le mordió el cuello, primero con suavidad, luego con más fuerza.

—Llámame Mihrimah —le pidió ella, jadeando pesadamente.

Una voz gritó dentro de la cabeza de Jahan. La apartó y se tambaleó al intentar ponerse de pie.

—¿Cómo sabes su nombre?

Ella parpadeó.

—Me lo has dicho tú.

—Eso no es cierto.

—Sí. Acuérdate.

¿Se lo había dicho? No estaba seguro. Al ver su desconcierto, ella añadió:

—El vino te ha obnubilado la mente. Me lo has dicho, te lo juro.

Él ocultó la cabeza entre sus manos, sacudido por una oleada de náuseas. Tal vez ella le decía la verdad. La habría creído de no ser por el leve temblor en la barbilla de ella, un simple reflejo o un indicio de nerviosismo.

—Vete, te lo ruego.

—No seas crío —le dijo ella con una sonrisa feroz, y se apretó contra él.

Envuelto en la suavidad de sus senos, Jahan se sintió atrapado. Asiéndole las muñecas con tanta fuerza que se le pusieron blancos los nudillos, por un instante pareció que se rendía a sus encantos. En lugar de ello la apartó con demasiada fuerza. Ella cayó con pesadez. De sus labios brotó un jadeo inacabado. Luego el silencio. Jahan se tambaleó al ver por primera vez la rejilla de hierro de la chimenea contra la que ella había caído, golpeándose la cabeza. Antes de que pudiera aclararse las ideas, se abrió la puerta y Zainab entró gritando en la habitación. Inclinándose sobre el pecho de la joven, escuchó su respiración. Se le mudó el semblante.

—¡Está muerta! —gritó. Se volvió hacia Jahan, con los ojos muy abiertos de horror—. Has matado a la querida del eunuco.

Jahan abandonó la habitación tan rápido como se lo permitieron las piernas, salió al jardín y cruzó el oscuro callejón, temiendo que una sombra se abalanzara sobre él en cualquier momento. Antes de llegar a la calle principal tenía la frente cubierta de gotas de sudor y jadeaba de tal modo que estaba seguro de que podían oírlo desde el *hamam* de las penas. En cuanto dio un paso, una oleada de desaliento lo inundó. No tenía adónde ir. Regresar al cobertizo del palacio estaba descartado. Sería el primer lugar donde lo buscaría el comandante de los eunucos blancos. Podía pedir ayuda a los domadores de la casa de fieras, pero no se fiaba de todos, y con que uno lo traicionara sería suficiente.

Mientras el pánico se apoderaba de él una idea le acudió a la mente: Davud. Su *konak* era lo bastante grande para esconderlo unos pocos días, si no semanas. Eminente y famoso, Davud encontraría incluso una forma de protegerlo de la ira del comandante de los eunucos blancos. Pero no podía ir andando a Eyup en mitad de la noche. Necesitaba un caballo. El carruaje que los había llevado esperaba en un establo cercano. Se dirigió en esa dirección, rezando para que el cochero durmiera.

No dormía. Lo cierto es que estaba bien despierto en alegre

compañía. El hombre seguía el ejemplo de su señor. Mientras el eunuco se divertía con hachís y vino, su criado disfrutaba también de un revolcón. Jahan entró de puntillas, si bien no hacía falta; el cochero y la ramera estaban demasiado absortos el uno en el otro para reparar en él. Los caballos, aunque nerviosos, permanecieron inmóviles y alerta, con las orejas levantadas y la mirada atenta, percibiendo lo que ocurría.

Jahan se acercó a una de las cuatro monturas que todavía estaban sujetas al carruaje, un semental más gris que los adoquines de fuera. Despacio, muy despacio, asió las correas y lo condujo hacia la puerta. En ese instante, el cochero soltó un grito de placer; sus embestidas se volvieron más apremiantes. Jahan tiró del animal con más fuerza de lo que se proponía y el caballo giró la cabeza. Por fortuna, no relinchó; Jahan rezó una oración; debía de haber escogido al más tranquilo de la cuadrilla. Aun así, no pudo evitar sospechar que lo guiaba un espíritu: el de Mihrimah, el de Nikola o el del maestro Sinan. Podría haber sido incluso el de Shota, por lo que él sabía. Tenía muchos espíritus a cada lado.

Pronto cabalgaba a toda velocidad, con el cabello al viento. Ya no temía a los genios que habitaban en los rincones oscuros, pues había aceptado que eran menos amenazantes que los humanos. Avanzando con cautela en la oscuridad, evitando a los vigilantes, llegó a la mansión de Davud. Los criados, perplejos al ver llegar a un invitado a horas tan intempestivas, lo condujeron al piso superior donde se encontraba su maestro, que ya se había acostado.

Davud salió arrastrando los pies de su dormitorio, con expresión desconcertada.

—¿Va todo bien?

—Te ruego me disculpes, pero no tengo adónde ir.

Jahan aceptó el *sherbet* de almizcle que le llevó un criado. Le temblaban tanto las manos que derramó una parte sobre la alfombra. Trató de limpiar la mancha con la manga, con lo que solo consiguió acentuarla. Incapaz de pensar con claridad, miró fijamente el suelo y vio lo que había pasado por alto la primera vez que estuvo allí. Era curioso lo que a uno le llamaba la atención en medio de acontecimientos terribles. De pronto advirtió que era la alfombra de Sinan.

—He... matado a alguien.

Davud palideció.

—¿A quién? ¿Cómo?

—A la querida del comandante de los eunucos blancos... —respondió Jahan, sin saber cómo continuar.

Le ofreció una crónica de la velada: la enana, las muchachas y la música, la concubina que había intentado seducirlo, y Dios sabía que lo había conseguido, aunque no mencionó el inquietante parecido con Mihrimah.

—No lo sé... —Jahan luchaba por respirar—. En los últimos tiempos han sucedido cosas extrañas. Tengo el presentimiento de que está relacionado con el maestro Sinan.

Al oír esas palabras Davud arqueó una ceja.

—El maestro, que el Paraíso sea su morada, está más allá de las insignificancias de este mundo.

—Es cierto, bendita sea su alma. Pero yo debo defender su legado. Tú mismo lo dijiste el otro día. Ahora solo estamos tú y yo. —Jahan guardó silencio, mirando fijamente a su amigo—. Tú también podrías correr peligro.

Davud rechazó la idea con un ademán.

—No te preocupes. A mí no pueden hacerme nada.

—La he matado... —repitió Jahan aturdido, balanceando el cuerpo como un niño que necesita consuelo.

—Mañana por la mañana haré indagaciones. Ahora necesitas descansar.

Siguiendo las órdenes de Davud, le proporcionaron un lecho con cuencos de higos dulces y dátiles, y una jarra de *boza.* Jahan bebió y comió un poco, y se sumió en un sueño oscuro y agitado.

Durmió pese a los demonios que le acosaban el alma. Cuando se despertó, era pasado el mediodía y sobre el sofá había ropa nueva. Jahan se la puso con gratitud y fue a ver a Davud, quien lo esperaba abajo con sus tres retoños: la niña, que era la menor, aún no tenía cuatro años. Los niños eran el vivo retrato de su padre y a todas luces lo adoraban. Jahan sintió una punzada de dolor. Él nunca había tenido esposa ni descendencia. Había llegado solo a esa ciudad de sombras y ecos, y después de muchos años seguía igual de solo.

—Tengo malas noticias —susurró Davud, como para evitar que le oyeran sus hijos—. Estabas en lo cierto. Parece ser que ella murió.

Jahan jadeó, luchando por respirar. Hasta entonces había esperado en secreto que solo fuera una herida leve.

—¿Qué piensas hacer ahora? —le preguntó Davud con delicadeza.

—No puedo quedarme en Estambul. Tengo que irme.

—Puedes quedarte con nosotros todo el tiempo que necesites.

Jahan esbozó una sonrisa. La generosidad de Davud lo conmovió. Cualquier otro hombre de su posición habría ahuyentado a un hombre en apuros. Era cierto que había acudido allí con la intención de quedarse un tiempo. Sin embargo, después de ver a Davud con sus hijos, comprendió que no podía ponerlos en peligro.

—Estoy en deuda, pero debo irme. Es lo más prudente.

Davud reflexionó unos instantes.

—Cerca de Tracia hay un huerto que pertenece a mi suegro. Allí estarás fuera de peligro mientras se calman las aguas. Te proporcionaré un caballo. Ve allí y espera noticias mías.

Decidieron que era más seguro partir en la oscuridad. Jahan se pasó el día jugando con los niños, encogiéndose de miedo al menor ruido que llegaba de fuera. Después de cenar Davud le dio el corcel, una capa para abrigarse y una bolsa de monedas.

—Mantén el corazón puro. Pronto regresarás.

—¿Cómo podré corresponderte?

—Crecimos juntos —replicó Davud—. ¿Recuerdas lo que decía el maestro? No sois solo hermanos. Cada uno es testigo del viaje del otro.

Jahan asintió con un nudo en la garganta. Recordaba también el resto de la enseñanza. «Cada uno es testigo del viaje del otro. Sabréis, por tanto, cuando uno se extravía. Seguid la senda de los sabios, los despiertos, los afectuosos y los industriosos.»

Se abrazaron, y por un instante fue como si en el abrazo hubiera un latido impreciso, un tercer corazón palpitando junto al de ellos; era como si Sinan también estuviera allí, observando, escuchando y rezando.

Jahan echó a andar con paso lento pero seguro entre las sombras. Se abrió camino con cautela a través de las calles oscuras. No se lo había dicho a Davud, pero no podía marcharse de Estambul sin rendir un último homenaje a Shota. Llegó a la residencia del embajador francés. Consciente de lo poco cortés que era visitar a un emisario —o a cualquiera— sin invitación previa, confió en que lo disculpara.

El criado que abrió la puerta no pensaba lo mismo. A su maestro le gustaba dormir y no podía molestarlo. Pero Jahan se mostró insistente. Entre los dos armaron tanto jaleo que no tardó en llegar una voz soñolienta del interior de la casa.

—¿Quién es, Ahmad?

—Un mendigo insolente, señor.

—Dale pan y despídelo.

—No quiere pan. Dice que necesita hablar con usted del elefante.

—¡Ah! —Siguió un breve silencio—. Hazlo pasar, Ahmad.

Sin peluca ni polvos, con una camisa de dormir que le llegaba hasta las rodillas y dejaba ver su enorme tripa, la figura que Jahan encontró en el pasillo apenas se parecía al embajador que conocía.

—Le pido disculpas por importunarlo —dijo, inclinándose.

—¿Quién es usted?

—Soy el *mahout* del elefante que ha diseccionado, Su Excelencia.

—Entiendo —respondió monsieur Brèves, recordando al domador moreno que le había entregado el cadáver a regañadientes.

Jahan balbuceó la mentira que había preparado por el camino.

—Anoche tuve un sueño terrible. El pobre elefante sufría y me suplicaba que le diera sepultura.

—Ya lo hicimos —repuso monsieur Brèves—. Me temo que el cadáver empezaba a heder. Lo enterramos.

Jahan sintió punzada de dolor en el pecho.

—¿Dónde lo enterraron?

El hombre no lo sabía. Le había pedido a los criados que se deshicieran del cadáver y así lo habían hecho ellos. Al ver la expresión consternada de Jahan, le dijo:

—Alégrese, amigo mío. Acompáñeme que quiero enseñarle algo.

Entraron juntos en una estancia rebosante de libros, notas y recuerdos. Monsieur Brèves, a diferencia de otros emisarios a quienes les interesaban ante todo las luchas por el poder, tenía un conocimiento profundo del Imperio otomano y hablaba a la perfección el turco, el árabe y el persa. Después de estudiar las obras escritas, se proponía montar una imprenta árabe en París a fin de que los libros viajaran tan libremente como los embajadores.

Jahan comprendió entonces por qué su aparición inesperada no había enfurecido a monsieur Brèves. En realidad, se alegraba de haber encontrado a alguien con quien hablar de la disección que había llevado a cabo. Impaciente por enumerar sus logros, entregó a Jahan el boceto que había dibujado. Si bien no era un artista refinado, había plasmado en gran detalle la anatomía de un elefante.

—Algún día escribiré un tratado. ¡Uno no ve cada día las entrañas de una criatura tan magnífica!

Jahan miró involuntariamente hacia un estante donde había un colmillo, brillante y pulido. El embajador siguió su mirada.

—Un recuerdo de Constantinopla.

—¿Puedo cogerlo? —le preguntó Jahan, y al ver que él hacía un gesto de asentimiento, lo tomó con cuidado entre las manos.

Le invadió una oleada de tristeza. Se le llenaron los ojos de lágrimas.

Monsieur Brèves lo contempló en silencio y torció el gesto mientras se debatía en la duda. Al final suspiró.

—Creo que le corresponde a usted quedarse con el colmillo.

—¿De veras?

—Salta a la vista que amaba al animal más que nadie —repuso el embajador, haciendo un gesto de despreocupación o conmiseración, o ambas cosas—. Yo tengo mis bocetos. Eso bastará para impresionar a cualquiera en París.

—Se lo agradezco —respondió Jahan con la voz quebrada.

Jahan se puso en camino con el colmillo en la mano. Se sentía más optimista que la noche anterior. El colmillo irradiaba un brillo que le reconfortaba el alma. Era como si Shota estuviera junto a él. Llevaba a la espalda una bolsa con unos pocos objetos que monsieur Brèves le había permitido coger: una pala, una vela, un pañuelo rojo y una cuerda. Tenía un plan.

Montado de nuevo sobre su caballo, cabalgó con determinación. Al llegar a la mezquita de Mihrimah desmontó y echó a andar a lo largo de los muros exteriores. Divisó un árbol de Judas lleno de flores rosas. Junto a ese terreno cavó un profundo hoyo rectangular. Podría haberse quedado con el colmillo, pero habría sido egoísta. Shota merecía una lápida. Siempre eran los sultanes, los visires y los opulentos quienes tenían nobles monumentos construidos en su honor. Los pobres y los desvalidos no tendrían nada, una vez muertos, de no ser por las oraciones de sus parientes y sus amigos. Cada ser mortal dejaba atrás una marca, por pequeña o efímera que fuera. Con excepción de los animales. Estos luchaban, servían y ponían en peligro su vida por sus amos, y sin embargo cuando morían era casi como si nunca hubieran existido. Jahan no quería que Shota corriera el mismo destino. Quería que lo recordaran con respeto y afecto. Tal vez fuera una blasfemia, pero no le importaba. Le dolía pensar que Shota no podía ir al cielo. Si la gente rezaba por el elefante, pensó, tendría más probabilidades de ascender.

Con cuidado introdujo el colmillo dentro del hoyo.

—Adiós. Te veré en el Paraíso. Tengo entendido que hay bonitos árboles para comer.

En aquel instante le invadió una extraña calma. Por primera vez se hallaba en paz consigo mismo. Formaba parte de todo y todo formaba parte de él. Entonces era esto, pensó. El centro del universo no estaba ni en Oriente ni en Occidente. Se hallaba dondequiera que te rendías al amor. A veces era donde enterrabas a un ser querido. Palada tras palada, cubrió el hoyo hasta que quedó cubierto. Luego utilizó las cuerdas para cercarlo. Donde calculó que estaba la cabeza de Shota, clavó una rama seca y ató el pañuelo. A su lado puso la vela. Se sentó a su lado erguido, con las piernas cruzadas. Ahora solo quedaba esperar a que alguien, cualquiera, pasara por allí.

No tardó mucho. Un joven y esbelto pastor de cabras se acercó. Su mirada iba de la tumba a Jahan.

—¿Quién ha muerto? ¿Algún pariente?

—¡Chis! Muéstrate respetuoso.

El pastor de cabras abrió mucho los ojos.

—¿Quién era?

—Un santo. Uno poderoso.

—Nunca he oído hablar de ningún santo por aquí.

—No quiso darse a conocer hasta que hubieran transcurrido cien años.

—¿Y cómo es que usted lo conoce?

—En un sueño sagrado me ha revelado esta tumba.

Arrodillándose junto a Jahan, el pastor ladeó la cabeza, como esperando ver el cadáver bajo tierra.

—¿Cura alguna enfermedad?

—Lo cura todo.

—Mi hermana es estéril. Lleva tres veranos casada y sigue esperando.

—Tráela aquí. El santo podría ayudarla. Trae también a su marido, por si es él.

—¿Cómo se llamaba?

—Shota Baba.

—Shota Baba —repitió el pastor con tono respetuoso.

Jahan se levantó despacio.

—Debo irme. Vigila esta sepultura y asegúrate de que nadie la profana. Te nombro guardián de la tumba de Shota Baba. ¿Puedo fiarme de ti?

El pastor asintió con solemnidad.

—No se preocupe, efendi. Cumpliré mi palabra.

Así fue como la ciudad de las siete colinas y de un centenar de altares, antiguas y antiquísimas, los musulmanes, los cristianos, los judíos y los paganos adquirieron otro santo al que visitar en momentos de desesperación y en momentos de gozo.

Después de cabalgar toda la tarde, Jahan llegó a una encrucijada donde el camino se bifurcaba: el sendero de la derecha conducía al norte por lechos de ríos secos que desembocaban en Tracia. Esa era la ruta que Davud le había aconsejado tomar. El de la izquierda serpenteaba hacia el oeste a través de llanuras y colinas onduladas; era más espléndido, más verde y hermoso, pero menos deseable pues no solo era tortuoso y escarpado sino también peligroso, rodeado de bosques donde merodeaban los bandidos. Jahan se disponía a girar a la derecha cuando le asaltó un pensamiento. Si Shota estuviera vivo, habría optado por el otro sendero, lo sabía. Y sin más motivos que ese, así lo hizo él.

Durante un rato avanzó al trote, embebiéndose del paisaje. El aire olía a pino, barro y humedad. Empujado por un impulso extraño, vagó desviándose del rumbo acordado. Enseguida se puso el sol y la luna —un delgado y pálido semicírculo— se elevó por el este. Entonces Jahan recordó la taberna donde Davud y él habían cenado en su juventud al regresar de Roma. Si no le fallaba la memoria, estaba por aquellas tierras.

Ya era de noche cuando encontró la taberna. Un mozo se ofreció a llevar el caballo al establo mientras él entraba. Todo seguía exactamente igual: las habitaciones sofocantes del piso superior, el enorme y ruidoso comedor abajo, el fuerte olor a carne asada. El carácter inmutable del local debería haberle reconfortado al confirmarle que en un mundo donde todo desaparecía, él perduraba. En cambio, le invadió una gran desesperación. Le asaltaron imágenes del *hamam* de las penas. El rostro de la concubina al inclinarse sobre él para besarlo, transformado en el rostro de Mihrimah. Aunque sabía que era imposible, parte de él creía que había matado a su amada y que, en secreto, había querido hacerlo.

Se sentó a una mesa tosca junto a la chimenea de piedra e, inmerso en pensamientos febriles, escuchó el crepitar de los leños por encima de las carcajadas y los chismorreos. Los mozos corrían de aquí para allá, hermanos a juzgar por su aspecto. Al cabo de un rato uno de ellos se acercó para tomarle nota de lo que quería tomar. Con un semblante risueño y animado, le preguntó quién era y adónde se dirigía. Jahan vio en sus ojos el mismo centelleo que había tenido él a su edad, una imprudente curiosidad acerca del mundo y un deseo oculto de dejar su lugar natal movido por la convicción de que la vida real estaba en otra parte.

Cuando el muchacho le llevó al guiso, una humeante cazuela de carne de vaca y verduras con un espeso caldo con especias, Jahan le dijo:

—La última vez que estuve aquí tú aún no habías nacido.

—¿De veras? —le preguntó él intrigado—. Debió de atenderle mi padre entonces.

—¿Dónde está? —le preguntó Jahan entre bocado y bocado.

—Por ahí. No oye mucho con el oído izquierdo, pero el derecho lo tiene bien. Le hablaré de usted. Últimamente solo habla del pasado.

Asintiendo, Jahan volvió a concentrarse en su plato. Mientras rebañaba el cuenco con un pedazo de pan apareció el tabernero. Había engordado y tenía una tripa del tamaño y la forma de un barril. Jahan vio al muchacho señalar en dirección a él y decirle algo al oído. En un instante el hombre estuvo a su lado.

—Mi hijo me dice que es arquitecto y que hace mucho estuvo aquí.

—Así es. Vine con mi amigo —repuso Jahan, alzando la voz.

El hombre entrecerró los ojos y permaneció muy erguido durante un momento demasiado largo.

—Los recuerdo —respondió despacio.

Jahan no lo creyó. ¿Cómo iba a recordarlos cuando había visto entrar y salir a cientos de clientes? Como si percibiera su incredulidad, el tabernero se sentó frente a él.

—No los he olvidado debido a su compañero, era un tipo extraño. Pensé: ¿son amigos o enemigos?

Perplejo, Jahan se quedó mirándolo.

—¿Qué quiere decir?

—Me pidió una cuchilla. Le pregunté qué pensaba hacer con ella. Aquí llega toda clase de pícaros. No queremos problemas. ¿Cómo iba a saber que no se la clavaría a alguien? Me prometió que me la devolvería y así lo hizo.

Jahan apartó el plato vacío, con repentinas náuseas. Pero por la expresión del hombre vio que este no había terminado.

—Estaba receloso y lo espié desde la puerta. Usted estaba abajo con todo el mundo.

—¿Qué vio?

—Su amigo cortaba un libro —respondió el tabernero, pronunciando la última palabra con tono burlón. Encuadernado en cuero. Lo cortó a tajos como si fuera un árbol.

—Esa noche nos robaron —dijo Jahan—. Mis bocetos..., mi diario. Todo desapareció.

—No, efendi. En mi taberna no hay robos. Es un local decente. Su «amigo» destruyó sus cosas. A saber qué hizo con los pedazos.

—Pero... ¿por qué lo haría?

—¡Ja! Si lo averigua, venga a verme, porque desde entonces me lo he estado preguntando.

Cuando el tabernero se hubo despedido, Jahan pidió un vaso de la cerveza que hacían en esa región. Terminó de beber y, dejando una generosa propina, regresó al establo.

—¿Le has dado de comer y de beber a mi caballo?

—Sí, efendi.

—Ensíllalo.

—¿Se marcha? Se avecina una tormenta. El bosque es peligroso por la noche.

—No voy al bosque —respondió Jahan—. Vuelvo a la ciudad.

A través de hileras de olmos y por encima de arroyos borboteantes regresó a Estambul a caballo con la tormenta a la zaga, como un perro de caza mordisqueándole los talones. El caballo se sobresaltaba con cada trueno; la tormenta era cada vez más inminente y ruidosa. Huyendo de las nubes plomizas que lo seguían consiguió que no lo pillara el aguacero. Se precipitó hacia campos de negrura, un negro tan absoluto y profundo que parecía absorber todos los demás colores, uno tras otro. Se preguntó si así sería la muerte. Si lo era, no resultaba aterradora, solo profunda.

Jahan cruzó a toda velocidad un valle donde había unas rocas enormes desperdigadas aquí y allá. Vistas de lejos, parecían ancianos acurrucados para infundirse calor. Al pasar junto a ellas tuvo la extraña sensación de que lo observaban con la apagada mirada de quienes han visto demasiadas emociones abocadas al desastre y ya no les quedan emociones propias.

En las proximidades de Estambul la tormenta se desvió hacia la derecha, cortándole el paso, y alcanzó la ciudad que tenía ante sí. A lo lejos brilló un relámpago, envolviendo las cúpulas y las colinas en una intensa luz azul. Al ver ese resplandor, que descendió casi en vertical, le pareció que los cielos se habían abierto para dejar ver la bóveda celeste, aunque solo fuera por unos breves instantes. Una vez más Jahan pensó en lo hermosa que era la ciudad, pese a tener el corazón de piedra. El suelo encharcado bajo los cascos del caballo dio paso a calles pavimentadas. Se encaminó hacia la Puerta de Belgrado, la única que no estaría cerrada a esas horas, pensó.

No se equivocó. Una compañía de jenízaros hacía guardia con sus escudos, espadas y altos tocados; uno de ellos dormitaba de pie. Jahan les dijo que era maestro de la escuela del palacio y les enseñó su sello. Ellos le interrogaron con recelo pero sin mostrarse del todo irrespetuosos, por si conocía a gente notable del serrallo. Al final, aburridos, lo dejaron pasar.

Durante un rato Jahan cabalgó contemplando el mar a lo lejos, que en esos momentos era del color de la tinta. El viento, rápido y furioso, soplaba sobre los gabletes, partía los árboles jóvenes y agitaba las olas. De pronto empezó a llover a cántaros. «El pequeño día del Juicio Final», así llamaban los lugareños a esas rachas de lluvia torrencial en las que el mundo ensayaba el último diluvio. Pese a los esfuerzos de Jahan por mantenerse bajo los aleros, cuando llegó a la mansión de Davud estaba calado hasta los huesos. Un perro ladró en alguna parte, un hombre gritó algo en un idioma desconocido. Luego llegó el silencio, más bien realzado que sofocado por el ruido constante.

En su visita anterior Jahan no había reparado en lo bien fortificada que estaba la casa: muros altos, puertas de hierro, un seto de arbustos. Recordó las palabras de Davud: «Mis mujeres se quejan. Eres el arquitecto jefe de la corte pero no eres capaz de reparar ni la valla que rodea la casa, me dicen.» Ató el caballo a un poste y se encaminó hacia la valla del jardín trasero buscando alguna sección que necesitara ser reparada. Encontró unas estacas que se habían combado y desmoronado. Las golpeó y dos de ellas cedieron dejando un espacio lo bastante grande para que pasara. El jardín lo recibió con sus embriagadoras fragancias. Se paseó de un lado a otro y decidió que lo mejor era entrar furtivamente en la casa.

Fue más fácil de lo que pensaba. Sabía bien que una casa fortificada solía tener un defecto: el desmesurado orgullo del dueño. Era tal su convicción de que ningún ladrón penetraría las defensas de la propiedad que estas no eran supervisadas con regularidad. Con el tiempo, hasta el muro más alto se desmoronaba y la púa más afilada se embotaba. Entró por una escotilla que por fortuna resultó tener las bisagras algo flojas y se encontró en lo que parecía ser —por el olor— la despensa. Avanzó a lentas y firmes zancadas mientras sus ojos se acostumbraban a la oscuridad. Rodeado de tarros de miel y melaza, barriles de queso de cabra y mantequilla, ristras de hortalizas y fruta seca, y vasijas de grano y nueces, no pudo evitar sonreír al pensar en cómo habría reaccionado Shota ante tanta comida. Recordó la noche en que con el corazón en un puño había entrado en el observatorio real. Entonces todo había sido distinto. Su maestro vivía y prosperaba; Shota también vivía y él era un hombre enamorado.

En un nicho del pasillo había un candil encendido. Jahan la cogió para subir al piso superior. La habitación donde Davud y él habían cenado el día anterior parecía más amplia, como si aumentara de dimensiones después del anochecer. Se acercó a la estantería sin saber qué buscaba, pero confiando en que lo reconocería cuando lo encontrara. No había tenido oportunidad de inspeccionar los pergaminos y era lo que se proponía hacer. Desenrolló uno y lo observó. No encontró nada especial. Pasó menos tiempo con los dos siguientes bocetos: uno de un bazar, otro de un lazareto. De las entrañas de la casa llegó un crujido tan ligero como el batir de alas de una polilla. Se puso rígido. Inmóvil, escuchó. Ni un ruido. Solo la oscuridad y su calma aturdida.

Abrió un rollo de papel y reconoció la caligrafía de su maestro.

> Mi fiel aprendiz Jahan:
>
> Hoy he ido a verte pero no me han permitido pasar. Es la segunda vez que me lo impiden. Órdenes del gran visir, me dicen. Intentaré acceder a nuestro sultán para obtener una autorización especial. Entretanto te envío estas líneas para que sepas que rezo por tu bienestar, hijo mío, y que mientras pases los días dentro de esos muros no hallaré contento.

A Jahan le faltó el aliento. Después de todo, su maestro había ido a verlo. Había acudido a las mazmorras. Había intentado llegar hasta él sin conseguirlo. Al instante le sobrevino otro pensamiento. ¿Por qué no había recibido nunca esa carta? ¿Qué o quién la había retenido todo ese tiempo?

Le temblaron las manos al examinar el siguiente rollo: el plano de los acueductos de Kırkcesme. El lugar donde había ocurrido el tercer accidente grave, en el que habían muerto ocho obreros, entre ellos Salahaddin. Una vez más reconoció la letra de su maestro, los delicados trazos de su pluma de oro. Otra caligrafía, en un tono ligeramente distinto, se superponía a ella. Se parecía a la de las anotaciones que había advertido en el rollo de la mezquita Süleymaniye. Inspeccionó las marcas y resultaron coincidir con los lugares donde habían caído las víctimas.

En el tercer plano, el de la mezquita de Molla Çelebi, Jahan vio un detalle y casi se asfixia. Hasta entonces él se había concentrado en los alrededores de los andamios. Sin embargo, allí las marcas se encontraban en la media cúpula que había sobre el *mihrab*. Una escena acudió a su mente. Recordó cómo Sancha, con el rostro pálido, la voz cantarina y su larga sombra proyectada sobre la hierba, le había contado el episodio de su captura mientras estaban sentados en el recinto de las obras. Recordó que había visto deambular a dos hombres mientras ella hablaba, y la sensación que tuvo de que algo no iba del todo bien. En ese momento Sancha y él los tomaron por dos ladrones que robaban materiales del recinto. Ocurría a menudo. Era interminable la lista de cosas que sustraía la gente, en la mayoría de los casos por pobreza, pero a veces por puro placer.

De pronto Jahan comprendió que aquellos hombres habían ido allí para sabotear el edificio como parte de un complot, y solo esperaban a que Sancha y él se marcharan para actuar. Al quedarse, sin saberlo habían impedido que cumplieran las órdenes que habían recibido. Entonces el accidente ocurrió en el otro extremo de la sala de rezos. Alguien había marcado los planos del maestro Sinan, pero no después de los incidentes, para averiguar la causa, sino antes. Consternado, Jahan dejó caer el pergamino. Se arrodilló para recogerlo del suelo, maldiciendo su torpeza. Seguía encorvado cuando tres pares de pies entraron en la habitación.

Ante él estaba Davud con camisa de dormir y flanqueado por dos criados.

—¡Mirad qué nos ha traído la noche! ¡Pensaba que era un ladrón, pero es un amigo!

Jahan se irguió despacio. No intentaría negarlo.

—¿Qué estabas mirando?

—La mezquita de Molla Çelebi —respondió Jahan, y la frente se le perló de sudor.

—No es una de las mejores, pero sin duda sí la más hermosa —observó Davud con una sonrisa que enseguida desapareció. Cuando volvió a hablar, su voz sonó ronca y dura—. Debería haber destruido esos planos hace mucho, pero no fui capaz. Me recordaban los viejos tiempos, la época dorada. Ahora comprendo que fue un error. Ya ves lo que me ha costado mi debilidad.

Involuntariamente, Jahan miró de reojo a los hombres que estaban detrás de él, con ojos centelleantes a la luz de las velas que sostenían. Se le hizo un nudo en el estómago al reconocer a uno de ellos: el sordomudo que le había hecho subir al carruaje del comandante de los eunucos blancos el día anterior. De pronto le pareció otra vida.

—¿Por qué has regresado? ¿No te he dado un caballo veloz y un refugio seguro?

Jahan respondió con aspereza.

—Así es. Supongo que para quitarme de en medio.

—No seas desagradecido. Solo Shaitan carece de gratitud.

—Lo que no comprendo es por qué insististe en nombrarme capataz. ¿Por qué esa farsa?

—Porque quería que lo fueras. Pongo a Alá por testigo. Al principio pensé que podríamos trabajar juntos. Pero tú lo estropeaste todo haciendo preguntas sobre el testamento del maestro. ¿Por qué no aceptaste las cosas tal como eran? —Davud miró más allá, hacia la ventana; la lluvia repiqueteaba sin cesar en los cristales—. Siempre has sido así —musitó con tono cansino, casi decepcionado—. Demasiado curioso para tu propio bien.

—El comandante de los eunucos blancos y tú sois cómplices.

—Cómplices —repitió Davud—. Qué palabra más desagradable.

—¿Cómo lo llamarías tú?

Pasando por alto la pregunta, Davud continuó:

—Le dije que no me parecía una buena idea que te llevara a esa casa pecaminosa. Pero no quiso hacerme caso. Creía que podría sobornarte con rameras y hachís. —Se quedó mirando a Jahan como si buscara consuelo—. Si me hubiera dejado manejarlo a mí, nada de esto habría ocurrido.

—El maestro siempre andaba preocupado porque perdía planos. Pero no los perdía. Se los robabas tú. Y los accidentes… los planeaste tú. El hermano de Salahaddin. Ese muchacho trabajaba para ti. Nunca entendió que fuiste tú quien mató a su hermano. ¿A cuántos más has engañado? ¿Cómo pudiste?

Hubo un breve silencio hasta que Davud se volvió hacia sus criados.

—Esperad fuera.

Si los dos hombres eran sordomudos, como a Jahan le constaba que eran, debían de estar muy bien entrenados para leerle los labios, porque se marcharon de inmediato. Davud y Jahan se quedaron solos. La habitación parecía más fría y estaba más oscura, pues los criados se habían llevado las velas consigo. La única tímida luz provenía del pequeño candil que Jahan había cogido en la planta de abajo.

—Fuiste tú desde el principio —continuó Jahan con la boca seca—. Cuando restaurábamos Santa Sofía, tú hablaste con los lugareños y todo fue de mal en peor. ¿Qué les dijiste?

—La verdad —respondió Davud, escupiendo las palabras como un fuego escupe ascuas—. Les dije que íbamos a echarlos a patadas de sus casas para que el sultán y sus títeres disfrutaran contemplando un templo infiel. —Guardó silencio unos momentos, como si le invadieran los recuerdos—. Nikola y tú erais muy ingenuos. Yo soborné a esos niños. Les pagué para que os llevaran a rastras a su casucha, y os enseñaran a su padre enfermo y a los gatitos... Sabía que aquello os conmovería.

—Sabías que nos irritaríamos con el maestro —replicó Jahan—. Lo traicionaste.

Davud le lanzó una mirada que casi producía lástima.

—Eso no es verdad.

—Has hecho todo lo posible para perjudicarle... ¿acaso eso no es traición?

—No —respondió Davud con calma—. No lo es.

—En Roma vimos un cuadro de un discípulo que se había vuelto traidor —continuó Jahan, intentando que no le temblara la voz—. ¿No te viste reflejado en él?

—Recuerdo el cuadro. Pero yo no era un discípulo y el maestro no era Jesús.

—Ese hombre, Tommaso..., el italiano... ¿quería realmente los planos del maestro o fue solo un truco tuyo?

—Tommaso, sí. Un hombre avaricioso, pero demasiado insignificante. Lo utilicé durante un tiempo. Después ya no me hizo falta.

Hasta ese momento Jahan había visto en el rostro de Davud una mezcla de emociones: rabia, dolor, resentimiento. Lo único que no había percibido era pesar.

—¿Sientes remordimientos?

—¿Remordimientos por qué? Te obstinas en creer que soy poco honrado. El secuaz de Shaitan... —La voz de Davud se debilitó, luego se alzó de nuevo—. Es cierto que mentí a nuestro maestro. Le hice creer que tenía familiares en el pueblo. Les escribía cartas y les mandaba regalos. Todo era una farsa.

—No lo entiendo.

Davud soltó una carcajada triste.

—En el pueblo no me quedaba ningún pariente. Los mataron a todos. Por orden de nuestro gran sultán.

—¿Cuál?

—¿Acaso importa? —replicó Davud con un gesto de impaciencia—. ¿No son todos iguales? ¿Suleimán? ¿Selim? ¿Murad? El padre, el hijo, el nieto. ¿Acaso no siguen haciendo lo que hicieron sus antepasados?

—Me entristece saber lo que le ocurrió a tu familia.

—Fue el sultán Suleimán. Ese año tuvimos mala cosecha, para variar, y no pudimos pagar el tributo. No éramos shiíes, pero nos dijeron que al llegar el invierno debíamos coger nuestras pertenencias y acudir al sah de Persia. Era mejor estar allí que aquí. Nuestros poetas recitaron, nuestras mujeres cantaron. Vuestro sultán quiso darnos una lección. Y así lo hizo. Yo tenía diez años.

Fuera, el aguacero dio paso a una llovizna. Jahan oyó un barco pesquero deslizarse cerca de ellos.

—Decapitaron a unos cuantos y los dejaron clavados en las picas durante tres días. Se rebelaron más personas, y sus cuerpos colgaron al viento durante una semana. Todavía los veo en sueños. Al final se rebelaron todos. Ellos regresaron y esta vez arrasaron el pueblo.

—¿Cómo sobreviviste?

—Mi madre me metió de un empujón en la despensa y cerró la puerta. Esperé. Tenía más hambre que miedo. Qué niño más estúpido. Cuando salí era de noche. Vi la luna brillar sobre los cadáveres. Mis hermanos, mis tíos, mi madre…

Jahan tardó un rato en hablar.

—¿Por qué no se lo dijiste al maestro Sinan? Te habría ayudado.

—¿De veras? —Davud lo miró con desdén—. ¿Resucitaba a los muertos? ¿Como Jesús?

—El maestro te quería como a un hijo.

—Yo le quería como a un padre. Un padre equivocado. Un gran arquitecto pero cobarde. Nunca pronunció una palabra contra la crueldad. O contra la injusticia. ¡Ni siquiera cuando estuviste pudriéndote en la mazmorra movió un dedo!

—¡Por Dios! ¿Qué podría haber hecho él? No estaba en su mano intervenir.

—Podría haberle dicho al sultán: Suelta a mi aprendiz, mi señor, o no seguiré construyendo para ti.

—¿Has perdido el juicio? Lo habrían ejecutado.

—Habría sido un final decente —replicó Davud—. En cambio te escribió cartas patéticas.

—¿Tú lo sabías? —A Jahan se le demudó el semblante mientras lo asimilaba—. Te confió a ti las cartas. Y le dijiste que habías conseguido hacérmelas llegar en la mazmorra, pero nunca lo hiciste. Querías que me enfadara con el maestro.

Davud se encogió de hombros, como si el comentario careciera de importancia.

—Lo único que él quería era construir. Un proyecto tras otro. Pero ¿quiénes rezarían en esas mezquitas? ¿Estarían enfermos o hambrientos? Eso era lo de menos. Trabajar, año tras año. No le importaba nada más.

—¡Eso no es cierto!

—Cada una de las colosales mezquitas que construimos se levantó con el botín de otra guerra o de otra conquista. Al dirigirse al campo de batalla el ejército arrasaba pueblos, mataba a más de mi gente. Nuestro maestro nunca se interesó por esos problemas. Se negaba a ver que, sin provocar derramamiento de sangre en otra parte, no habría dinero, y sin dinero no se construirían más obras en la capital.

—¡Basta!

Davud bajó la voz y habló con cautela, como si se dirigiera a un muchacho irascible.

—Tú vienes de otro país. No puedes comprenderlo.

A Jahan se le hundieron los hombros.

—Tú no eres el único que inventa historias. Soy huérfano y nunca he visto el Indostán. Jamás besé la mano del sah. Era mentira.

Davud lo estudió.

—¿Lo sabía el maestro?

—Creo que sí. Me protegió.

—¿Y el elefante?

—Fue cosa del destino. Dios nos unió.

—Entonces tenemos algo en común. Aun así, tú no eres como yo —estalló Davud—. He aprendido que hay dos clases de hombres: los que quieren la felicidad y los que buscan la justicia. Tú anhelas una vida dichosa y yo *adalet.* Nunca nos pondremos de acuerdo.

Jahan se dirigió a la puerta a grandes zancadas.

—¿Adónde crees que vas? —le gritó Davud.

—No quiero estar cerca de ti.

—Necio. No puedo dejarte marchar.

Hasta ese momento a Jahan no se le había ocurrido que podían hacerle daño.

—Ahora sabes demasiado —añadió Davud, como para ayudarle a comprenderlo.

Jahan abrió la puerta. Los dos criados estaban allí fuera, obstruyendo el paso. Lo metieron de nuevo en la habitación de un empujón.

—Di a tus perros que me dejen tranquilo.

—Es una lástima que tenga que ser así —dijo Davud mientras salía de la habitación—. Adiós, indio.

Jahan se quedó tan perplejo que tardó un momento en reaccionar. Empezó a gritar a voz en cuello, seguro de que los que vivían en la casa lo oirían y acudirían a ver qué pasaba. Sus hijos, sus esposas, sus concubinas.

—¡Socorro! ¡Que alguien me ayude!

Uno de los hombres lo empujó con tanta fuerza que cayó al suelo. Jahan intentó rezar, pero las palabras no acudían a sus labios. Respiró hondo, preparándose para el estrangulamiento que sin duda seguiría. No llegó. Fuera, un pájaro se puso a cantar. Rompía el alba.

Lo golpearon en la nuca con un objeto contundente y pesado. El suelo se inclinó bajo sus pies. El canto del pájaro fue el último sonido que oyó antes de que todo oscureciera.

Enrollado a la cabeza tenía un paño rígido y pesado como el brocado que lo ahogaba y le impedía ver. Quería quitárselo pero tenía las manos y los pies atados. A través de una abertura en la tela vislumbró su entorno, totalmente borroso, y poco a poco comprendió que no tenía nada sobre el rostro. Eran sus ojos los que no veían. Tenía uno cerrado y no podía parpadear a causa de la hinchazón. El otro, medio abierto, pestañeaba en solitario pánico intentando averiguar dónde estaba.

Notó el sabor de la sangre en la boca. Debía de haberse mordido la lengua durante la pelea. Porque recordaba que había habido una pelea. Su cuerpo lo recordaba: el entumecimiento en las extremidades, el dolor en los nudillos, el martilleo que todavía le perforaba el cráneo y, aún peor, la punzada que le atravesaba el pie derecho. Le escocía la mejilla, aunque no descubriría la razón hasta más tarde. Recordó que Davud había salido de la habitación dejándolo a merced de sus guardias, y todo se había detenido. De pronto se dio cuenta de que estaba en un carruaje que avanzaba a toda velocidad. Los sordomudos, sentados uno a cada lado, no habían contado con que volviera en sí tan pronto y empezaron a golpearlo de nuevo. Jahan se resistió. En plena refriega abrió la portezuela y bajó de un salto del carruaje en marcha. Cayó rodando en una zanja y se torció un pie. En ese estado lo encontraron los sordomudos. Luego todo se volvió negro de nuevo.

Le dolió el pecho al inhalar una bocanada de aire amargo y viciado. Tocó con las yemas de los dedos la superficie dura y confirmaron sus sospechas: yacía sobre el suelo de tierra de alguna casucha. A lo lejos se oía un susurro persistente que le pareció extrañamente tranquilizador. Debió de perder el conocimiento, pero no sabía durante cuánto tiempo. Cuando volvió en sí hacía tanto frío que le castañeteaban los dientes. O se le había cerrado el otro ojo o bien había anochecido.

La primera vez que ensució el *shalwar* fue peor la vergüenza que el hedor. Luego ya nada de eso importaba. Durante un rato fue capaz de sobrellevar el hambre. Lo peor era la sed. La sed se hincaba poco a poco en la carne como un hacha en un leño y se abría paso hasta las venas. Jahan no paraba de relamerse como si le hubieran servido alguna exquisitez. Eso le hacía reír. Temió perder el juicio.

Más tarde reconoció el susurro incesante que se oía de fondo: era el mar. Un descubrimiento tranquilizador y aterrador en igual medida. Tranquilizador porque siempre había amado el océano. Además, probablemente no estaba lejos de Estambul. Aterrador porque le traía a la mente historias de concubinas que habían servido de alimento a los peces. Gritó una y otra vez pidiendo ayuda. No acudió nadie. Si Shota estuviera allí le contaría lo extraño que resultaba morir solo y sin que nadie te oyera en una ciudad tan abarrotada y estrepitosa.

Mientras entraba y salía del estado de sopor, el tiempo se alargaba interminablemente. Entre estallidos de dolor dormitó y se despertó sobresaltado como si su alma se negara a admitir la derrota. Una cólera que no sabía de dónde salía se apoderó de su alma. Él, el aprendiz del gran Sinan, no había ascendido tanto para caer tan bajo. Aun enemistados como estaban, no podía creer ni por un momento que Davud lo dejara morir de ese modo. Y sin embargo Davud no llegaba. Tampoco sus subordinados. Jahan no sabía si era de día o de noche. O cuánto tiempo había transcurrido desde que lo habían llevado hasta allí. ¿Cuántos días podía sobrevivir un ser humano sin agua?, se preguntó. Había leído que los elefantes podían aguantar cuatro. No tenía ni idea de si a él le iría mejor.

Soñó con Mihrimah riéndose bajo una parra con catorce años de nuevo. Su cuerpo no había sido tocado por otras manos, su rostro no había sido arruinado por la ira y su alma no se había visto corrompida por la ambición. Así era cuando él la conoció, una niña feliz.

—Ven —le susurraba ella tendiéndole una mano.

Jahan intentaba desplazarse hacia el jardín donde ella lo esperaba. Pero por el camino algo lo distraía. Un ruido que llegaba del otro extremo. Pasos. Pero no junto a la puerta. Alguien intentaba entrar. Se oyó un ruido fuerte y agudo: una herramienta perforando madera. Debían de haber abierto la ventana porque entró una corriente de aire frío.

—Vía libre —gritó una voz—. ¡Adelante!

Algo pesado cayó al suelo con ruido sordo. Un hombre. Siguió otro. Los dos intrusos caminaron de puntillas alrededor de Jahan, ajenos a su presencia. La lámpara de aceite que llevaban solo iluminaba un pequeño pedazo de suelo.

—Busca el arcón ese. Debe de estar allí.

—Puaj, ¿qué es ese olor?

—Diría que una rata muerta.

—¿Estás seguro de que hay un tesoro en este agujero?

—¿Cuántas veces tengo que decírtelo? Esos dos gorilas llevaban algo grande. Lo vi con mis propios ojos.

—¿Sobrios o borrachos?

—Sé lo que digo. Aquí se esconde un secreto.

¡Ladrones! Jahan se estremeció. Podrían despedazarlo. Aun así, no tenía nada que perder. De todos modos estaba muriéndose. De sus labios brotó un gruñido seco.

—¿Qué ha sido eso?

—¿Qué ha sido qué?

A Jahan le raspaba la garganta al respirar.

—¿Quién anda allí? —gritó uno de los hombres, con una voz impregnada de temor.

Si Jahan no decía nada emprenderían la retirada con prisas, dejándolo en manos de un *gulyabani*, un espíritu maligno.

—Socorro —suplicó.

No tardaron en encontrarlo entre las cajas y los arcones. Rindiéndose a su destino, Jahan se sumió en el aturdimiento, pero volvió en sí temblando. Uno de los hombres lo sujetaba por los hombros y lo sacudía como unas ramas de morera.

—¿Qué estás haciendo? Este pobre hombre ha recibido una buena paliza.

—Intento despertarlo.

—Buen trabajo. ¡Ahora está totalmente fuera de combate!

—Despiértalo tú entonces.

—Ve a buscar agua.

Le arrojaron un cubo de agua de mar sobre la cabeza. La sal le produjo escozor en los cortes y los rasguños, y lo caló hasta los huesos. Gimió de dolor.

Entonces se oyó otra voz, ronca y extrañamente familiar.

—Eh, ¿qué está pasando aquí?

—Hemos encontrado a este tipo, jefe. Parece que le han dado una paliza.

Los pasos se acercaron.

—¡Este hombre se está muriendo de sed, imbéciles! Lo han apaleado como a una vieja alfombra ¿y qué hacéis vosotros? ¡Le echáis agua salada en las heridas! ¡Apartaos! ¡Alejaos de él, carniceros!

Jahan oyó el ruido de una vasija al abrirse. El hombre empapó un pañuelo en agua dulce y se lo llevó a los labios.

—Más —suplicó Jahan mientras intentaba sorber la tela.

—Eh, hermano, no tan deprisa. Tómatelo con calma.

Empezaron a lavarle la cara, intrigados por ver el alma desventurada que había debajo de la gruesa capa de sangre, barro y mugre. Jahan quería decir algo, pero cada palabra, cada jadeo, le suponía un esfuerzo demasiado agotador. Bajó la cabeza.

—¡Dios Todopoderoso, acercad la lámpara! —gritó la misma voz—. ¡Que el cielo caiga sobre nuestras cabezas si este no es Jahan! ¡Este hombre tiene muy pocos sesos! ¡Un caracol es más prudente que él! ¡Lo encontré congelándose en el agua, luego en una mazmorra y ahora entre escombros! ¡Siempre en apuros!

—¿Ba...laban? —tartamudeó Jahan.

—El mismo, hermano.

Jahan se echó a reír con las carcajadas de un loco.

—Ha perdido el juicio, jefe —dijo uno de los gitanos.

—Pobre tipo —dijo el otro.

Balaban meneó la cabeza y respondió con ternura:

—Bah, nuestro hermano tiene la fuerza de un elefante. Se pondrá bien.

Desataron a Jahan y lo ayudaron a ponerse de pie, aunque no podía andar. El pie derecho era un amasijo de carne morada tan hinchada que había doblado su tamaño. Lo sujetaron entre los dos hombres, uno por cada axila. En cuanto salieron, el viento le cortó la piel como fragmentos de vidrio. No le importó. El suplicio había terminado. Una vez más, justo cuando estaba a punto de hundirse, listo para cruzar al otro lado, la mano de un gitano lo había salvado y levantado.

La esposa de Balaban tomó a Jahan bajo sus cuidados, y le aplicó un cataplasma en las heridas y excrementos de paloma sobre los cortes. Por la mañana y por la tarde le obligó a ingerir un brebaje que era del color del óxido y no sabía mejor. Señaló que el corte de la mejilla, que le sangraba cada vez que movía un músculo, necesitaba unos puntos. Ella misma se encargó de dárselos, y los dedos no le temblaron ni una sola vez, aunque él daba patadas y gritaba de dolor. Cuando terminó, ella le aseguró que en adelante tendría muchas amantes, pues a las mujeres les fascinaban los hombres con cicatrices del campo de batalla.

—Yo no he combatido en ninguna batalla —protestó Jahan débilmente.

—¿Quién va a saberlo? Caerán a tus pies como ciruelas maduras. Acuérdate de lo que te digo —le dijo escupiendo en la palma de la mano y estampándola en la pared—. Pero tu pie tiene mal aspecto. He llamado al remendador.

—¿A quién?

—Ya lo verás —respondió ella misteriosamente—. Cuando termine te sentirás tan bien como cuando el Todopoderoso te creó.

Achaparrado y flaco como un junco, vestido con harapos y con una cuchara de madera colgada del cuello, el hombre que se le presentó aquella misma tarde no le pareció a Jahan particularmente extraordinario. Qué equivocado estaba. Echándole un rápido vistazo al pie, el remendador declaró que no estaba roto sino muy dislocado. Antes de que Jahan tuviera ocasión de preguntar qué significaba aquello, le había introducido la cuchara en la boca y, sosteniéndole el pie con el cuenco de la mano, se lo retorció. El grito de Jahan fue tan fuerte que asustó a las palomas del patio de la mezquita Süleymaniye. Más tarde el remendador le enseñaría las marcas de los dientes en la cuchara. Al parecer, las suyas no eran las únicas.

—¿Todas por huesos rotos? —le preguntó Jahan cuando recuperó el habla.

—También las hay de mujeres dando a luz. Muerden aún más fuerte. Debes vigilar tu orina.

El remendador le comentó que había seis tonos de amarillo, cuatro de rojo, tres de verde y dos de negro. Un remendador no perdía tiempo examinando al paciente; inspeccionaba la orina para averiguar qué le ocurría. Siguiendo sus instrucciones, Jahan orinó en una vasija y observó cómo el hombre revolvía, olfateaba y tragaba el líquido.

—No hay hemorragia en los órganos —dictaminó—. Un principio de hidropesía. Propensión a la melancolía. Por lo demás, está bien por dentro.

Así cosido, curado, lavado, alimentado y arropado en un lecho, Jahan durmió dos días seguidos. La tercera tarde, al abrir los ojos, vio a Balaban sentado junto a su cama, tejiendo una cesta mientras esperaba que volviera en sí.

—Bienvenido al reino de los vivos. Me pregunto de dónde te rescataré la próxima vez.

Jahan se rió, aunque le dolía el rostro debido a los puntos.

—¿Qué tal está el elefante?

—Shota murió.

—Lo siento, hermano. Qué pena.

Ambos se quedaron pensativos. Jahan fue el primero en romper el silencio.

—¿Van al cielo los animales? Los imanes creen que no.

—¿Qué sabrán ellos de animales? Los granjeros creen que sí. Y los gitanos también. Pero los imanes, no. —Balaban guardó silencio unos instantes—. No te preocupes. Cuando vaya al cielo tendré unas palabras con Dios. Si me dice que no hay espacio para las criaturas, le rogaré que haga una excepción con Shota.

A Jahan se le iluminaron los ojos.

—Robas. Bebes. Juegas. Sobornas. ¿Crees que aun así irás al Paraíso?

—Bueno, hermano… Miro a los santurrones y me digo: Si estos tipos van, seguro que yo también, porque ellos no son mejores que yo. Así es como mido mis pecados. —Balaban se sirvió más vino—. Es una lástima que no pueda conocer a su padre.

—¿Quién?

—El hijo de la elefanta.

—¿Shota tiene un hijo?

—*Tatcho!*, verdadero. ¿Crees que no dieron fruto tantos esfuerzos? La pobre Gulbahar estuvo embarazada durante siglos. ¿Lo sabías?

—Sí —dijo Jahan haciendo un gesto de asentimiento—. Los embarazos son largos.

—¿Largos? ¡Pareció una eternidad!

—¿Qué nombre le pusiste?

—¿Recuerdas que me contaste que el universo estaba sostenido por cuatro elefantes? Si uno se movía, había terremotos, dijiste. —Balaban bebió un sorbo—. Lo llamé Panj, que significa cinco. Por si acaso hace falta uno en el centro, ya sabes.

A Jahan se le hizo un nudo en la garganta.

—¿Quieres ver a tu nieto?

—¡Ya lo creo!

Colocaron a Jahan en una camilla tirada por un caballo y lo llevaron al cobertizo. Allí estaba el hijo de Shota, gris como un nubarrón de tormenta, agitando la trompa. Jahan pidió que acercaran más la litera para poder tocar al animal. Bajo la mirada vigilante de la madre, acarició la trompa del hijo y le ofreció una nuez, que él aceptó encantado. Olisqueando, Panj buscó más; listo, receloso, ágil. Jahan lo miró con los ojos anegados en lágrimas. Por un instante tuvo la impresión de estar viendo a Shota. Había algo de él en esa criatura que nunca había conocido a su padre y que sin embargo se le parecía tanto, excepto en el color.

Salieron del cobertizo, el caballo tiraba lánguidamente de la camilla. Al cruzar el patio, Jahan reconoció en la brisa una fragancia que envió una señal a una parte oscura de su cerebro.

—¡Parad! —gritó.

Corrieron a su lado, temiendo que se hubiera hecho daño.

—¿De dónde viene ese olor? —preguntó Jahan.

—Relájate —replicó Balaban—. Por aquí no hay nada que huela mal.

Uno de los muchachos sonrió.

—Sé a qué se refiere. *Daki dey* está quemando hierbas.

—Ve a buscarla —le ordenó Balaban.

Al cabo de un rato regresó con una mujer de andar erguido y mostacho oscuro.

—El jefe dice que quería verme.

— ¿Qué es eso que ardía? —le preguntó Jahan.

El rostro de la mujer reflejó indignación.

—Se llama *mullein.* La arrojamos al fuego todos los lunes por la mañana y cuando hay luna llena. El humo ahuyenta los espíritus malignos. Si tiene enemigos, será mejor que hierva esa hierba en agua y se bañe en ella. ¿Quiere que le traiga un brazado?

—Dígame… ¿quiénes más la utilizan? Aparte de los gitanos, quiero decir.

Ella reflexionó unos instantes.

—Las personas con problemas respiratorios. Las llevan a todas partes.

—Los asmáticos… —murmuró Jahan, consternado.

Cerró los ojos y el suelo tembló bajo sus pies.

Aquella noche, cuando todos estaban sentados alrededor de un fuego de turba, la mujer de Balaban arrojó sal a las llamas. Las brasas estallaron en chispas de oro.

—Pronto me pondré en camino —anunció Jahan, con los ojos clavados en el espectáculo de las llamas.

Balaban hizo un gesto de asentimiento, pues estaba esperando que lo dijera.

—¿Cuándo?

—Tengo que visitar a una persona y luego habré hecho todo lo que tenía que hacer en esta ciudad.

Davud no estaba muy desencaminado al decir que Jahan no era un hombre vengativo. Pero se equivocó en algo. No era solo la felicidad lo que Jahan buscaba en la vida. También anhelaba la verdad.

Ella bajó la vista hacia el agua de la jofaina de plata. En la superficie se habían formado ondas y el fondo se había vuelto negro. Frunció el entrecejo, pues no le gustaba lo que veía. Un sonido semejante a un silbido hendía el aire cada vez que aspiraba. Su estado había empeorado con los años. Puso una mano arrugada y cubierta de venas sobre la cabeza de la gata.

—¿Ves lo que está tramando? Tal vez no sea tonto, después de todo.

Miró por la ventana, que dejaba entrar una corriente de aire. ¿Cuántas veces había pedido a la sirvienta que la mantuviera cerrada? Pero esa muchacha necia la abría a la primera oportunidad con el pretexto de que el ambiente era sofocante e irrespirable. Lo hacía para ventilar, por supuesto. Ella sabía que eran sus ventosidades y su sudor lo que viciaba el aire. Desprendía un hedor semejante al de un libro antiguo que, por muchas veces que se sacuda, sigue oliendo a polvo. La criada la temía, temía a la «bruja», pues así era como todos la llamaban a sus espaldas.

Vestía una prenda de seda tal vez demasiado brillante y demasiado ornamentada para sus años. Le traía sin cuidado. La suave tela no aliviaba el dolor de sus articulaciones ni de sus hombros encorvados. Su cuerpo era un cementerio de recuerdos. Y cada día que pasaba, tan borroso como una sombra danzando en la pared. Había dejado de discutir con Dios. Ya no le preguntaba por qué a ella le había dejado vivir y se había llevado a todos los demás, tan temprano, tan rápido. Sobrellevaba la edad como una maldición que se enorgullecía de estar padeciendo. Ciento veintiún años. Esa era la edad que tenía. Su cabello ya no era rojo y ondulado, pero sí más abundante que en muchas de las trenzas de las doncellas. Su voz era fuerte, inquebrantable. La voz de la mujer joven que seguía viviendo dentro de ella.

Se apartó de la jofaina como si temiera que el hombre del fondo la observara, del mismo modo que ella había estado todos esos años observándolo a él. Abrió la bolsa que tenía en la mesa, esparció las hierbas en la palma de la mano y hundió en ellas la nariz. Cuando el estertor del pecho se calmó un poco, murmuró:

—Ese indio nos ha descubierto. Viene a buscarnos.

Todos la conocían como la Morada de las Desfavorecidas. Una gigantesca mansión medio oculta por esbeltos pinos y altos muros. Allí era donde enviaban a las concubinas que ya no despertaban el interés del sultán, nunca lo habían despertado o nunca lo despertarían. A las celosas o en extremo ambiciosas que se habían visto envueltas en las intrigas más oscuras también se las podía encontrar bajo ese techo, después de haber perdido la oportunidad de ascender en el palacio. Allí acababan asimismo las sirvientas y las odaliscas del harén que eran demasiado ancianas o estaban demasiado enfermas para seguir trabajando. Como consecuencia, en ella vivía un grupo variopinto de mujeres jóvenes y viejas, hermosas y poco agraciadas, sanas y achacosas.

Un lugar sin alegría, bajo su techo raramente resonaban carcajadas, y solo de vez en cuando pisaban las alfombras unos pies danzantes. La amargura rezumaba de las chimeneas como el humo de un plato recién hecho. Las pocas canciones que se entonaban eran tan tristes que no quedaba un solo pañuelo seco. Las moradoras no reflexionaban sobre el futuro, puesto que no había futuro sobre el que reflexionar. Tampoco presente. Solo pasado. Volvían la mirada a los viejos tiempos y lamentaban los errores cometidos, las oportunidades perdidas, los senderos no tomados, la juventud malgastada. Las noches de invierno, cuando hacía tanto frío que las plegarias se congelaban en el aire y no llegaban nunca a oídos de Dios, muchas sentían que el corazón se les helaba como la sólida tierra del exterior, por muchas piedras que hirvieran e introdujeran en sus lechos.

Algunas de ellas se habían resignado a ser las mujeres en las que se habían convertido, pero la mayoría se habían vuelto amargadas. Muchas eran piadosas, pues habían dedicado el resto de su existencia al Todopoderoso. Pero, ser piadoso no significa haber hallado paz y pocas la habían encontrado. Aunque todas y cada una de ellas, cuando se les preguntaba, afirmaban creer que tanto lo bueno como lo malo estaba en Sus manos, se jactaban de sus logros y acusaban a los demás de sus infortunios. El contraste entre el harén imperial y su inhóspito reverso era abrumador. Estricto y estable en sus códigos y normas, el del harén era aun así un mundo versátil, fluido y caprichoso. Sus habitantes tenían múltiples deseos y aspiraciones. Por las noches se entregaban a infinidad de sueños. En la Morada de las Desfavorecidas, en cambio, lo primero que se marchitaba eran los sueños, y a continuación, poco a poco, las soñadoras.

En esa mansión Hesna Jatun había vivido los últimos quince años, aunque asustaba tanto a las demás mujeres que la confinaron en una casa de campo de tres habitaciones situada al fondo del segundo jardín. A ella no le importó. Si lo deseaba, todavía podía ir a la mansión que le había dejado la princesa Mihrimah, pero su inmensidad y su vacuidad la abrumaban. Estaba mejor allí, por humilde que fuera. Además, allí no tenía que ver todos los días el patio con sus rosas y sus flores, cuyos aromas fragantes le oprimían el pecho, y la hacían resollar y toser. Su asma había empeorado. Aun así nunca pedía ayuda a nadie. Todos eran muy libres de aborrecerla, temerla o rehuirla, pero ella jamás permitiría que alguien la compadeciera.

—Que se vayan al infierno —dijo arrastrando las palabras, sin darse cuenta de que lo había dicho en voz alta.

Últimamente le ocurría a menudo. Se descubría a sí misma diciendo cosas que tenía en la cabeza y que habrían estado mejor quedándose allí.

Caminando con pasos pesados, extendió las manos hacia la chimenea. Siempre tenía frío. Tanto en primavera como en invierno mantenía el fuego encendido. Cuando hubo entrado en calor cogió un cepillo y se volvió hacia la gata del alféizar.

—Te pondremos guapa.

Cogió la gata en brazos y la dejó en el sofá para cepillarla. El animal permaneció inmóvil, con expresión aburrida en los ojos.

Llamaron a la puerta. Apareció un niño esclavo que apenas tendría siete años.

—Ha venido un mensajero, *nine*, anciana —dijo con voz entrecortada—. Trae una carta urgente.

—Dile a ese embustero, sea quien sea, que ya no hay nada urgente para mí. Despídelo.

El chico bajó la vista a sus pies, demasiado asustado para sostenerle la mirada.

—¿Qué haces ahí parado, chico ignorante?

—El hombre dice que le informe de que el mensaje es de la princesa Mihrimah, si se niega a recibirlo.

Al oír ese nombre Hesna Jatun se estremeció y perdió el color de las mejillas. Poco dada a ceder ante las amenazas, recobró la calma.

—¿Cuánto te ha pagado? ¿No tienes vergüenza?

El chico dejó escapar un gemido, listo para echarse a llorar si ella volvía a reprenderlo.

—¿De qué sirve gritarte a ti? Ve a buscar a ese sinvergüenza. Yo misma lo desollaré vivo.

Exceptuando los eunucos y los niños, los varones tenían vetada la entrada en la Morada de las Desfavorecidas. Más aún los desconocidos. Aun así la niñera seguía sus propias reglas. Al fin y al cabo, tenía sus ventajas inspirar temor como *zhadi*.

En un instante apareció Jahan seguido del niño, que cerró la puerta y se quedó fuera, sin atreverse a entrar.

—De modo que eras tú —dijo Hesna Jatun, la voz le brotó en un gruñido seco y gangoso.

Se miraron con una antipatía que ninguno de los dos se molestó en ocultar. Él reparó en lo anciana y flaca que estaba ella. No cabía una arruga más en su rostro; tenía la espalda encorvada y se le habían agrandado las orejas. Por debajo del pañuelo asomaba un mechón de cabello plateado, teñido con henna en las puntas. Aun irreconocible como estaba, tenía la misma mirada dura y calculadora de siempre.

—¿Cómo te atreves a pronunciar su nombre? —replicó sin aliento—. Debería ordenar que te fustiguen.

—No tenía otra opción. De otro modo no me habría recibido, *dada*.

Ella retrocedió al oír el nombre por el que la había llamado exclusivamente Mihrimah. Abrió y cerró la boca en un silencio furioso.

Jahan observaba cada uno de sus movimientos, sabiendo el efecto que esa palabra tendría en ella. No se inclinó ni le besó la mano, se mantuvo derecho y erguido. Su insolencia no pasó inadvertida a la niñera.

—¿A qué debo tu visita... y la falta de modales?

Él dio un paso hacia ella, solo entonces vio enroscado en su regazo la gata blanca como la nieve. Con cuidado, sacó la horquilla que había robado años atrás y la dejó encima de una mesa, bien a la vista.

—Quería devolverle esto. Le pertenece.

—Muy generoso de tu parte. Pero a mi edad no se necesitan horquillas —replicó ella con mordacidad—. ¿Eso es lo que te ha traído aquí?

—He venido a decirle que me voy para siempre.

—Hasta nunca entonces —repuso ella con una sonrisa condescendiente.

—Pero entre nosotros hay un asunto que quisiera zanjar antes de irme.

—¿Entre tú y yo? No lo creo.

Dolido por su sorna, Jahan cerró los ojos un instante y se dirigió a la oscuridad que veía dentro de sus párpados.

—Usted era más que una niñera. Usted cuidó a Mihrimah desde el día en que nació. Ella la adoraba y le contaba todos sus secretos.

—Yo la crié. La sultana Hurrem, que Dios perdone su alma corrompida, no tenía tiempo para sus hijos. Al menos no lo tenía para su hija. Hasta que esta alcanzó la edad para casarse. Entones quiso convertirla en una cómplice inocente de sus juegos. —Hesna Jatun guardó silencio unos instantes, sin resuello—. ¿Sabías que yo también fui su ama de cría? Mihrimah creció con mi leche. —Se llevó las manos a sus pechos planos con orgullo.

Jahan no dijo nada; sintió la irrupción de un dolor que conocía demasiado bien.

—Cuando Mihrimah ardía con fiebre, era yo, y no su madre, quien la velaba junto a su lecho. Cuando se caía, yo le lavaba las rodillas. Yo le secaba las lágrimas. Cuando tuvo su primera menstruación, corrió a mi encuentro. La pobrecilla pensó que se moría. Normalmente damos una bofetada a una muchacha en ese estado. No puedes hacer eso con una princesa. De modo que la estreché entre mis brazos. «No vais a morir, vuestra Alteza. Ahora sois una mujer.»

Alargando una huesuda mano acarició a la gata que tenía en el regazo.

—¿Qué hizo la sultana, aparte de utilizar a sus hijos para escribir cartas al sultán? «Volved de la guerra, mi león, regresad a mis brazos. Vuestra ausencia ha encendido en mi corazón un fuego que no se apaga. Vuestros hijos están desolados. Vuestra hija Mihrimah solloza.» Siempre garabateando bobadas.

—¿Cómo sabe qué escribía ella en sus cartas?

Profirió una carcajada estridente y gangosa.

—En el harén no hay secretos —respondió Hesna Jatun—. La sultana era una esposa astuta pero una madre despreocupada. Mimó a sus hijos y se olvidó de su hija.

Asaltado por el recuerdo de una tarde, Jahan frunció el entrecejo. Recordó a Mihrimah confiándole lo sola que se sentía y lo sorprendido que se quedó al averiguar que una mujer que lo tenía todo podía sentirse de ese modo.

—De niña la princesa tuvo los mejores tutores. Su padre quería que fuera culta. Usted solía asistir a las clases con ella. Mihrimah le tenía mucho aprecio; si usted no estaba cerca, ella no prestaba atención. Todo lo que le enseñaron a ella usted también lo aprendió.

—¿Acaso es un pecado?

—En absoluto. Hurrem no se dio cuenta de la devoción que Mihrimah sentía por usted. Por otra parte, estaba demasiado absorta en el sultán y en sus complots, y dejó que usted se hiciera cargo de su hija. Luego ocurrió algo y Hurrem quiso alejarla de ella.

—¿Cómo sabes todo eso?

—Me lo contó Mihrimah, pero nunca até cabos. Hasta ahora. ¿Por qué se enfadó la sultana con usted?

—La sultana... —Hesna Jatun empezó a toser, como si el nombre fuera un veneno que su cuerpo tuviera que purgar. Cuando volvió a hablar, lo hizo con voz tensa—. En una ocasión Hurrem quiso ir a Bursa con sus hijos. Mi Mihrimah no quería viajar. Solo tenía nueve años. Le dijo a su madre: «Solo iré si viene *dada*». Entonces Hurrem comprendió que su hija me quería a mí más que a ella.

—Y la mandó lejos.

—Tengo a Alá por testigo. Intentó librarse de mí. En dos ocasiones.

—¿Qué ocurrió entonces? ¿Cómo regresó?

—Mihrimah dejó de comer. Se puso tan enferma que temieron que se muriera. Tuvieron que traerme de vuelta. En cuanto llegué al palacio pedí un cuenco de sopa y yo misma le di de comer.

—¿Fue entonces cuando la gente empezó a chismorrear? —le preguntó Jahan—. La llamaron bruja y la acusaron de haber echado una maldición sobre la princesa.

—La mayor *zhadi* era la sultana. Todo el mundo lo sabía. Fue ella quien extendió los rumores sobre mí. ¡Cuánta maldad había en ella!

—Una guerra entre dos brujas —dijo Jahan, traspuesto.

Hesna Jatun lo miró con desdén.

—Bueno, ella ha muerto y yo sigo en el reino de los vivos.

Jahan sintió un escalofrío.

—¿Qué hay de la segunda vez? Ha dicho que la sultana la expulsó en dos ocasiones.

—Eso fue… cuando prometieron a Mihrimah en matrimonio con Rustem Pasah. Hurrem no quería que yo estuviera cerca. ¿Puedes creerlo? Me mandó de peregrinación cuando más me necesitaba mi hija. Me subieron a un barco. Alá es testigo de las lágrimas que derramé.

—Tengo entendido que de regreso los corsarios atacaron su barco.

—Fue un complot. —Ella estalló, presa de otro ataque de tos, con el cuerpo convulsionado—. La sultana quería acabar conmigo. Arregló el asalto para que me mataran o me encarcelaran. ¿No habría cambiado todo para ella?

—¿Cómo escapó?

Ella levantó la mirada con los ojos anegados en lágrimas.

—Mi hija me salvó. Una vez más dejó de comer. Lloró tanto que el sultán Suleimán mandó una flota otomana. Para rescatarme a mí, una niñera. ¿Dónde se ha visto algo semejante?

—¿De dónde sacaba usted su poder, *dada*?

—Crees que de la brujería, ¿no es cierto? ¡Lo sacaba del amor! Mi hija me quería.

Jahan se echó hacia delante con la mirada clavada en la gata.

—Y usted quería a Mihrimah. Pero no era solo a ella a quien adoraba... Le he dado muchas vueltas. Usted también estaba obsesionada con el sultán... ¿Cómo no lo vi antes?

La expresión de ella se ensombreció.

—Se consumía por él.

—Él se consumía por mí —replicó ella con orgullo—. Era a mí, y no a Hurrem, a quien deseaba. Esa zorra se interponía entre nosotros.

—¿De veras lo cree? No está en sus cabales. —La voz de Jahan no era más que un susurro—. Vivía en sus sueños. Y en sus deseos.

Ella no escuchaba.

—De no haber sido por esa malvada, Mihrimah habría sido mi hija. Pero ella era nuestra hija, siempre lo supe. Del sultán Suleimán y mía.

Por un instante guardaron silencio, ella con amargura, él desconcertado. Fue Jahan quien lo rompió.

—Al fallecer la sultana, Mihrimah se convirtió en la mujer más poderosa del imperio. Usted permaneció en un segundo plano. En las sombras invisible. Sin levantar sospechas. —De pronto estalló—: ¿Por qué no se mueve la gata?

—Está durmiendo —respondió Hesna Jatun—. No la molestes. ¿Por qué has venido?

—Para averiguar la verdad...

—La verdad es una mariposa, se posa aquí y allá. Corres tras ella con un cazamariposas. Si la capturas, te sientes feliz. Pero ella no vivirá mucho. La verdad es una criatura delicada.

Respiraba trabajosamente, todo el cuerpo le dolía, hasta los huesos. Él percibió su cansancio, pero aún no estaba preparado para dejarla en paz.

—¿Qué papel desempeña Davud en todo esto?

A ella se le ensombreció el rostro.

—Él fue su marioneta durante años —continuó él—. Fue usted quien saboteó los edificios de mi maestro. Murió gente. ¿Por qué?

Hesna Jatun acarició con más ímpetu a la gata, que no ronroneó ni movió la cola.

—Jamás sospeché de usted, *dada*. Ni yo ni nadie. ¿Quién iba a recelar de una niñera? Fue tan hábil que no dejó una sola pista.

—Alguien debió de sospechar, si no, tú no estarías aquí.

—Fueron las hierbas que usted quemaba para el asma. El cabello y la ropa de Mihrimah siempre estaban impregnados de su olor. El otro día Davud olía igual. Entonces recordé.

—Tienes un gran olfato, indio —repuso ella, irguiéndose.

—Se lo debo a mi elefante. —Jahan guardó silencio unos instantes, atusándose la barba—. Usted utilizó a Davud, pero él se rebeló y dejó de escucharla.

Atrajo hacia sí a la gata, que se quedó inmóvil como una roca.

—¿Qué la movió a actuar así? ¿La riqueza? ¿El poder? ¿Quién la sobornaba? ¿Fueron los italianos? ¿Querían detener al maestro?

—Oh, cállate... No digas tonterías. ¿Quieres saber la verdad? Pues te la diré. ¿Crees que podría haberlo hecho yo sin el consentimiento de tu princesa?

—Está mintiendo. Mihrimah ha muerto. Ya no está aquí para defenderse. ¿Cómo puede culpabilizarla a ella? Creía que la quería.

—La quise más que a nadie. Más que a nada en el mundo. Por eso hice siempre lo que ella me pedía, sin cuestionarla.

—¡Embustera!

—Creemos lo que queremos creer.

La ansiedad se concentró en el rostro de Jahan, como las nubes de una tormenta que se avecina.

—¿Por qué querría Mihrimah debilitar al maestro?

—Ella no tenía nada contra el maestro. Solo contra su padre.

—¿El sultán Suleimán?

—Fue el más grande de los sultanes y el más grande de los pecadores, que Dios lo perdone. Yo nunca le guardé rencor, porque sabía que lo había pervertido esa gata del infierno llamada Hurrem. Pero Mihrimah no lo veía así. Ella no podía acusar a su madre, de modo que acusaba a la persona a quien más amaba: a su padre.

—No lo entiendo.

—El sultán Suleimán y Mihrimah estaban muy unidos. Ella era su única hija, la niña de sus ojos. Cuando era niña él la llevaba a todas partes. De pronto todo cambió. Él se volvió estricto y temeroso. Veía enemigos por doquier y empezó a desatender a su hija. Mihrimah se sentía dolida, pero nunca se quejó. Luego el sultán ejecutó a su gran visir. Un hombre al cual Mihrimah llamaba tío y a quien quería mucho. Y a continuación mató a otro visir. Tu maestro erigió una mezquita para él. Y luego el sultán mató a sus propios hijos, los hermanos de Mihrimah.

»Ella se quedó destrozada. Dividida entre su amor por su padre y su odio hacia él. Cuántas veces mi hermosa hija se trasladó al harén, solo para huir del sultán. Luego regresaba... Lo aborrecía. Lo adoraba. Mi niña estaba confusa.

»Mihrimah tenía más riquezas que las que había en las arcas del tesoro. No había nadie más poderoso que ella. Pero tenía el corazón roto. No ayudó que la casaran con ese tal Rustem. Sabe Dios que fue un matrimonio horrible. Desdichado hasta el final. Ella jamás lo amó.

Mareado, Jahan se acercó al arcón de la esquina y se sentó en él. Desde allí veía a la gata en el regazo de la mujer. Tenía los ojos extraños: un ojo verde jade, el otro azul y vidrioso.

—Los accidentes empezaron en la mezquita Süleymaniye —murmuró—. Intentaron interrumpir nuestro trabajo.

—Mihrimah sabía que nunca vencería a su padre, y tampoco era esa su intención. Solo quería ponerle las cosas difíciles. La mezquita que tu maestro estaba construyendo inmortalizaría al sultán Suleimán y mostraría su grandeza a la posteridad. Decidimos frenar el avance de las obras. Fue una pequeña venganza.

—Y necesitaban un aprendiz para utilizarlo como títere.

—Os consideramos a todos, uno por uno. Nikola era tímido. A Yusuf no podíamos abordarlo, pues se cerraba como una almeja. A ti te dejamos al margen. Davud, lleno de ira y ambición, resultó ser el más adecuado.

—¡Pero él no siempre obedeció!

—Al principio lo hizo. Luego se volvió codicioso. Sin embargo, no quisimos tocarlo. Podríamos haberlo hecho. Ahora sé que fue un error. Después de la muerte del sultán Suleimán, Mihrimah lo llamó y le comunicó que su papel había terminado. Él dio su palabra de que pararía, pero no lo hizo. En secreto desafió las órdenes. Creo que tenía algo personal contra tu maestro.

Las náuseas se apoderaron de Jahan.

—Reconocí el olor de sus hierbas en la ropa de Davud después de la muerte del maestro. ¿Por qué siguió visitándolo usted?

Ella tardó un instante en responder.

—Davud me pidió que lo ayudara a obtener el cargo de arquitecto jefe de la corte. Me amenazó con contar a todos lo que habíamos hecho durante aquellos años si me negaba.

—¡La chantajeó!

Ella dejó caer la mandíbula.

—¿Qué pasó con el testamento del maestro? ¿Era su deseo que lo sucediera Davud?

—No —respondió ella con calma—. Te tenía a ti en mente.

Jahan la miró sin saber qué decir.

—Tu maestro lo dejó escrito. Quería que tú fueras su sucesor. Esa fue su última voluntad. Guardó una copia en su casa y otra en los archivos de los arquitectos de Vefa.

—Por eso se quedó Davud con toda la biblioteca. Destruyó los testamentos.

—Quería asegurarse de que no había más copias guardadas. Ahora ya lo sabes todo. Vete, estoy cansada.

Perdiendo todo interés en él, Hesna Jatun se volvió hacia la ventana. A la luz crepuscular su rostro parecía tallado en piedra. Su actitud desgarró profundamente a Jahan, no tanto por su frialdad como por su indiferencia. No lamentaba nada, ni siquiera ahora que era anciana y estaba a las puertas de la muerte.

—¿Ella me amó alguna vez? —le preguntó Jahan.

—¿A qué viene esa estupidez?

—Necesito saber si eso también fue mentira. Durante años me he sentido culpable cada vez que deseaba a otra mujer.

Ella lo miró con una mezcla de desdén e indignación.

—¿Quién eras tú? ¡Un domador! ¡Un ratón que intentaba subir a lo alto de una montaña! ¡Un sirviente del sultán enamorado de la hija del sultán! ¿Y tienes el atrevimiento de preguntar si ella te amaba? Qué necio.

Mientras movía el brazo, Jahan vio bien a la gata. Era Cardamom, la gata vieja de hacía años, disecada. Dos piedras preciosas hacían las veces de ojos: un zafiro y una esmeralda.

—Tú le gustabas como puede gustar un animal de compañía o un vestido. Como el *lokum* que ella paladeaba. Pero si uno lo come cada día se aburre. No, ella nunca te amó.

Jahan se quedó sin palabras y se mordió los labios.

—Tonto —susurró ella—. «Mi hermoso tonto», así era como te llamaba ella. Por eso te adoraba tanto. Pero ¿llamarías a eso amor?

Jahan se tambaleó al levantarse. No podía poner fin al encuentro. La mataría allí mismo. La estrangularía con su pañuelo. La puerta estaba cerrada. Nadie se enteraría. Aunque lo supieran, nadie lamentaría su muerte. Dio unos pasos hacia ella y vio el miedo en su mirada.

—¿Cuántos años tiene, *dada*? Debe de tener más de cien. ¿Es cierto que ha sido condenada a la vida eterna?

Hesna Jatun estaba a punto de reír cuando una tos seca la detuvo.

—Yo... no he sido la única.

—¿Qué quiere decir? —preguntó Jahan, presa de pánico.

Pero mientras lo preguntaba, supo la respuesta.

—Piensa... ¿qué artesano, qué artista de gran ambición no querría vivir tanto como yo?

Jahan hizo un gesto de negación.

—Si se refiere al maestro, fue un hombre ejemplar. Él no tuvo nada que ver con una bruja como usted.

—¿Cuántos años tenía cuando murió? —La risa de ella se convirtió en tos.

Antes de que pudiera recuperar el aliento, él le arrancó la gata disecada de las manos y la arrojó al fuego. El pelaje de Cardamom prendió y las piedras brillaron entre las llamas.

—¡No! —gritó ella demasiado tarde, con voz entrecortada.

—Deje que los muertos descansen en paz, *dada.*

Ella contempló cómo ardía la gata con la barbilla temblorosa de la rabia.

—Que sufras el mismo castigo, arquitecto.

Jahan se dirigió a la puerta lo más deprisa que pudo y la abrió, no sin antes oír sus últimas palabras.

—Que ruegues de rodillas a Dios Todopoderoso que se te lleve, porque ya has tenido suficiente..., porque es demasiado. Que Él oiga tus ruegos..., que vea tu agonía y te compadezca, pobre aprendiz de Sinan, pero aun así... aun así no te conceda la muerte.

Cada mañana Balaban enviaba a uno de sus hombres al puerto.

—Mira si ha pasado la tormenta y se han ido los nubarrones.

Y cada vez el rastreador regresaba con la misma noticia.

—Los nubarrones siguen allí, jefe. No se han ido a ninguna parte.

Los secuaces de Davud deambulaban por allí, inspeccionando a los pasajeros y comprobando los cargamentos que subían a bordo. Al enterarse, Jahan comprendió que habría sido más prudente renunciar a viajar por mar. Debería haberse subido a una carreta que lo sacara de la ciudad. Una vez fuera de peligro podría haber probado suerte en otro puerto, tal vez Esmirna o Salónica. Sin embargo, estaba resuelto a partir de Estambul del mismo modo que había llegado, por peligroso que fuera. Y Davud, que lo conocía bien, de algún modo lo había comprendido.

Balaban y Jahan urdieron juntos un plan y coincidieron en que era más seguro llegar al puerto disfrazado.

—Podría pasar por gitano —sugirió Jahan.

Si se mezclaba con ellos llevando su mismo atuendo, quizá funcionara. Pero a Balaban no le convencía. Eso solo le complicaría la vida, tanto en tierra firme como en alta mar.

—No has de querer recibir el mismo trato que nosotros, hermano. Ser gitano no es el paraíso.

A continuación consideraron el disfraz de comerciante. Con el aspecto de un acaudalado e influyente personaje tal vez tendría menos problemas para subir a bordo. Pero en cuanto el barco zarpara, los marineros le robarían hasta lo que llevaba puesto. Jahan tenía que parecer respetable sin ser rico. Al final decidió pasar por un artista italiano, un soñador que había deambulado por Oriente ganándose la vida con su talento y por fin regresaba a su patria, más viejo y más sabio. Si alguien le preguntaba por sus cuadros, diría que los había mandado antes. Si las cosas iban tal como habían previsto en diez días llegaría a Florencia.

Balaban y sus hombres no tuvieron ningún problema en proporcionarle la indumentaria adecuada. Más peliagudo resultó acertar con la talla. Al final le entregaron un saco de ropa: una camisa de lino, un jubón con las mangas disparejas, un chaleco de cuero y unos bombachos que podían atarse por debajo de las rodillas. Todo de tela fina y una talla de más.

Al verlo, Balaban sonrió.

—¡Signori Jahaniori, ha encogido usted!

Se rieron como los niños que en el fondo eran. Los hombres de Balaban habían robado la ropa a plena luz del día al escribano del dux veneciano, un hombre a todas luces más corpulento. Sin embargo, tras unos pocos retoques de la esposa de Balaban, ésta le encajaba a la perfección. Ella insistió en teñir con henna el cabello y la barba de Jahan. Cuando hubo terminado, el aprendiz de Sinan apenas se reconoció en el espejo. Remataron el atuendo con un sombrero de terciopelo: morado sobre negro. Las cicatrices habían sanado. Solo quedaba la de la mejilla, recuerdo de una noche que jamás olvidaría.

El día de la partida de Jahan, Balaban y sus hombres se subieron a un carromato tirado por un burro. Lo habían engalanado en su honor con flores y cintas. Se apiñaron tantos en él que el pobre burro apenas podía dar un paso, menos aún trotar. Maldiciendo la ley que prohibía a los gitanos montar a caballo, discutieron entre ellos, cada uno intentando persuadir al otro de que se quedara en tierra. Pero de nada sirvió. Todos querían escoltar a Jahan. Al final dispusieron tres carros. Avanzaron por las calles en vistosa procesión haciendo caso omiso de las miradas de los lugareños que los contemplaban entre asombrados y desdeñosos, como si ellos no descendieran también de Adán y Eva.

A mitad de trayecto el tío de Balaban empezó a cantar: la brisa difundió su voz, áspera y ronca pero melodiosa. Uno de los muchachos sacó una flauta de junco y lo acompañó.

Cuando Jahan preguntó qué decía la canción, Balaban le susurró en voz tan baja que tuvo que inclinar el cuello para oírlo.

—El hombre va a una boda. Todos bailan y beben, felices. Y él también baila. Y llora.

—¿Por qué llora?

—Porque ama a la chica. Y ella le corresponde. Pero van a casarla con otro hombre.

Jahan sintió una sensación de opresión cuando la música cesó, primero la voz y luego el acompañamiento. La melancolía debía de ser contagiosa, porque se produjo un silencio incómodo. Al aproximarse al puerto los carros se detuvieron sobre una frondosa colina.

—Te dejaremos aquí —dijo Balaban—; será lo mejor.

Se bajaron uno por uno. Jahan se quitó la capa que llevaba para ocultar las prendas italianas. Abrazó a cada uno de los gitanos y besó las manos de los ancianos y las mejillas de los niños mientras Balaban permanecía apoyado contra el carro, mascando una pajita. Cuando Jahan acabó de despedirse de todos y se acercó a él a zancadas, advirtió que en la mano tenía algo redondo y azul como un huevo de petirrojo.

—¿Qué es eso?

—Un amuleto. *Daki dey* lo ha hecho para ti..., te protegerá del mal de ojo. Llévalo del revés mientras viajes por el mar y del derecho en cuanto pises tierra firme.

Jahan se mordió el labio para contener el sollozo que le subía por la garganta.

—Te lo agradezco.

—Escucha, sobre la ramera... Hicimos averiguaciones y parece ser que había seis mujeres en el *hamam* de las penas.

—¿Y bien?

—Bueno, pues que sigue habiendo seis. No ha llegado ni se ha marchado ninguna.

—¿Qué intentas decirme?

—Intento decirte que no hubo funeral. Aquí hay algo que no cuadra. No quiero que sufras toda la vida. Tal vez no mataste a nadie, hermano, y todo fue una farsa.

—Pero la enana... —dijo Jahan—. Ella estaba de mi parte.

Balaban suspiró.

—Me da pena que te vayas, pero también me alegra. Eres demasiado ingenuo para vivir en Estambul, hermano. —Con torpeza, el jefe gitano atrajo a Jahan hacia sí y le dio un puñetazo juguetón en el estómago, de hermano a hermano—. ¿A quién libraré de apuros ahora?

—Puedes librar al hijo de Shota. ¿Cuidarás de él?

—Descuida. Le hablaremos del gran padre que tuvo.

Mientras Jahan luchaba por encontrar palabras que no acudían a sus labios, Balaban se subió al carromato, cogió las riendas y bajó la mirada. Sus hombres siguieron su ejemplo, no sin antes dar unas palmadas a Jahan en la espalda. Instalados en los carros, se pusieron en marcha. Todos dijeron adiós con la mano... a excepción de Balaban. Jahan esperó que mirara atrás por última vez. Pero no lo hizo. Con su largo y oscuro cabello ondeando al viento, el cabecilla de los gitanos mantuvo la vista clavada al frente. Su carromato se disponía a tomar una curva cuando se detuvo y Balaban se volvió. Pese a la distancia, a Jahan le pareció ver en el rostro del cabecilla de los gitanos el esbozo de una sonrisa. Alzó una mano en señal de despedida y Balaban hizo lo propio. Luego desaparecieron.

El dolor penetró el pecho de Jahan, afilado como un puñal clavado en carne viva. Se sentó en un tocón y se puso a pensar. No sabía lo que la providencia le tenía reservado, y una vez más se precipitaba hacia ello con la imprudencia del ignorante. Aun así, ya no era posible volver atrás. El sol se elevaba y él se puso en camino.

El puerto estaba atestado de viajeros, marineros y esclavos, como siempre. La enormidad y la animación de los muelles lo engulleron. El de Estambul era considerado uno de los mejores puertos. Los barcos podían entrar sin necesidad de utilizar los remos ni de rezar para que el viento hinchara las velas. Los capitanes confiaban en que la corriente los llevara. Las dos mareas opuestas del Bósforo eran predecibles y fiables, a diferencia de la ciudad. Aquel día había un sinfín de barcos, aunque solo unos pocos tenían los aparejos listos. Jahan vio una vieja embarcación de tres mástiles, reluciente y majestuosa, que en breve zarparía rumbo a Venecia. Allí se dirigió.

Al ser un artista italiano, lo miraba todo fascinado y ladeaba el sombrero a cada mujer, monja o damisela que se cruzara en su camino. Vio peregrinos, jesuitas con cilicios y capuchas, y dignatarios con una perpetua mancha de tinta en el dedo. Detrás de un escritorio improvisado había un escribano sentado. La gente se había apiñado a su alrededor, observando cómo su pluma componía magia. Jahan entabló conversación con un vendedor albanés al que le compró un *sherbet* de miel. Un hombre intentaba conducir a un caballo encapuchado —un semental purasangre de color negro— por la pasarela del barco. Jahan se preguntó adónde llevaban al animal y si la hermosa criatura sobreviviría el viaje.

Estaba allí de pie contemplando la escena cuando vio de reojo a los sordomudos de Davud que se acercaban a él haciendo eses entre la multitud. Contuvo el aliento y tomó un sorbo. Se detuvieron a su lado, sin prestarle atención.

Un instante después un grito estridente hendió el aire.

—¡Para, cabrón!

El magnífico caballo se había levantado sobre las patas traseras y había empujado al paje, que cayó al agua. Las risas se extendieron por todo el puerto, pero fueron rápidamente ahogadas por gritos y chillidos cuando el caballo, todavía encapuchado, bajó la pasarela y se abalanzó sobre los mirones. Obstruido el paso por los cuerpos y las cajas que había a ambos lados, no pudo correr con tanta libertad como le habría gustado. Aun así, se mostró reacio a detenerse y pisoteó todo lo que encontró en su camino.

El paje, a quien habían rescatado del agua y chorreaba, gritaba órdenes y palabrotas. Jahan se acercó a él.

—¿Cómo se llama el animal?

—¿Qué diablos quiere saber?

—¡Dime cómo se llama! —le ordenó Jahan, perdiendo la paciencia.

El hombre arqueó las cejas.

—Ebony.

Jahan corrió tras el caballo. Se le había caído la capucha, pero al ver lo que le rodeaba había aumentado su pánico.

—¡Ebony! —gritó Jahan una y otra vez, con voz tan calmada como pudo. Los caballos no reconocían su nombre, pero sí el tono si les resultaba familiar, así como la intención que había detrás.

Cercado, el semental daba vueltas relinchando y agitando la cabeza nervioso. Jahan se detuvo delante de él y le enseñó las manos vacías. Avanzó poco a poco, pronunciando palabras melosas. De no haber estado tan cansado, el caballo no habría permitido que se acercara. Jahan asió las riendas y le acarició el cuello.

Obedeciendo a un impulso, se volvió. A solo unos pasos de distancia estaban los sordomudos mirándolo sin apenas parpadear, con una expresión inescrutable. ¿Recelaban o solo estaban intrigados? Los miró una vez y no se atrevió a hacerlo de nuevo. Se le hizo un nudo en el pecho. Una gota de sudor le cayó por la nuca. El atuendo que vestía era ridículamente pesado, y pensó en el estorbo que supondría si se veía obligado a correr. Tenía dos bolsas de monedas, una dentro de la túnica y la otra cosida en el dobladillo de la camisa, cortesía de Balaban. Si tenía que huir, las monedas tintinearían, con lo que aumentaría su incomodidad.

Mientras consideraba qué opciones tenía, la multitud se dividió, como si un cuchillo invisible la cortara en dos. Se acercaba el embajador francés. El hombre que había diseccionado el cuerpo de Shota con una curiosidad desapasionada. A su lado iba su esposa, ataviada con un corpiño bordado, un traje de terciopelo de un verde intenso, un pañuelo en la nariz para protegerse del hedor y el entrecejo fruncido. Pasaron por su lado sin reconocerlo y se dirigieron al barco en el que él tenía la mira puesta. Los seguía una horda de criados con cajas y jaulas en las que siseaban, arrullaban y graznaban criaturas de toda índole. Monsieur y madame Brèves regresaban a Francia, llevándose consigo su casa de fieras particular.

Había pavos reales, ruiseñores y loros con plumas brillantes como la primavera. Había un halcón, un gavilán y un pájaro exótico con el pico enorme, obsequios del sultán. Pero todos se peleaban por ver a los monos: un macho y una hembra, vestidos como una pareja de aristócratas en miniatura. Enfundados en seda y terciopelo, los dos observaban a la multitud con una expresión entre aterrada y divertida. La hembra enseñaba los dientes de vez en cuando, como si se riera de los humanos del mismo modo que estos se reían de ella.

Aprovechando el alboroto, Jahan se alejó con paso rápido y firme. No miró atrás ni una sola vez. Se abrió paso en zigzag a través de cajones, cuerdas y tablones, entre marineros, porteadores y mendigos. A lo lejos había otra embarcación vieja. No tenía ni idea de adónde se dirigía, pero se sintió atraído por ella. Se le ocurrió pensar que Davud había adivinado su intención de regresar a Roma y había dado órdenes a sus hombres de vigilar todos los barcos con rumbo a puertos italianos. Probablemente era más prudente embarcar hacia otro destino. Podría desembarcar en el primer puerto y desde allí dirigirse a la tierra de Miguel Ángel. Con esa convicción llegó al barco y subió la pasarela.

—No admitimos a desconocidos —le dijo el capitán después de escucharlo—. ¿Cómo sé yo que no es usted un delincuente?

—Soy un artista —repuso Jahan, y, temiendo que le pidieran que pintara un retrato como prueba, añadió—: Pinto paisajes.

—Tiene un extraño oficio. ¿Le pagan por ello?

—Si encuentro un mecenas generoso…

—¡Imagínese! —exclamó el hombre con tono arisco—. Mientras que aquí nos rompemos la espalda trabajando, usted vive una vida regalada. No, no puede subir. Nos traerá mala suerte.

—Le aseguro que les traeré buena suerte. Para demostrarle lo fiable que soy, permítame que le ofrezca esto.

Sacó la bolsa y la vació en la mesa. Al capitán le brillaron los ojos; cogió una moneda y la mordió.

—Está bien. Diríjase a la bodega. Puede comer con los hombres, pero asegúrese de que yo no lo vea.

Jahan asintió con brusquedad.

—Le prometo que no me verá.

No tenían previsto levar anclas hasta el día siguiente. Jahan esperó en un camarote mal ventilado, y solo cuando zarparon se armó de valor para subir a la cubierta. La ciudad brillaba a lo lejos: los bazares, las cafeterías y los cementerios con sus cipreses y las piedras erguidas con *turbeh*. El lugar donde había aprendido a amar y a no fiarse nunca del amor. Vio los minaretes de las mezquitas de Suleimán y de Shehzade, el padre y el hijo. Vio la cúpula de Santa Sofía, un destello en el horizonte. Y vio la mezquita de Mihrimah, tan misteriosa como la mujer que le había dado nombre.

Llevándose la mano derecha al corazón, Jahan las saludó, reconociendo los esfuerzos, las oraciones y las esperanzas que se habían depositado en su construcción. Aclamó no solo a las personas sino a la piedra, la madera, el mármol y el vidrio, tal como le había enseñado a hacer su maestro. Las gaviotas los siguieron durante un rato, despidiéndose a gritos. Cuando el viento arreció regresaron a la ciudad. Curiosamente, la partida de las aves fue tan triste como la suya.

La maldición... ¿Cómo podía llamarla ella así cuando era una bendición?, pensó Jahan al principio. Poco a poco reconocería que la vida se había burlado de él. Lo que había creído una bendición con el tiempo se convertiría en un castigo, y lo que había recibido como un azote acabaría siendo una bendición. Sin embargo, en aquel momento recordó la insinuación de *dada* y se preguntó: ¿quién entre los artistas y los arquitectos de este mundo no querría vivir cien años más, y dejar de temer que se le acabara el tiempo en mitad de una nueva obra que podía ser la mejor que había hecho jamás? Al eliminar el miedo a la muerte, Jahan se libraba del miedo al fracaso. Exento de semejante aprensión, podía dibujar más, diseñar mejor y tal vez hasta superar a su maestro. Resuelto y emocionado, viajó de un puerto a otro. Visitó Roma, Francia, Inglaterra y Salamanca, donde esperaba encontrar a Sancha, pero no halló ni rastro de ella.

Trabajaba con ahínco a cambio de poco dinero, lo que, sumado a sus conocimientos, hizo que sus servicios siempre estuvieran muy solicitados. Aunque no era miembro de ningún gremio y no podían contratarlo, fue capaz de ejercer indirectamente su profesión dibujando planos para otros arquitectos, siempre mal remunerado. Le preocupaba un poco que, pese a proporcionarle fuerzas y años de más, la maldición no le hiciera rejuvenecer ni un solo día. Si bien no daba muestras de senilidad ni de debilidad, aparentaba los años que tenía. La gente, percibiendo en él algo insólito y oscuro, le preguntaba la edad. Cuando Jahan respondía que tenía noventa y seis, noventa y siete, noventa y ocho..., lo miraban boquiabiertos. En sus ojos brillaba el recelo al tiempo que se preguntaban si había hecho un pacto con el diablo, aunque solo en una ocasión oyó a alguien expresarlo en voz alta. Viajara a donde viajase, al norte o al sur, siempre encontraba a los mismos seres humanos compartiendo la falta de confianza, por no decir la falta de compasión, hacia cualquiera que viviera más allá del número de años establecido.

Entonces Jahan empezó a pensar que tal vez la bruja tenía razón. Tal vez el maestro había hecho un trato con ella. Sinan había vivido más tiempo que todos los artesanos destacados del imperio. Había erigido más edificios de los que cualquier mortal habría soñado erigir. En algún momento debía de haber desprendido el olor a hierbas de Hesna Jatun, aunque por más que Jahan se devanaba los sesos no lograba recordarlo. Luego, cansado de todo, debió de pedirle que le pusiera fin. Poco antes de su muerte habría ido a ver a la bruja. Por última vez. Si era así, tenía que haber una forma de romper el hechizo y al abandonar Estambul Jahan había perdido la oportunidad.

Transcurrieron los años. Con casi cien años tomó un barco para Portugal, desde donde se podía partir hacia el Nuevo Mundo. Estando una tarde soleada en la cubierta principal reparó en un hombre: delgado y esbelto, y le dio un brinco el corazón. Era Balaban, sentado entre una cuerda enrollada y una cornamusa.

Sin pensar, se precipitó hacia él riéndose, hasta que, demasiado tarde, vio que se había equivocado.

—Lo siento, lo he confundido con alguien.

—Un amigo, espero —repuso el desconocido—. Venga, siéntese y disfrute del sol mientras haya.

El hombre divagó sobre sus problemas con una voz que se alzaba y descendía. Dijo que había cometido demasiados pecados de los que huir. Regresaba junto a su familia convertido en un hombre más sabio.

—¿Cuál es su oficio? —le preguntó finalmente a Jahan, cansado de hablar.

—Construyo. Soy arquitecto.

—Entonces debería ir a Agra. El sah Jahan, tocayo suyo, está construyendo un palacio en memoria de su esposa.

Aunque se encogió de hombros, a Jahan le picó la curiosidad.

—¿Qué le ocurrió?

—Murió tras el parto —respondió el desconocido con tristeza—. Él la adoraba.

—No está exactamente en mi ruta.

—Pues cambie de ruta —dijo—. Así de simple.

En el año 1632 Jahan llegó al Indostán con la intención de ver los planos de ese palacio del que todo el mundo hablaba con entusiasmo.

Acudimos a algunas ciudades porque queremos, a otras, porque ellas quieren que acudamos. En cuanto Jahan puso un pie en Agra tuvo la impresión de que había estado llamándolo y conduciéndolo allí desde el principio. Durante el trayecto había oído hablar tanto del sah y de la ciudad que este deseaba ensalzar que cuando llegó tuvo la sensación de que regresaba a un lugar donde ya había estado. Deambuló por Agra inhalando los olores, que eran abundantes e intensos, disfrutando de la caricia del sol en la piel y notando en la cicatriz un dolor casi imperceptible.

Jahan se dirigió a las obras situadas a orillas del Yamuna. Allí, con la ayuda de un viajero que hablaba un poco de turco, se presentó a uno de los delineantes. Después de oír sus referencias y de ver el sello de Sinan, el obrero lo condujo hasta el capataz. Un hombre fornido, de nariz protuberante, cejas pobladas y sonrisa tímida, simpatizó al instante con Jahan. Se llamaba Mir Abdul Karim.

—Su maestro era un gran hombre —declaró con una voz fortalecida a base de hacerse entender tanto por personas de rango superior como inferior.

Estudió los pocos planos que Jahan había llevado consigo, examinándolos con gran minuciosidad. A continuación dejó en la mesa una taza de leche con miel y un juego de plumas, le enseñó varios planos del proyecto y le pidió su opinión, que Jahan ofreció encantado. Mir Abdul Karim guardó silencio, pero un risueño brillo en sus ojos reveló su satisfacción ante sus respuestas. A continuación le pidió a Jahan que dibujara un plano de la planta con las medidas que le proporcionó. Cuando Jahan hubo terminado, el capataz parecía complacido. Tomó una silenciosa bocanada de aire y dijo:

—No puede irse de aquí sin conocer antes al gran visir.

Así, tras una ronda de presentaciones, Jahan se encontró en presencia del sah. Sentado en lo alto de su Trono del Pavo Real, con un brillo de orgullo y extravío en sus ojos de párpados pesados, la barba y el bigote blancos de dolor, y su atuendo desprovisto de ornamentos y piedras preciosas, a Jahan le recordó al sultán Suleimán. El sah lloraba la muerte de su amada esposa, Mumtaz Mahal —dechado de virtudes del palacio—, la mujer que le había dado catorce hijos en dieciocho años. Había sido enterrada en las orillas del río Tapti y se disponían a trasladarla a Agra a fin de enterrarla de nuevo para la eternidad.

El sah la había amado más que a ninguna otra mujer, en perjuicio de sus otras esposas. Era tal su devoción y su confianza en ella que él le leía todos sus edictos y, si ella los aprobaba, él estampaba en ellos el sello real. Ella no era solo su consorte sino también su compañera, confidente y consejera. En su ausencia estaba desconsolado. Por las noches seguía visitando los aposentos privados de su esposa, como si buscara su fragancia —o esperara su aparición—, y, al enfrentarse con el vacío, rompía a llorar.

De haber sido más joven, Jahan se habría sentido intimidado ante el afligido sah con quien compartía el nombre. Le habría ardido el rostro, le habrían sudado las palmas de las manos y le habría temblado la voz por miedo a decir alguna inconveniencia. Pero ya no. Al no tener secretos ni expectativas, podía comportarse como un simple espectador, sereno e imperturbable, además de libre. Independientemente de dónde saliera ese nuevo carácter, lamentaba no haberlo exhibido tiempo atrás, en presencia de cada sultán, cada sultana y cada visir que habían pasado por su vida. De pronto valoraba el plácido humor de su maestro que había desdeñado en el pasado.

El sah se interesó por las obras de Sinan, de las que estaba sorprendentemente bien informado. Jahan respondía cada pregunta con brevedad pero con franqueza. A diferencia del antepasado del gobernante, Babor —cuya lengua materna era la misma que la de Jahan—, el sah no hablaba turco. Se comunicaban por medio de un trujamán que traducía del persa al turco, y viceversa; las palabras en común eran capturadas y retenidas como mariposas atrapadas entre ambos con un cazamariposas.

La reunión había tocado a su fin y Jahan se disponía a abandonar la estancia caminando hacia atrás hasta la puerta, cuando el sah le dijo:

—Tengo entendido que nunca te has casado. ¿Por qué?

Jahan se detuvo y bajó la mirada. Un silencio más espeso que la miel se extendió por la sala. Era como si toda la corte esperara a oír su respuesta.

—Entregué mi corazón a alguien, Vuestra Alteza…

—¿Qué pasó?

—Nada. —Quienes habían crecido con historias de amor que inevitablemente terminaban en arrebatos, festejos, caballerosidad y desastre, no podían comprender por qué para muchas personas el amor no significaba nada a fin de cuentas—. Ella estaba fuera de mi alcance y nunca me correspondió. No estaba destinado a ser.

—Hay muchas mujeres —replicó el sah.

A Jahan le habría gustado decirle lo mismo a él. ¿Por qué lloraba aún a su esposa? El sah le leyó el pensamiento y se dibujó una débil sonrisa en sus labios.

—Tal vez no —murmuró.

La tarde siguiente Jahan recibió una carta del palacio en la que le comunicaban que figuraba entre los arquitectos imperiales encargados de la construcción de la Tumba Iluminada, la *rauza-i-munavara*. Le pagarían generosamente en rupias y ashrafis; cada seis meses sería adecuadamente remunerado. Una frase en particular se le quedó grabada en la mente. «Le pido, por tanto, Jahan Jan Rui, constructor de recuerdos, descendiente del respetable maestro Sinan, que no tuvo rival y fue seguido en todo el mundo, que participe en la construcción de la más gloriosa tumba, que será admirada por generación tras generación, hasta el día del Juicio Final, cuando no quede piedra sobre piedra bajo la bóveda del cielo.»

A pesar de sí mismo, Jahan aceptó. Se unió al equipo de constructores y, aunque se encontraba en una tierra extranjera donde no conocía ni un alma y no tenía un pasado en el que refugiarse si el presente resultaba demasiado duro, se sintió extrañamente en casa.

El proyecto era colosal, oneroso y plagado de dificultades. Miles de obreros, albañiles, canteros, picapedreros, ladrilleros, azulejeros y carpinteros trabajaban a toda velocidad. Una babel de idiomas desplazándose de un lugar a otro. Había escultores de Bujará, canteros de Isfahán, talladores de Tabriz, calígrafos de Cachemira, pintores de Samarcanda, decoradores de Florencia y joyeros de Venecia. Era como si el sah, en su empeño por ver el edificio terminado lo antes posible, hubiera reunido a todos los artesanos que había sobre la faz de la tierra y que podían ser útiles. Implacable y obstinado, el sah lo controlaba todo hasta tal punto que poco le faltó para que dibujara él mismo los planos. El hecho de que poseyera ciertas nociones de la profesión complicaba la existencia de los arquitectos. Jahan nunca había conocido a un monarca tan involucrado en las obras. Cada dos días el sah los convocaba a una reunión, donde hacía preguntas, opinaba y salía con nuevas exigencias descabelladas, como acostumbraban a hacer todos los monarcas.

El sah Jahan había volcado su ira en las armas blancas; su amor, en los diamantes, y su aflicción, en el mármol blanco. Bajo sus auspicios, Jahan escribió a un sinfín de albañiles de Estambul invitándolos a ir a Agra. Le complació que Isa, su alumno favorito, accediera. Sentía compasión y admiración por él y por todo lo que podría lograr con sus dotes y su juventud. Se preguntó si el maestro Sinan los había contemplado a ellos con sentimientos similares. De ser así, era una lástima no haberlo comprendido a tiempo.

En la obra había elefantes. Incansables, transportaban los mármoles y las tablas más pesados. Algunas tardes Jahan veía cómo se revolcaban en los charcos bajo el sol poniente y sentía un arrebato de emoción. No podía dejar de cavilar que si los seres humanos fueran capaces de vivir como los animales, sin pensar en el pasado o el futuro, sin mentiras ni engaños, el mundo sería un lugar más pacífico y tal vez más dichoso también.

Me casé. El sah, recordando la conversación que habíamos tenido, dio instrucciones de que me buscaran una esposa de buen corazón. Así lo hicieron. Mi esposa, sesenta y seis años más joven que yo, era una mujer de carácter dulce y sabias palabras. Estaba embarazada de dos meses cuando perdió a toda su familia en una inundación. Como Mirabai la poeta, rehusó reunirse con su marido en su pira funeraria. Sus ojos eran más oscuros que todos mis secretos, y siempre tenía una sonrisa a flor de labios. Más de una noche, admirando su perfil a la luz de una vela, yo le decía lo que ella ya sabía:

—Soy demasiado viejo para ti, Amina. Cuando muera debes casarte con un hombre joven.

—¡Chisss! No lances una maldición sobre nosotros, esposo —respondía ella cada vez.

El otoño siguiente nació el hijo de Amina, un niño con hoyuelos en las mejillas. Lo quise como si fuera sangre de mi sangre. Lo llamé Sinan; recordando el primer nombre de mi maestro, añadí Joseph, y, en deferencia a la familia de mi esposa, le puse Mutamid, como mi suegro. Allí estaba nuestro hijo, Sinan Joseph Mutamid; en esa amplia extensión de incontables almas, y aún más dioses, que prosperaban bajo el cielo de Agra, no había nadie como él, y cada día se hacía más alto y más fuerte; un muchacho otomano en la India, aunque yo había sido un falso indio en tierras otomanas.

Tiene la tez radiante y los ojos castaños de su madre. De vez en cuando asoma un ceño en su amplia frente dejando ver su curiosidad y su impaciencia por comprender los entresijos de todo lo que observa. Cuando empezaron a salirle los dientes, su madre y sus numerosas tías colocaron varios objetos ante él para adivinar el curso que tomaría su vida: un espejo de plata, una pluma, un brazalete de oro, lacre. Si escogía el espejo, tendría la inclinación por la belleza del pintor o el poeta. Si escogía la pluma, sería escriba. Si escogía el brazalete, comerciante. Si el lacre, un alto funcionario.

Sinan Joseph Mutamid se quedó inmóvil unos instantes, mirando con el entrecejo fruncido los objetos desperdigados a sus pies, como si ocultaran un acertijo. Entretanto, las mujeres no paraban de hacerle gorgoritos y señas para que cogieran lo que ellas querían para él. Él las ignoró. Con un movimiento de la muñeca, alargó una mano y asió el amuleto que yo llevaba al cuello, la protección contra el mal de ojo que me había hecho Daki dey.

—¿Qué significa? —me preguntó Amina, preocupada.

Yo me reí y, sin preocuparme por lo que pensaran sus hermanas, la atraje hacia mí.

—Nada malo —le respondí—. Confía en mí.

Solo significaba que él tomaría sus propias decisiones, sin importarle lo que le aguardara.

Cuando salimos los tres a pasear, toda la ciudad nos mira boquiabierta. A veces me cruzo con hombres que, con sus bromas obscenas y sus risas disonantes, insinúan lo afortunado que soy de tener una mujer así, o me preguntan cómo puedo complacerla a mi edad. De modo que hemos buscado otra forma de pasear. Mi mujer, con el niño en brazos, camina unos pasos delante de mí. Yo me quedo atrás, arrastrando los pies, y los contemplo: la ternura con que ella acaricia la cabeza del niño, la sonrisa confiada y cautivadora de él; sus murmullos son como el distante rumor de las olas de una ciudad que ahora queda muy lejos. Lo asimilo todo mientras evoco otro momento en el tiempo, sabiendo que cuando me haya ido ellos seguirán paseando; nada cambiará. Y saberlo no me llena de tristeza, sino de esperanza, sí, de una gran esperanza.

Nada en mi esposa me recuerda a Mihrimah. Ni su voz, ni su semblante, ni su carácter. Las noches estrelladas, cuando yace sobre mí, cubriéndome como un manto con su calor, y yo me avergüenzo de mi edad y me excito con su suavidad, ella se desliza como una funda en una espada, su belleza engulle mi fealdad, y me susurra al oído: «Dios te ha enviado a mí». Sé que nunca habría oído esas palabras de boca de Mihrimah, aunque hubiéramos acabado juntos. No, mi esposa no podría haber sido más diferente. Y yo no podría haber sido más feliz. Sin embargo..., desde que me marché de Estambul no ha transcurrido un día en que no haya pensado en Mihrimah. Todavía la recuerdo. Todavía suspiro por ella. Un dolor errante que se desplaza tan rápido de un miembro a otro que no sé si realmente existe. Es la sombra que me sigue a todas partes, se alza sobre mí cuando me siento deprimido, absorbiendo la luz de mi alma.

Llevaba un año trabajando para el gran sah cuando me encargaron el diseño de la cúpula de la Tumba Iluminada, que hoy día han dado en llamar el Taj Mahal. Yo también he cambiado de nombre. Aunque todavía me llaman Jahan Jan Rumi, todos, hasta los niños, me conocen como el Constructor de Cúpulas.

Inspecciono las obras todas las mañanas. Es una larga caminata y me lleva un rato. El otro día apareció un principiante con un elefante.

—¿Por qué no deja que lo lleve el animal, maestro?

Me ayudaron a subir. Sentado dentro del howdah, *observé cómo los obreros trabajaban sin cesar, construyendo para Dios, construyendo para el soberano, construyendo para sus antepasados, construyendo por una causa noble, construyendo sin saber por qué, y me alegré de estar allí solo y no abajo con ellos, pues no pude impedir que las lágrimas me cayeran por las mejillas. Sollocé como el frágil anciano en que me he convertido.*

Soy consciente de que no estaré aquí para ver el Taj Mahal terminado. Si no muero pronto, significará que continúa la maldición de dada, *y entonces deberé abandonar por mí mismo esta tierra. He dejado instrucciones a Isa y a mis discípulos, por si quieren seguir mis consejos: después de todo, nunca sabes cuál de los aprendices querrá continuar tu legado y cuál te decepcionará. Es lo de menos. Conmigo o sin mí, el edificio se erigirá. Lo que hizo mi maestro de la cúpula de la mezquita de Shehzade, nuestra primera gran obra, en la que no hubo accidentes ni traiciones en el interior y todos éramos uno, lo haré yo en la cúpula del Taj Mahal. En alguna parte esconderé un detalle para Mihrimah, que solo el ojo experto reconocerá. Una luna y un sol fundidos en un abrazo fatal, eso es lo que significa su nombre.*

Nos han dicho que en mármol puro escribamos: «Se ha construido este edificio en este mundo para manifestar la gloria del Creador». Me habría gustado añadir debajo: «Y el amor de otro ser humano...».

Los cuatro lados del Taj Mahal han sido diseñados de forma idéntica, como si hubiera un espejo en un lado, aunque no se sabe en cuál. La piedra se refleja en el agua. Dios se refleja en los seres humanos. El amor se refleja en el desengaño amoroso. La verdad se refleja en las historias. Vivimos, trabajamos y morimos bajo la misma cúpula invi-

sible. Rico y pobre, mahometano y bautizado, libre y esclavo, hombre y mujer, sultán y mahout, *maestro y aprendiz... He llegado a la conclusión de que, si existe una forma que nos abarca a todos, esta es la cúpula. En ella todas las diferencias se desvanecen y todos los sonidos, ya sean de alegría o de tristeza, se funden en un inmenso silencio de amor omnipresente. Cuando pienso de este modo en este mundo me siento aturdido y desorientado, y ya no sé decir dónde empieza el futuro y dónde acaba el pasado, dónde declina Occidente y surge Oriente.*

Nota de la autora

No tengo muy claro si los escritores escogen los argumentos o son los argumentos los que de algún modo escogen a los escritores. A mí al menos me pareció que me sucedía lo segundo con *El arquitecto del universo.* La idea de esta novela surgió durante mi primera estancia en Estambul, una tarde soleada en el interior de un coche atascado en el tráfico. Miraba por la ventanilla malhumorada, pues llegaba tarde a una cita, cuando mis ojos se desplazaron hasta la mezquita situada al otro lado de la carretera, junto al mar. Era Molla Çelebi, una de las maravillas menos conocidas de Sinan. Un joven gitano estaba sentado sobre el muro, aporreando una caja de latón colocada del revés. Pensé que si no se despejaba en breve la circulación podría inventar una historia en la que salieran el arquitecto Sinan y unos gitanos. Poco después el coche empezó a moverse y olvidé por completo la idea, hasta que una semana más tarde me llegó por correo un libro. Era *The Age of Sinan: Architectural Culture in the Ottoman Empire*, de Gülru Necipoglu, y me lo enviaba un buen amigo. Al abrirlo me llamó la atención una ilustración en particular: un cuadro del sultán Suleimán, alto y esbelto, ataviado con un caftán. Fueron, sin embargo, las figuras del fondo las que despertaron mi curiosidad. Frente a la mezquita Süleymaniye había un elefante y un *mahout*;

ambos rondaban los márgenes de la imagen como si estuvieran listos para salir corriendo, sin saber muy bien qué pintaban ellos en el mismo entorno que el sultán y el monumento dedicado a él. Yo no podía apartar los ojos de ellos. El argumento me había encontrado.

Al escribir este libro me propuse comprender no solo el mundo de Sinan, sino también el de los aprendices principales, los obreros, los esclavos y los animales que trabajaron con él. Sin embargo, cuando uno escribe sobre un artista como Sinan, que ha vivido mucho tiempo atrás y ha dejado muchas obras, el mayor desafío radica en la reconstrucción de la época. Llevaba entre siete y nueve años acabar una mezquita, y Sinan construyó más de trescientos sesenta y cinco edificios de distintos tamaños. Así, en aras del ritmo narrativo, decidí dejar de lado el orden cronológico y crear mi propio marco temporal, en el que los acontecimientos históricos reales se recompusieran en una nueva cronología. Por ejemplo, Mihrimah se casó en realidad a los diecisiete años, pero quise que se casara más tarde, para darles, a ella y a Jahan, la oportunidad de pasar más tiempo juntos. Su marido, Rustem Pasah, murió en 1561; sin embargo, en interés de la historia, opté por que durara un poco más. El capitán Gareth es un personaje totalmente ficticio, pero está basado tanto en los marineros europeos que se enrolaron en la armada otomana como en los marineros otomanos que cambiaron de bando. Sus historias aún no han sido contadas.

Otra decisión consciente fue introducir a Takiyuddin en un período histórico anterior. En realidad ostentó el cargo de astrónomo jefe de la corte en tiempos del sultán Murad. Pero la trayectoria del observatorio era importante para mí, de modo que cambié la fecha de la muerte del gran visir Sokollu. El pintor Melchior y el embajador Busbecq fueron personajes históricos que llegaron a Estambul hacia 1555, pero las circunstancias de su llegada y su partida son pura invención. En varios libros encontré alusiones a la existencia de un grupo de arquitectos otomanos en Roma, pero la actividad que allí desarrollaron sigue envuelta en misterio. Me los imaginé como los aprendices de Sinan, Jahan y Davud. Y es cierto que hubo en Viena un elefante llamado Suleimán, cuya historia ha sido hermosamente relatada por José Saramago en *El viaje del elefante.*

Por último, esta novela es fruto de mi imaginación. Sin embargo, los acontecimientos históricos y los personajes reales han sido mi guía. Me he nutrido de numerosas fuentes en inglés y en turco, como *Cartas turcas*, de Ogier Ghiselin de Busbecq, o *Istambul in the Sixteenth Century: The City, the Palace, Daily Life*, de Metin And.

«Que el mundo fluya como el agua», solía decir Sinan. Solo espero que esta historia también fluya en el corazón de sus lectores.

Elif Shafak
www.elifshafak.com
twitter.com/Elif_Safak

Agradecimientos

Mi más sincero agradecimiento a las siguientes personas, todas ellas maravillosas: Lorna Owen, por sus inspirados comentarios al leer una primera versión de la novela; Donna Poppy por sus perspicaces sugerencias y sus aportaciones únicas; Keith Taylor por su sabiduría y su paciencia; Anna Ridley por su apoyo y su sonrisa; Hermione Thompson por su generosidad, y todo el fantástico equipo de Penguin en el Reino Unido.

Estoy particularmente agradecida a mis dos principales editores a ambos lados del Atlántico: Venetia Butterfield y Paul Slovak. Trabajar conectada en mente y espíritu con vosotros, y compartiendo la misma pasión por las historias y el arte de narrarlas, ha sido todo un placer, un privilegio y un enriquecimiento para mí. Un buen editor es un verdadero regalo para un novelista y me siento afortunada por haber tenido dos grandes editores.

Mi principal agente, Jonny Geller, es sin duda la clase de agente con el que sueñan todos los autores. Escucha, entiende, alienta, sabe. Daisy Meyrick, Kirsten Foster y el equipo de World Rights de la Agencia Curtis Brown han sido extraordinarios. También quiero dar las gracias a Pankaj Mishra y a Tim Stanley por sus observaciones en las conversaciones que tuvimos en las fases iniciales de la novela, y a

Kamila Shamsie por ayudarme a dar con el nombre del elefante blanco. Mi gratitud a Gülru Necipoglu, que ha sido de gran ayuda tanto por sus opiniones personales sobre el argumento como por su magnífica obra sobre la arquitectura de Sinan. Gracias especialmente a Ugur Canbilen (alias Igor) y al incomparable Meric Mekik.

Me resulta difícil expresar mi agradecimiento a Eyup, que sabe la pésima esposa que soy y probablemente no abriga esperanza alguna de que mejore, y que por motivos que no alcanzo a comprender sigue a mi lado. Gracias aún más efusivas, por supuesto, a Zelda y Zahir.

Esta novela se publicó primero en turco aunque se escribió en inglés. Estoy agradecida a los lectores de todas las profesiones y condiciones sociales que me han hecho llegar sus opiniones sobre el argumento y los personajes, y que, para mi sorpresa, han abrazado a Shota como a un rostro del pasado perdido hace mucho tiempo.